中国住宅研究与设计丛书

张 建　何建清　策划

开 彦 观 点

开 彦 著
潘晓棠 编

中国建筑工业出版社

图书在版编目（CIP）数据

开彦观点/开彦著，潘晓棠编 . —北京：中国建筑工业出版社，2011.6
（中国住宅研究与设计丛书）
ISBN 978 - 7 - 112 - 13261 - 4

Ⅰ.①开… Ⅱ.①开…②潘… Ⅲ.①住宅 - 建筑设计 - 研究 - 中国
Ⅳ.①TU241

中国版本图书馆 CIP 数据核字（2011）第 095981 号

责任编辑：刘 静 张 建
责任设计：赵明霞
责任校对：陈晶晶 姜小莲

中国住宅研究与设计丛书
开 彦 观 点
开 彦 著

潘晓棠 编

*

中国建筑工业出版社出版、发行（北京西郊百万庄）

各地新华书店、建筑书店经销

北 京 嘉 泰 利 德 公 司 制 版

北京建筑工业印刷厂印刷

*

开本：787×1092 毫米 1/16 印张：24¾ 字数：520 千字
2011 年 7 月第一版 2011 年 7 月第一次印刷
定价：55.00 元
ISBN 978 - 7 - 112 - 13261 - 4
（20699）

开彦简介

中国建筑设计研究院原副总建筑师、国家住宅工程中心原总建筑师，健康住宅专家委员会副主任，梁开建筑设计事务所执行合伙人、总建筑师，住房和城乡建设部住宅建设与产业现代化技术专家委员会专家委员，中国房地产研究会人居环境委员会副主任委员兼专家组组长，原建设部住宅部品标准化技术委员会顾问委员，北京市规划学会住宅与居住区规划学术委员会副主任，首都规划建设专家咨询组织专家，规划建设方案评审专家成员。

开彦教授长期从事系统的住宅科研和工程规划设计工作，并常年活跃在住宅建设与房地产开发市场的各个领域，被称为住宅建设与房地产开发领域的教父级领军人。

在三十多年的工作实践中，他以不懈的努力在城市住宅现代规划设计理论，城市小康住宅研究，小面积、大空间灵活住宅设计理论，模数及模数协调标准，住宅产业化发展及老年住宅研究等方面取得了突出的成绩。是住房和城乡建设部产业技术政策、标准和规范文件主要起草人之一。曾获得原建设部"有突出贡献中青年科学家"和"八五攻关有突出贡献科技工作者"称号。所从事的各项科研和设计项目多次获得国内外各种奖励。

1994年，他主持编写了指导全国小康住宅示范小区建设的《2000年小康住宅示范小区规划设计导则》，是"住宅性能评价方法和评价指标体系"的主要起草人。1998年提出"老年住宅规划设计导则和多元化设计标准"，多年来从事老年住宅及相关设施项目的研究。2001年提出实施健康住宅的理论基础并完成《健康住宅建设技术要点》及《健康住宅评价因素和评价指标体系》文件的编制工作。2002年完成住宅模数协调标准并出版应用。

2003年以来，他起草完成《中国人居环境与新城镇发展推进工程倡议书》，主持完成城镇规模住区人居环境评估指标体系、可持续发展绿色住区建设导则、城镇人居环境评估指标体系及中美绿色建筑评估标准比较研究等课题成果，以及人居试点建设相关应用文件。

序

衣食住行是人类生活中需要满足的四大要素，缺一就难以得到完满的幸福。自新中国成立六十余载以来，党和政府一直在为改善人民生活作出努力，不难看出，效果是显著的，但也不是均衡发展。譬如说衣着、饮食就解决得相当好，人们从穿蓝色、灰色等款式统一的服装到五彩缤纷的多种式样的服饰，焕发了人的精神面貌。人们从粗菜淡饭的饮食、仅能填饱肚子到精食佳肴的丰盛餐饮，增强了人的体质。行的方面，以步行、自行车作为主要出行方式到现今小汽车广泛进了大众家门，明显因交通工具的改变而缩短了距离。当然，以上三大方面成绩斐然，但也有不足之处。不过，当前最大难题还是在住的问题上，虽然从数字上看，建国初期的住房人均建筑面积从 6~7m² 左右到目前的 30m² 多，年建设量从近 3000 万 m² 到目前的 7 亿多 m²，住房建设量的水平也不算低，从实际来看，人们的居住质量优劣差距仍是很大，因此国家特别提出了要给力以住房建设，要求真正做到"住有所居"，并在 2020 年达到全面建设小康水平的住房"户均一套房、人均一间房，功能齐全、设备配套"的目标。为了这个目标的实现，全国在住房建设战线的规划、设计、施工、管理、科研、生产等人员，都作出了极大的努力，宏观的大到政策制定、中到住区规划、住宅设计、科学研究，微观到施工建造和经营管理，本书作者开彦就是在住房建设中甚有建树的一名。

本书作者开彦，出生于 1941 年，1965 年毕业于上海同济大学建筑系，毕业后初期工作在湖北郧阳第二汽车制造厂三线建设工地，20 世纪 70 年代初返京，1978 年考入国家建委中国建筑科学研究院，1981 年获硕士学位，毕业后一直从事住宅科研和工程规划、建筑设计以及住宅领域多方面工作，与住宅建设结下了不解之缘，作出了众多突出成绩，获得了多种奖项与荣誉称号，其中，根据各个时期住宅建设出现的问题，他还发表了颇有见解的文章，包括政策建言、实践经验、科研成果，等等，这些文章对我国住宅建设均有很高的指导和参考价值。

由于作者在住宅领域中工作涉及面广，跨越度大，视野宽阔，目光敏锐，本书多篇文章均有深度与广度。其内容可按章节次序来解读。

其一，产业化与政策　住宅产业现代化是住宅建设发展的必由之路。本部分主要是回顾住宅产业现代化发展历程，了解过去，展望未来。具体内容有：对住宅产业现代化的概念与内容作了诠释；提出了产业化的目标是住宅整体技术进步，工业化的先决条件是标准化、模数化，工业化是产业化的根本标志，部品质量提高技术与体系化成套化是关键；强调推进住宅产业化的政策应建立住宅技术与部品评估认定制度、完善住宅性能认定制度、研究先进成套技术应用的优惠政策与建立住宅产业现代化发展基金。

其二，房地产开发　本部分描述了地产开发经历了注重面积、关心环境、强化品质三个阶段和从粗放型向精致型开发过程的趋势。当前应关注新城镇规模住区的开发模式，提出应建成紧凑型，不仅是形式的紧凑，而是需以节能省地、环境保护为前提，应具有城市住区功能完善、交通便捷、就业方便、环境整洁、文化浓郁、卫生安全、生活舒适、人际和谐的人居环境。其次鉴于大盘出现却又以居住小区模式开发而进入了误区，作者认为大盘开发应从城市角度出发进行，大盘地产其实更易创造城市价值，它已具备小城的功能，其配套、交通、公共空间、公用设施应更具备开放性，因此应遵守规划先行、具备特色及可持续发展的原则。大盘地产还可从区域、城镇、住区三个层面进行疏理，其规模虽然有不同，但共同点为：分区手段是空间、绿带、不封闭；功能不单一而是混合；交通提倡公共工具和以步行为优先；配套应方便居民享用；以及居民参与等。

其三，住区规划　本部分所收集文章不多，但已将居住区规划发展历程作了一个概要介绍，使读者一目了然我国住区规划的过去、今日与未来。特别指出当前住区规划特点，反映在：住区选址向城郊扩展；规模趋向大盘化；居住环境质量成为规划核心；需要依靠科技保护生态；交通组织要求人车分流及步行系统受到重视；规划模式强调开放性；住区类型趋于多样化；追求住区居住文化；探索住房保障与社会和谐。而未来住区规划趋势可归纳为：将以人为本的原则继续深化、住区和谐仍是规划主题；绿色将是住区重要标准；科技进步将成为住区发展的主要支撑；住区建设必将推进住宅产业现代化。这些都对居住区规划工作提供了甚有价值的知识和观点。

其四，人居环境　人居环境优劣是反映一个国家的精神文明与物质文明的发展水平，而如何优化人居环境是作者一直关注的问题。特别需要指出的是作者与人居环境委员会同仁经过多年努力研究与实践，总结出住区人居环境的七大特色目标，它们是：1. 生态　生态规划先行，突出人与自然。2. 配套　完善配套建设，创造城市价值。3. 环境　环境空间布局，构建宜居环境。4. 科技　整合科技资源，引领品质才华。5. 亲情　突出人本关爱，体现社区和谐。6. 人文　提升住宅品质，传统居住文化。7. 服务　健全服务管理，保证物业增值。这项住区人居环境评估指导体系可归纳为：强调住区与城市、住区与地域资源的关系；强调通过室内外的空间环境建设为住户提供舒适健康、和谐宜人的居住条件；强调用科技的手段引领居住生活的品质。对指导住区人居环境建设将会起到重要作用。

其五，住宅、老年住宅、小面积住宅　由于我国社会人口老龄化的提前到来和中低收入家庭住房的困境严重，已成为住宅建设中的突出问题，作者对上述也作了甚多研究。作者把养老建筑分为三类，即居家养老、社区养老、社会养老三类，其设计原则为关注功能性、安全性、适用性、健康性、隐私性、可改性等，特别要关注环境与服务质量，做到老有所养、老有所居、老有所医、老有所乐、老有所学与老有所为，使老年人拥有健康生活。关于保障房，作者首先提出要在观念上进行改变，要量力而住，不做房奴。在设计上要打破保障房是简陋房的做法，要做到简约、集约，功能合理、尺度适宜、结构安全、设备齐全、装修简洁，要重视质量、设计精细、灵活可变。

其六，绿色、节能与健康住宅　自2009年丹麦哥本哈根应对全球气候变化国际会议举行以后，我国积极行动为实现2020年单位国内生产总值温室气体排放比2005年下降40%~45%这一目标而奋斗，而建筑业的活动要节能减排，首当其冲。其实，我国早在2006年已颁布了绿色建筑评价标准，只是没有引起足够重视，本书作者在此前就对绿色建筑进行了研究，并发表多篇文章，首先将绿色、生态、可持续建筑作了区别。其次将我国绿色建筑标准与国际其他国家的，特别是对美国的绿色建筑评估体系（LEED）进行了对比分析，并结合我国具体情况提出了可持续发展绿色人居住区建设导则，内容包括可持续建设场地、城市区域价值、住区交通效能、人文和谐社区、资源能源效用、健康舒适环境、全寿命住区建设七个方面，导则将对我国进行绿色住区建设起着有力的指导作用。第三提出绿色建筑的三个原则，即减少对地球资源与环境的负荷和影响，创造健康和舒适的生活环境，与周围自然环境相融，较全面地对绿色建筑进行了诠释。第四提出了定量节能概念，即设定前提条件与舒适度性能的等级，然后用量化的方法将各种能耗影响因素协调整合，从而达到高舒适度、低能耗建筑的目标。

其七，杂谈与访谈　内容比较分散，但随着时间推移而出现的问题可能有更多的适时性、需要性。谈话比较随意，却具有真实性，内容有山水城市建设、土地出让制度、建筑创新标准、住宅建筑风格以及模数协调应用等，反映了作者兴趣的广泛性与知识的渊博性。

以上简单粗略地介绍了本书每部分的内容重点，虽然我通读了一遍所有文章，有的还反复精读，但不一定能达到准确、恰当的程度，因此需要读者亲自去发现本书的精华所在。

在本书即将出版之日，将迎来作者七十大寿华诞，古人说"人生七十古来稀"，但似乎已不适用于现代人，像作者仍在精神饱满地忙碌，为我国住宅建设健康有效的发展而操劳，虽已高龄，依然为这个光荣使命而辛勤工作，祝愿作者与本书为我国住宅建设发挥出更大的作用。

赵冠谦

2011. 6. 16

目　录

1 产业化与政策 ·· 1

关于中国住宅产业现代化发展的战略思考 ····················· 3

集成住宅——未来住宅产业化的一颗明星 ····················· 6

集成化是住宅产业现代化的重要特征 ························· 8

模数协调——住宅产业化的前提条件 ························· 14

模数协调标准体系 ··· 18

模数协调制的历史使命 ····································· 21

我国住宅业面临产业化大变革 ······························· 27

住宅产业现代化进程及其领域 ······························· 33

中国住宅产业现代化的历程与展望 ··························· 37

关于推进住宅标准化和集成化政策的建议 ····················· 42

关于中国住宅产业现代化发展战略的思考 ····················· 47

2 房地产开发 ·· 55

大盘地产将形成房地产开发主流 ····························· 57

大盘地产不能等同于小区开发——大盘地产开发规划属性及在城市化中的地位 ····· 59

房地产规模住区品质开发模式的思考 ························· 66

中国房地产十年发展后的三个转型思考 ······················· 70

由包装模式向品质模式开发的转移 ··························· 74

城市开发既要面子也要里子 ································· 77

地产"品质时代"的到来 ··································· 80

中国住宅产业迎来了新的发展契机 ··························· 82

面对住房问题，市场和政府是一对孪生兄弟 ··················· 85

工薪阶层住房政策亟待调整 ································· 89

"租居"模式也是解决"夹心层"住房之道——"租与住"的思考 ····· 92

房地产业亟须转型——住宅产业化是未来的必经之路 ············· 95

如何实现中小户型的精明增长 ······························· 99

3 住区规划 ·· 101

城市化与健康住区品质营造 ································· 103

中国住区规划发展60年历程与展望 ……………………………………………… 107

1994年小康住宅的表述 …………………………………………………………… 121

中国住区规划设计发展与成就 …………………………………………………… 122

居住小区规划设计人居发展概况 ………………………………………………… 124

住区人居环境规划设计理论综述 ………………………………………………… 131

4 人居环境 ……………………………………………………………………… 149

人居环境建设要走可持续发展之路 ……………………………………………… 151

科技引领人居 科技服务未来 …………………………………………………… 155

中国人居环境与新城镇发展战略 ………………………………………………… 158

城市生态人居环境建设 …………………………………………………………… 161

建设人人享有和谐的人居家园
　　——解读中国人居环境金牌住区建设试点的特色与内涵 ………………… 163

快速城市化中的中国人居环境建设 ……………………………………………… 168

人居环境品质和人居住区营造探讨 ……………………………………………… 174

紧凑新城镇：节能省地与可持续发展之路 ……………………………………… 177

5 住宅·老年住宅·小面积住宅 ……………………………………………… 181

中国住宅房地产60年发展历程与成就 …………………………………………… 183

老年住宅有待开拓的市场 ………………………………………………………… 196

老年社区悄然兴起 ………………………………………………………………… 198

城市中的公共寓所——老年公寓 ………………………………………………… 200

老年人居住行为特征与老年住宅研究 …………………………………………… 202

启动老年地产市场是解决老年居住问题的重要途径 …………………………… 206

保障性住房的尴尬与出路 ………………………………………………………… 212

日本公团住宅是我国保障房建设的典范 ………………………………………… 216

住宅设计规范应作重大的调整与变革 …………………………………………… 220

"全装修"势在必行 ……………………………………………………………… 224

居住规格与未来的技术趋向 ……………………………………………………… 227

6 绿色·节能·健康住宅 …………………………………………………… 233

迈向可持续发展的中国健康住宅 ………………………………………………… 235

中国绿色建筑发展与国际化比对 ………………………………………………… 241

谈谈绿色建筑及本土化发展 ……………………………………………………… 244

绿色建筑：这么近，那么远 ……………………………………………………… 247

中国绿色建筑发展背景及障碍分析报告 ·········· 252

中国绿色建筑发展制约因素及对策 ·········· 255

高舒适度定量节能建筑技术的应用 ·········· 259

被动建筑节能设计与建筑节能系统设计 ·········· 263

责任地产　绿色人居——建设讲实效的绿色节能建筑技术发展模式 ·········· 265

营造低碳住宅，推广低碳生活方式 ·········· 268

制约建筑节能发展的四大问题 ·········· 270

定量节能技术在中国发展的前景 ·········· 273

开窗还是关窗，现代节能建筑的分水岭 ·········· 277

中美绿色建筑评估标准比较研究 ·········· 281

开彦谈"中美绿色建筑评估标准比较研究" ·········· 318

建筑师眼中的健康住宅 ·········· 321

7　杂谈与访谈 ·········· 331

住交会的产业化使命 ·········· 333

开彦谈中日小康住宅研究成果影响房地产十年开发 ·········· 336

推进中国住宅产业化的建议 ·········· 340

节能不能靠"贴膏药" ·········· 343

房地产业的支柱产业地位不容否定 ·········· 346

"夹心层"住房解决有望
　　——中国房地产研究会人居委开彦畅谈"国十一条"重要意义 ·········· 349

土地出让应该多元化 ·········· 352

多角度看待我国住房问题 ·········· 354

中小套型推进三则 ·········· 357

中国风建筑应该反映现代中国文化 ·········· 361

中国风、中式住宅与本土化 ·········· 363

创新是现代建筑创作的标准 ·········· 365

绿色、低碳、节能——城市及房地产发展主流趋向 ·········· 367

传统与现代的对峙 ·········· 373

十年间卫生间的变迁 ·········· 377

绿色亚洲人居宣言 ·········· 379

参考文献 ·········· 381

1 产业化与政策

关于中国住宅产业现代化发展的战略思考

住宅产业现代化在近阶段分为五年和十年两期目标。我们完全有条件借鉴国外的经验，发挥我国自身的优势，实现既定的目标。分三个阶段来实施：

第一阶段，用 3~5 年时间为住宅产业现代化做好准备工作，包括各地制定住宅产业发展规划与产业政策，建立健全与住宅产业相关的标准体系，建立标准化机构，开展试点工作，并按产业化的方式进行生产，应用量达到城镇住宅建设量的 10%。

第二阶段，用 5 年时间解决住宅功能质量通病，初步形成部品生产体系。包括重点扶持骨干企业，奠定物质技术基础，应用量基本达到城镇住宅建设量的 30%。

第三阶段，用 10 年的时间基本实现住宅产业现代化。在住宅建筑体系方面，基本上实现住宅部品的通用化生产、社会化供应，建立相互协调的发达的产业体系，达到中等国家的住宅产业水平。

（一）政府是主导

住宅产业现代化的制导决策因素是各地政府，由政府部门负责宏观目标的制定和方针的把握。根据当地经济发展水平和住宅产业发展现状和优势，确定推进住宅产业现代化、提高住宅质量的目标和工作步骤，统筹规划，明确重点，并支持经济、技术实体，分步实施。其重点工作应放在下列方面：

1. 通过标准化机构，组织科研、设计、生产部门推行和完善模数协调体系，按照模数协调的法则完成住宅部品和施工安装的标准化、系列化和集成化的工作。完善标准、规范系列的编制组织工作。

2. 开展住宅产业发展的现状调查评估工作，摸清工业布点、技术装备、生产水平、差距、难点、优势和不足，做到心中有数，从而可确定主攻项目，研究对策，组织实施计划。

3. 开展住宅建筑经济能力的评估预测工作，综合分析住宅建设的各项技术措施和实施途径，编制住宅建设的发展目标和科技计划，引进项目，从而为本地域的住宅产业发展奠定科学的基础。

4. 培养和扶持住宅产业技术密集型的企业和施工安装部门。重点发展新型墙体结构和材料、节能保温技术、防水防渗技术、厨卫整合技术等成套系列技术，发展建筑体系技术的研究工作，发展适合当地的建筑体系，有组织、有计划地分期、分批组织新技术的开发工作。组织住宅部品的开发和配套工作，发展当地的建材和部品企业。形成本地区的拳头产品。

5. 积极支持和组织本地区的示范、试点工作。作为载体，通过小区示范和产业基地的建设，将成功的经验、优秀的部品和相关技术进行推广，以促进本地区住宅建设技术的进步。

（二）企业是主体

住宅产业现代化的实施主体应是企业和企业集团。在市场机制条件下，企业和企业集团的组织模式、经营理念、发展战略、产品结构和创新机制决定了住宅产业发展的成熟程度。培养和扶持重点企业和集团公司，将是对住宅产业发展的重要保证，并以此带动全行业的技术改造，缩短技术更新的周期。特别是具有投资融资、开发房产、施工建设、规划设计、部品生产等综合能力的集团公司，具有更大的典型性和驱动性，更能强有力地启动标准化、工业化和集约化。更快、更好地体现住宅产业化为推动住宅质量所做的贡献，更全面地体现"效率"和"效益"的巨大作用。

为此，我们应当建立一套完整的住宅产业集团创立和发展的理论，阐明住宅产业集团的概念和发展的必要性，提出我国住宅产业集团的组建模式和运营模式，形成住宅产业集团的选择和评价体系，促进住宅产业集团的健康发展和良好的运营。

（三）示范的作用

正确对待示范和试点小区工程。示范的榜样是无穷的，在中国经济文化发展的背景中，示范的作用有着更加重要的意义，这与国外重技术实验相比，的确是特殊现象。但是，也不能过分夸大示范、试点的作用，说到底，所谓示范、试点，只是一种推广前的试验，有可能成功，或者不成功。

示范和试点只是一种载体，是一种新的技术和部品的应用的集中体现。通过示范来显示这种技术和部品的优越之处，或者集中表现的最佳效果和最佳配置，并在以后的工程中应用和推广，带动住宅新技术和新部品的发展。但这种发展和带动是有限度的，周期是漫长的，如果依靠示范和试点来带动住宅产业现代化的发展，并作为技术政策来执行，则太偏颇了。承担试点和示范工程的开发商，他们在发展住宅产业现代化中的角色是被动的，他们的能力范围尚不能波及工业布点，标准化建设、技术基础的建立，使科技发展进步。他们的本能是利润的驱动力，是在市场机制下，如何利用和扩大成熟的科技含量，提高功能质量，增进效率，提高企业的声誉，以获得企业的最佳效益。

（四）庞大的系统工程

住宅产业现代化是我国住宅建设漫长发展中长期追求的目标，也是我国住宅建设发展的唯一有效技术途径，唯此能最后解决我国的住宅发展的根本问题。因此，我们不能轻视它，不容得偏离正确的轨道，否则会贻误当今发展的最宝贵的时机。

住宅产业现代化又是一个涉及众多行业发展的错综复杂的庞大的系统工程，我国目前仍然处于粗放阶段，更应严密布置、细心策划、分工合作，以求其协调发展、共同进步。

集成住宅
——未来住宅产业化的一颗明星

北新建材集团最近在中国国际新型建材展上推出了一种工厂化生产、现场组装的薄板钢骨住宅体系，一幢200平方米独立住宅的主体结构只需5天便可成型，一个月交付使用。室内装修工程，如门窗、厨卫及各种管线设备全部采用标准化、系列化设计，配套化供应，住户可按照自己的意愿和能力，从企业提供的菜单上选择自己满意的产品。人们充分享受了工业化、标准化给住宅带来的实惠和喜悦。

这种工业化生产的住宅，我们称之为"集成式住宅"。所谓"集成式住宅"，就是住宅建设的安装生产摆脱了传统的水、灰、砂、石，手工式的粗制劳动，湿作业现场生产，而是在工厂生产不同的住宅组成件和部品设备，在现场组装生产成品住宅。住宅部品是系列的、标准的，可以在生产流水线上生产，而房屋则可以是多样的、丰富的和多档次的，完全可以按照住户的要求，由建筑提供选择的住宅类型，供住户选择。

集成住宅亦称体系住宅，在国际住宅发展史上曾有过辉煌的成就，至今，仍在经济强国的住宅建设中占有显著比重。二次大战以后，欧洲各国为解决房荒纷纷研究开发各具特色的专用住宅体系，目的是通过标准化和工业化的方法，达到高效率、快速、经济和适用的目标。在之后的30～40年里，为克服专用体系的封闭和隔离，限制了体系的发展，而逐步地进入了通用住宅建筑体系的发展阶段，也就是进入到了发展社会化协作大生产、市场化流通、集团化采购的方式，开发商可以通过市场的需求，由建筑师提供适应住户需要的住宅设计，通过市场供应的方式，建造多样化、多类型的住宅。生产的部件是丰富的、通用标准化的，完全能满足房屋开发的需要。房屋住宅部品的生产是精制的、准确的，住宅的安装生产与工厂制造机器设备没有什么差别，质量档次就完全不在同一水平了。我们常说的"跑、冒、滴、漏"现象也得到遏制。住宅建设的水平达到了新的阶段。

我国的工业化发展起步较早，但始终只停留在以结构为主的施工工艺上。比如北京过去发展的大板体系住宅、大模板住宅体系，缺少对市场的应对能力，不具备满足住户的多种选择和多种适应的能力，缺乏持续发展的空间而失去生命力。这些结构施工模式常常在标准化的前提下忽视了多样化，在大型部件化的要求下，忽视了灵活性和适应性，在强调工厂化的条件下，忽略了我国丰富的人力资源。凡此种种，影响了我国的工业化住宅的进一步发展，使我们的工业化集成住宅的水平几乎落后了30年。北新建材的房屋工厂，严格地讲，仍然是一个专用体系，而距离社会化协作生产的通用住宅体系仍有一大截子路要走，但毕竟为中国的住宅产业化之路增添了一条亮丽的色彩。

未来的集成化住宅究竟有哪些特征呢?

1. 结构部件小型化

和传统的工业化住宅不同,集成住宅的部件不显过大,不光是部件的加工、运输、吊装均可轻便灵活,它的标准化单元也可由大改小,由空间单元改为梁、柱、板结构,组合的灵活性、机动性就增加了,空间创造的任意性就扩大了,应对商品市场的变化能力也就增大了。

2. 空间尺寸的扩大化

大空间结构的住宅带来了空间可分隔、可变化的能力。由于隔墙的轻质化和可拆改化,居住空间的大小可以灵活改变,空间组合创造不受限制,可以最大化地满足住户对功能和设备的高品位的需求。

3. 管道布局有序化

在代住宅管道设施是居住功能提高的重要环节。集成住宅的大空间、无阻挡为布管提出了快捷便利的条件,空间可塑性又为布管的任意性提出了严格的要求。在商品住宅中,常把管划分为共用压力管道和分户水平管道两部分,采用竖墙管井和水平管道层的做法,以适应现代化住宅的要求。

4. 整合化厨卫部件

厨房、卫生间是住宅中最为复杂的和专业程度最高的部件,最适宜于工厂化生产、集成式安装,不但可提高功能使用,降低造价,而且可以避免日常质量通病。除此之外,外墙的保温构造和内墙的部品也都应当采用整合式的、成套的技术。

5. 标准化生产原则

集成住宅部件的多品种、多数量决定了集成化的安装和工厂化的制作必须严格按照标准化的原则进行,因此,采用国际通行的"模数协调"原则和方法,是最必要的手段。模数协调的任务是制定各种住宅部品的生产规格尺寸,使各种住宅部品能准备无误地安装到指定的部位,并且不同企业生产的部件可以互换。其次,模数协调的原则是指导建筑师和工程师如何在自己设计的住宅工程中,保证选择的部件、设备能合理地安装在住宅中,并且不因此而妨碍工程师的创造性,利用模数化的部件不断满足各类住户的居住需求,提高居住品质的要求。

集成化是住宅产业现代化的重要特征

我国住宅建设正在面临着由"量"到"质"的深刻转变，要跟上和接近国际住宅建设的步伐，使我国的住宅建设和人居环境质量整体水平有一个大的飞跃。集成化指的是用社会化生产、系列化供应、装配化施工的模式进行规模化住宅建设。和以往工业化的提法不同，集成化不仅包括了结构部件的集成，更注重的是成千上万的住宅部件在家居装修上的集成。集成化是当今住宅建设现代化的一个重要特征，是工业化住宅的现实主义的表现。实现住宅建设的集成化对发展我国住宅建设，推进住宅产业现代化的进程有着极其重要的意义。

一、住宅产业现代化的主要目标是整体技术进步

中国住宅产业化的目标首先应以提高住宅质量为核心，提升我国居民的居住生活水平，拉动相关行业的发展，以此形成产业链，成为新的经济增长点。其次，需要采取相应的技术措施和技术政策，迅速促进科技成果的转化，保证住宅建设的整体技术进步。

归纳起来，主要表现为下列方面：

（1）开发和引进先进的住宅建筑体系和成套的工程技术，实现结构施工的大跨、轻型、灵活、精确。要以先进的生产技术加速对传统技术的改造和更新，加大高科技对住宅建设的贡献率。

（2）加速形成与住宅相关的材料、部品和设备的标准化系列开发，规范生产和配套供应的生产体系，贯彻模数协调原则，初步建成住宅产业的集约化生产群体。

（3）提高能源、原材料的利用率和土地资源的利用率，减少浪费。在建筑领域内，广泛地应用新技术、新材料和新部品。加大投入产出的力度，缩短施工周期，提高劳动生产率。

（4）建立住宅建设质量的保证制度和激励机制，认真开展住宅性能评价和住宅等级认定的管理工作。打破"中央集权式"管理机制，在全国范围内推行统一住宅部品分类目录法和住宅部品认证制度，广泛开展住宅评估活动。以此，形成优胜劣汰的市场竞争机制，保证住宅建设质量迅速更新发展。

住宅产业现代化，说到底就是生产方式和生产力水平的显示，就是以社会化大生产配套供应为主要途径，逐步建立标准化、集成化和符合市场导向的住宅生产体制。要用现代科技手段加速对传统的住宅产业的改造。住宅产业现代化是住宅行业的整体变革，需要针对不同地区的不同的经济水准、住宅技术能力及其优势和不足，制定本地区住宅产业发展规划，充分注意产业布局和规模效应，统筹规划，合

理布点，全面提高住宅产业，提高居住质量的综合技术水平。

二、住宅产业现代化的根本标志是工业化

工业化一词是发达国家针对传统工业而言的，而集成化则是我国住宅产业化过程中一种社会化生产方式在住宅生产中的体现。集成化的基础是工业化，只有完好的工业化才能完成整合住宅生产集成化的过程。

（一）工业化是世界各国住宅建设的必由之路

发达国家，包括欧洲诸国、日本以及美国等在"二战"后基本上都经历了工业化、标准化的过程，由低级到高级，由生产集团专用住宅体系的发展，转向全社会化、全行业化的通用化住宅部品的发展，取得了彼此协调、互相制约的共同繁荣的生产机制。各种生产环节在标准化的保证中井然有序，并不断淘汰过时的产品和技术，不断地、自发地更新和发展，生产能力和产品的质量都有了极大的提高，住宅建设纳入了"精品"发展的轨道。由此可得出结论，住宅工业化是世界各国住宅建设的必由之路。中国住宅产业现代化发展的必然结果，必定要依靠标准化，并在住宅建设的各个环节全面推行住宅工业化。

然而，从技术发展的角度看，我国当前住宅建造技术仍处在重度落后的状态，基本生产方式仍然是手工操作形式的湿作业劳动，我国的劳动生产率只相当于先进国家的1/7，产业化率为15%，增值率仅为美国的1/20。我国既是缺能大国，又是耗能大国，我国的能耗比率为发达国家的3~4倍。对住宅部品来说，产业化水平差距更大，系列化产品不到20%，不但品种少、质量差，而且同种产品的规格繁多，性能差，普遍达不到现代居住水平的要求，普遍缺乏与市场经济相协调的住宅产业运行机制，造成各行业的多头引进、开发。缺乏指导性的计划目标，配套性与系列性的程度低，严重地与建筑设计脱节，普遍存在现场切割、补差、封堵的随意性作业，成品质量低劣。

（二）标准化是工业化的重要内容

标准化的工作在我国住宅建设中强调了约30年。进入市场后，特别是大量的农民工涌入建筑市场后，标准化的工作被推到了脑后，甚至有人认为"市场化了，标准化过时了"，这是一种偏见。回想30年的"标准化"工作，重点放到了结构的构配件中，强调的是标准数列的利用，而缺乏住宅产品与产品、产品与建筑之间广义上的协调配合。住宅设计过于单一，特别是缺少对适应"人"的需求而作的努力。计划经济时期的住宅"住户"只能去适应"住宅"，而不是"住宅"如何能适应"住户"。住宅建设失去了生命力，"标准化"失去了吸引力。

标准化的目的就是实现工业化，就是通过标准化的疏导和配合，组织开展社会

化大生产、大协作，实现以集成化方式建造住宅的目标。通过标准化实现工业化生产，就意味着"效率"，就意味着用最少的资源、最少的时间，实现高效的工作成果。严格地说，缺乏"多样化"的"标准化"不是真正的标准化，缺乏多样化的住宅建造技术，就是不能适应市场的需求。这类教训已经数不胜数了。

（三）实现中国住宅建设的有序化

发展住宅产业现代化就是要实现中国住宅建设的有序化，即在标准化基础上的工业化，最终实现社会化生产的通用体系的良性运行机制。为此，从现在起就应当高度重视基础技术的研究和推进标准规范的更新速度，以保证住宅产业发展的需要。

1. 变革现有标准、规范编制体系和编制思路

应迅速改变规范标准的编制滞后的状况，使之跟上技术创新速度、适应住宅产业发展、适应市场要求。在标准、规范编制方面应当向国际先进国家看齐，向国际化靠拢。国际上大多国家的标准、规范采用散页式的编排方法，就一个问题和一个方面，编制一个标准或规范。因为单页阐述问题单一，十分容易编制，修改时也不会涉及其他问题，简洁明了，速度快，指导性强，有利于技术更新。

2. 要简化规范、标准的内容

应缩小控制范围，能由市场控制的应充分放归市场调节，必须控制的条文执法要严、要狠。目前，我国标准、规范编制内容的紧缩余地十分大。

住宅市场上住宅部品、设备的产品缺口严重，标准编制跟不上需要，这也跟标准过分复杂有关。产品标准只需控制与其相关联的规格尺寸、安全、卫生的相关指标，其他方面均应在企业标准中自行完成。因此，建立住宅部品标准应以研究我国住宅部品分类法，编制我国住宅分类产品目录为重点任务，每年按照住宅产品分类目录的要求，收录各种产品的生产指标（规格尺寸、产品性能、检测标准），就可达到迅速更改、及时发行的目的。逐步改造我国住宅部品的现状，变无序化生产为系列化、标准化、配套化生产，从而使集成化住宅生产有了社会化的基础。这里的"住宅产品分类目录"已不是一般"目录"的概念，而是一个统一的、指导全局住宅部品开发和生产的"部品标准"了。

3. 强化模数协调的编制和推广应用工作

模数协调在房屋建筑中的作用早已为广大的建筑工作者所认识，但我国对建筑模数的应用长期以来主要局限在房屋建筑的结构构件及配件的预制和安装方面，对大量的普遍应用的住宅部品、材料和设备的开发和生产安装，缺乏模数协调应用的指导。国际建筑模数协调标准是 20 世纪 50 年代在欧洲各国研究的基础上编制的，进入 80 年代后形成完整的模数协调 TC59 文件，长久以来，未能引起我国的重视，以至于与国际化脱节达 20～30 年。它应用模数设计网格原理完好地将各类住宅部品和设备，互相协调地集合在一起，它们具有成品统一安装性和互换性。我国的住

宅部品的现状发展是自流的、无序的，建筑安装生产是手工的、传统的，造成了生产效率、资源利用、住宅质量等多方面的危害。

三、工业化要求提高住宅部品的整体生产水平

目前我国的住宅部品、设备的开发和试制工作缺乏有导向作用的认定机制和激励机制，重复开发、低层次运转现象十分普遍，住宅产品类别少，品种单调，质量差，普遍满足不了现代住宅建设需求。主要表现为：

1. 标准化体系尚不健全

我国规范住宅部品生产的模数协调工作刚刚开始，住宅部品的生产缺乏规格化、系列化和配套化。住宅部品与住宅、部品与部品之间缺乏相应的连接与配合。接口技术是低水平的、粗放型的，谈不上配套和工业化生产，基本上仍然是低技术含量的手工操作，劳动生产率十分低。住宅施工质量合格率与发达国家相比差距很大。

2. 住宅部品开发和生产缺乏必要的监督和激励机制

至今尚没有建立健全的部品认证制度或部品准入制度。住宅部品缺乏可靠的性能和质量的保证。部品市场不规范，次品充斥施工工地，优良部品受到冲击，得不到有效的保护，新产品开发和营销普遍受阻。

3. 住宅性能评价和认定工作尚处在运作阶段

开发商急功近利，忽视对新技术、新产品的应用及对新部品开发的主动引导，而只是满足于低标准和低质量，使住房利益得不到保护，住房的需求得不到满足。

建立住宅部品的认证制度和开展优良部品评估活动是建立住宅部品质量保证的必要手段。20 世纪 90 年代，在国家技术监督局和 ISO9000 质量保证体系的认同下，中国建立了工业产品认证制度，并在一定的范围内建立了国家级认证体系。建设部的住宅部品认证组建工作一度积极地筹备，并着手向国家技术监督局提出申请，建立建筑产品及设备的认证工作站，但因种种原因，未能如愿。但是，我认为这并不会妨碍我们展开对住宅部品认证工作和优良部品评定工作的开展。

住宅工程质量涉及千家万户，没有合格优良的住宅部品，就没有优良的住宅可言。就今天房地产开发而言，一套优良的住宅部品供应体系要比取得一套优秀住宅的设计更为重要。

ISO9000 系列标准是搞企业质量体系认证的，认证了工厂，但并不代表它的产品必然是合格的。在各行各业中，建筑业是最终需求的产业，对各种产品的质量拥有否定的权力，可以采用发放许可证的办法来保证住宅的工程质量，防止伪劣的、不合要求的产品冲击住宅市场。开展认定工作，发放使用许可证，贴上许可使用的标志，是建设行业和主管部门的职责。不论何种或哪个部门生产的产品，未经许可的，一律不能用于建筑工程，这是我们责无旁贷的工作。使用许可证工作的开展和

执行，将有力地促进住宅工程质量的迅速提高，加速住宅产业现代化的进程。

搞住宅产品质量的认证，应当由各地政府主管部门出面抓组织、抓规划、抓规章制度，要建立权威性和专业性，要成立各类专业的专家委员会，专门指定测试中心，选聘专职的鉴定、评估专家，严格按照科学的方法和程序作出鉴定评估意见，有必要建立一个住宅部品的认证中心，周密地开展各项工作。

使用许可证的工作可以先选几种产品进行试点。先抓同人身、财产安全有关的住宅部品和设备，再抓有污染的、能耗大的、资源浪费的部品，由点到面，由局部到整体，全面推开，要根据不同的部品发放不同的许可证。要逐步地把部品推荐制度转化到合格证和许可证的发放制度中来。要制定政策，充分利用市场的机制抑制不合格、低劣的产品和设备，对使用非许可产品的住宅实行不评奖、不定级的措施，不允许在国家重点项目和示范小区中应用。

四、技术的体系化和成套化是关键

（一）全力推行通用体系

住宅产业现代化的过程，就是要用现代科学技术改造传统住宅产业的过程。科学技术是第一生产力，技术进步是现代化建设的关键。发达国家的实践证明，在经济发展的增长因素中，技术进步的贡献率是第一位的。我国住宅产业发展战略的重点，应放在科技与经济的转化方面，运用高新技术来改造住宅产业。

多年来，我国在建设科技上安排了大量的科研项目，耗费了大量的人力、物力，但是科技贡献率只达到26%，而发达国家早已达到60%～80%，主要表现为：选题松散，未能始终抓住发展住宅工业化这一的主题，未能扶持一批新兴的、各自独立但又相互依存的工业企业，带动产业的发展。

国际上普遍认为，推行通用体系可以实现部品的专业化、批量化、标准化的生产，社会化的供应方式，使整个行业形成丰富的产品系列，设计人员可以从大量的产品目录中挑选适宜的产品，营建丰富多彩的建筑。产品是标准化的，住宅是多样的。推行通用体系可以充分发挥设备的作用，有利于实现流水线的生产、集团化的运行机制，大大地降低成本，提高劳动生产率。推行通用体系有利于实现住宅精品化，使各种构造细部的合理性得到充分的重视，技术成套得以保证，从而可彻底扭转粗放的生产模式，跑、冒、滴、漏的日常质量弊病现象可得到充分的抑制。因此，可以说，推行通用体系是对建筑技术和管理技术的一场真正的革命，是实现住宅产业上台阶的重要表现。

（二）发展专用住宅体系

住宅工业化的另一个重要方面是全面推行以某种结构形式或施工工法为特征的专用住宅建筑体系。这是一种以功能目标为主，以市场为导向的完整的生产体系，主要特征是把规划和设计、生产和施工、销售和管理融汇在一起，用现代的居住理念、高科技的生产手段和集成化系统的管理方式，来形成配套的整体工业化体系技术。

以往，我国推行过多种住宅体系，但大多数只强调结构或施工的特殊性，而忽略功能的适用性、合理性和多样性，因而在住宅市场的冲击下，失去了再发展的能力，造成了极坏的印象。在单一化的部配件条件下，缺乏灵活性和适应性，在过分强调工厂化的情况下，又忽视了现场施工的突出优点，这使得我国住宅工业化的发展不断地遭遇挫折，引起人们对工业化体系的厌烦情绪。

二次大战以来，住宅专用体系是在解决房荒的背景下建立起来的一个新概念，其目标就是提高效率，快速、经济地供应大量的住宅，运用简单的劳动力替代工艺技师的劳动，保证高科技化。代表性的著名建筑体系有法国的卡修体系，荷兰的SAR和马托拉斯体系，丹麦的BPS体系，日本的NPS体系和百年住宅体系，为住宅产业的发展作出了重要的贡献，显示了强大的生命力。

国际发展住宅产业的经验告诉我们，选择工业化住宅体系，扩大体系的适应能力和通用能力，用高科技含量加以保证，是体系的生命所在。住宅专用体系必须突出建筑体系的主导地位，也就是保持住宅的最终产品的功能性、适应性和可变性，保证市场的运营，使体系不断地更新发展和完善提高。

（三）重点研究配套实用技术

工程施工中通常要遇到各种专门化的建造技术，如防水技术、排烟通风道技术、轻质隔墙技术、保温墙技术等，营造技术成套化预示着质量、效率和低成本的进一步发展，也是住宅体系发展的必备因素。在发展体系技术的同时必须加强建造技术成套化的研究和发展，比如研究住宅厨房、卫生间整合设计标准化问题。在综合考虑住宅平面布局、面积尺寸、设备配套、管道布置、除油烟排气、装饰装修等多种因素外，使住宅依照不同档次，实现定型化和标准化。采用社会协作化生产，集装箱式配套，集成化施工。设计人员只要注明采用哪一类厨卫，全部生产组织程序就可以完成，可达到高效。

模数协调
——住宅产业化的前提条件

背景及历史任务

建筑模数及其协调在房屋建筑中的作用早已为广大建筑工作者所认识。早在20世纪50年代末，我国已对模数数列及扩大模数展开了研究。20世纪60年代初，拟定了"建筑统一模数制"，并开始在全国房屋建筑中执行，对工业与民用建筑的标准化、工业化起到了积极的推进作用，特别是在建筑构配件预制和安装的发展中达到相当高的水平。20世纪80年代以后，中国建筑技术研究院根据国际标准化组织提出的模数协调TC95文件原则，对1970年的文本进行了必要的修订和扩充，形成了《建筑模数协调统一标准》。

但是，在此之前，我国的模数协调原则的应用和实践，主要局限在房屋建筑的结构构件及配件的预制与安装方面，在住宅产品、设备和设施开发、生产和安装方面缺少模数协调的应用和指导。据初步估计，目前我国生产的与住宅相关的材料、产品和设备大约已有1800多种，生产状况基本是无序的、自流的。

其危害主要表现为：

（1）因为缺乏模数协调原则指导下的统一规格尺寸的要求，在开发和引进住宅产品的过程中无章可循，任意性极大，品种多，规格杂乱。据调查统计，7个新建企业生产的15个型号的浴缸，实际就有7种长度、8种宽度和13种高度。无标准化可言，严重影响了安装质量。

（2）因为产品规格尺寸多、缺乏互换性，与建筑设计难以协调。施工安装离不开砍、锯、填、嵌等原始施工方法，施工属于粗放型。成品的质量档次始终处于低水平。

（3）生产工厂因得不到在统一模数协调指导下的规格尺寸要求，担心生产产品不能与建筑设计配合，成品销路受阻，无法安排大批量生产，产品定型长期不能完成（害怕国家做出新规定），严重影响了产品系列化的发展。迫切呼唤模数协调原则指导统一规格要求的早日出台。

（4）因为住宅产品规格尺寸的任意性和施工安装尺寸无要求，部品与建筑、部品与部品之间缺少固定模式的配合。接口技术缺乏研究，接口配件不配套、不齐全，成品质量差，不美观。

（5）建筑设计与建筑施工常困扰于寻找不到相应规格的产品。好的住宅设计项目，没有品质完善的住宅部品相配合，就是空想，好的产品，没有很好的配合接口，那是粗制滥造，在住宅商品化的今日，已远不能满足市场的需要了。

我国住宅建筑正面临前所未有的发展前景，住宅建设总量在 10 ~ 15 年内仍将保持增长的趋势。与此同时，追求质量，追求高尚品质的住房和居住生活质量已经急迫地提到议事日程中来。如何满足这一个大市场的需求，迎接我国住宅建设从"数量型"向"质量型"转换，这是我们每个从事住宅建设的工作者的历史责任。

从世界各国，特别是发达国家住宅建设的发展水平和趋势看，住宅建设已达到相当的精度，安装的准确度（公差度）已达到毫米级水平，组合件的加工公差以毫米计，接近和相当于机加工的水平。普通的建筑制品和材料均需要妥善地包装和运输。在施工安装方面，常采用小型集装包（箱）的形式，配备有成套的零部件，定型螺栓、螺母，甚至配置施工安装的特殊工具。安装的劳动力配置表和工时表，安装工艺和验收要求等，对安装的成品，绝对保证其质量，极大提高了工效，节约了劳动力。

针对我国的劳动力市场和技术认知水平，不一定要求短期内实现高目标、高水准，但是我国的住宅建设质量及水平，肯定最终要向国际水平靠拢，实现接近和达到先进国家的建设水准。除此之外，我国的住宅建设技术还要力争能走向世界，输出中国制的住宅产品和安装技术。这一远大目标，并非是遥远的事，只要我们共同努力，切实地从基础技术工作抓起，我们就能实现我们的目标。模数协调的研究和应用是住宅建设的最重要的技术基础工作之一。

模数协调基本概念

模数协调的概念，简单地说，就是一组有规律的数列相互配合和协调的学问。生产和施工活动应用模数协调的原理和原则方法，规范住宅建设生产各环节的行为，制定符合相互协调配合的技术要求和技术规程，共同遵守，严格履行，形成一个全社会有序生产的秩序，充分保障各生产企业自由创新、发挥潜在能力的广阔天地。

1. 关于模数数列

世界各国众多学者展开了多种研究，提出了各自的建筑模数雏形。目前，在联合国欧洲经济合作局（E.P.A）及国际标准化组织（I.S.O）的倡导下，着手在全世界范围内统一建筑模数。联合国 ISO - TC59 房屋建筑模数协调委员会历年来已经编制了一系列的模数协调标准，得到众多国家的认可。我国自 1986 年开始参与国际签约工作。

国际模数数列采用差级数理论来编排。我国《建筑模数协调统一标准》的数列遵守国际的规定。数列以基本模数 M = 100 为基本模数值，向上为扩大模数 3M 数列，向下为分模数 M/2、M/5、M/10 数列，级差均匀，数字间协调性能比较好。

我国对模数数列的应用始自于 20 世纪 50 年代，由于一开始就注意了与国际模数的接轨工作，使我国模数数列和模数协调的应用取得了较大的成功，建立了深厚的模数协调应用的思想基础和技术基础。但是，由于长期以来我国住宅部品产业未得到发展，建筑模数、分模数系列始终未得到长足发展，致使应用水平落后于国外20年。摆在我们面前的任务就是充分应用模数协调的原则方法，指导住宅产品的开发、生产和安装。

2. 关于模数网络

住宅建筑作为最终产品，是由各部分、数千种产品（模数协调中称为部品）所组成的（在日本有1万多种，美国有5万多种），它主要包括下列几个专业部位：

（1）结构构件及外墙部位；

（2）轻质隔墙部位；

（3）楼梯与电梯等交通部位；

（4）门窗部位；

（5）屋顶与顶棚部位；

（6）厨房、卫生间部位；

（7）阳台和露台部位；

（8）地面与基础部位；

（9）住宅设备部位；

（10）设备管束部位；

（11）装修、防水、保温材料部位；

（12）其他。

各部位的成千上万种产品将按照不同的生产方式、不同的生产地点和不同的生产时间，按照统一规格尺寸要求进行预生产或现场生产，最后在安装现场进行安装组合。各部位部品要按照组合体与组合件、组合件与部品、部品与部品，要能有组织地、彼此协调地、配合良好地连接在一起。模数网格的作用就是一个连接纽带，用模数网络的设计方法达到最佳模数协调的效果。

所谓模数网格设计，就是利用3D模数化空间网格进行建筑设计和构造节点设计。例如：把模数化的组合件如柱、梁、楼板及墙板等依规律填充到模数化的空间中去，就组合成了三度空间的建筑，这些空间的模数化网格线就构成了模数组合件在建筑空间中的界线，模数标准称为定位线（面）。

模数网格分为基本模数网格、扩大模数网格和分模数网格这几种，扩大模数网格通常用来确定房屋结构及其构件的相互协调关系。基本模数网格和分模数网格则用来确定各种产品之间的连接接口的相互协调关系，如各种管线的安装位置及其组合件的尺寸配合关系。

建筑物或者建筑的专门部位是由各组合件构成的，不管它们是成品还是现场制作，它们均要由定位线定位，施工安装过程中按定位轴线和定位线就位。对每一个构件来讲，它有可能是三个方向的边界定位，或者两个方向边界线和一个方向中心定位，选择的装配定位方式要依照最终配面所达到的功能要求来确定，可采用一种定位方法，亦可混合应用不同的定位方法。

模数网格设计，不但能保证结构组合件（或现浇混凝土模板）的模数化系列尺寸，最主要的是为结构主体所包容的空间（或称可容空间）提供了一个模数化空间，为建筑部品（称之为容纳件）提供了模数化可能。这就为各种部品或是组合件提供了标准定型化、模数系列化和组合装配化的前提条件，这样才能使住宅产品及其配件生产和安装纳入工业化、集约化和组装化的道路。

3. 关于优选尺寸

就模数协调原则应用的最大效能之一，就是要充分地对住宅专业部位或者住宅部品的参数系列进行优化选择，在保证基本需求的基础上实行最少化，以此来保证各种住宅部品和组合品种的简化，确保制造业的简易和经济，安装业的方便和效率。

但是，因为使用者的需求不同，而且随着居住生活质量的提高，对住宅部品和组合件会有多样化的要求，不但要品种多，而且要有互换性，这就要求对某种住宅专业部位和住宅部品实施优选尺寸，使其形成一个优选系列尺寸。它们不仅在不同的部品和组合件中是协调的，而且对其他建筑物也是协调的。

优选系列尺寸的选择因素，与社会需求和企业的生产能力、供应能力是相关的。在生产能力尚未到达相应水平的情况下，应尽可能地减少优选数列，以达到最佳经济效果。另一方面，在我们修编住宅模数协调标准时要特别注意的是，重视对现状社会部品的摸底调查，在确定优选系列尺寸时，首先考虑已在实际生产中大量使用并符合模数协调要求的数列，以减少改制对生产造成的损失。对于确定不能满足优选尺寸系列要求的，实行过渡期制度，在若干年以后逐步归纳到优选尺寸系列中来。

4. 关于接口与公差

接口与公差是建筑模数协调的重要环节。接口是指相邻两个或两个以上部品或组合件的连接点，当它们装配连接在一起时，需要用连接件加以固定和连接。通常这些连接件具备承载能力，具有安全可靠，纠正偏差，固定位置，安装简易，外观整齐，经济耐用，便于维修等特点，一般说来，要求较高，并不是人们通常想象的简单的构造。国际上已对接口技术进行了专门研究，各种建筑部品接口已形成行业，有各种成套的、定型的产品。

公差是由制作、定位、安装中不可避免的误差引起的。公差一般包括制作公差、位置公差和安装公差等几种。公差包含了上限值和下限值之间的差，在设计中应当把公差的允许值考虑进去，处理在合适的范围中，保证在接缝安装、加工制作、放线定位中可允许的限度范围内，表现出接口的功能性、质量性、美观性。

减小制造公差、提高公差的控制等级就意味着提高造价，需要较好的设备和技术。同样，定位及安装的精确度越高，制作公差的精度也必须提高，安装花费也越高。公差的正确选择决定于建筑物要求的性能和经济因素，以及加工制作的工艺水平。本标准参照国际常用范围初步提出试用公差等级，依我国加工水平，可适当降级使用。

模数协调标准体系

我国自 1986 年开始对建筑模数标准化作了规模较大的修编工作。标准大致分为四个类别层次：第一类属于总标准，规定了数列、定义、原则和方法；第二类是专业的分标准；第三类是专门部位的标准；第四类应是住宅专门部位的各种产品或零部件统一规格尺寸的规定，可用产品分类目录的统一规格尺寸加以指定。

四级层次构成了模数协调体系的框架，其中一、二类为原则规定，是制定"标准的标准"，三、四类是应用标准，具体指导工程产品设计、制作加工、销售经营、施工安装、更换改造等方面工作。

综观现有模数标准，大约存在下列问题：

1. 标准的编制深度、广度有偏颇

对模数协调的认识和应用方法，因受条件局限也尚未有充足的理论和实践。特别是二类标准——"住宅模数协调标准"，实际上只是对当时通行的大板住宅和砖混住宅作了一些选择上的规定，并没有从原则基础、应用方法、协调原理上阐述，指导意义不大。本次修编主要使用已有标准的名称，作了全局性的改动。

2. 标准中"协调"是含义及表达不突出

模数的关键在于"协调"，是使数与数列之间的关系达到和谐的原则和原理。数列和优化数列（参数）并不是应用的目的，而只有应用这些数列和优化数列（参数）进行互相配合、相互制约，才能产生最大的效应。标准阐述数列、参数、轴线定位多了，而协调的定义、概念和应用少了，以至于与实践应用脱节，不能真正地指导开发、生产和安装，发挥模数的作用。

3. 标准编制的数量不足

组合建筑物有诸多个专门部位，目前只有楼梯、门窗、厨房和卫生间三类部位模数标准，大多部位标准尚且缺项，诸如屋面、吊顶、隔墙、管束、电梯、盒子间、内梯、板材等。住宅部品材料、设备等分类达数十种，成千上万种部品，目前已做出统一规定尺寸要求的寥寥无几，缺口数量颇大。

4. 标准内容、定义和方法已不适应技术发展的需求

20 世纪 50～60 年代的模数数列的应用和发展导致了我国标准化的启蒙和全国工厂化预制装配的发展。自 1986 年开始，随着我国大量建设的恢复需求，对建筑模数标准化作了规模较大的修编工作，模数协调标准有了较大的提高，如下表所列：

20 世纪 50 年代末	模数数列及扩大模数研究与应用，引进预制构件的概念	数列应用
20 世纪 60 年代初	拟定了"建筑统一模制"，并开始在全国房屋建筑中执行，应对了大量工业厂房的建设需要	扩大模数应用
20 世纪 80 年代中	根据国际标准化组织模数协调 TC95 文件原则，对 1970 年的文本进行了修订和扩充，形成《建筑模数协调统一标准》（GBJ2－86）	模数协调应用
20 世纪 90 年代末	因住宅部品大量扩充，部品的生产和安装极大地影响着住宅的品质、生产效率和成本的控制，住宅部品的无序增长亟待克服。《住宅模数协调标准》（GB/T 50100—2001）应运而生，标准强调"协调"，改变了建筑模数以结构为主体的编制思路	模数协调和模数网格的应用

表中所列标准大多是在十多年前编制完成的，原标准已不适应现代住宅建筑技术发展的要求。很多名词术语需要重新定义，补充完善，需增添的应补足，不适应的应当进行调整。新的技术和部品应当反映进来，尚要给各类参数留出空间，提供发展、创新的可能，修编的任务十分繁重。

对策与建议

1. 突出重点，循序渐进

本标准参照国际标准 TC－59 的有关条文，并重点研究了日本、法国等国家的编制思想和方法，力求使我国住宅模数协调标准与国际标准靠拢，采取先易后难、先简后繁、逐步推进的方针，使模数协调的概念逐步为各行各业认识，为众多的研究、设计、施工销售人员所掌握，真正成为工具，发挥模数协调对住宅产业的效用。

正在修编的部品标准尚有《住房厨房及相关设备基本参数》、《住宅卫生间及相关设备基本参数》两本，其他部位标准将随着住宅产业化的发展进程逐步展开。欢迎有关单位、公司企业承担或参与专业部品标准的编制工作。

对于数量大、分类广的住宅产品、材料和设备模数尺寸的控制，将随着我国"住宅部品分类法"的研究和推行，"住宅优良部品分类目录"的编制完善，逐步展开，使各类部品各有归属，明确各类部品的发展空间。

2. 克服障碍，通力合件

模数协调是涉及各个工业部门、政府、开发商的多方面人员和部门的工作，需要克服部门之间的差异，实行通力合作。在住宅建设中推行模数协调体制是历史发展的必然，只有广泛地推行模数协调体制才能保证住宅产业现代化的健康发展，才能保证各行各业的兴旺进步。相反，哪个部门、团体态度消极，不给予配合和执行，必将遭到淘汰。

为此，建议在全国范围内建立跨部门的全国住宅建筑模数协调发展协会，建立专门的行业委员会，负责对全国和本行业的模数应用工作的推广和协调，在建设部的相关部门内建立模数指导小组，负责策划和指导全国模数的日常工作。

共同的责任、共同的使命，把整个事业联系在一起。有关的规定、协议、原则要共同承认，并自觉遵守，才能使模数协调标准尽快地在部品的开发、生产和安装中发挥作用。因此，整个模数协调的各类标准编制工作应当得到各主管部门的重视和参与，将相关部门组织在一起，共同研究并共同贯彻。

3. 开展研究，加强试点

推广和应用模数协调的原则、方法，对我们大多数人来说是陌生的，因此必须要加强学习和研究工作，并勇于实践，选择试点城市，开展重点推广试行工作，总结经验后，向全国扩散。

除此之外，尚应围绕模数协调推广工作的重点，开展相关技术攻关的研究，解决疑难问题，例如：大力推广整体卫生间盒子结构的有关模数配合尺寸及其接口技术的研究，大力采用可拆改、易维修轻质隔墙板的模数系列尺寸及其接口技术的研究，住宅各种配管、排管的定型设计、连接定位、放线定位、接口技术和连接件配套技术的研究等。只有通过深入的研究，才能使各类部品、材料和设备之间有一个良好的配合，满足和达到现代住宅精品的要求，才能稳步健全地开拓各类住宅部品、材料和设备市场，一个中国住宅产业化、现代化的时代必将尽早地实现。

模数协调制的历史使命

（作者在中国住宅可持续发展及集成化/模数化国际研讨会的发言）

今天我们的房地产事业已经进入追求高品质的时代，开始从追求外界美、表象美转换到追求内在美，就是讲求居住性能，讲究健康、休闲，讲究品质的提高。现在，房地产发展已经到了转折阶段了，特别是现在强调的中小套型，中央提出了要求以后，可以认为是发展的好时机。中小户型特别要讲究标准化，特别要讲究精细化，讲究发展，因为中小套型尤其要讲求资源的利用、有效的空间，要发挥每一平方米的空间的最大作用。现在，标准化的问题恰恰是我们小面积住宅建设的方向性的问题，因此说时代的机遇呼唤标准化和模数化的到来。

目前，国际上标准化的历史经验告诉我们，建筑工业化是房地产发展的必由之路。欧美以及日本的教授们的演讲可以告诉我们这样的结论：这条路是非走不可的。应该这么说，我们国家的标准化问题，相对滞后了差不多 20~30 年的时间，所以，我们应该重新认识，重新去理解和学习标准化、模数化。这一定会成为指导我们的房地产开发的一个重要的手段，这个时机已经到来了。今天，大力地去提倡模数化、定制化的生产，用标准化的理念指导我们的行动，使我们的房地产发展上一个新的台阶，这个是完全有可能的。

我国房地产大体上来讲仍然处在粗放发展阶段，仍然靠简单的手工劳动，生产的效率非常低，产品的性能、功能质量差，这种状况与快速增长的数量是不相匹配的。这种产品生产得越多，我们的浪费就越大，我们的效率就越低，我们造成的伤害也就越大。很多开发商在说，我们建了一批垃圾。如果不改变这个状况，后果是不可设想的。

根据资料统计：我们的劳动生产力大概相当于发达国家的 1/7，产业化率目前只能达到 15%，增值率相当于美国的 1/20。这种状况一直在延续着，产品的产业化水平差距更大了。目前，我们的产品数量可能比前几年增长了很多，十年前，根据小康研究统计，大约有 1800 多种，通过改革开放大量引进以后，产品增多了，有可能达到了五六千种，日本可能现在已经达到两三万种了。产品系列化水平在国内尚不到 20%，所以住宅产品少、质量差、规格不多、性能差是当前市场的普遍现象，达不到我们现在房地产发展所需要的要求，这种运行机制值得我们去深思。这个主要表现在：

第一，住宅产业缺乏模数协调的指导，模数协调的原理已经被我们放到脑后。接口技术水平低、粗放型的安装是普遍的现象，在配套化、系列化方面水平很低。

第二，运行机制不完善。部品认证制度始终没有建立起来，生产是无序的，产品虽多但可选择的产品并不理想。部品市场供应不规范，新产品应用严重受阻。

第三，住宅性能和部品的认定工作，目前还没有到位，还不成熟。新技术、新产品应用不力，房地产开发行为缺乏规范。

正因为如此，倒是为我们今天的发展提供了一个很好的机遇。

什么叫住宅产业现代化？这个词现在用得很多，住宅产业化可以简单地解释为社会化大生产的方式，也就是住宅产品的生产和经营上的一体化。通过大量的社会化生产，成千上万的产品能够在统一有序的规则里进行生产。工厂虽然很多，部门也很多，但是生产的东西是可以互相通用的、互相融合的。通过模数协调规则，把建筑设计、生产经营、施工安装、销售服务等连成一个系列的整体，形成一体化的供应，在住宅工业化的基础上，为用户提供优良的住宅产品和优质服务。

住宅产业现代化可归纳成"六化"，即连续化、标准化、集团化、规模化、一体化和机械化。这看似简单的"六化"，实际是对传统住宅生产与经营方式的彻底"颠覆"。

住宅产业化并不等同于房地产业化，房地产业化和住宅产业化在本质上是有区别的。房地产业为社会提供功能性建筑，而住宅产业强调的是生产过程，是产品部件、组成件的生产，是一个制造过程，一个生产链，它不包括直接为社会提供住房的概念，所以应把它分开来，不能混为一谈。很多人认为房地产项目做好了，就等于住宅产业做好了，这是误导，有害于住宅产业化的迅速形成，会影响到我们住宅产业化的健康发展。

住宅产业化将给我国的住宅业及其相关行业带来革命性的变化，给住宅产业链的各个环节带来深远的影响；住宅产业化催生了兼有房地产开发职能的住宅产业集团，而住宅产业集团具有一体化生产经营优质适价住宅的优势，将会占领较大的市场份额。规模大、实力强的房地产公司在与产业集团的竞争中生存，已经意识到，企业发展必然走依托社会资源整合，标准化和集成化的路子。

国内有实力的跨地区发展的房地产集团企业，诸如万科、金地、万通、阳光100地产等为应对多元市场的竞争，提高产品品质、简化运营机制、降低开发成本，开始向国际化集团管理运营模式看齐，加强企业的研究机制，将定制化、标准化和模块化作为企业发展的主打方向。但是，由于模数化的缺失，导致产业化的失调，标准化、模数化的工作是政府的职责，在推广和应用模数协调方面，政府贯彻不力，没有一个相应的机构组织执行和宣传贯彻，导致住宅产业化长期不能形成，部品设备无序化生产，引进的越快，尺寸规格越混乱，这点我想大家都理解。

因为行业整体标准化、模数化水平不够，尽管集团企业意识到模数协调的重要性，完成标准化的工作仍然困难重重。我跟万科的同志了解了一下，由于社会产业供应链不够，他们可能要花三倍、四倍努力甚至十倍力量达到的效果才只有一点点。整体模数化社会背景跟不上，对我国住宅产业化的形成有重要影响。这个困境为今天的发展带来了一个机遇，那就是，放在我们面前的标准化、模数化的任务更重了！现在，我们到了应该大声疾呼来实现标准化的时候了。

回顾一下我们的建筑模数发展的历史进程：在20世纪50年代，我们创立了统一模数制，应该说是比较早地开始了实行模数系列和扩大模数的研究。研究第一代模数系列的就是设计大师赵冠谦先生，参数的概念就是那时形成的，基本上是研究数列的变化，强调基本模数和扩大模数的数列关系，对模数的协调理解比较弱。建筑设计用定位轴线的办法研究结构构件的变化，对内装产品的标准化尚无基础概念。

根据国际标准化组织的模数协调 TC59 文件的原则，从 1970 年开始进行修编，形成了建筑模数协调统一标准，在模数发展方面跨出了一大步，但是，仔细分析，仍然发现没有脱离模数数列的影子，内装部品尺寸协调的概念仍然没有建立起来。进入了 90 年代，住宅部品的发展带动了内装部品尺寸相互配合的需要，因此，需要对整个建筑模数的理念进行调整，完善概念，建立与国际平衡的模数协调体系。2001 年公布的《住宅模数协调标准》奠定了住宅应用模数协调的基础。这个模数标准参考了国际发展趋势，是对照了包括日本在内的多国模数的经验制定的，主要是针对解决模数内装产品的标准化问题来编制的，因此改变了建筑模数以往的传统的编制方法。

这里，我简单讲一些道理，根据国际模数标准的概念，模数系列将 M = 100 作为基本模数值，向上扩大为 3M 的扩大模数数列，向下是 1/2M、1/5M、1/10M 分模数数列。无论是扩大模数还是分模数，协调模数都是比较好的。传统模数采用 3M 扩大模数，而对于分模数的概念，长期用得非常之差，理解得也很差，所以影响了我们整体的模数水平的发挥。

这里我列了几条，是我国模数应用的特征：

第一，在 20 世纪 50 年代开始受前苏联的影响，主要局限于数列研究上面。

第二，主要局限在结构为主的标准化上，实现了预制化、工厂化系列，出现了很多大板建筑和以结构模数为主的标准化系列。在北京，拥有亚洲最大的预制厂。这些都是根据结构标准化的概念形成的。

第三，长期以来，在分模数的应用和研究方面做得比较差，没有得到长足的利用和发展。据比较，我们国家的工业化水平几乎落后于外国 20 年，这是我个人估计的。我们要加强对模数协调原则方法的研究，特别要强调协调。所谓协调，就是各个数列之间的配合，最终在住宅部品一体化方面的提升，使得结构和产品之间，产品和产品之间都能够互相协调起来。

这里，为了便于大家理解，我把模数协调的基本概念再重复一下：模数协调是指一组有规律的数列相互之间的配合和协调的关系，简单地把它列为数列来应用是不够的。在生产和施工活动当中，应用模数协调的原理和原则方法，规范住宅使用的各环节，制定配合符合协调配合的技术要求和规则，这个是我们当前最重要的东西。如果各个生产企业、施工企业都来共同遵守，严格地履行，形成一个有规律的生产秩序，互相配合、互相协调，这样就能使得我们形成一个非常好的协调关系，在软件或硬件方面都能达到协调的程度。

我进一步解释一下，刚才很多专家列举了网格的作用，说明了网格在建筑当中的重要意义。实际上，网格可以分成好多种，它的基本模数也不止一种，深尾先生提倡 $M_0 = 150$ 作为基本模数，是非常好的独到的想法和构思。这里讲的是 $M_0 = 100$ 的网格，从 $M_0 = 100$ 的基本模数入手，可以扩大到 3 模、6 模、12 模，还可以用 10 厘米和 20 厘米组合的花格尼模数网格，这样的网格更加有利于内装产品的标准化，更加有利于组合件的安装。深尾先生有一张复杂的网格组合图，这个图里面有很多种的模数网格组合在一个建筑里面，在一张图里面表现得非常灵活。网格还是一个空间网格概念，包括长、宽、高在内的模数网格。网格设计允许阻隔和间断，可以把非标准件容纳在不同的网格中间，可以根据设计的需要做成多种多样的灵活网格的变化。

在模数协调里面，有一个非常重要的基准面定位的概念，以基准面和辅助基准面建立一个基准概念，它能保证组合件安装和产品制造。按基准面分割和安装部品可形成灵活组合的标准件，基准面可以保证产品互相协调地组合在一起。基准面中间还可以设定很多的辅助的基准面，通过辅助的基准面，可以安装不同的零部件和部品。基准面的安装可分为中心基准面和面基准面，基准面之间它可以由左面和右面进行安装，可以采取不同的形式，所以它就可以产生标准部件的多样化安装，可以以最简单或少量的模数构件达到多样化的目标。

网格、双线网格及其各种网格的应用举例

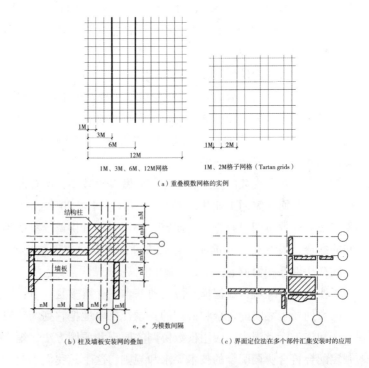

1M、3M、6M、12M网格   1M、2M格子网格（Tartan grids）

（a）重叠模数网格的实例

结构柱

墙板

e、e' 为模数间隔

（b）柱及墙板安装网的叠加

（c）界面定位法在多个部件汇集安装时的应用

双线网格，可以更好地解决产品的定位标准化和系列化的问题。在双线网格里以形成定位基准面的方法保证不同部件可容安装空间的途径，满足我们多元化的要求。简单讲了这些道理以后，我们还要解决一个问题，就是为什么要进行模数协调，模数协调能够给我们带来多少好处？

大致归纳模数协调应用目的如下：

第一，能够使我们的建筑设计、制造、经销、施工等各个环节的人员按照一个规则去行动，按照一个方法去进行协调配合。

第二，可以对建筑物按照部位进行分割，产生不同部位的部件，使部件的模数化能够在实际应用中达到最大化，给予设计人员最大的创作自由。

第三，原则上要能达到利用数量不多的标准件，完成多样化的要求，达到多样化目标。

第四，要达到互换性。互换性是指在不同地点生产，不同的材料之间可以互换，跟它的外形、生产的厂家没有任何的关系，可以实施全寿命改造，结构寿命通常是 100 年，但是部品设备只有 20～30 年。部件互换性是一个重要的原则。

第五，要简化施工现场，要达到提高成本效益的目标。只有成本效益全面提高，开发商才会有积极性，才会创造出更多标准化的业绩。

在模数网格的条件下，可以划分为不同专业部位，包括结构构件及外墙部位、轻质隔墙部位、楼梯与电梯等交通部位、门窗部位、屋顶与顶棚部位、厨房卫生间部位、阳台和露台部位等。

按照模数网格的原理，使成千上万种的产品在不同的时间生产，在统一的规范要求下实现现场预制和安装，各种组合体与组合件，组合件与部品，部品与部品之间都有很好的配合。网格可以分为基本模数网格、扩大模数网格、分模数网格，用网格的方法来有效地组织建筑设计、建筑施工、建筑生产，这就是网格与传统的模数系列的区别。

使用模数网格的目的是使结构空间所形成的多元空间（支撑体），也就是可容空间，形成一个模数化的协调尺寸，使部件安装进可容空间成为可能。

过去，因为模数协调的缺失造成了众多的危害：

第一种：因为各种部品缺乏模数协调的指导，统一规格形不成，开发引进产品无章可循，品种多，规格乱。曾有统计，一个规格浴缸，不同企业生产了共 15 种型号，安装适应这样的产品，造成了切割、充填和材料的浪费。装修质量怎能得到提高？

第二种：因为产品规格太多，互换性太差，在安装过程当中，各种材料在现场砍、锯、填、嵌的粗制滥造现象遍地。

第三种：大批非标准部品无法保证工厂的生产效率、生产质量。

第四种：住宅产品规格尺寸的任意性，部品与建筑，部品与部品之间缺少固定模式的配合。建筑设计也因为没有合适的规格的产品，影响设计师的选择。

现在，厨房的设计生产过程需要经过测量、图纸设计、工厂加工、现场安装的复杂工序。本来是标准化的厨房产品，供需倒过来的工艺，使得我们的产品、我们的施工质量成为非标产品，效率何在？

我们要像工业化国家那样全力推行通用住宅体系，因为通用体系效率最高。影响通用体系的形成因素是多方面的，包括系列产品能不能够有多样化的供应，集团化的运营是不是健全，社会化供应是不是完备，满足这些条件才能形成一个通用化体系。另外，发展专用住宅体系同样重要，包括国际公认的 SI 体系，都是专用体系，这种体系已经进入了公用体系，也就是把专业化通过集成化的生产，在规划设计、生产施工、销售管理方面整合在一起，达到一个新的水平。

最后一部分，我想提一些对策和建议：

第一，要加强学习和研究工作，要做普及工作，要在普及基础上开展相关技术攻关的研究。

第二，模数协调涉及各个工厂、工业部门、政府、开发商等多方面，需要克服部门之间的差异，实行通力合作，在统一的模数化的要求下，互相谦让，共同进步。

第三，建议建立推广模数协调的研究协会、推广办公室，通过他们的推广指导全国实现模数化的进程。

第四，要参照国际的模数标准要求，重点学习日本、丹麦及德国模数编制的经验，把他们的经验学过来成为一个很好的范例。

总的来讲，要先易后难，先重点后全面，逐步地推开，使我们的研究、设计、施工人员都能够掌握，成为必不可少的一种工具，才能够促进我们住宅产业化的发展。这里面，我认为政府是主导因素，因为研究课题、调查研究、培养技术密集型的企业和大型的企业组织攻关，是非常重要的工作，如果政府不参与，这个事情很难做成。企业是主体，在企业推广标准化和模数化的过程当中，应该认识到模数化对企业发展是一种动力，是一种方法，是一种工具，能为我们的企业带来好处，带来效益，带来产品的质量。

我国住宅业面临产业化大变革

从原始人的洞穴，到现代化的高楼大厦，伴随着住宅形态和功能的日益变化，住宅的生产与经营方式也在不断发展、进步，但这些发展与进步虽然巨大，却没有取得根本性的突破。二次世界大战后，世界各地，尤其是欧洲出现大规模的"房荒"，住宅建设掀起热潮，并逐渐由此引发了住宅领域的一次大变革——住宅产业化（Housing Industrialization）。

几十年来，住宅产业化的推进使得世界发达国家住宅的生产和经营方式真正出现了根本性的变化，住宅生产效率成倍增长，住宅相关产品质量迅速提高。进入 21 世纪，世界发达国家住宅产业化已逐步趋向成熟。

改革开放以来，我国住宅业的发展取得了巨大的成就，但与世界发达国家相比，我国住宅业所面临的形势可以毫不夸张地用"严峻"两个字来形容：生产和经营基本沿用传统方式，整体效率明显偏低，产品质量相对低下，远远跟不上国际住宅业发展的步伐，也无法满足我国日益增长的住宅需求。

我国住宅业将不得不面对一场产业化的大变革！

"颠覆传统"的住宅产业化

住宅产业化的概念最早由日本通产省于 1968 年提出，其基本含义是指采用工业化生产的方式生产住宅，以提高住宅生产的劳动生产率，降低成本。

1994 年，原建设部部长侯捷在一次会议的讲话中提到住宅产业化这一概念：所谓住宅产业化，即让住宅纳入社会化大生产范畴，以住宅物业为最终产品，做到住宅开发定型化、标准化，建筑施工部件化、集约化以及住宅投资专业化、系列化。一句话，即以大规模的成型住宅开发来解决城市居民的住宅问题。

简单说，住宅产业化就是采用社会化大生产的方式进行住宅的生产和经营。可以将住宅产业化归纳成"六化"，即连续化、标准化、集团化、规模化、一体化和机械化。这看似简单的"六化"，实际是对传统住宅生产与经营方式的彻底"颠覆"。

与传统的住宅投资、开发、设计、施工、售后服务分离的生产经营方式相比，住宅产业化以住宅这一最终产品为目标，采用一体化经营的方式使各生产要素完美地组合起来，减少中间环节，优化资源配置。这主要体现在四个方面，一是住宅建筑标准化，二是住宅建筑工业化，三是住宅生产经营一体化，四是住宅协作服务社会化。

住宅建筑标准化，即在住宅设计中采用标准化的设计方案、构配件和设计体系，按照一定的模数规范住宅构配件和部品，形成标准化、系列化的住宅产品，减少单个住宅设计中的随意性，并使施工简单化。

住宅建筑工业化是用大工业规模生产的方式生产建筑产品，如住宅构配件生产工厂化、现场施工机械化等。

住宅生产经营一体化，即在住宅建筑工业化的基础上，以为用户提供优良的住宅产品和优质服务为目标，将住宅建设全过程的建筑设计、构配件生产、住宅建筑设备生产供应、施工建造、销售及售后服务等诸环节联结为一个完整的产业系统，实现住宅产供销一体化。

住宅协作服务社会化是将分散的个体的生产转变为集中的、大规模的社会生产的过程，表现为住宅生产的集中化、专业化、协作化和联合化。

住宅产业化工作迫在眉睫

建设部住宅与房地产业司司长、住宅产业化促进中心主任沈建忠在接受《经济日报》记者采访时有这样一段话："市场对住宅的环境、质量，包括功能正在进行重新认识和定位。现在，开发商在对住宅进行市场推广时，越来越多地提到绿色、生态、科技、人文这样一些概念，这也从一个侧面反映了中国老百姓心目中的居住概念正在发生质的转变。实际上这是一种国际趋势。如何适应这一种趋势，这涉及住宅供应机制和体制的问题。住宅要提高它的品位，要满足市场的需求，要在竞争中生存下去，就应该也走产业化的路，这也是一种国际趋势。"

实际上，沈司长这段话后隐藏的现实状况更加严峻。下面一组数据虽然不够全面、精确，但却传达出一个明显的信号：我国住宅业现状堪忧！

中国人均耕地不及世界人均耕地 3.73 亩的 47%，而目前建房普遍使用实心黏土砖，每年毁田 12 万余亩，消耗燃料折合标准煤 7000 万吨。

我国房屋建筑的保温隔热性能差，供暖效率低，采暖地区的能耗为相同气候条件下发达国家的 3 倍。2000 年，全国城市建筑能源消耗量占能源生产总量的 14%。

目前，中国建筑工人人均年竣工面积 30 平方米左右，不及 20 世纪 50 年代人均年竣工面积 37 平方米的水平，仅为发达国家的 1/5～1/6，建筑业增加值仅为美国的 1/20、日本的 1/42。

1997 年，我国商品化供应的住宅部品为 1800 余种，而美国已达到 50000 多种。

目前中国混凝土结构住宅的建设周期约为 12 个月，而发达国家可缩短到 3 个月，甚至 1 个月。

按照国际通行标准，当科技进步对产业的贡献率超过 50% 时，被视为集约内涵型发展的产业。目前，中国科技进步对住宅产业发展的贡献率不到 30%，不但低于世界发达国家，也远远低于农业产业的 40%。

……

人们对住宅数量的需求增长的同时，对住宅的质量、功能的要求也将进一步提高。质量方面，要求住宅质量稳定可靠，特别是在结构、装修、防水、保温、卫生器具等施工方面，要求质量优良。在功能方面，要求住宅平面布局合理，空间灵活，墙体节能、耐火、隔音效果好，住宅设备质量优良，功能完善，室内外环境整洁优美等。传统的住宅生产方式显然无法达到这些要求，只能"求助于"住宅产业化。

无论是从现代住宅的需求出发，还是从住宅业的可持续发展的角度考虑，抑或从应对国际住宅领域的竞争来看，改变我国传统的落后的住宅生产与经营方式，走住宅产业化的道路，都是一项摆在相关政府部门、企业乃至全社会面前的重大任务。

巨大的空间和良好的机遇

随着经济的发展，人民生活水平不断提高、城市化进程加速、生活结构进一步优化调整，这些因素将增大对住宅的需求，而同时，居民对住宅的质量、功能要求也会提高。未来一二十年内，住宅建设将保持持续、稳定、旺盛的发展势头。

建设部副部长刘志峰在"WTO 与中国不动产发展战略高级研讨会"上指出，我国住宅产业潜在需求巨大，今后 10 年共需新建住房约 61 亿平方米，市场前景非常广阔。刘志峰说，今后一段时期是我国城镇化快速推进时期，也是国民经济持续稳定增长时期，潜在的住房需求和居民住房支付能力的逐步提高，将使住宅市场呈现出长期向好的趋势。据预测，2010 年中国城市化水平将达到 45% 左右。扣除城市地域范围扩大的因素，按 1.2 亿新增人口需解决住房问题，人均建筑面积 25 平方米计算，要新建住宅 30 亿平方米建筑面积，现有居民人均住房建筑面积增加 4.5 平方米，需增加住宅面积约 20.7 亿平方米，考虑到每年有 1 亿平方米的拆旧盖新，还要增加 10 亿平方米的新住宅。10 年共需新建住房约 61 亿平方米。

城镇居民的住房需求发生重大变化，将对今后一段时期的住宅建设产生十分重要的影响。我国人均 GNP 约 903 美元。根据国外经验，恩格尔系数每下降 1%，住房消费就要增加 0.5%。国外经验还表明，人均 GDP 在 800 美元到 3000 美元之间时是住房消费的旺盛时期。居民消费结构的升级转型将较大幅度地提高住房消费在居民消费中的比例。初步测算，"十五"期间为满足城镇居民的住房需求，住宅需求量的投资接近 60 个亿。

中国加入世界贸易组织成为 WTO 的一个成员将在四个方面提升住宅产业化的水平：一是国际标准规范的引入将促进住宅规范标准的编制体系和编制方法向国际化靠拢；二是可引入先进的工业化和集成化生产技术；三是住宅部品的生产管理体制的引入将带动部品生产状况的变革；四是大量建筑师、设计人员可带来先进的规划设计理念和先进的社会化专业设计分工。

面对巨大的发展空间和良好的发展机遇，推进住宅产业化同样面临诸多困难。

目前我国在实现住宅产业化过程中的问题主要有：一是产业化水平差距比较

大，没有形成完整的产品体系，缺乏领导产品发展的技术标准和市场运行的机制。二是我国产业化程度低，各地没有形成住宅发展的主导体系，更没有办法围绕这样一个体系去做。三是条块分割，没有形成一个完整的产业链条。

住宅产业化成功的根本在于用产业化方式生产出的住宅能否得到社会的认可。这个问题又与企业内部的生产技术水平、产业化规模、人才劳动力素质、产品质量、档次、品种、价格等因素和企业外部的社会经济环境、市场需求、社会协作和政策导向等因素有着密切而复杂的关系。住宅产业化发展还会遇到这样一些问题：由于技术水平不先进、不成熟、不配套，造成生产出的住宅产品质量不过关，从而难于被用户接受；资金、人才缺乏，设备水平低、数量少、不配套，影响住宅产业化的发展；如果由于政策措施等原因造成组织、管理、协调等方面的不利，就会造成巨大的混乱，产生各种矛盾和问题，直接影响住宅产业化的发展等。

十年实现住宅现代化

1999 年 7 月，由国家八部委联合发布了《关于推进住宅产业现代化，提高住宅质量的若干意见》。根据"意见"的要求，我国住宅产业现代化分 5 年和 10 年两期目标。1999 年 8 月，国务院办公厅下发的 72 号文件指出，到 2005 年，要解决城镇住宅的工程质量、功能质量通病，初步满足居民对住宅的适用性要求，初步建立住宅及材料、商品的工业化和标准化生产体系；到 2010 年，初步形成系列的住宅建筑体系，基本实现住宅部品通用化和生产、供应的社会化。

这一目标可分三个阶段进行：第一个阶段，用 3 ~ 5 年时间为住宅产业化迈向现代化做好准备工作，包括各地制定住宅产业化发展规划与产业政策，建立健全与住宅产业相关的标准体系，建立标准化机构，开设试点工作，并按产业化的方式进行生产，应用量达到城镇住宅建设量的 10%；第二个阶段，用 5 年时间，解决住宅功能质量的通病，初步形成部品生产体系，包括重点扶持骨干企业，奠定物质技术基础，应用量达到城镇住宅建设量的 30%；第三个阶段，用 10 年的时间基本实现住宅产业现代化。在住宅建筑体系方面，基本上实现住宅部品的通用化生产，社会化供应，建立相互协调的、发达的产业体系，达到中等国家的住宅产业水平。

"十五"科技专项课题研究报告中的住宅产业化指标为：

近期指标（2005 ~ 2010 年期间）：住宅产业化水平达到 15% ~ 20%，其中构件部品的标准化、系列化水平达到 50% ~ 70%，住宅产业劳动生产率要比 2000 年提高 20% ~ 40%（以不变价格计算），住宅产业技术进步贡献率比目前的 25.40% 提高到 35% ~ 40%，住宅技术创新率达到 30% ~ 50%（技术创新率指新技术产值占总产值之比，以使用 10 年以上的技术为传统技术）。

远期指标（2010 ~ 2015 期间）：住宅产业化水平达到 20% ~ 25%，其中构件部品的标准化、系列化水平达到 70% ~ 80%，住宅产业劳动生产率要比 2000 年提高

40%～60%（以不变价格计算），住宅产业技术进步贡献率提高到40%～50%，住宅技术创新率达到50%～70%。

在当前和今后一段时期内，住宅产业现代化的工作重点主要为以下几个方面：一是住宅建筑体系的集成，它包含技术的集成、材料设备的集成、标准模数的配套、工厂化预制构件的现场组装等；二是住宅部品体系的集成，这是住宅建筑体系的支撑，是集成化中的重要组成部分；三是推行住宅示范工程；四是扶植住宅产业集团的形成；五是商品住宅性能的认定；六是相关的标准、模数及过渡性的指南、导则的制定。

国务院颁发的72号文件——《关于加快住宅产业化提高住宅质量》里提到对住宅产业化要在税收、金融、财政等方面给予优惠政策，这些优惠政策对于住宅产业化工作的推进尤其重要。

产业化带来深远影响

住宅产业化，特别是住宅建造的工业化将给我国的住宅业及其相关行业带来革命性的变化，给住宅产业链的各个环节带来深远的影响：

住宅产业化催生了兼有房地产开发职能的住宅产业集团，而住宅产业集团具有一体化地生产经营优质适价住宅的优势，将会占领较大的市场份额。规模大、实力强的房地产公司可以在与产业集团的竞争中生存下去，而规模小、实力弱的房地产公司将被淘汰出局。房地产业将会出现规模经营基础上的垄断竞争局面。

住宅产业化将大量使用标准化的设计，而且住宅产业集团也会成为住宅设计市场的重要竞争力量，住宅设计市场面临萎缩。

住宅产业化以工业化的生产方式生产出大量优质适价的住宅产品，会以自身的优势逐渐占领住宅生产领域的大量市场，会给原来以承包住宅工程施工为主的中小型建筑企业带来很大冲击，促使建筑业进行结构性调整。

建材业迎来全新发展时机。住宅产业化对建材和制品从数量、质量、品种、规格上都将提出新的更高的要求。建材行业为此必须进行相应的技术改造与设备更新，提高产品质量与技术含量。产业结构将不得不进行彻底地调整，将会在建材行业内部形成一些新兴的或独立的行业或专业，促使建材生产向专业化分工更细、协作化要求更强的方向发展。一些生产新型建筑材料的企业可能成为产业化的大赢家，向住宅设计和施工延伸，成立设计、构配件生产、施工一体化的住宅产业集团，从而为建材业铺出一条产业化的新路。

住宅装修业面临转型。传统的二次装修显然缺乏长久的生命力，将会让位于一次性装修。住宅产业化使住宅产品向着结构与围护分离、装饰与围护在工厂中合一完成的方向发展，因此实现住宅产业化将使现有的住宅二次装修市场逐步萎缩。开发建设企业将会逐渐将室内细致装修在施工中一次完成。为适应新的生产方式，住宅装修业只有作出彻底的转型，重新构筑与住宅生产其他环节的关系，才能很好地生存下去。

设备和部品制造业则会繁荣发展。住宅产业化的发展会带动与住宅相关的水暖电气设备、卫生洁具、厨具、家具等众多行业的发展与繁荣，也会使这些行业发生结构变化，产生或分化出专业生产适应住宅产业化要求的设备、部品的行业，给这些行业的发展带来契机。

此外，政府部门也得适时调整自己的角色，从具体事务中超脱出来，将工作重点放在法律法规的制定、行业规范与标准的制定、市场秩序的约束等方面。

面对住宅产业化，政府和企业必须适时转型，以迎接住宅产业化的挑战！

住宅产业现代化进程及其领域

我国住宅的建造技术和增长方式从总体而言一直潜伏着诸多的矛盾和困难。生产方式仍然处在无序的、低水平的重复阶段。

1. 住宅消费市场亟待完善和提高

中国的经济体制正从计划经济转向市场经济，房地产消费市场亟待规范。高利润驱动下的投机炒作行为，使住房价格不断上扬，同时，存量住宅的租金过低，造成人们买不起房和不愿意买房，在住宅与居住区规划设计中偏离了住户的居住行为需求——对现代化生活的向往。住宅功能与性能差，住宅类型单调，设备配套不完善，居住环境不理想，往往造成大量的空置房、滞销房。

中国政府极大地关注了住宅建设的发展，把住宅的发展列为新的经济热点和消费热点。1993 年开始实行的适度调控过热的房地产、调整城镇住房价格的政策，体现了面向中低收入家庭，促进和培育住宅消费市场的成熟。从 1998 年开始，中国政府决定改变几十年来形成的"实物分配"的住房体制，把住房直接推入商品住宅市场化范畴中去。为此，认真地清理商品住宅价格构成，调整税费种目和标准，适度控制地价和开发商的利润以平抑房价，开拓以广大中低收入住户为目标的住房市场。与此同时，积极开展在住宅与居住区规划设计中更新观念的活动，创建 21 世纪初叶的文明现代的居住生活水准，强调住宅设计体现"以人为核心"的思想和"可持续发展"的概念。通过规划的创新，创造出具有地方特色、设备完善和满足现代居住生活条件的社区环境。

20 世纪 80 年代后期以来，在全国陆续开展的四批城市住宅小区试点和 1994 年以来在全国开展的 2000 年小康住宅示范小区建设工作，参与示范建设的小区已达 1600 个以上，总量已超过 2000 万平方米。依靠科技进步，创建一批具有不同生活水准的，富有生活趣味的现代文明居住区，代表了我国住宅建设的方向，也赢得了良好的住宅市场。

2. 住宅部品开发体系急待建立

目前我国的住宅部品、设备的开发和试制工作仍处于自发阶段，缺乏有导向作用的认定体制和激励机制。重复开发、低层次运转现象十分普遍，住宅产品类别少，品种单调，质量差，普遍满足不了现代住宅建设需求。主要表现为：

（1）标准化体系尚不健全，特别是规范住宅部品生产的模数协调工作刚刚开始，住宅部品的生产缺乏规格化、系列化和配套化。住宅部品与住宅、部品与部品之间缺乏相应的连接与配合。接口技术是低水平的、粗放型的，尚谈不上配套和工业化生产，基本上仍然是低技术含量的手工操作，劳动生产率十分低。住宅施工质量合格率与发达国家相比差距很大。

（2）住宅部品开发和生产缺乏必要的监督和激励的机制，至今尚没有建立健全的部品认证制度或部品准入制度。住宅部品缺乏可靠性和质量的保证。部品市场不规范，次品充斥施工工地。优良部品受到冲击，得不到有效的保护，新产品开发和营销受阻。

（3）住宅性能评价和认定工作尚处在运作阶段。开发商急功近利，忽视对新技术、新产品的应用，对新部品开发的主动引导，而只是满足于低标准和低质量，使住户利益得不到有效的保证，住户的需求得不到满足，建筑开发缺乏生气。

住宅部品开发体系关系到住宅建设质量提高的重大问题。为此，明确制定住宅产业政策，加强基础技术的建设工作。建设部主管部门专门设立了"建设部住宅产业化办公室"，重点开展住宅标准化基础建设工作，建立技术保障体系。

（1）出台相关技术政策，修订完善《城乡住宅建设的技术政策》，编制完成《住宅产业政策》。

（2）完善住宅规范和标准体系，特别针对经济适用房的建设需求，完成《住宅建设标准》和《住宅设计规范》的修订工作。完善配套住宅产品标准体系，建立以优良产品为主的《住宅产品分类目录》，对分类住宅产品提出性能、质量和规格尺寸的统一要求。

（3）建立《住宅模数协调标准》，厨房、卫生间及其他部位模数尺寸标准。开展住宅部品设计、生产和安装的协调配合工作，开展接口技术的研究工作，以期达到配套化、系列化和组合化的目标。

（4）建立国家和地方两级住宅性能评价中心、住宅性能评价委员会和鉴定测试机构，在住宅评价制度的保障下开展工作，保证住宅性能评价工作能科学、公平和公正地进行。

3. 成套住宅技术急待发展

中国住宅建设的工业化推广工作起步并不算晚，早在 20 世纪 50 年代就开始了预制件的标准化和工厂化生产工作。进入 70 年代后，大量发展了预制装配大板、大模板、框架、砌块等以结构体系为主的住宅工业化体系。但是，由于缺乏功能质量和适应居住者多样化要求的能力，在进入建筑市场化以后，工业化体系的发展受到了抑制，农民工代替了技术工种，传统手工操作代替了组装化和机械化。从业人数年平均增长率为 7%，而人均竣工面积在 20 平方米左右徘徊，劳动生产率只相当于发达国家的 1/2 ~ 1/6，还不及 50 年代人均竣工面积 37 平方米的水平。百元技术装备投入只完成 25 元的施工产值，劳动密集型带来严重的管理落后，生产质量事故不断发生，用户意见颇大。

中国住宅建设要由粗放型发展走向集约型、精品型的住宅建设发展阶段，离不开住宅建设工业化的发展方向。为此，应着重完成下列工作：

（1）着力引进和发展以优良建筑体系为主的住宅成套技术，要求体系能满足现代居住生活条件，具有较大的适应性和应变能力，同时，可满足低技术含量和就地选材的特征。特别是大空间的结构体系将会受到普遍的青睐。

（2）完善和配套发展成套住宅技术。1998年初，建设部公布《推广应用住宅建设新技术、新产品公告》，把住宅成套技术分为结构体系技术、建筑节能技术、住宅设备技术、住宅物业管理技术和住宅环境保障技术这五大方面，50项新技术，概括了中国住宅技术发展的重要方向。虽然这些技术配套方面仍然不够完善，有的尚待开发补充和提高，但它们为国际合作和技术引进敲开了大门，期望通过国际合作或技术引进，为急速提高住宅质量和劳动生产率作出贡献。

（3）加强墙体改革力度，大力推进住宅节能工作。我国墙体改革与节能工作已有8年，现有主要新型墙体材料十余种，但至今仍存在着产量较小，配套水平较低，各种新型轻质材料和承重砌筑材料缺乏的问题，装备生产至今仍处于半机械化和手工操作水平，严重影响轻型住宅结构的发展。住宅节能工作已普遍引起政府的重视，建设部制定《建筑节能"九五"计划和2010规划》提出了明确的三步目标，提出以1980年为基准节能50%的要求。但在执行中，困难和机遇并存。克扣住宅建设投资，造成了构造间隙，产品质量低，节能技术的贫乏，减缓了节能的进程。产业政策不足，使高能耗产品充斥市场，计量措施不力，造成住户节能意识淡薄……墙体材料的改革与节能工作，构成了住宅产业化的主体工作。各级政府将花大力制订计划，落实措施，以提高产品配套水平和技术装备为重点，全面推进新型墙体材料、保温节能产品的数量和质量的发展，以此推动建筑工业化步伐。

（4）改革施工工艺，提高住宅生产工业化水平。改变目前用工多，湿作业多，劳动生产率低的状况。通过改革施工工艺，加强机构装备（特别是施工操作人员的小机具、小装备），推广商品钢筋混凝土的应用，改湿作业为干作业，发展工业化建筑技术等手段，从而提高住宅建设的工业化程度和劳动生产率。改善施工条件，缩短施工周期，使中国住宅施工技术迈向与国际化接轨的新阶段。

住宅产业领域十分宽阔，涉及建筑、建材、房地产、轻工、化工、机械等十多个行业的数千种产品，同时还可刺激金融、保险、商业的繁荣，进而可以带动整个国民经济的发展。

住宅产业是以住宅作为它的最终产品的。根据生产过程和最终产品运营，可将住宅产业划分为居住区的规划和住宅建筑设计，住宅部品（产品）的开发和生产，住宅及住宅（区）的建造、维修和改造，住宅和住宅区的经营和管理等方面。住宅作为人民生活密不可分的物质条件，生活的改善需要持久地发展住宅产业。住宅产业的水平无疑反映了一国一地的经济实力和整体建筑水平。大力发展住宅产业，开展国际合作是社会发展的需求，经济发展的需求，民心的需求，总括起来，如下领域可供发展选择。

（1）投资现代居住小区和住宅房地产。可在国外寻找合作伙伴，在设计、营建、营销和管理等方面全面合作。开发对象应能满足中国住房市场的需求，满足中国居民的生活需求。引进先进的设计理念和建造技术（包括行之有效的住宅建筑体系）以及物业管理等内容，以期带动中国居住小区建设模式的发展。

（2）厨房、卫生间成套技术。包括厨具、卫生洁具、通风排气设备和技术、热水设备、燃气设备、管道管材及其配件、排水器材、计量器具及技术、防漏防渗技术等，可作整体技术引进，也可作为单项技术或设备引进，建立相应配套工厂企业。

（3）住宅结构体系。中国目前提倡发展新型大空间结构体系，可在开间和进深两个方面具有灵活的特征，它们是：内浇外砌结构体系；钢筋混凝土异形框架结构体系；整体预应力装配板柱体系；空心砌体结构体系。

（4）非承重墙及轻质隔墙体系。非承重外墙要求具备耐久、防水、保温、抗冻、隔热和装饰美观的功能。发展外墙外保温技术及做法，外墙的各种装饰材料、涂料和其他饰面材料的做法。发展复合轻质保温墙体。内墙材料应高强轻质、施工简捷，并具有隔声和防火的特点。建造形式分为固定式、可拆改式和活动式三类。发展饰面材料，各种装饰线、五金件等，各种可拆改成套隔断体系。

（5）防水技术与材料。防水材料技术受到建筑业的特别重视，主要包括屋面防水、厨卫防水、地下室防水和墙体防水等多方面。发展各种卷材、涂料、胶粘剂、膨胀剂等不同种类产品，发展各种新型瓦材，引进各种瓦材的生产工艺。

（6）门窗。推广应用具抗风压、气密、水密、保温隔热、隔声等性能的塑料复合窗、彩板窗。改进防盗、隔声、保温、防火多功能户门。注重各种门窗产品的形式和尺寸规格、接口技术、五金件和密闭材料。发展用于坡屋面、内门、阳台的特种门窗以及喷涂覆膜技术。

（7）节能技术与设备。节能设备及器材包括采暖、空调、降温、照明、家电、炊事和热水供应等。引进和发展供热管网水力平衡技术，自动调温控温技术，热量计费技术以及供热、供冷和供热水三联供技术。

（8）施工技术。推广计算机应用于项目管理、网络计划、工料配比等技术。发展预拌混凝土、泵送技术、钢筋连接技术、新型脚手架和新型模板技术等。配套小型机具、安全保障技术等。

（9）小区物业管理技术和设备。主要是指住宅小区及配套设施维修技术，环境绿化，清洁卫生，垃圾清运，治安防范，居民服务等方面，提高对居民的社区服务。其中，重点发展和引进安全防范系统（闭路系统、防盗报警），防火报警系统（火情探测、防盗报警）。

中国住宅产业现代化的历程与展望

中国的住宅建设已进入"品质时代",房地产开发需要精明发展、精细化建设,要提倡居住品质,要提高开发效率、降低成本,要对国际化运作水平和规避高风险能力作出理性决策。

时代发展的机遇呼唤标准化和模数化!

欧美发达国家建设的历史经验无一不是验证了这一个结论。大力关注住宅标准化,推进住宅产业化是我国历史发展的必然。目前,停滞了近30年的我国标准化的进程,将要重新认识,重新崛起!

我们要大力提倡模数协调的制度,要用定制化方式生产,用标准化的理念指导我们的行为,从而使房地产开发达到新的境界,迈上新的台阶。

推进住宅产业现代化,实现住宅建设从粗放型向集约型的转变,以便有效地提高住宅性能和行业综合效益,满足人民不断改善居住质量的需求,是当前和今后相当长的时间内中国住宅建设领域的一项重要任务。

一、历史的回顾

中国有"秦砖汉瓦"是从两千年前烧制砖瓦的技术开始的。

1949年中华人民共和国成立以来,城市住宅仍大量延续砖混结构的传统,最初以2~4层的集合式住宅为主。随着人口的增加和经济恢复,到20世纪60~70年代5层或6层砖混住宅则成为了一统天下的结构形式。受当时"先生产、后生活"原则的指导,住宅建设的面积标准和设施标准有严格的限制。又受到前苏联的影响,接受了混凝土预制件的做法,大量生产了预制空心楼板和门窗构件,并在大城市开始启用机械化吊装机具,生产效益有了明显的提高。但是由于烧砖,中国不但每年要损毁8000公顷耕地,而且笨重的体力劳动和简单的技术阻碍质量和效益的提高,大量跑冒滴漏的日常质量疵病无法避免,住宅业属于落后的劳动密集型产业。

进入20世纪70年代,中国陆续与日本在内的许多发达国家建立了国际关系,中国的对外经济技术交流开始逐渐活跃起来。"文革"结束,百废待兴,工业化成为当时最新引进的技术重点,中国建筑科学研究院100项工业化、标准化技术体系带动了中国建筑工业化推广的热潮。

因为计划经济的着力,住宅数量缺口大,标准也很低,居民住房完全靠国家供给,摆在面前的是如何多快好省地大批量地提高住房供应。量大面广住宅,由于重复性建设的生产活动特征,完全可以而且有必要通过标准化、工厂化的方法来加快发展速度。

工业化是住宅建筑行业的整体发展方向。为了改变建筑业依赖黏土砖的状况，中国参照其他国家的经验，曾于20世纪70年代中期发动了一场全国范围的建筑工业化运动，提出了"三化一改"的方针，即"设计标准化、构配件生产工厂化、施工机械化"和"墙体改革"，用装配式大板、框架轻板、大型砌块、大模板现浇这四种体系代替砖混结构建造住宅。可是，由于当时中国实行的是严格的计划经济模式，建筑工业化是政府依靠行政命令推行的，没有顾及客观经济规律，而当时这些新建筑体系的造价普遍高于砖混结构，国家又没有出台限制使用烧结黏土砖的强制性措施，于是这场运动的成果没能坚持下来。只有从大模板现浇体系派生出来的"内浇外砌"体系，因为适应当时唐山地震灾后重建的需要而延续使用了多年，可是这种体系的外墙仍然采用的是红砖。在中国曾经轰轰烈烈一时的建筑工业化运动，到20世纪80年代初期就基本上无声无息了。在这一时期，中国出现了最早的钢筋混凝土高层住宅，如北京建国门外外交公寓（1973年建）、前三门大街高层住宅（1976年建）等。

1978年12月召开的中共中央十一届三中全会确定了对内改革、对外开放的发展国民经济的总方针，从此中国经济进入了快速发展阶段，住宅建造量连年增长。从20世纪80年代起，中国强调居住区建设要"统一规划，合理布局，综合开发，配套建设"，房地产开发作为一个新兴行业在中国出现，开始成片开发新区，改造旧区。为了引导住宅建设不断提高水平，建设部从20世纪80年代中期起开展了城市住宅小区实验和试点工作；20世纪90年代又与国务院其他部委联合启动了"小康型城乡住宅科技产业工程"项目，大力推广住宅建造新技术。1996年，颁布了《住宅产业现代化试点工作大纲》，选择部分城市进行住宅产业基地的建设。值得一提的是，1990年3月至1993年2月开展的中日合作第一期JICA项目"中国城市小康住宅研究"，1995年9月至2000年8月开展的中日合作第二期JICA项目"中国住宅新技术培训与研究"，使中国在住宅研究的方法和手段方面取得了明显的改进。在这一时期，中国住宅的建造量逐年增加，城市居民的居住状况明显改善，各地为了推动建筑节能和墙体改革，开始对仍采用砖混结构或达不到节能设计标准的新建住宅项目征收墙改基金。随着住宅逐步实现商品化，住宅建设的面积标准开始松动。由于逐渐富裕起来的居民对简陋的室内设施越来越不满意，分到房子后纷纷进行内部改造和装修，建设部于1994年发布文件，同意新建住宅可以建设成"毛坯房"，于是家庭装修业和装修材料市场迅速发展起来。在住宅建筑体系方面，因为城市人口的迅速增加和土地价格的不断上涨，钢筋混凝土结构的高层住宅在大中城市中越建越多，例如20世纪90年代中后期，北京每年新建高层住宅已占全部新建住宅的70%以上。

二、1998 年至今中国住宅产业现代化工作的进展情况

1998 年 3 月，朱镕基出任中国政府总理，正是亚洲金融危机非常严重的时期。为了扩大内需和深化经济体制改革，新一届政府一成立便果断停止了沿用多年的住房福利分配制度。这一措施强有力地推动了中国的住房市场，住宅成了中国国民经济新的增长点和居民消费的热点。为了引导住宅产业技术进步，同年 7 月组建了建设部住宅产业化促进中心，具体负责推进中国住宅的技术进步和住宅产业现代化工作。

1999 年中国国务院下发了《关于推进住宅产业现代化提高住宅质量的若干意见》（国办发［1999］72 号），明确了推进住宅产业现代化的指导思想、主要目标、工作重点和实施要求。这个文件成为了推进中国住宅产业现代化的纲领。在这个文件指导下，几年来中国建设部做了以下工作：

一是为了完善住宅技术保障体系，开展了基础技术和关键技术的研究，制定和修订了一些相关的技术标准、技术规范，发布了一些指南类的技术导则，如《城市居住区规划设计规范》、《夏热冬冷地区居住建筑节能设计标准》、《住宅模数协调标准》、《老年人建筑设计规范》、《室内装修污染物控制标准》、《居住小区智能化系统建设要点与设计导则》等。

二是加大了住宅建筑体系和部品体系的开发、研究和推广工作。新型建筑体系在各地住宅建设中逐步推广应用，1999 年 12 月，建设部发布了《关于在住宅建设中淘汰落后产品的通知》，对技术落后、不符合产业政策的产品和部品，如螺旋升降式铸铁水龙头、9 升以上冲水量座便器、部分规格的实腹和空腹钢窗等开展了强制淘汰与替代工作，明确要求沿海地区和土地资源稀缺地区的大中城市，截止到 2003 年 6 月底，停止使用实心黏土砖。同时，逐步推行住宅部品的集成化和通用化。

三是在全国范围开始试行住宅性能认定制度，颁布了《商品住宅性能认定管理办法》、《住宅性能评价方法与指标体系》等配套文件，引导各地不断提高新建住宅的性能。同时，与中国工商银行和中国人民保险公司合作，利用市场机制和金融信贷杠杆推进住宅性能认定工作。

四是启动了国家康居住宅示范工程，目前列入示范计划的小区已有 60 个，分布在 19 个省、自治区和直辖市。这些小区规划设计水平和科技含量普遍较高，在采用新型建筑结构体系，贯彻"节能、节地、节水、治污"方针和可持续发展理念，实行住宅一次装修到位等方面可对全国的住宅建设发挥示范作用。

五是继续开展住宅领域的国际技术交流与合作，如与美国住房部的合作项目，与加拿大 CIDA、CMHC 的合作项目，从 2001 年 12 月起正式开始为期 3 年的中日合作第三期 JICA 项目"住宅性能与部品认定的合作研究"等。

三、下一步要做的主要工作

中国今后几年推进住宅产业现代化工作的思路：建立和完善住宅技术保障体系、建筑体系、部品体系、质量控制体系和住宅性能认定体系，加强住宅产业基础技术和关键技术的研究，大力推广和应用新材料、新技术，依靠技术进步提高劳动生产率，推动住宅建设整体水平提高。

一是继续进行基础技术和关键技术的研究，完善住宅建设配套技术法规。近期要以建筑节能技术、节水技术、节约用地技术、居住区环境质量保障技术、居住区智能化技术、住宅厨房卫生间整体设计技术、住宅一次装修技术等作为重点，进行研究与技术开发，编制和完善相关的技术标准、技术规范，出版相关的标准图集，以加大推广先进适用技术的力度。

二是加快完善适合不同地区特点的新型住宅建筑体系。用新型住宅建筑体系取代中国传统的砖混结构住宅体系，是推进中国住宅产业现代化的必由之路。中国各地在新型住宅建筑体系的研究和实践方面，已经具有相当的基础和经验，如混凝土空心砌块建筑体系、现浇钢筋混凝土异形柱框架结构体系、短肢剪力墙体系、轻板框架体系、内浇外砌体系等。中国国土疆域辽阔，各地的地理、气候、风俗文化、资源状况以及社会、经济、技术发展水平都很不相同，各地传统的建筑形式原本就存在差别，选择新型住宅建筑体系也需要因地制宜。此外，对于钢结构住宅建筑体系、木结构住宅建筑体系、老年人住宅等，也要加强研究和开发，以满足市场需求。

三是建立住宅技术和部品的评估、认定制度，完善住宅部品体系。为了推动住宅产业化和发展住宅部品通用体系，将由政府出面逐步强制淘汰落后的住宅部品；对确认的先进的新技术、新部品予以认定，发布标识，进行推广。要完善住宅部品的技术分类，编制《住宅部品体系目录》，为住宅部品的系列化开发、标准化设计、规模化生产、社会化供应提供依据。

四是加强住宅性能认定工作。中国的住宅性能认定是全面考察住宅功能、环境、结构可靠性以及性能价格比等要素后，对住宅作出的综合评价。实行性能认定制度，是促进住宅技术进步、推进住宅产业现代化、提高住宅质量的有效手段和途径，必须认真坚持下去。

五是继续抓好国家康居示范工程建设。全国 60 个被列入国家康居示范工程实施计划的小区中，目前已有 3 个建成并通过了验收。要继续抓好其余康居示范小区的建设，使它们在提高规划设计水平，采用先进适用技术，推广应用新产品、新设备、贯彻节能、环保、可持续发展方针等方面发挥导向和示范作用。

需要指出的是，中国现在作为一个实行市场经济的社会主义国家，推进住宅产业现代化的方式已经与计划经济时代有了本质的不同。在中国，推进住宅产业现代化的主体只能是企业，政府的主要职能是制定方针政策，加强宏观调控，用政策引导产业发展。中国政府鼓励房地产开发企业按照国家产业政策和市场需要进行技术创新、技术开发、技术推广；鼓励企业之间以最终产品——住宅为纽带，实现优势互补、强强联合，形成一批关系紧密的产业联合体，成为推进中国住宅产业现代化的骨干力量。同时，政府要建立推进住宅产业现代化的鼓励和激励机制，对长期生产优良住宅部品和建设出具有良好性能的居住小区的企业，及时予以表彰和奖励。加入 WTO 为中国经济和科技的发展创造了比以往更为有利的环境，我们相信，经过不懈的努力，中国将在住宅建设以及其他领域里缩小与发达国家的差距，逐步赶上世界进步的潮流。

关于推进住宅标准化和集成化政策的建议

一、建立与完善住宅建筑体系和住宅部品体系，
提高中小套型住宅的品质、质量和生产效率

我国是一个住宅建设大国，但住宅生产尚处于粗放型阶段，导致产业化水平低，技术集成程度低，劳动生产率低，住宅综合质量低，资源消耗高。1999 年国务院办公厅转发八部委《关于推进住宅产业现代化提高住宅质量的若干意见》，为我们指明了改革方向。其实质在于，将现代化工业部门的生产发展引进住宅生产部门，通过住宅建筑体系和住宅部品体系的建立和完善，实施通用部品的组合化，促进以通用部品为中心的社会化大生产。

实施中小套型住宅的方针，为产业化的发展提供有利机会，同时，为提高中小套型住宅的品质、质量和生产效率提供了极好的条件。建立与完善住宅建筑体系和住宅部品体系，涉及住宅开发、建筑设计、部品生产、施工安装等主管部门和广大生产企业。为此，需要寻求统一认识，遵守同一规则，在分工协作中提高住宅建设整体水平。

二、住宅体系建筑是推进住宅产业现代化的根本，
完整的体系建筑是一批先进适用成套技术的技术体系集成

按照一定的建造方式生产，并具备结构、功能、生产的特定特征的住宅生产组织系统称为住宅体系建筑。住宅体系建筑是推进住宅产业现代化的根本，所有住宅部品、技术服务于体系建筑，完整的体系建筑是一批先进适用成套技术的技术体系集成。体系建筑急需解决的是主体结构体系和围护结构体系的标准化技术和配套技术问题。

我国比较成熟的体系建筑有钢筋混凝土剪力墙结构、钢筋混凝土框架结构、内浇外砌结构、砖砌体结构等，但这些结构体系的技术基本是适应过去的以现场手工作业为主，与适应产业化的要求还有很大差距。国外一些成熟的体系建筑及与之相配套的成套技术，如钢结构住宅体系、砌块结构体系、钢木结构体系有很多值得借鉴的特征。我国北新建材与日本合作，采用工厂化方式，规模生产轻钢龙骨结构住宅，是一种有益的探索。

三、住宅性能评价制度建立和完善住宅部品体系、通用部品制度和住宅性能制度，是提高住宅质量的基础性工作，也是住宅标准化和产业化主要工作任务之一

住宅性能认定是通过对住宅适用性能、安全性能、耐久性能、环境性能和经济性能的分析作出综合评价，将住宅分等定级，以提高住宅进入市场时其品质和价值的透明度。住宅性能认定是对住宅规划、设计、施工、住宅配套技术及住宅部品的质量检验，是住宅产业化水平的重要标志，也是促进住宅技术进步，推进住宅产业现代化，提高住宅质量的有效手段和途径。住宅性能评定是住宅品质管理的日常工作，应由中央和地方政府结成工作网络，共同工作。各地要结合本地的住宅产业现状，完善住宅性能认定的技术体系和工作机制，逐步推开住宅性能认定工作，将住宅性能认定作为推进住宅产业现代化的一项重要工作，惠及住宅建设房地产各个层面。

四、注重住宅成套技术的集成和整合，提高中小套型住宅的居住功能、施工质量和生产效率

住宅成套技术的集成和整合，包括住宅建筑技术体系、节能与能源利用技术体系、厨卫技术体系、管线技术体系、环境及其保障技术体系、智能化技术体系和建造技术体系这七大技术体系。我国住宅技术的发展和推广应用，仍以单项技术、产品为主，各项技术性能指标并不落后，但对提高住宅的整体性能和质量效果不明显，根本的原因是缺乏配套化、系统化，需要通过技术开发、技术创新及技术推广，形成完整的体系和系统。

如在节能建筑方面引进欧洲高舒适度、低能耗住宅集成技术，是成套的技术系列达到节能目标的捷径。其核心技术概括为八大子系统：①混凝土柔和辐射采暖制冷系统；②补新风系统；③外墙系统；④外窗系统；⑤屋面及地下系统；⑥防噪声系统；⑦垃圾处理系统；⑧水处理系统。

从住宅建设过程的本质上讲，是技术的集成和成套技术体系整合过程。因此，我们不仅要重视对单项技术、产品的集成，将先进的技术和产品，通过模数化、标准化手段集成为先进适用成套技术体系，而且要加强对成套技术体系的整合。通过现代化的建造方式，将住宅的成套技术有机地整合，形成完整的系统。同时要重视对落后技术和产品的淘汰工作。

为提高中小套型住宅的居住功能、施工质量和生产效率，应积极围绕住宅标准化、集成化和部品化发展我国特色的住宅产业化。

五、中小套型住宅的建设提倡发展功能好、多类型、工期短、经济效果显著的特色专用住宅建筑体系

专用住宅建筑体系是指地方或企业本身根据自身发展和地方使用功能特征的需求编制的专用住宅建筑体系。中小套型住宅的建设提倡发展功能好、多类型、工期短、经济效果显著的特色专用住宅建筑体系。住宅建筑体系的选择，应符合区域地理、气候特征，地方社会经济发展水平和地方材料部品供应状况。一个优秀的专用住宅建筑体系，必须在满足规定的住宅使用功能、环境功能、工程质量和寿命周期等基本要求的前提下，做到部品和技术配套齐全，综合经济效益良好，有利于提高工业化水平。

六、模数协调标准、住宅建筑设计和产业化生产应遵循《住宅建筑模数协调标准》，运用模数协调原理实现全面尺寸的协调配合

部品生产应通过部品尺寸及部品与部品边界条件的模数协调逐步形成通用住宅部品体系，各种部品间具有互换性和可改性，可用于各种类型住宅建筑体系，满足各种住宅市场的需求。

我国的模数研究起步较早，20 世纪 50 年代主要是受前苏联的影响，模数的应有大多停留在对数列的理解和应用上，受益的主要是工程结构和构配件的生产，形成了系列的工厂化的生产企业，为装配化的建筑安装发挥了重要的作用。但是，进入 20 世纪 80 年代以后，美国及欧洲大多数国家已形成了社会化生产的部品体系，模数协调的应用扩大到部品的生产和集成化组装。模数应用主要是强调协调，相互配合和互为边界。我国模数的研究和应用与先进国家相差近 30 年。

七、积极开发推广大开间结构体系，为中小套型住宅设计提供居住功能的可选择性、灵活性和可改造性的保证

住宅结构及结构部品体系是住宅建筑的支撑体，应确保其安全性、合理性、经济性以及施工的简便性。

大开间住宅的研究始于 20 世纪 70 ~ 80 年代，"文革"后，我国住宅进入开放期，似乎急于挽回失去的时间，大量地学习国外的先进施工和结构技术，各种大开间技术应运而生，为大开间的研究创造了条件。

大开间住宅是中小套型的灵魂，大开间为住宅的灵活划分创造了条件，而灵活分割是提高小面积住宅的使用价值的最重要手段。

八、部品集成具有适应性和简便性、高效性。
功能住宅部品是住宅构成的功能重要组成部分，
是集成住宅的分体系

部品集成是指功能住宅部品的生产组装方式。住宅部品的组装需要符合模数协调的原则，按照协调的原则生产和组装。它可以是工厂的，也可以是现场组装，因此，集成部品具有适应性和简便性、高效性。功能住宅部品是住宅构成的重要组成部分，是集成住宅的分体系。

1. 厨卫整体化

厨房卫生间整体化设计包括厨卫平面功能尺寸、厨卫部品布局和设备管道设计，对推进住宅工业化有重要意义。

实际工程中往往因各专业衔接不当，出现设备在厨卫空间中的安装位置不对或预设数量不足的弊病，不得不在装修时或入住后再进行整改，从而造成极大的浪费，也容易因施工不规范而遗留"滴跑漏"问题，所以，厨卫设计提倡采用整体设计的方法，即将厨房的使用功能，各类设备和各专业工程如建筑、给水排水、通风、燃气、电等专业的管线与连接综合设计，并将设备和厨房的建筑模数的协调统一进行考虑，使厨卫更好地满足通用性、互换性、成套性的要求。厨卫的整体设计有利于促进厨卫产品设备的工业化生产。

2. 外围护部品体系

外围护部品体系包括外墙、屋面和外门窗等部位，应综合考虑保温、隔热、隔声、防水和外饰面等性能，满足本地区节能设计标准。外墙构造应重点发展性能好、耐久性高的复合墙体和保温隔热构造。工业化住宅大多以工厂成型，施工现场集成的方法，具有简便、质高、经济的特点。这和 20 世纪 70 ~ 80 年代的大型工厂化、复合化是有差别的，更加符合现代生产多变的需要。

3. 门窗部品体系

发展各种开启形式的门窗。门窗应具备密闭、防渗、防风、热阻的要求，应满足节能、采光、观景等居住性能目标。门窗尺寸符合建筑模数相协调的原则，尽可能实现门窗生产和供应的标准化。随着现代住宅的繁荣，非标准的门窗比重加大，适当收小单元的标准化定位也是有效的选择。

4. 屋面整体设计

屋面应视为完整的构造系统，在充分发挥其保温、隔热、防水和装饰等综合性能的基础上，形成适用于不同地区的平屋面系统和坡屋面系统，提高其工业化的程度。绿色屋面在现代建筑中越发重要，它的部品同样可以部品集成化。

5. 内装部品体系

内装部品体系是产业化、部品化的主要领域，除要根据通用部品的尺寸要求制定材料规格，尚应满足无毒、无污染的材料健康标准，减少室内空气污染。内隔墙技术是实现住宅可改造性的重要保证，应积极发展轻质、灵活、可拆改的隔墙部件体系，形成系列。应特别注意其边界安装连接条件和强度、防裂和隔声及保温性能。

关于中国住宅产业现代化发展战略的思考

中国住宅建设正在面临着由"量"到"质"的深刻转变时期，并且到了必须思考如何跟上和接近国际住宅建设步伐的时刻，使我国的住宅建设和人居环境质量整体水平有一个大的飞跃。1999年7月由国家八部委联合发的《关于推进住宅产业现代化，提高住宅质量的若干意见》（简称"意见"），对发展我国住宅建设，推进住宅产业现代化的进程有着极其重要的意义。然而至今，在"意见"发表半年以后，住宅建设界仍存在表现冷淡、反应迟钝、认识模糊、措施不力的现象，将会严重影响"意见"的正确贯彻执行，并导致弱化或延迟推进我国住宅产业现代化总体目标的实现。

一、中国住宅产业现代化的主要目标是全面提高住宅质量

1. 产业化目标

根据"意见"的指导思想、原则精神和主要目标，中国住宅产业现代化的目标首先应以提高住宅质量为核心，提升我国居民的居住生活水平，拉动相关行业的发展，以此形成产业链，成为新的经济增长点。其次需要采取相应的技术措施和技术政策，迅速促进科技成果的转化，保证住宅建设的整体技术进步，有效利用资源，减少浪费，保护生态，提高住宅建设的经济效益、社会效益和环境效益。有如下方面：

（1）开发和引进先进的住宅建筑体系和成套的工程技术，提高住宅建设的质量和生产效率。

（2）提高住宅建设的工业化和标准化水平。

（3）提高能源、原材料的利用率和土地资源的利用率，减少浪费。

（4）建立住宅建设质量的保证制度和激励机制。

推行住宅产业现代化，说到底就是全面提高住宅质量，提高效益。就是以社会化大生产配套供应为主要途径，逐步建立标准化、工业化和符合市场导向的住宅生产体系。要用现代科技手段加速对传统的住宅产业实行改造，充分注意产业布局和规模效应、统筹规划等，全面提高住宅产业和居住质量的综合技术水平。

2. 产业化环节

住宅产业是以生产和经营住宅（区）为最终产品的产业。住宅产业的发展，涉及住宅及住宅区的规划和设计，住宅部品的开发和生产，住宅及住宅区建造、维修和改造，住宅及住宅区的经营和管理等各个环节，是一项复杂而庞大的系统工程。"意见"的主要原则目标，就是要通过5～10年的努力，从住宅建设的基本技术基

础条件做起，初步建立一个工业化、标准化的生产体系，基本实现住宅部品生产的定型化和系列化，市场供应配套化和社会化，施工工艺组装化和通用化。到2010年初步形成较为成熟的住宅建筑体系，汇集众多的技术目标，提供高质量住房，满足住房市场的需求。

二、住宅产业现代化的技术路线是住宅建筑的工业化

1. 标准化

标准化的目的就是实现工业化。通过标准化的疏导和配合，组织开展社会化大生产、大协作的方式，实现集成化的建造住宅的目标。实现标准化的工业生产，意味着"效率"，意味着用最少的资源、最少的时间，实现高效的工作成果。严格地说，缺乏"多样化"的"标准化"不是真正的标准，缺乏多样化的住宅建造技术，就是缺乏生命力，就不能适应市场的需求。这类教训已经数不胜数。

2. 工业化

许多发达国家，包括欧洲诸国、日本以及美国等二战以后基本上都经历了标准化、工业化、集约化的过程。由低级到高级，由集团住宅体系的发展，转向全社会化、全行业化、通用化住宅部品的发展，取得了彼此协调的、互相制约的共同繁荣的生产机制。各种生产环节在标准化的保证中井井有条，并不断淘汰过时的产品和技术，不断地自发地更新和发展，生产能力和产品的质量都有了极大的提高，住宅建设纳入了"精品"发展的轨道。由此而得出结论，住宅工业化是世界各国必由之路。中国住宅产业现代化的必然结果，必定要依靠标准化，并在住宅建设的各个环节，全面推行住宅工业化。

然而，我国当前的住宅产业从技术发展的角度看，仍然处在极度落后的建造技术状态，基本生产方式仍然是手工操作形式的湿作业劳动。我国的劳动生产率只相当于先进国家的1/7，产业化率仅为先进国家的15%，增值率仅为美国的1/20，我国既是缺能大国，又是耗能大国，我国的能耗比率为发达国家的3~4倍。而对住宅部品来说，产业化水平差距更大，系列化产品不到20%，不但品种少，质量差，而且同种产品的规格繁多，性能差，普遍达不到现代居住水平的要求，缺乏与市场经济相协调的住宅产业运行机制，住宅部品及建材行业缺乏指导，多头引进、重复开发，缺乏配套性与系列性的技术政策引导，严重地还与房地产市场和建筑设计脱节。普遍存在现场的切割、补差、封堵的随意性作业，成品质量得不到保证。

3. 有序化

发展住宅产业现代化，就是要实现中国住宅建设的有序化，即在标准化基础上的工业化，最终实现社会化生产的通用体系的良性运行机制。为此从现在起，就应当高度重视基础技术的研究，推进标准规范的更新速度，保证住宅产业发展的需要。

（1）变革现有标准，规范编制体系和编制思路。

迅速改变规范标准编制跟不上技术创新速度的局面，国际上多数国家标准、规

范采用散页式的编排方法，针对一个问题，编制一个标准。因为单页，阐述问题单一，十分容易编制，修改时也不会涉及其他问题。简洁明了速度快，有利于技术更新。

（2）简化规范标准的编制内容，缩小规范标准控制范围。

住宅部品、设备的产品缺口严重、标准编制跟不上需要跟标准过分复杂有关。建议住宅部品标准应以编制我国住宅分类产品目录为重点任务，每年按照住宅产品分类目录的要求，收录各种产品的生产指标（规格尺寸、产品性能、检测标准），以后就可以达到迅速更改、及时发行的目的。

（3）强化模数协调的编制和推广应用。

早在 20 世纪 50 年代，我国就开始应用建筑模数，但是主要局限在房屋建筑的结构构件及配件的预制和安装方面。对普遍应用的住宅部品、材料和设备的开发和生产安装，缺乏模数协调应用的指导。长久以来未能引起我国的重视以至与国际化脱节达 20 年，我国住宅部品的发展是自流的、无序的，与建筑安装生产脱节，造成了多方面的危害。模数协调的推广和应用，是一个极其重要的技术基础建设。

4. 实效化

关于模数协调的理论和原则方法的应用，国际上有较为成功的经验。一般来说只要采用"拿来主义"和编制符合我国特征的实施细则，就可以广泛应用于住宅产业中的各方面，但要在行业中采用，而且互相配合、协调工作，进入有序化的社会化大生产，却不是十分容易的事。因此，应特别注重在相关各行业中的推广应用工作，各相关部门间人员要通力合作，编制实施技术措施，遵守共同的原则协议。

建议在全国选择一个有基础的城市首先试点，在某些行业、某个关键部门先行贯彻，然后再行扩展，以便稳妥地发展。

三、中国住宅产业现代化的技术保证是建立住宅部品生产运营体系

1. 部品生产的现状

目前，我国的住宅部品、设备的开发和试制工作仍处于自发阶段，缺乏有导向作用的认定体制和激励机制。主要表现为：

（1）标准化体系尚不健全。特别是规范住宅部品生产的模数协调工作刚刚开始，住宅部品的生产缺乏规格化、系列化和配套化。住宅部品与住宅，部品与部品之间缺乏相应的连接与配合。接口技术是低水平的和粗放型的，住宅施工质量合格率与发达国家相比差距很大。

（2）住宅部品开发和生产缺乏必要的监督和激励机制。至今尚没有建立健全部品的认证制度或部品准入制度。住宅部品缺乏可靠性能和质量的保证。部品市场不规范，次品充斥施工工地。优良部品，得不到有效的保护，新产品开发和营销普遍受阻。

（3）住宅性能评价和认定工作尚处在运作阶段。开发商急功近利，忽视对新技

术、新产品的应用，缺乏对新部品开发的主动引导，住户的需求得不到满足，房地产开发缺乏生气。

2. 性能认定的作用

住宅性能的等级评定工作，是对居住环境、部品质量和施工水平的住宅整体技术进步总的评价，因此它将起到吐故纳新的作用。通过评定工作的开展，不断地淘汰过时的、落后的产品和技术，促进新产品和新技术的开发，保证住宅建造技术永葆活力。

住宅性能评价从适用性、安全性、耐久性、环境性和经济性 5 个方面评价，有效地保证了住宅营造价值，是一个优秀住宅的全面体现。住宅开发商应运用住宅性能评价指标体系，指导房地产的开发，来保证取得优良性能，从而更有利于占领市场，赢得住户对开发商的信任。计划经济下的开发观，只是片面的强调降低成本，而忽略价格功能的作用，真正的开发效益应当来自部品的完善，取决于生产方式和成套技术的集成。

3. 评优活动的组建

（1）建立住宅部品的认证制度和开展优良部品评估活动是建立住宅部品质量保证的必要手段。20 世纪 90 年代，在国家技术监督局和 ISO9000 质量体系的认同下，中国建立了工业产品认证制度，并在一定的范围内建立了国家级认证体系。建设部的住宅部品认证组建工作一度积极地筹备，并着手向国家技术监督局提出申请，建立建筑产品及设备的认证工作站，但因各种原因，未能如愿。但是，我以为这并不会妨碍我们展开对住宅部品认证工作和优良部品评定工作的开展。

（2）住宅工程质量涉及千家万户，没有合格的、优良的住宅部品，就没有优良的住宅可言。就今天房地产开发而言，一套优良的住宅部品供应体系要比取得一套优秀住宅的设计更为重要。

（3）搞住宅产品质量的认证，应由政府主管部门出面，树立权威性和专业性。要成立各类专业的专家委员会，专门指定测试中心，选聘专职的鉴定、评估专家，严格按照科学的方法和程序作出鉴定评估意见。有必要建立一个住宅部品的认证中心周密地开展各项工作。

（4）使用许可证的工作可以先选几种产品进行试点。先抓同人身、财产安全有关的住宅部品和设备，再抓有污染的、能耗大的、资源浪费的部品，由点到面，由局部到整体全面推开，要根据不同的部品发放不同的许可证。要逐步地把部品推荐制度转化到合格证和许可证的发放制度中来。要制定政策，充分利用市场的机制抑制不合格、低劣的产品和设备，凡使用非许可产品的住宅实行不评奖、不定级的措施，不允许在国家重点项目和示范小区中应用。

四、中国住宅产业现代化的技术关键是住宅建筑体系化

1. 全力推行通用体系

（1）住宅产业现代化的过程，就是用现代科学技术改造传统住宅产业的过程。

发达国家的实践证明，在经济发展的增长因素中，技术进步的贡献率是第一位的。我国住宅产业发展战略的重点，应放在科技与经济的转化方面，运用高新技术来改造住宅产业。

住宅建筑体系化，也就是要求摒弃传统的生产模式，以工业化、集约化生产方式代替现浇手工式的湿作业，以高科技统筹住宅生产过程，完成对我国粗放生产现状的改造，住宅产业化的成败，重点就是要看我国住宅体系化的最终表现程度如何。

（2）多年来，我国在建设科技上，安排了大量的科研项目，耗费了大量的人力物力，但仍明显地发展乏力，科技贡献率只达到26%，而发达国家早已达到60% ~ 80%，主要表现为选题松散，未能始终抓住发展住宅工业化这一主题，积极发展住宅建筑体系，以部件为中心组织专业化、社会化大生产。未能扶持一批新兴的、各自独立的但又相互依存的工业企业，带动产业的发展。

（3）国际上普遍认为推行住宅通用体系可以实现部品的专业化、批量化、标准化的生产，社会化的供应方式，整个行业形成丰富的产品系列，设计人员可以从大量的产品目录中挑选适宜的产品，营建丰富多彩的建筑。

2. 发展专用住宅体系

（1）住宅工业化的另一个重要方面是全面推行以某种结构形式或施工方法为特征的专用住宅建筑体系。这是一种以功能目标为主，市场为导向的一种完整的生产体系。主要特征是把规划和设计、生产和施工、销售和管理融汇在一起，用现代的居住理念，高科技的生产手段和集成化系统的管理方式，形成的配套整体工业化体系技术。

（2）住宅专用体系是在二次大战以来解决房荒背景下建立起来的一个新概念，其目标就是提高效率，快速、经济地供应大量的住宅，运用简单的劳动力替代工艺技师的劳动，保证高科技化。

国际发展住宅产业的经验告诉我们，走工业化住宅体系，扩大体系的适应能力和通用能力，用高科技含量加以保证，是体系的生命所在。

3. 重点研究成套实用技术

工程施工中通常要遇到各种的专门化建造技术，如防水技术、排烟通风道技术、轻质隔墙技术、保温墙技术等，营造技术成套化，预示着质量、效率和低成本的进一步发展，也是住宅体系发展的必备因素。在发展体系技术的同时必须加强建造技术成套化研究和发展，比如研究住宅厨房、卫生间整合设计标准化问题，在综合考虑住宅平面布局、面积尺寸、设备配套、管道布置、除油烟排气、装饰装修等多种因素外，使住宅依照档次不同，实现定型化和标准化。采用社会协作化生产，集装箱式配套，集成化施工，设计人员只要注明采用哪一类厨卫，全部生产组织程序就可以完成，达到了高效和高质的成效。

五、中国住宅产业现代化推进的制导因素是各地政府和企业集团

1. 两期目标三个阶段

根据"意见"的要求,住宅产业现代化在近阶段分为 5 年和 10 年两期目标。我们完全有条件借鉴国外的经验,发挥我国自身的优势,实现既定的目标。分三个阶段来实施:

第一阶段,用 3 ~ 5 年时间为住宅产业向现代化做好准备工作。包括各地制定住宅产业发展规划与产业政策,建立健全与住宅产业相关的标准体系,建立标准化机构,开展试点工作,并按产业化的方式进行生产,应用量达到城镇住宅建设量的 10%。

第二阶段,用 5 年时间,解决住宅功能质量通病,初步形成部品生产体系。包括重点扶持骨干企业,奠定物质技术基础,应用量基本达到城镇住宅建设量的 30%。

第三阶段,用 10 年的时间基本实现住宅产业现代化。在住宅建筑体系方面,基本上实现住宅部品的通用化生产,社会化供应,建立相互协调的、发达的产业体系,达到中等发达国家的住宅产业水平。

2. 政府是主导

住宅产业现代化的制导决策因素是各地政府,由政府部门担负起宏观目标的制定和方针的把握,根据当地经济发展水平和住宅产业发展现状、优势,确定推进住宅产业现代化,提高住宅质量的目标和工作步骤,统筹规划,明确重点,并支持经济、技术实体,分步实施。重点工作应放在下列方面:

(1) 通过标准化机构,组织科研、设计、生产部门推行和完善模数协调体系,按照模数协调的法则,完成住宅部品和施工安装的标准化、系列化和集成化的工作。完善标准、规范系列的编制组织工作。

(2) 开展住宅产业发展的现状调查评估工作,摸清工业布点、技术装备的生产水平、差距和难点、优势和不足,做到心中有数,从而确定主攻项目,研究对策,组织实施计划。

(3) 开展住宅建筑经济能力的评估预测工作,综合分析住宅建设的各项技术措施和实施途径,编制住宅建筑的发展目标和科技计划,引进项目,从而为本地域的住宅产业发展奠定科学的基础。

(4) 培养和扶持住宅产业技术密集型的企业和施工安装部门。重点开发新型墙体结构和材料、节能保温技术、防水防渗技术、厨卫整合技术等成套系列技术,推进建筑体系技术的研究工作。

(5) 积极支持和组织本地区的示范、试点工作。作为载体,通过小区示范和产业基地的建设,将成功的经验、优秀的部品和相关技术进行推广,促进本地区住宅建设技术的进步。

3. 企业是主体

住宅产业现代化的实施主体应是企业和企业集团。在市场机制条件下，企业和企业集团组织模式、经营理念、发展战略、产品结构和创新机制决定了住宅产业发展的成熟程度。培养和扶持重点企业和集团公司，将是对住宅产业发展的重要保证，并以此带动全行业的技术改造，缩短技术更新的周期。特别是具有投资融资、开发房产、施工建设、规划设计、部品生产等综合能力的集团公司，具有更大的典型性和驱动性，更能强有力启动标准化、工业化和集约化。将更快、更好地体现住宅产业化为推动住宅质量所做的贡献，更全面体现"效率"和"效益"的巨大作用。

为此我们应当建立一套完整的住宅产业集团创立和发展理论，从理论上阐明住宅产业集团的概念和发展的必要性，提出我国住宅产业集团的组建模式和运营模式，形成住宅产业集团的选择和评价体系，促进住宅产业集团的健康发展和良好的运营。

4. 示范的作用

正确对待示范和试点小区工程。示范的榜样是无穷的，在中国经济文化发展的背景中，示范的作用，有着更加重要的意义。这与国外重技术实验相比，的确是特殊现象，但也不能过分夸大示范、试点的作用。说到底所谓示范、试点，只是一种推广前的试验，有可能成功或者不成功。

示范和试点只是一种载体，是一种新的技术和部品的应用的集中体现，进而显示这种技术和部品的优越之处，或者集中表现最佳效果和最佳配当，供今后工程中应用和推广，带动住宅新技术和新部品的发展。但这种发展和带动是有限度的，周期是漫长的。如果依靠示范和试点来带动住宅产业现代化的发展，并作为技术政策来执行，则太偏颇了。承担试点和示范工程的开发商，他们在发展住宅产业现代化中的角色是被动的，他们能力范围尚不能波及工业布点、标准化建设、技术基础的建立及科技发展进步。他们的本能是利润的驱动力，是在市场机制下，如何利用和扩大成熟的科技提高功能质量，增进效率，提高企业的声誉，以获得企业的最佳效益。

5. 庞大的系统工程

住宅产业现代化是我国住宅建设漫长发展中长期追求的目标，梦寐以求，也是我国住宅建设发展的唯一有效技术途径。因此，我们不能轻视它，不容偏离正确的轨道，否则会贻误当今发展最宝贵的时机。

住宅产业现代化又是一个涉及众多行业发展的错综复杂的庞大系统工程，基于我国目前仍然处于粗放阶段生产过程，更应严密布置，细心策划，分工合作，相互协调，分期发展，重点突破，共同进步。

应当深信，只有紧紧依靠"意见"规定的目标和措施，实现包括基础技术体系、通用部品体系、住宅建筑体系、质量保障体系和金融保险体系在内的 5 大体系建设，就能实现我国的住宅产业现代化，我国的住宅建设整体技术进步就将最终实现。

2 房地产开发

大盘地产将形成房地产开发主流

"人居环境科学"是 1993 年前后由吴良镛、周干峙、林志群三人提出的，该学科着重探讨人与环境之间的相互关系。它强调把人类聚居作为一个整体，目的是了解、掌握人类聚居发生、发展的客观规律，以更好地建设人类理想的聚居环境。

事实说明，人居环境科学是基于建设的需要应运而生的，现在正逐步受到人们广泛的关注和重视。吴良镛教授提出，我国人居环境建设要具备五大基本条件：住区居民适当住房的保证；健康与安全的保障；人与城市住区环境的和谐发展；生态环境建设；住区资源的可持续开发与利用。但要满足这五大条件，绝非一朝一夕可以完成，必须经过全社会长时间的共同努力才能实现。然而，如果人居环境建设得不到相应的重视，错过城市化发展的大好时机，我国的人居环境建设事业将再次经历"先破坏，再保护"的曲折道路，造成无法想象的损失。

目前市场上存在的十种不良倾向和规划设计的误区：小区规模超型化；策划理念贵族化；规划布局图案化；道路交通绝对化；铺地广场城市化；景观绿化公园化；建筑形象猎奇化；空间尺度大型化；装饰装修宾馆化；城市配套小区化。对此，人居环境委员会专家提出了"中国人居环境与新城镇发展推进工程技术纲要"，其中提出了住区人居环境规划建设、住区人居环境生活品质、资源和能源和绿色环境保护、健康住区居住生活方式、技术创新与技术进步、城市文化传统和居住文化、城市功能更新改造工程这七大方面的具体实施方案。

大盘要成为主流，便不得不脱去上述弊病。总的说来，未来城市的居住发展有以下五大趋势：

1. 大盘地产将形成房地产开发主流。

2. 居住模式向新城地产郊区化发展，形成以核心城市为主、网格化布局的发展态势。

3. 住宅平均层数不可阻挡地逐步降低。

4. 居住功能向细化发展——追求居住生活品质成为第一需要。

5. 绿色、生态、健康住宅技术将得到普及。

城市地产开发新的经营理念创建活动有如下特点：城市郊区化发展模式的升华；农村城市化进程的楷模；城市核心区的更新改造运动的典范。

大盘地产必须学会在这中间找到自己的位置。

把"新城市发展"作为一种通过市场化模式，推动中国城市化进程的新的城市地产开发模式、新的城市建设模式、新的城市运营模式，希望为中国的城市化进程探索出一条新的途径和道路。此外，合理利用资源和能源，实施绿色环境保护，建设健康住区环境，回归舒适、健康、安全和文明的居住生活方式，高度重视技术创新，实现房地产开发技术进步，继承城市文化传统，创建先进居住文化，积极参与城市中心区功能更新工程，重塑城市开发新形象等内容也在倡议中演化成了具体的行动纲领。

大盘地产不能等同于小区开发
——大盘地产开发规划属性
及在城市化中的地位

一、大盘开发的必然趋势

我国房地产业经过了 20 多年的发展，在历经了散兵游勇、零打碎敲式的小规模开发 和中等规模开发之后，近几年出现了大规模、成片开发（开发面积在 30 万平方米以上，甚至超 100 万平方米）的"大盘地产"，"大盘地产"的出现是房地产业发展的一种必然。

房地产开发企业看好大盘开发，因为大盘比较容易营造优良的住区环境，有利于降低开发成本和开展营销，可以获得规模效益。房地产商在开发过程中逐渐成熟起来，尤其是颇具经营规模和经营能力的房地产开发企业的操盘经验为"大盘地产"的出现提供了思想上和运作上的保障，全国各地"大盘地产"在新的发展背景下应运而生。根据"2005 中国地产新大盘研究成果发布会"的最新报道：全国大盘建筑面积在 50 万平方米以上的项目开发总数为 272 个，总的建筑面积是 2.48 亿平方米，占今年全国施工面积的 14%，其中建筑面积在 200 万~300 万平方米之间的是 15 家，大盘主要集中在 100 万~200 万平方米的有 84 家，大概占 50%。全国大盘开发规模城市排名依次是北京，上海，重庆，深圳，广州，杭州，天津，东莞，南京和沈阳。大盘地产开发势如破竹，形成了不可阻挡的发展趋势。

然而，大盘地产开发应具有本身的特殊性，尤其是作为城市化发展的一个要素，对城市发展具有重要的价值。阳光 100 在全国开发了众多的大盘后，易小迪先生说的"创造城市价值"指的就是这个意思。

二、"大盘地产不等于放大了的居住小区"

地产开发商常常重蹈着同样的错误：不论住区规模有多大以及楼盘所处方位如何，都愿意画地为牢，犹如固若金汤，即便划定的规划路，也要千方百计地疏通各方，把已经法定了的城市道路划归己有，不归己死不瞑目，一派为"民"请愿的姿态。诛然不知，此种做法打乱了城市的格局，造成城市交通堵塞和城市居民的不便，城市商业价值得不到发挥。

什么叫做大盘？目前并无定论。按照国家现行规范，城市居住区的规模 3 万~

5万人口或者用地达到 50～100 公顷的可定为居住区。一个居住区一般可有 3～5 个居住小区，这样居住区除了必要的小区配套以外，还应该配置更高一级的公共配套设施，从广泛的规划含义来说，已经具备了城市或小城市的功能，这也是我们常说的大盘的规模。居住区人口超过 5 万人甚至 6 万人，用地面积超过 100 公顷的大盘，当然是城市性质的了。一切都需要按照科学规律来行事，否则必将遭受历史的惩罚。请看：

有报道说，名噪一时的占地 10 平方公里的华南板块的七个住宅区，单就每一住宅小区水平而言，华南板块甚至超过了国际先进国家和地区的水平，诸如星河湾、南奥花园等为代表的开发项目，在提供正面经验的同时，作为新城，其对居住区级总体规划的把握和各小区的规划观念上存在着明显的硬伤。开发商只注重内部环境的培育，封闭式的物业管理破坏了城市生活的多样性，对城市景观、环境和城市空间结构造成很大影响。居住区域内是一个个独立的老死不相往来的楼盘，不能形成区域商业、学校、医院等服务中心，使用功能上遭遇了极大的障碍，城市功能受到了严重的挑战。大盘开发，必须重视属于城市规划的住区整体设计，而非仅仅是居住地点的选择，必须具备小区以外的城市功能配套，生活、工作、购物、娱乐、休闲集中起来考虑，具备新的生活行为方式，才能充满生命般的活力。

北京北部地区的著名的特大级大盘——回龙观、天通苑居住区，人口均达十多万，建筑面积数百万平方米。因为未考虑好就业、商业和交通问题，使得居住区一早一晚、朝夕朝落时交通严重堵塞，形成著名的"睡城"

广州番禺祁福新邨，连续十年在一个地方开发出了占地 4000 多亩的住宅区，已入住人口达 7 万人。祁福新邨是大型住宅小区设施配套的代表，十年来在市政配套方面，总投资已达 31.6 亿元。除了一般设施外，还兴建了日处理生活污水约 1 万吨的污水处理厂和拥有 500 张病床的医院和一座大学，能为业主子女提供幼儿园至大学的一条龙教育服务，光小区保安人员就超过 1000 名，警犬 40 多只。小区土地尚可开发十年。要持续发展，就必须在配套上下功夫，在没有任何税收的情况下，不能不说是一个不小的负担。房地产商不光开发，而且承担"吃、喝、拉、撒"的父母官的责任，董事长因此被人们戏称为"×镇长"、"×市长"。

三、大盘开发的规划属性与城市化的地位

1. "大盘开发"曾被诙谐地称为"造城运动"，大盘与城市区域新城镇发展的关系密不可分，用城市设计的眼光来看待大盘的开发，确有很大的价值。新城镇规划与建设为大盘开发带来了更多机会，大盘开发也成了新城镇建设的重要手段与途径，两者共同促进了城市化进程的发展。然而，新城镇的成长有其自身的规律，与城市经济发展阶段，与城市人口变化、文化传承、资源利用等息息相关。由于对城市发展规律缺乏有效探讨，或者是由于目的性与出发点的差异，致使不少新城镇规划建设的大盘开发中仍然存在着不少问题，其中最主要的一点是：将小区类规模住

区开发模式用于大盘地产，将房地产项目的开发模式用于新城建设，没有顾及由于建设规模变化而导致的配套、就业、交通、区域活力、区域生命力以至城市区域竞争力形成等方面所产生的质的变化。

新城建设中，缺少新城镇发展的大思路，简单地采用大盘地产开发模式，虽然前期容易启动，但物业配比、城市功能难以保证，导致新城镇建设机能残缺，最终城市发展的目的难于实现，大盘遭遇失败。因此，在新城建设中，需要跳出房地产项目的框架限制，站在更高的角度上研究城市问题；而在大盘开发中，也不能仅仅站在房地产项目开发的角度，而是需要用城市发展的眼光，从城市建设、城市设计的角度审视大规模住区或大盘地产的开发。

2. 大盘"造城"的更高原则

除了与项目开发一样，需要关注经济效益、关注现实的发展阶段外，"造城"还有许多需要遵循的高出项目的"造城"的开发要求与原则。

（1）可持续发展原则

所谓可持续发展是指"既满足当代人的需要，又不损害子孙后代满足其需求的能力的发展"，以城市、经济、环境等综合协调人居环境的发展，以最小的损耗实现最大效益，其核心概念是关注未来与资源保护，创造经济节约型社会。

可持续发展的理念自1992年《环境与发展宣言》、《21世纪议程》出现后，已经成为广受认可的城市发展的重要原则。新城建设、大盘开发应当与自然资源的保护利用、交通规划、住区规划、经济发展、城市竞争力改善等多方面协调考虑。比如在规划设计中，注重公共交通、城市功能综合发展等问题；在邻里社区设计方面，注重土地的多种使用模式、安全和睦的街道、非机动车步道等；在地区设计方面，注重建筑与公园街道等的协调，增加绿地与绿色走廊；在建筑设计方面，注重减少对环境的影响、节能与气候协调、自我遮蔽的布局等。"大盘开发"的新城镇建设，更应当关注长久，关注未来。

（2）"大盘"开发规划先行原则

"大盘"地产规划先行对具有新城意义的城市居住功能的保障有着重要的意义。大盘开发不应简单地被全盘否定。在快速城市化发展的今天，大城市中开发占地几百公顷甚至超千公顷的若干个大盘开发是必要的。大城市的发展形态决定着都市健康、安全、卫生因素的定位，国际城市主义的经验多数以发展都市圈的模式为典范。都市圈是由一个或多个核心城市与若干个相关的周边城市组成的，在空间上密切联系，在功能上有机分工、相互依存，并且具有一体化倾向的城市复合体。大盘开发承担了这样的角色，可以起到重要的作用。它可以是郊区化的、生态的、经济的、功能健全的新城镇模式，它不是放大了的居住小区。因此，绝不能采用"先开发、后规划"的模式，也不应把偌大规模的居住区办成一个"小区"，交由一家开发商包揽一切、一个物业管理公司管理一切，而应把"大盘"规划成几个住宅小区，每个小区用地规模为几公顷至一二十公顷，以挂牌招标、拍卖方式出让给几家开发商分别开发，以免雷同和造成日后行政管理等方面的困难。

"大盘开发"有它突出的好的一面，即规划设计易于体现个性特色，建筑布局比较灵活，生态环境易于上规模、上水平，集聚效应强，有利于管理和降低成本，容易达到最佳人居环境建设目标。

（3）创建城市"大盘"开发规模住区特色

建筑形式的抄袭、模仿，历史文脉延续的中断，"现代化"的借口使得城市逐渐丧失特色；还有一些不顾气候、文化、生活差异，直接"移植"的欧美风情小镇，在中国大地上频频出现。雷同的规划、雷同的建筑、雷同的城市发展模式，已经成为国内不少城市发展的重要问题，即使多数是打着民族旗号的"穿衣戴帽"工程，也并没有真正使城市寻回民族特色。而突出的城市文化特色，在形成城市竞争力，提高城市知名度，创造良好投资环境与条件方面，具有不可替代的作用。

城市特色是历史的沉淀，是文化的积累；美国的著名城市学家凯文·林奇在《城市意象》中，提出了道路、边界、区域、节点、标志物五类形成城市意象的元素，城市特色的形成需要从空间结构、道路、建筑形式等细节方面体现。因此，创建城市特色是大盘开发"新城镇"的重要内容，也是大盘开发"新城镇"的重要原则。

如何做好都市圈域的大盘开发新城镇的开发工作？如何处理好郊区大盘开发与中心城市发展的关系？新城主义理论为我们提供了崭新的城镇建设理念和较好的借鉴。"新城主义"的大盘开发城镇建设基本理念分为三个层面：区域层面、城镇层面和住区层面。

区域层面：明确设定区域性绿色通廊，作为区域性不同地方之间的联系纽带或分割界限，形成区域基本构架。以区域性公共交通站或大的交汇点为中心核空间开发，形成节点状布局，整体有序的网络结构。区域中的人口和功能不仅应该具有多样性，而且要建立有机联系而不是相互隔离。

城镇层面：大盘开发中城镇建设作为一个有机的整体，通过有机联系的街道网络共同构筑生活空间。反对过分注重功能分区的做法，强调城市特色和活力来自于丰富资源的混合使用。城市应具有包括公共交通、私人交通、步行交通、自行车交通等多种交通运转系统，使具有不同的使用功能的土地组织在一起，以促进大盘开发城镇住区生活多元化的形成和城镇社区生命力的增长。

住区层面：邻里、分区和绿色分隔是"新城主义"住区的基本组织元素。新城主义所构筑的未来社区的理想模式是紧凑的、功能混合的、适宜步行的住区，位置和特征适宜的住区，能将自然环境和人造社区结合成为一个可持续的、有机整体的、功能化和艺术化的走廊。新城主义关于城镇住区和邻里的组织开发模式有两种最具有代表性：一种是"传统的邻里开发"，被称为TND；另一种是"以公共交通为导向的开发"，称为TOD。

TND的开发模式：其社区的基本单元就是住区，住区之间以绿化带分隔。每个住区的规模约10～20公顷，半径不超过400米。可保证大部分家庭到邻里公园距离都在 3 分钟步行范围之内，到中心广场和公共空间只有 5 分钟的步行路程，会所、幼儿园、公交站点都布置在中心。每个住区包括不同的住宅类型，适合不同类型的住户和收入群体。以网格状的街坊道路系统组织住区，可以为人们出行提供多种路径便捷的选择性，减轻交通拥挤。

TOD 的开发模式：将区域城市发展引导到沿轨道交通和公共汽车网络布置的不连续的节点上，充分利用交通与土地利用之间的基本关系，把更多活动的起始点和终止点放在一个能够通过步行到达公交站点的范围之内，使更多的人能够利用公交系统。每个 TOD 都是紧凑的，组织严密的社区，是一个由商店、办公、住宅组成，围绕公交站点布置并且在步行范围之内的地域。TOD 模式认为，放射型街道对行人是高效的，强化了公共空间的中心地位，表现出不同于过去郊区化新城发展模式的空间特征。

四、大盘开发与"新城主义"的启示

国际城市开发的历史经验教训能为我们开拓思路，成为财富。这里我们借鉴南京大学城市与资源学系一位博士研究生文章的描述，来看看给我们的启示：

20 世纪 90 年代初，美国逐渐兴起了一个新的城市设计运动——新传统主义规划，后来演变为更广为人知的新城主义。它主张借鉴二战前美国小城镇和城镇规划的优秀传统，塑造具有城镇生活氛围的、紧凑的社区，取代郊区蔓延的发展模式。

二战以后，美国掀起了一股郊区化的浪潮，城市发展也以低密度郊区化蔓延为主要外在特征。在短短的几十年间，城市化空间的扩展就超过了有史以来的总和。然而，这种郊区化的发展模式并未创造出一种美好、合适的社区，其发展的不经济性、生态与环境的不可持续性以及对城市结构的瓦解作用、对社会生活的侵蚀效应日益凸显。过长的通勤距离耗费了人们大量的时间和精力，已严重影响人们预期要达到的生活质量；对小汽车的严重依赖使许多不能开车的人（如老人和小孩）行动不便，邻里关系冷漠等。可以说，二战后的西方郊区区划和规划产生的并不是城镇和社区，而是将土地切割成一块块私人拥有的小块土地，再以道路相联系。这样的规划和建设通常依赖房地产开发或交通工程的标准，而不是源于人性化的考虑和对当地特色的继承和发扬。缺乏可识别特征以及明确界定的空间，使人们不能形成可认同的场所和家园感，难以获得起初向往的郊区生活的安定感和归属感。这一系列的问题，促使人们开始反思城镇规划理论和建设模式，希望寻求一种较为有效的解决途径。

新城主义的理论与实践顺应了当今社会注重文化传统和追求可持续发展的时代潮流，得到了各界和社会舆论的广泛关注，在商业上也颇为成功，立即成为近年来城市设计和规划领域的主流流派。

五、追逐人居环境"大盘"新城建设开发主流

加强城市人居环境规划建设及可持续发展具有十分重要的意义。所谓可持续发展人居环境，在联合国两次人类居住大会和中国21世纪议程中进行了较多的论述，主要包括：①居民所需的适当住房保证；②居民健康和安全的保障；③人与城市环境、住区环境的和谐发展；④城市住区的生态环境建设与管理；⑤住区基础设施和住区资源的可持续开发与利用。

城市居住区的可持续发展，是指城市居住区作为城市居民生活场所的主导功能，完善居住区以自然环境为基础的系统生态功能，加强居住区的协调管理能力，不断提高生活质量，创造出能使居民身心健康发展的、适应社会需求的人居场所，即通常说的城市居住区的配套化、社区化、休闲化和网络化原则。

1. 配套化原则

居住区的配套化包含两方面的内容。一方面，建立生活基础设施配套。加强居住区供电、供水、供气、交通、邮电通信、学校教育、文化娱乐和防灾能力等内容的建设，满足居民日益增长的需求。另一方面，加强居住区的组织管理和服务机构配套。建立起一整套有效的组织模式，既要做好居住区内各种关系的协调工作，又要为居民提供方便的服务。

2. 社区化原则

所谓社区化原则，其内容包括：①和睦的邻里关系。人际关系交往密切，表现出浓厚的生活气息。②认同感和归属感，即人与人的认同感，人对环境的认同感和人对居住地域的归属感等。③方便感和安全感。各类生活服务设施和辅助设施齐全，并且形成一个可供共同监视的"可防卫空间"。④良好的组织管理系统。在居住区内建立各种组织、管理和服务机构，以此维持居住区的社会稳定，丰富居住区的精神文化生活。

3. 休闲化原则

居住区因其与居民生活最贴近而成为除城市公共绿地、公园、游乐园和各种文化设施之外的居民休闲娱乐的重要场所。居住区的休闲化重点强调开敞空间的设计与建设。这一开敞空间包含两层含义：一是指比较开阔的、较少封闭和空间限定要素较少的地域空间，二是指向大众开放的、为多数居民服务的空间，是为居民生活的社会性和私密性在时间与空间上相协调的一种重要场所。

开敞空间是优化居住区人居环境质量的一项有效手段。在开敞空间的设计与建设中，要使之与居住区的建筑物有机结合，通过"形体环境"与"人文环境"的统一，既不脱离人们的行为模式，又因为满足人们的文化需求而充满活力。

4. 网络化原则

居住区的网络化突出居住区的生活网络，包括社区、邻里、家庭及个人三个层次，并与居住区外的城市中心相衔接。网络的每一个层次主体应根据居住区的地域

特点、历史演化特征和居民结构，设计并建设出自身的特色。同一个层次中的不同个体之间在内容上也有明显的分工和交错，以体现更大范围的同质人口的深层次生活，增加居住区内居民交往的机遇，丰富居住区生活的内涵。

近年来，中国城市化进入了加速阶段，取得了极大的成就，同时在城市发展过程中也出现了种种错综复杂的问题。作为城市规划建设者，我们迫切地感到在城市化快速发展的急剧变化中，学术储备还不够，现有的建筑和城市规划科学对实践中的许多问题缺乏确切、完整的对策。因而，迫切需要发展新的指导理论和相应的评价标准，对一系列聚居、社会和环境问题作进一步的综合论证和整体思考，以适应快速城市化发展的需要。我想，大盘地产开发方向的正确把握就属于这一类的问题。

房地产规模住区品质开发模式的思考

对未来人居环境宜居性与资源能源利用的关注度是城市新区发展的主要议题。中国经济已经持续了二十多年的快速发展，各种预测均认为，未来 10 至 20 年中国房地产仍将处于快速发展阶段。快速城市化住区建设而引发的资源环境和居住品质的矛盾越发尖锐。未来的新区发展如何走？对我们过去二十多年来的开发模式，产品模式、政策模式，有必要正视并进行认真的反思。

目前，房地产市场处于比较低迷的时期，冬天是最好的修身养性的时刻，房地产业界应该利用这段时间好好进行反省和思考。思考包括三个方面：第一点是开发模式转型，思考一下我们过去的开发模式，是不是适合我们今后十年甚至二十年的开发；第二点应该是产品模式转型，也就是如何看待我们过去开发的楼盘品质；第三点，需要反省一下我们的政策环境模式，也是最困扰我们的事。

首先谈谈开发模式转型的思考。目前，市场上有很多不理性的开发，其开发模式是以盈利为主要目的的，如何好销就如何开发，实际上是顾头不顾尾、顾面不顾里的短期行为。房屋面积虚大，功能品质不能按房屋等级得到相应提升，把有限的成本资金花在立面第二功能的外表方面，而内部居住行为功能舒适方便健康的需求，包括居住性能方面的声、光、热、空气质量反倒不受重视。

至于国际上强调的绿色节能住宅、长寿住宅、可变灵活住宅、太阳能住宅等，不被看好。大多房屋好看不中用，适用、健康、节能减排和低技术成本的，真正高效理性开发、精明增长的住宅开发模式，至今尚不能形成气候。

楼盘品质转型的思考，重点是住区人居品质和资源能源问题。当前，我国的房地产开发还处于一个粗放的水平。所谓粗放式，就是产品的品质是粗放的，产品的生产是粗放的，产品的质量同样也是粗放的。从开发表现出来的住宅产品面貌上看，基本上是停留在追求表象的层面上的，讲的是面子好看，真正讲到居住内部，不讲究实用和实效，管道系统几十年不变，仍然不放弃粗装修的危害健康、干扰邻里、危害环境和浪费资源的拙劣做法，日常工程疵病到处可见。把品质做好比什么都重要，质量品质能把舒适度带给居民，把利益送给居民，把信誉奖于开发企业。

节能减排是国家的方针大政，各级政府和单位都在积极贯彻执行，但我们的很多控制程序仍停留在形式上，几乎到了"做僵"的地步。节能项目仅停留在为了获得一个"节能章"，表现的是光求数量不求质量，不注重节能的成效，节能，不节能？无人去测试鉴定验收。建筑节能需要整体考虑，不能以堆砌单项技术作为标志，并不是优秀＋优秀＝优秀，需要整合各种因素，调整协调，才能获得最佳定量节能的实效。

对于政策环境模式转型，更加需要思考。当今"高房价"的成因，主要是政策的导向和市场的把控出了问题。住宅的刚性需求导致了供应链的断裂，虚高市场导致了泡沫，房价的奇特的增长导致了社会的不满。至今大多数超过了购房人预期。使得购房人失去了对市场的信心。住宅是国民经济的支柱产业，房地产涉及近 50 个行业，房地产销售市场的低迷导致了一系列产业的不景气，引发经济增长的衰退。如何做？破解僵持的局面，启动市场，这是刻不容缓的事。赶快增加保障房开发建设量，是安全度过冬天的最佳途径！也就是，要变革我们政策环境模式。

众所周知，住宅供应有的双重属性，它既是商品，更属于社会福利保障。在当前"高房价"的普遍条件下，减低房价会引来众多的矛盾，降低幅度会是有限的，不可能通过大幅度减价满足购房人的预期。加大保障房建设的比例，使"夹心层"和低收入者不同程度地改善自己的住房，缓解住房的社会主要矛盾。这就要求我们转变住房政策的模式。对高档房子的限制也应当放开，因为市场有需求，就有存在的必要。由市场和政府同时来抓，住房基本需求和商品市场的一切矛盾迎刃而解，房价的高低将不成为问题。到那时，市场的需要就是我们房地产开发企业的需要。

第二，中国人居环境的理论框架——融贯、综合地看待和处理人居环境问题。所谓"融贯"，就是从中国建设的实际出发，以问题为中心，主动地从相关学科中吸取智慧，有意识地寻找城乡人居环境发展的新范式，不断地推进学科的发展。所谓"综合"，就是强调把包括自然、人类、社会、建筑、支撑系统在内的人类聚居作为一个整体，从生态、文化、社会、技术等各个方面，对人类聚居问题进行系统的综合的研究。

人居环境五大层次：人居环境的"层次观"是一个重要的理论，根据中国存在的实际问题和人居环境研究的实际情况，初步将人居环境科学范围简化为建筑、社区（邻里）、城市、国家（或区域）、全球这五大层次。不同层次的人居环境单元的研究目标、范围和内容是不同的，不仅在于居民量的不同，还有内容与质的变化。

人居环境五大原则，通过对全球和中国发展中若干问题的广泛思考，对 21 世纪中国人居环境问题应当有一个清晰的共识，主要包括下列内容：①生态原则：正视生态的困境，提高生态意识；②经济原则：人居环境建设与经济发展良性互动；③科技原则：发展科技，引领居住生活品质的未来；④人文原则：关注人的居住行为方式，突出对"人"的真情关怀；⑤文化原则：强调居住文化建设与艺术创新相结合。

城市人居环境评价要素包含两方面的内容：人居硬环境，即人居物资环境，是一切有形环境的总和，是自然要素、人文要素和空间要素的统一体，由各种实体和空间构成；人居软环境，即人居社会环境，是一种无形的环境，是居民随时随地感受到的舒适、休闲、健康、安全和归属感等。就人居软环境而言，它更多地涉及社会学、心理学及行为科学的研究内容。

美国 1997 年宜居都市的评选标准内容：①犯罪率低；②毒犯问题少；③中小学校好；④医疗质量；⑤环境清洁美观；⑥生活费用合宜；⑦经济增长强劲；⑧学

生课外活动丰富，质量高；⑨离大学近；⑩到城市不超过一小时路程；⑪温暖晴朗的天气多。

第三，人居环境发展战略思考。对自然环境的保护，特别是不可再生资源的合理利用和节约使用；对人文环境的保护，重点是解决好城市文脉、文化传承问题。

首先要倡导人工与自然环境建设——生态优先战略。人居委在课题研究中把住区人居环境分为人工和自然两个部分：生态自然环境，最重要的是住区的大气、水体、土壤、植被以及文物遗产等的保护和环境质量，尤其是植被的造氧、造荫功能的发挥。宜住人工环境，表现在对日照、通风、保温、隔热、隔声、面积等建筑性能技术指标的控制上，以及规划设计中表现的容积率、绿地率、建筑密度、建筑物间距等人居环境因素的组织，实际上是生理、心理的健康舒适满意度指标。光污染和装修污染则是现代材料中出现的新问题。

其次，经济同资源的因果关系——可持续发展战略。可持续发展被定义为既满足当代人的需求又不危害后代人满足其需求的发展，反映了发展经济同保护环境和资源的因果关系。可持续住区有丰富的内涵，基本为三方面：一是需要。建设目标要满足居住行为、生活方式的切实需要。二是限制。减少浪费、提高效率和保护环境，受自然生态的制约。三是公平。保护弱势群体，强调代际之间、物种之间的公平，与城市协调发展。所谓可持续发展，讲的就是经济、社会、文化、资源和环境的协调关系的发展，而不是一味地耗费资源、牺牲环境。

再次，城市文化保护——文脉传承战略。城市文化特色丧失的种种表现为建筑形式的抄袭、模仿，历史文脉的中断，"现代化"的借口使得城市逐渐丧失自身特色，不顾气候、文化、生活差异而直接"移植"的欧美风情小镇，在中国大地上频频出现。雷同的规划、雷同的建筑、雷同的城市发展模式，"千城一面"、毫无生气的建筑，已经成为国内城市发展的严重问题，即使多数打着民族旗号的"穿衣戴帽"工程，也并没有真正使城市寻回民族特色。只有突出的城市文化特色，在形成城市竞争力，提高城市知名度，延续良好文化和创新生活氛围，住区才会具有不可替代的作用。

最后，摒弃表象化——经济适用战略。一方面要考虑建造成本的经济性，另一方面要考虑建成使用后维护成本的经济性，也即"全寿命建筑"，不搞奇花异草、名贵建材等华而不实的事，不搞大广场、大草坪、大马路等浪费资源的事，不搞超越"宜人尺度"、大而无当的事（如广场、马路、套型、面积分配等方面的失当现象），要强调必须在"有用性"的前提下，兼顾"审美性"，要借鉴国外的成功经验，即使在经济实力很雄厚的条件下，住宅和住区仍要建得很朴素、简约。

我们当今面临的大量浮躁应付的作风，不注意实效现象，造成推进工作的困境重重，已成为我们在行业中推行绿色及节能建筑的主要障碍：①公众缺乏参与性意识。对普通大众而言，尽管也表现出对绿色建筑的喜爱，但尚认识不到绿色建筑发展与自身利益的紧密联系，"事不关己，高高挂起"，"绿色"太远，远水解不了近渴。对我们开发商而言，绿色建筑的推广成本，仍然是重要的瓶颈问题。②由于绿色节能行动还是刚刚起步，整个行业发展长短不齐，困难重重，先行者举步维艰。目前，我国的绿色节能评估标准还不到位，时有"无可适从，不知所处"的状况。大多房地产项目仅仅满足于做做样子，贴几个"膏药"，盖一个"红章"通过而已。③现阶段我们的设计体制还是停留在多工种分离的情况下，设计技术不灵活，设计体制和设计人员操控能力，与绿色建筑的要求也还有一定的距离。"大而全"的设计院体制需要改革，设计人员的创造才能需要进一步发挥，社会化、专业化服务需要进一步加强，大力推行精细化设计服务。

总的来说，大力推广绿色节能建筑的重要性已毋庸置疑，但如何踏踏实实地将绿色及节能建筑落实到实践开发中，而不是成为一个标签或者一个概念的简单的表象操作，是我们当前面临的非常重要的问题。

美国绿色建筑委员会于1993年建立了LEED认证体系，创立和实施了全球认可和接收的标准、工具和性能指标，目前，在世界各国的各类建筑环保评估、绿色建筑评估以及建筑可持续性评估标准中，被认为是最完善、最有影响力、最有执行力的评估标准，已成为世界各国建立各自建筑绿色及可持续性评估标准的范本。

为了推进人居环境和绿色建筑的发展，人居委将针对LEED体系与中国绿色建筑标准体系的实施开展比较研究，并通过对比研究，吸收和消化LEED标准的框架结构和运营原则精神，结合中国的应用实际加以本土化，以尽快学习和借鉴LEED的国际化原则与方法，最大可能地推动我国可持续绿色建筑的技术进步。

中国房地产十年发展后的三个转型思考

现在，房地产处在一个低迷时期，大家都在担心怎么过冬，把希望寄托在了救市、暖市和托市方面。依我看，过冬的棉衣还得靠自己准备，过冬的艰难不由得引发我们思索。冬天正是一个好机会，冬眠嘛，在难得的时刻里，有必要好好反省思考一下房地产开发历程的功与过。房地产经过了十年的发展，成就是有目共睹的。但是反过来，问题也不少。是不是需要一个反省的过程，思考一个更理性的、更精明的增长方式和发展方式，来避免下一个寒冬再受冻呢？

房地产本身的刚性需求是始终存在的，未来的前程也一定是好的，在极度低迷的时刻"增加信心"应该是最主要的问题。

信心是什么呢？可以指购房人对房价的预期，"可以出手了，不然就涨价了"，"买涨不买跌"指的就是这个事。现在房价到了谷底了吗？恐怕未必，所以，购房人迟迟不动弹。信心还可指楼盘品质，也就是"性价比"合适不合适。如果品质好，有增值的余地，就是房价贵一点也无大碍。唤起市场信心，坚定信心，看起来房价的预期是个"无底洞"，不知深浅，而"楼盘品质"却是看得见、摸得着的东西。信心的另外一个重点是政策环境，政策的指向不明，忽左忽右，就会搞乱人心，购与不购房就成了疑团，不知所措。冬天固然寒冷，却是冬眠的好时节，利用低谷和低迷的时刻好好地反省：什么做对了，哪些不够，准备好来年的春耕，争取有个更好的收成。

把一些预期调整好是非常重要的，所以，这个反省思考应该有三个方面的转型：

第一点是开发模式的转型。思考一下过去我们的开发模式，是不是能适应我们今后未来十年甚至二十年的开发。第二点应该是产品转型，也就是如何看待我们过去开发的楼盘的品质。第三方面，应该反省一下我们的政策环境，也是最困扰我们的事。

关于开发模式，过去十年，我们基本遵循拿地、前期、规划、建设和营销等几个步骤，注重的是营销包装，靠的是购房人乍富的虚荣心和片面求大、求阔气的不理性的购房心态，开发模式基本上是盈利为主，如何好销就如何开发，实际上是顾头不顾尾、顾面不顾里的短期行为。房屋面积虚大，功能品质不能按房屋等级得到相应提升，把有限的成本资金花在立面第二功能的外表方面，而住宅的内部行为功能的需求，声、光、热、空气质量反倒不受重视。至于国际上强调的长寿住宅、绿色节能住宅、可变灵活住宅、太阳能住宅等，不被看好。大多房屋好看不好用，舒适、健康、方便、安全的，真正理性开发、精明增长的住宅开发模式至今尚不能形成气候。

关于楼盘品质，实际上讲的是住区的宜居性和人居环境问题，人居委这几年通过金牌试点和课题研究总结出了七条特色目标，已经出版了《规模住区人居环境评估标准》，它包括"生态规划、配套共享、规划布局、科技含量、和谐亲情、社区人文和服务增值"七个方面。这里既有硬件又有软件，有室内也有室外。总之，要求开发项目要充分利用基地有利资源和生态条件，为开发增加特色；要求开发楼盘与城市相衔接，方便住户使用城市设施又能为城市创造价值；注重居住空间的营造以方便休闲和邻里交往；用科技手段提升居住性能和居住舒适度；通过硬件建设体现软件的作用，硬件是手段，软件是开发的目标。软件是高目标的追求，是开发商的高水平开发的表现。

但是，从目前房地产开发的总的情况来说，我们的开发还是粗放式的。所谓粗放式的，就是产品的品质是粗放的，产品的生产是粗放的，产品的质量同样也是粗放的。这一点大家有目共睹，我们还有很多不尽如人意的地方，与集成化生产相比，建筑材料存在大量浪费，建筑垃圾成堆，与欧洲节能建筑相比，能源效率低下而舒适度远远不足。我们的建筑的精细设计不够，性能程度远达不到品质的需求，我们的部品生产和配套水平仍然存在很大的问题，而施工中存在大量湿作业，减低了生产的效率和施工的质量。这些都是需要我们反省的，我非常愿意跟大家交流在产品转型方面的认识。

十年的市场开发经历，可以说，成就非常辉煌，我们的开发水平被认为几乎是和世界水平相提并论了，有的地方甚至超过国际水准！我说一点，目前从开发表现出来的产品面貌来看，基本上是停留在追求表象的层面上，讲的是面子好看，就好像我们穿衣服，面子已经是锦缎，好看得很，但是在里面连基本的保温御寒的功能都不具备，更谈不上柔软细腻了。顾面不顾里的，不讲究实用的，作为一个产品来说，是不完全的。房地产开发比园林景观，比外立面，比住宅造型，认为住宅的花园好了，外立面做好了，就是好产品了，我认为这是不够的，真正好的东西，不光是外面，更重要的是里面，里面做好了才是合身的。

现在，政府大力推动节能减排工作，本来应当以为我们住户提供更好的，更适合的，非常经济实惠同时又有高舒适度的住宅为理念来做的，但是我们的节能减排工作完全是停留在形式上的，几乎到了"做僵"的地步。节能项目仅为了获得一个"节能章"，通常是光求数量，不求质量。审查机构认为，做了外保温了，密闭窗和玻璃做成地板采暖，或者装上太阳能等就节能达标了，实际上，能否达到真正的节能实效是值得反问的！为什么这么讲呢？建筑节能需要整体考虑，不能以堆砌单项技术作为标志，并不是优秀＋优秀＝优秀，需要整合各种因素，调整协调，才能获得最佳定量节能的实效。比如，我们的办公大楼本身外保温做得很不错，窗的密闭性很好，同时作了地板采暖，可是，到了冬天，房间的温度达到24度、25度，在里面时会觉得很热，所以一上班就需要把窗户打开，把温度降下来，辛苦节省下来的能耗被放走了。这样的建筑都是优秀加优秀的，最后优秀了没有呢？答案是很糟糕的。这里需要建立一个整体整合的概念，不能把整合系列切割了看技术的好坏，所以这是一个理念的概念，是一个方法手段的问题。

这样的例子很多，所以，把内在品质做好比什么都好，把舒适度带给居民，把利益带给居民，这个是非常重要的，有了经得起考验的产品品质，就有能力面对各种特如其来的困难局面和低迷时期。在同等状况下，一个好品质的产品可以帮你渡难关，可以帮助你过冬。最近，武汉金都汉宫搞了一个千人品质大评析活动，动员了各方面的专业和非专业的人士去评头论足，分划七大类，打分评判。这样的项目十分有勇气，肯定能够得到市场的承认。

另外，值得在这里提的是房地产行业的产业化问题。商品化开发十年当中，住宅产业化是缓慢的。我们并不是没有目标。1998 年，建设部在一些领导的支持下制定了关于住宅产业化的发展纲领，提出了五个方面的产业化的具体内容，并指定了分阶段的实施目标。这个文件是未来房地产业发展的一个纲领性文件，但是，十年来并没有得到支持，产业化进展很慢，影响了房地产行业的技术进步和品质的升级，是最值得反省的事。住宅产业化强调住宅开发的集成化、部品化和配套化，直接影响和涉及房地产开发的品质、开发效益、资源利用和节能减排的最本质的问题。万科这几年在住宅产业化方面做得是超前的，起了引领的作用，做了建设部应当做的事。万科看到了住宅发展的方向和一个大型企业必须完成的与国际化接轨的道路，这是一个企业的可持续发展之路，反映了万科的抱负和责任。相反，我们政府在标准化、产业化方面是被动的，是无所作为的。很多万科做的事情，本来应该是政府做的，是行业的基础技术和必备条件，它的缺失加大了企业发展的难度和成本，实在是难为了企业。这是值得政府深思和反省的，如何做好后十年的发展规划，并就基本技术基础做出步骤，发挥在后十年乃至二十年里带动科技的引领作用，加快产业化的发展。

关于政策环境。这十年来，住宅商品化市场的快速推进使住宅行业主管部门忘记了住宅供应的双重属性，它既是商品，更属于社会福利保障。世界上没有哪家有能力的政府不承担住房的责任，这也是 1998 年我国国务院住房体制改革文件中把经济保障房作为一个重要章节所提及的。但是，由于地方在土地和税收方面的利益冲突使保障房的建设被忽视了，甚至被认为是干扰商品住宅发展的绊脚石！

大家都在关心的"高房价"问题，出红头文件挤压房价实际上未取得明显的成效。我认为，如果单纯地打压，让房地产商降低房价，是非常有限度的，是不可行的，因为那样会使银行出现坏账，房地产一蹶不振，一落千丈。房地产是国民经济的重要支柱产业，房地产的不景气将影响少说近 40 个行业的发展。现今减低房价的幅度一定是有限的，如此高房价又如何能让广大住户买得起呢！要使"夹心层"和低收入者都能买得起房，不同程度地改善自己的住房条件，这就需要政府转变住房政策的模式，不能当甩手掌柜，发号施令，忘了本分的事，要切实把经济保障房的事抓起来。加大政策性保障房建设的比例，比如加大到建设总量的 40%、50% 以至于达到 60%，就能推动房地产市场重新抬头，恢复广大购房人（夹心层）的信心。只要保持不断地开工建设，就不用担心房地产的重要支柱产业的地位。

　　政府要做的事是完善政策性住房的运营和对购房人的补贴办法。比如：在各地购买政策房划定的收入界限内，由政府按住户收入和支付能力给予不同的帮助和政策支持，购买不同档次品质和价格级差的改善性住房，使大家都能达到期望目标而各得其所。那还有什么高房价的社会矛盾呢！用政府的手段来满足这些需求是各级政府的责任，是不能避免的。至于市场商品房价这一块，应当由市场规律和市场需求来决定，让市场调节房价，多"高"都没关系，必要时还可对高档房收取过多占有资源税，反过来支持经济保障房的建设，不是两全其美吗！

　　住房开发建设分成两块，价格的矛盾就不会那么尖锐，房价的问题就不会那么突出，各类人员各得其所，安居乐业。我们对高档房子的限制也应当放开，特别是对别墅的用地限制的开放，因为市场有需求就有存在和放开的必要。由于政策的限制，造成实际上的市场缺失，同样会形成社会问题。市场的表现是需要别墅的，就是因为政策的限制和土地的限制达不到要求，这个绝对不够完整。我想，通过政策的调整转型，改由市场和政府同时来抓，一切住宅建设和市场的矛盾将迎刃而解，房价的高低也就不成为问题了。到那时，市场的需要就是我们房地产开发企业的需要。

　　难道这不值得我们大家和政府认真思考吗？冬天来了，也迎来了我们最好的修身养性的大好时刻。寒冬过后，将迎接阳光明媚的春天的到来！

由包装模式向品质模式开发的转移

中国房地产持续十年的发展取得了辉煌的进步，各种预测认为，未来 10~20 年，中国住区建设仍将处于快速发展阶段。快速城市化和住区建设引发的资源环境和居住品质的矛盾越来越尖锐。楼盘开发如何能扛过销售状态低迷的困境？如何能利用人居环境建设目标打造优秀宜居型住区？反思过去十年来的楼盘开发模式，我们有必要进行认真的反思，并引导住区开发由单纯包装发展模式转向重视内在品质建设开发模式。

包装过度成为楼盘开发的误区

当前楼盘开发过程中存在不少误区，如"重外不及里，重形不重实"的产品表象开发，"过度包装"是其中的主要表现。

误区之一是片面追求大面积。紧凑式中小套型的住宅是现实主流市场的需求，而市场上为追逐利润，片面追逐大面积、大套型，大而无当地简单放大，致使功能面积品质效能不能发挥。目前的状况是，无论是大套型还是中小套型，我们的住宅都很少用居住行为模式和人体工学原理作为设计依据，往往是房子很大，但功能和舒适方便的程度得不到增强，即便是特大套型住宅，也未能让人感觉到品质的提升，布局不紧凑，没有细部，甚至没有合适的地方摆放家具。在日本等比较深入地对套型性能品质进行研究的国家，仅 90 平方米以下的房子就非常舒适好用。

误区之二是过度追求外立面好看。当前我们的住宅建筑，往往以追求个性、标志性，追求漂亮的外表，甚至异形的造型为楼盘的价值所在。不少住宅表面看上去比较漂亮，实际使用起来，曲面或者变角形外立面造成的室内空间异形，给摆放家具和空间使用增加了非常多的困难，也增加了不必要的投入。实际上，功能完善、结构合理的住宅建筑带给人们的美感才更长久，搔首弄姿的建筑只能换得一时的眼球效用，不能带给人真正的实惠和美的满足。

误区之三是景观建设奢华不实用。不少楼盘开发过度强调园林的华美，把公园与广场直接搬到楼盘的绿地中来，如小桥流水、亭台楼阁、雕塑小品，特别是种植不适合本地的名贵树种、北方地区的大面积水景河系等。楼盘景观的豪华而不自然远离了常态的生活，有些景观不仅增加了住户的负担，而且显得多余而不实用，让人敬而远之，不能与之亲近，比如一些高贵的景观树种树形较小，虽然好看，却缺少绿荫，人们无处享受荫凉。大部分楼盘不重视常规树种的种植价值。

以上种种表现都源于住区开发过度重视外表包装，源于只重视销售而忽视长效使用的价值，只停留在卖房子的短期行为目标上。在这种开发模式下，有限的成本资金被过多地应用在"面子"工程上，而住宅的内部涉及居住者使用的品质保障被丢到一边，舒适健康、方便合理、品质精细很难受到真正的重视。

绿色建筑目提升居住品质

当前，国内外都非常重视绿色建筑的研究，绿色建筑不仅是时代的象征，更重要的是它的舒适、健康、方便、安全，能给居民带来真正的高品质享受。

绿色建筑讲究资源能源的最大化，讲究环境保护和资源的再利用，讲究生活品质和健康程度。它强调精明增长的发展模式，要求理性精细地建设，从整体而言，绿色建筑代表效率。绿色建筑设计的主要精髓是：①重视地方性、地域性，延续地方文化脉络。②增强适用技术公众性意识，采用简单易行的技术。③树立循环使用意识，最大限度地使用可再生材料，防止破坏性建设。④采用被动式能源策略，尽量应用可再生能源。⑤减少建筑体量，降低建设资源使用量。⑥避免环境破坏、资源浪费和建材浪费。

绿色建筑的最终目标是提高住宅的舒适度，使住宅的建设纳入可持续发展的轨道。节能减排是国家的方针大政，各级政府和单位都在积极贯彻执行，但我们的很多工作仍停留在满足于指令和应对形式上，几乎到了"做僵"的地步。节能项目常常仅为了获得一个节能"章"，而光求数量，不求实效。建筑节能需要整体整合，从被动建筑设计方式考虑，不能以堆砌单项技术作为标志，要明白节能并不是优秀＋优秀＝优秀，而需要整合各种因素，整体协调才能获得最佳定量节能的实效。

楼盘品质应用人居环境理论引导

要真正提高住区人居环境品质，需要一套比较完善的理论体系作指导，需要融通、综合地看待和处理人居环境问题。所谓"融贯"，就是从中国建设的实际水准出发，以问题为中心，主动地从相关学科中吸取智慧，有意识地寻找城乡人居环境发展的新模式，不断地推进学科的发展。所谓"综合"，就是强调把包括自然、人类、社会、建筑、支撑系统在内的人类聚居作为一个整体，从生态、文化、社会、技术等各个方面，对人类聚居问题进行从城市化到建筑单体的各层次系统的综合研究。

通过对全球和中国发展中若干问题的广泛思考，社会对21世纪中国人居环境问题应当有一个清晰的共识。国际上公认的可持续发展五项原则：生态原则：正视生态的困境，提高生态意识；经济原则：人居环境建设与经济发展良性互动；科技原则：发展科技，引领未来居住生活品质；人文原则：关注人的居住行为方式，突出对"人"的真情关怀；文化原则：强调居住文化建设与艺术创新相结合。

城市人居环境评价要素从两方面来选择：人居硬环境要素，即人居物资环境，是一切有形环境的总和，是自然要素、人文要素和空间要素的统一体，由各种实体和空间构成；人居软环境要素，即人居社会环境，是一种无形的环境，是居民随时随地感受到的舒适、休闲、健康、安全和归属感等。就人居软环境而言，它更多地涉及社会学、心理学及行为科学的研究内容。

软环境是居者追求的目标，硬环境是手段，一切硬环境要为软环境做好铺垫，为软环境目标做好服务。

住区品质应走向绿色建筑国际化

我们当今面临的大量浮躁应付作风，不注意实效的现象，使得推进工作困境重重，已成为我们在行业中推行绿色及节能建筑的主要障碍，如公众缺乏参与性意识，整个行业发展长短不齐，困难重重，先行者举步维艰；绿色节能评估标准还不到位，时有"无可适从，不知所处"的状况，大多房地产项目仅仅满足于做做样子，贴几个"膏药"，盖一个"红章"通过而已等。

为了推进人居环境和绿色建筑发展，人居委将针对LEED体系与对中国绿色建筑标准体系的实施开展比较研究，计划在未来几年内完成LEED本土化工作，包括培训国际化绿色人才，建立绿色人才网络，开展建设部下达的中美绿色建筑比较课题研究，完成中国化绿色住区建设评估标准的编制，建立中国人居金牌绿色住区范例建设试点项目等，高标准地建立与国际运营水准衔接的系统。

住区人居环境建设是一个完整的体系，要提高住区人居环境品质，首先要解决的就是转变观念，引用绿色建筑理念与方法将住区开发从包装模式转向内在真正品质的建设。

城市开发既要面子也要里子

一、城市是和谐社会载体

房地产十年发展打造了大江南北的城市，奠定了城市建设发展的基础。

但是，不可否定的是"萝卜快了不洗泥"，城市的文化在某种程度上也遭到了破坏。可以说，房地产的发展既创造了城市，又破坏了城市居民喜闻乐见的生活形式。怎样做到既能保留城市传统文化和城市特色，又能创造高品质的生活方式，这是我们应关注的。房地产商的本性是要追逐利润的，但是有责任心的开发商并不以纯粹逐利的行为主导一切，企业应为社会做出更多的贡献。

城市是社会、文化、经济发展的载体，它应该是综合整合自然、物质、社会各种资源，最大化地利用这些资源条件创造最适合人类居住，最利于社会经济发展的环境。城市规划建设要留有余地，也就是提倡的城市的可持续发展。城市是社会的保障，城市作为载体应该创造出人类所向往的新生活、新享受、新舒适条件，满足人们不同层面的需求，这就是和谐社会，两型社会的目标。

二、城市有个性才会可爱

人居环境的专家们坚持城市发展应有紧凑城市的规划观点。城市发展集群化理论是指由中心城市和副中心城市、郊区小城市群组成集合体，这样一个集合群体构成主次生活圈，相互间联系于快速交通，对生态环境、自然资源的城市生存环境保护会有极大的好处。

人类的居住追求，从城市发展史中印证了这种选择的合理性。紧凑发展形式可以是多种多样的，比如手指状的城市结构，由城市核心发展伸延出很多干线，建设住宅和城市功能设施，将城市的发展演变为交通结构为主、绿带相间的模式，延伸了城市功能，同时提升了城市的效益和环境品质。

城市的发展需要紧凑化。紧凑城市能够高效地利用土地，节省能源，减少公共配套设施的配置，有效实现效率的最大化。紧凑并不等于是无序的集合，在紧凑中要有活动空间设计序列，要留有足够的绿地，疏密相间的布局建筑群落和绿地才是合理的。CBD整体是紧凑的，但其中的公园广场是疏松的，这样才是有节奏的。我们一些中小城市盲目追求大城市的格局，水泥广场面积很大，热辐射也很大，马路又宽又直，缺乏人情味，城市功能也被隔离了。

城市需要文化特色，我们的南北城市千城一面，建筑形态相似，玻璃幕墙在城市建筑当中大量出现，这都不是绿色生态建筑符合人类本性自然生活的做法。城市广告标牌、城市色彩杂乱无章，在快速城市化的过程中，很多问题需要重新认识，建立规矩，不要简单地抄袭模仿。

我国很多中小城镇有着丰富的文化历史和地域特色，有很多可以值得当地骄傲的特色东西。中小城镇城市化的发展需要处理好建设和文化保护的关系。广大小城镇联系着大城市和农村，是城乡结合、城乡一体化的第一线，它是现今两元社会结构的交叉地带。小城镇的发展会很快带动农民生活的巨大改善。我们一些中小城市的人口只有几万十几万人，却盲目追求高层建筑，把高层建筑当作现代的化身。其实，城市发展更要因势利导，发掘城市的个性与文化。城市发展要有自己的激情，有自己的个性。广大农村的建设缺的不是土地，不必有那么多的高层，应该更多地体现地域特点，如内蒙古的草原文化、敖包文化，围绕这些独有的文化来建设，我们的城镇才会更丰富多彩。

三、小区规划提倡开放模式

城市小区开发模式应当适应快速城市化、规模化的发展需求。过去，我们不论楼盘大小，都以小区的形式建设成一个围合式闭合的生活区域。这种几十年一贯的传统模式已经很不能适应我们现代城市生活功能快速发展的需求了，这种形式应该摒弃了。城市化的扩展要求强化城市功能，小区的建设应当是开敞和开放式的，住区与城市肌理一脉相通，连成一体。住区的各个单元能很好地享受城市的配套，同时又能融入城市的配套，可以作为城市的一部分，带动城市功能的更新，而不再是无论小区大小都是封闭的，造成城市的交通堵塞，变得十分不方便。

北京的出行当前更多依赖二环、三环，常常发生的交通拥堵，是因为城市的道路过于稀疏，车辆过于依赖城市干道。如果我们城市有小单元街坊密集型的道路网络，那么城市独立隔绝的形态就能够得以充分改变。小区隔绝形态为主的城市，道路网格密度被迫逐渐加大，往往出现冷漠、不方便，形不成城市的商业核心，这种景象是我们长期不注重城市和住区依存关系的写照。所以，有抱负的房地产商应该让楼盘与城市共存，适当规划小居住安全单元，街坊式的小区更能表达便利、舒适、安全的功能，出现更多临街面，也会有更多的商铺显现，这反而增加了就业机会和城市的便利。因此，现在对与城市隔绝开来的闭合小区的开发，是过于固步自封、缺乏应对的一个误区，对整个城市可持续发展演变是没有益处的。

四、城市开发既要面子也要里子

绿色建筑原则是要求通过建筑设计、建筑构造、材料应用的被动设计的理念来实现的，它本身并不需要强调高科技和昂贵的设施，本质上是低成本、低投入、易行技术的一个理性的建设方法，需要的新设备、新材料和新技术也只不过是为了综合平衡性能、成本投入和技术难易的手段，目的是达到提升工程开发综合效益和性价比的最大化。

建设绿色建筑，提高都市绿色人居品质，是目前世界共同关注的一个议题。绿色建筑所倚重的并不仅仅是盖成的一栋楼、一个小区是否健康绿色，我们更多地关注建设开发的过程，各个建设环节是否都是贯彻了绿色行为的原则指导，即建筑在执行的整个过程中包括规划设计、产品生产、现场施工和日常运行是否始终有绿色行为原动力和约束力。从更广泛的含义来说，绿色建筑更多的是强调社会的意识，整个社会的绿色生活的理念。绿色建筑有本身的技术特征和材料设备，但更重要的是全民对绿色建筑的认识，等到绿色行为成为居住小区人们的自觉行为时，我们的绿色建筑时代也就实现了。假如真正实现了全民、全社会都有了绿色需求并自觉付之于方方面面，我们的绿色建筑的概念也就不复存在了。

美国提出"精明增长"的概念，即解释为聪明地发展、理性地发展。我们现在很多房子立面做得很漂亮、花园做得很精致，但是房子里面本应着力打造的细节却做得非常粗糙，非常不适用。就像一件衣服一样，面子做得足够漂亮，而翻开里子一看，毛糙得让人非常失望。所以，城市建设开发，我们既要面子，也要里子。

地产"品质时代"的到来

至今我们没有一个人可以说中国住宅摆脱了"粗放式"的生产模式，而这种生产模式是在耗费资源、能源和大量排放的基础上进行的，是在牺牲我们下一代的利益来获得的。

七年来，我国的城市开发和住宅建设发展迅速，实现了居住环境"三阶段"的跳跃。第一阶段是单纯追求住宅面积的阶段，这是满足居住基本需求的生存阶段。第二阶段是重视环境、追求景观的阶段，人们逐渐意识到买房子不仅仅是买住房面积，更是买一种生活方式，但是这一阶段充斥着很多虚无的概念和口号，也可以称为追求包装和营销的阶段。今天，房地产业已经进入了第三阶段——品质时代。现阶段的住宅设计正逐步从理念和概念的炒作走向理性和务实的层面。

中国住宅建设取得的成绩值得大家骄傲，而令人遗憾的是，住宅商品市场化后，中国住宅产业化发展被人为地耽搁了十年，根本原因在于严重混淆了住宅产业和房地产业的概念。很多人把做好房地产业视同于做好了住宅产业，这样理解的结果导致了无视于住宅产业的存在。十年时光的流逝，住宅产业十年的停滞让我们的住宅发展付出了惨重的代价。二十年前曾与我合作完成小康住宅研究课题的日本JICA专家来北京时，我本想得到他们的赞词美语，见到的却是笑而不语，他们不能苟同我们的做法。"外浮内糙"成为中国房地产的"特色"。

我们的住宅产品在过去七年中只重外表，对人的健康、适用和实效性方面的考虑过粗，对生产方式、开发模式、产品模式的研究太少，过度包装成为受追捧的手段。

毋庸置疑，通过房地产七年发展，已经进入了一个住宅开发的"品质时代"，这已成为不可抗拒的必然。设计师们日益认识到，要获得一个健康、高舒适度的居住环境，不仅要注重套型内部平面空间关系的组合和硬件设施的改善，还要全面考虑住宅的舒适环境，包括光环境、声环境、热环境和控制质量环境等综合条件及其设备的配置，而这一切都离不开人居科技的有力支撑。尤其是在人口高度集中和过快城镇化的大背景下，人类不当的城市建设行为，正在导致人居环境的急速恶化。

为人居住的生活功能区，在很大程度上被削弱：舒适型环境设计指标不被重视，劣质材料蔓延，住户健康受到莫大的威胁等。应对人居环境发展的严峻挑战，人居科技需要发挥更加积极的作用，从表象地追求外在环境的舒适、美观到讲究内在的居住性能质量，特别是绿色建筑、低碳住宅、节能减排、可持续住区发展，成为当今全球人类发展的主流。

房地产开发需要精明发展模式、精细化建设，要提倡居住品质，要提高开发效率，降低成本，要对国际化运作水平和规避高风险能力作出理性决策。推进住宅产业现代化，实现住宅建设从粗放型向集约型的转变，以便有效地提高住宅性能和行业的最大效益，满足人民不断改善居住质量的需求，大力关注住宅标准化，推进住宅集成化是当前和今后相当长的时间内中国住宅建设领域的一项重要任务。

中国住宅产业迎来了新的发展契机

房地产发展这几年的确让我们刮目相看，发展得非常快。但是我觉得发展快的同时也滋长了很多浮夸、追求表象、只求外不求里的毛病。特别是在住宅产业化方面，我认为这几年是不成功的，至少跟我们原来预定的目标相差了一大块。

第一，什么是住宅产业化？现在存在着严重的对住宅产业和房地产业概念混淆的现象，把住宅产业视同房地产业，认为房地产发展好了住宅产业自然也完成了，如此发展下去，对住宅产业化是有害的。正确的定义应当是：房地产为社会提供住房产品，满足住户生活的需求，是提供产品的。但是住宅产业化不是，住宅产业化讲的是一个方法问题，生产模式的问题。所以，一个是提供产品，一个是生产手段，后者相关生产手段现代化的问题，这个问题长期没有得到很好的纠正和发展。所以说"住宅产业"因这几年房地产发展中存在着片面追求大，追求豪华，追求个性的问题而被我们忽视了。房地产发展仍然存在大量只求表象，如外表好看，有大花园，而不讲内在品质的现象，生产仍然停留在粗放型的简单劳动阶段，资源、能源严重浪费。在房地产发展中强调住宅产业化的重要目的是为房地产提供先进方法、提供效率和效益，是降低资源和能源消耗的一个重要途径。这不光对国家有好处，对房地产健康理性发展也是极其有好处的。

国六条的发布，特别是小面积政策的提出，对我们是一个反省，是回归。这不是一个权宜之计，三两年就完事了，这是一个长期的国策，因为我们国家地少人多，资源贫乏，不可能把我们的子孙的资源在我们这一代全部用光了。那么，在这种情况下，小面积政策非常好地给大家敲了警钟。我们应该珍惜这样的契机，珍惜这样的机会，重新反省一下我们的房地产，让房地产能够健康地、精明地、理性地去发展。

在房地产伴随着经济大幅度发展的时候，我们需要冷静下来理性地对待房地产的发展，这是绝对有好处的。那么，契机表现在哪些方面呢？我认为主要表现在两个方面：一个是消费模式，一个是建设模式。1998年后，我们追逐市场，片面追求大房子，追求大面积，房子越豪华越有面子，是一种暴发户的虚夸心理。现在呢？我觉得小面积方针并不等于简单。小面积同样可以出精品，小面积同样可以住得很舒适。因为小面积住宅的主要设计依据是人的居住行为和人体工学。所谓人体工学，就是以人体尺度为依据。人对空间的需要是有限度的，行为方式是有一定的规律的。家具本身也是要按照人体尺度来做，不能无限大。所以，我们需要的空间并不是无限大，它应该是有限的，并不是越大越好。在国外，住宅发展是理性的，没有像我们中国这么浮躁和表象，政府影响市场力度大。比如日本，日本三四十年以来套建筑面积一直就控制在90平方米左右。我们香港地区的住宅面积更小，新加坡同样也是这样。他们的住宅水平都很高，有相当高的舒适度。国际上这样的例子很多。不是面积大了就很好，质量就高，小面积也能做得很好。很多大面积住宅大而无当，大而无味，无人情味，其结果是并不好用。所以，从消费模式上讲，应该重新反思，重新建立正确的居住理念。很多建筑师现在都不会做小面积了，这个很可悲。前些天，我们在建设部开会，好多参加的人都这么说，现在很多建筑师都不知道住宅性能标准，不懂得声、光、热的保证是建筑师的责任。住宅设计的一个重要工作是要保证室内的温度、湿度，要保证空气质量等室内的这些基本需求和生活品质。一个建筑师只是说我能画面积，能把面积画大了，能做立面，西洋的、欧洲的，这个就比较可悲了，就是建筑师本身已经失去了他本身应该追求的目标，本末倒置了。这方面的确值得我们去反省。

第二个是建设模式。过去在我们做小面积住宅，而且是计划经济的时候，我们对住宅本身的标准化问题，产业化、工业化问题都研究得很广泛，世界各国的经验都收集过来，各种体系几乎在国内都有实践。因为只有这些东西才能够提供效益和效率，把成本节省下来。因为住宅本身涉及千家万户，是重复建设千万次的东西，这就决定了它应当是标准化的东西。窗户和门和上万个材料部品应当是定制化的，是要重复使用的，只有标准化才能精致化、高效化。这些年来，随着房地产发展，我们把基本的东西忘了，把模数的概念早放到了脑后。现在的年轻建筑师可能都不懂什么叫模数。模数就是我们走路的工具，是方法。离开了模数，那就是毫无约束的任意化，何从讲究能源、资源的利用，何从讲效率。模数的问题在国际上已经不是什么问题了，已经变成了像大家天天吃饭这样简单，但是我们把它忘记了。非常可悲！今天90平方米的政策又使我们重新提出小面积，模数的问题、定制化的问题又被提到议事日程上来。在小面积情况下，如果你不讲定制化、标准化几乎是不可能的，因为面积小，要做得好，就要做得精致，要求几厘米地比较，面积是每一平方米地发挥它的作用。住宅的空间不能分得很细，而讲空间的渗透，互相之间的借用。厅能不能和餐厅连在一起？起居跟餐厅互相借鉴空间，小中见大。我们除了地面上的面积以外，还可以做空中的文章，做储藏、做阁楼，占天不占地。还有四维空间的概念，就是加上一个时间的概念。所以，三四十平方米的小面积住宅灵活精细设计，可解决一对年轻夫妻的生活起居，是很有乐趣的。所以，很多东西可以通过我们的理性发展，精细设计，把我们住宅的品质做高做好。我觉得，在建设模式上面要强调这些，强调产品定制的问题，工业化问题，产品的标准化问题。

90平方米新政实施后，对人居环境提出了新要求、新课题。好的人居环境要达到三个要求：一是生态良好；二是经济节约；三是有较高的文化艺术水准。这些最主要地体现在规划设计层面，包括城市规划、住宅小区规划和住宅设计。

从城市规划看，要安排好中小套型普通商品房的区位布局，尤其不能把中低价位、中小套型的住房都安排到离市中心很远的地方。要尽可能安排在公交干线节点上，要便于他们出行和上下班。

从小区规划看，在相同容积率下，中小套型必然使小区的户数和人数增加，从而生活服务设施的配套、室外环境的规划设计都要根据新的情况来调整，其中包括"弱化中心花园，强化庭院景观"这一能使有限空间更加功能化和人性化的规划设计思路，避免户外空间观赏化和气派化，避免过分向中心花园集中，造成使用不方便。

第三是在能源方面。能源问题已经成为制约我们国民经济发展的一个大问题，已经引起中央到地方的极大的重视。我们建筑能源的总消费现在要占到国家全部能源消费的45％，建筑能源成为我们一个大的课题。有很多东西是制约我们的，比如节能，我们的政策不到位，开发商提不起兴趣来，因为跟这些房地产商没有直接的利害关系，跟居民也没有直接的利害关系，节能节不了多少，因为我们能源的价格太低。所以，从这方面鼓励不起来开发商和居民对节能的需求。政策下了很久了，但是雷声大雨点小，起不到什么作用。最近北京市有一个调查小组，对小区供暖情况进行调查，调查下来发现，一年的耗煤量不但没有节省，反而增加了0.1公斤，原来是25.3公斤煤，现在调查下来是25.4公斤煤，这是可悲的。原因是住户的节能理念、能源理念非常的薄弱。有一次我陪德国专家来参观我们的望京小区，想来看看能源的情况，看到大冷天窗户都开着，他很奇怪，说这么冷的天怎么开窗户，我们给他解释开窗是为了通风，时间长了室内空气不好。他只摇头！节了半天的能，一开窗能源全放跑掉了。所以，在技术方面，现代建筑是把它做得密不透风，依靠补充通风改善室内空气把能源省下来，按现在的节能建设模式，只求形式不求实效，能源的问题是解决不了的。南方在这方面的问题更大，始终认为节能不是他们的事。南方的建筑结构往往轻薄简单，能耗更大，并且南方耗费的是最珍贵的电能，所以，南方节能的任务就更加严峻。所以，这个建设模式非常值得我们去反省。我们现在提的是高舒适度定量节能技术，也就是事前有目标，设计定量走，施工有量化，验收看效应。

目前，小面积住宅政策为我们提供了一个非常好的发展机会，从建筑模式方面，从消费模式上面，使我们的房地产市场能够理性地发展，非常有利于把住宅房地产引导到一个健康的、用科学理论来指导的、有序的状态。我觉得这个时代已经到来了，希望我们的政府、我们的房地产商、我们的技术工作者，一起趁着这个大好时机提供的发展契机，把住宅建设事业做得更好。

面对住房问题，市场和政府是一对孪生兄弟

新政出台对我国住宅建设整体发展影响重大，总体来说，宏观调控宜软着陆，在尽力达到原来预期的目标的同时，还要尽可能避免负面作用。因此，要解决当前我国房地产发展遇到的问题，需要我们分门别类、分层次地区别对待，切忌一刀切，如此才能促进我国房地产市场的健康发展。

住房问题，政府有不可推卸的责任

中低收入家庭的住房问题和富有阶层的住房问题分属不同质性的问题，应该分别对待。市场和政府是解决住房问题上的两个不同途径，如同手足，根本上讲，哪一个都不可偏废。世界上没有哪个国家的住房问题仅依靠一个途径就能完全解决，而解决中低收入家庭的住房问题，政府应该承担不可推卸重要的责任，仅靠市场的手段是很难彻底解决的。比如，在新加坡，90%的住房都是由政府以廉租房的形式加以解决的，这也是新加坡得以实现"居者有其屋"的根本保证。在日本，无论是战后为房荒而建的公营住宅时期，还是20世纪50～90年代为工薪阶层而建的公团住宅时期，政府都起到了主体的作用。城市住宅整备公团的建设活动遍及城乡各地。全国80%的住宅为公团开发的普通居民集合住宅，剩余的20%才是由私营集团开发商品住宅。20世纪90年代中叶以前的几十年里，住宅面积净标准始终保持在70～90平方米的范围内。

相比较，我国将住房问题基本推向了市场，政府在解决中低收入家庭住房问题上表现软弱，经济适用房政策属性不明，良好的愿望无法实行，导致实际实施的过程中，中低收入人群很难享受到实惠。另外，一些地方政府把土地开发作为"城市经营"的主要资源，而没有将这些发展的成果惠及到普通老百姓身上。

经济适用，是我国住宅问题长期国策

提倡中小套型，是我国人口条件和土地资源决定的，其次，人的居住需求及使用功能也是必要因素。小面积不是低标准的代名词，通过设计、设备与材料的处理同样可享受高档、舒适和健康的住房条件。许多经济发达国家住房标准并不高，外表也很朴素，但是，室内却很舒服，这与他们一贯的精细作风是相联系的。相反，我们一味求大而不求精，奢侈而虚荣，整个住房消费心理和社会风气变得不理性与不健康，真是值得我们认真反思和检讨。新政的出台，最大好处是为我们敲起了警钟，认真思考经济、适用的中小套型的长期发展国策。

但是，发展中小套型绝不能也不宜一刀切！

市场需求是多样化的。经济发达的中小城市，居住水准已经很高，尤其是居住面积已有较高标准。一些风景环境优美地域，区位条件非常好，资源非常丰富，住宅类型也要有所区别。就拿北京城来说，三环、四环、五环地区套型标准的比例需求也应不一样，地铁和公共交通便利的地区布置工薪阶层住房就是最佳的选择。如果严格实施一刀切的小户型的政策，则使房地产开发违背了市场需求规律，实际不可行。在我国，尚有一部分家庭处于住房困难时期，亟待政府启动社会住房保障体制去安置。但是，当前大部分人和他们的家庭正在从"居者有其屋"向"居者优其屋"的阶段发展，更多的是要改善或提升他们的住房条件。因此，在合理的前提下，适量搞一些标准高一点的大套型住宅也是可行的，是符合社会客观需求的。研究成果表明，住宅的套型面积控制在120平方米以下是较能符合我国国情的一个指标。110~120平方米一般能做到三房二厅套型，可满足3~4口人的家庭舒适、健康的居住生活条件，是一个很稳定的居住类型，有利于消费者长期居住。

反过来看，90平方米的住房面积标准也并不低。日本70~90平方米普通住宅至少维持了20~30年，关键在于精细功能设计与关注人性的细节、高舒适度的设备与设施，在热环境、空气环境及噪声控制等健康建筑与生态方面均有非常的表现。所以，长时间以来，日本住宅的性能品质是很高的，并不因为小面积而被认为是低档的而被排斥。我国同样人均资源匮乏，人口众多，把120平方米看做是小套型，常规套型面积为150~180平方米甚至更高，这无疑超出了我国的资源实情，放大了说是分配不公的表现。这种趋势应该加以调控和抑制。

杀富济贫，用税收政策调控贫富关系

不应当阻止和抑制高档住房的消费需求。市场需求和供应都应该是多种多样的，既然市场有需求就应当有供应。别墅、豪宅以及联排住宅等，有市场需求就不应该不建，何况，我国国际化大都市建设要与国际接轨，别墅的建设不光是国内先富起来的人群的需求，还是国际人士和海归派人士的需求。一刀切掉了，如何交代得了。不错！我们的资源和土地都很稀缺，我们人均指数很低，但也不能违背客观市场规律。社会财富资源分配不均的问题可以更多通过税收的办法加以控制。你占有了比平均人多的生活和生产资源，就应当比别人付出更多的代价，而绝不是用政策一刀切。

普通商品住宅标准限定在120平方米以下，120平方米以上商品住宅就应当加税，至150平方米以上的就应当加大税收的比率，别墅类的高档住宅更应当重重地课以资源占有费用（税率）。你享受或占有比别人多的适合资源，就应当付出比普通人多得多的费用。杀富济贫，用税收政策调控贫富关系，治在情理之中。只是溢出来的税收部分绝不能为少部分人（单位）的私利，而应当返还到社会给无能力改善住房条件的人和家庭。

租住房屋，同样是拥有住房的标志

经过住房制度改革的洗礼，很庆幸我们国家住房问题由原来的计划分配的住房体制很安全地过渡到了商品住房的机制。几乎没有人怀疑不该用钱去购买房屋，这也是我国住宅商品化改革最成功之处。但是，也不要忘记，真正解决住房问题并不会那么简单，因为，每个国家和每个社会都是多元化的、多种因素构成的，何况社会还在不断发展变化，单纯用一种模式和一条途径解决同一个问题几乎是不可能的。

对于住房问题尤其如此，不光有政府的责任，有房地产市场的责任，更主要的是作为社会的人个人的责任。个人赚钱购房住是天经地义的事情，但人的能力有大小，挣钱也有多少，于是商品房、二手房、廉租房和租金房都将成为住房问题的解决方式。十多年的商品房市场演变，使得几乎人人都把买房作为解决住房的唯一途径，于是便有了买不起房的说法。其实，买房是拥有住房的标志，租住用房同样也是拥有住房的标志。我们的住房政策走进了"买房子才是拥有房子"的误区。

实际上，在很多先进的国家，租房和买房都是解决住房问题的重要方式。据我了解，日本直到90年代末，仍然有60%的人租房，只有40%的人自己买房。当然，这与日本的就业周期、搬家频率高有一定的关系。但是，这也从一个侧面说明，我们要改变以前的观念，要解决住房问题不一定是要自己买房，租房也是一个途径。

精明设计，发展中小套型住宅的关键

在今的住宅片面求大、求个性，追求所谓别人没有的，而忽视了住宅的共同性和社会性，造成了很多的资源能源的浪费，使用率不高，生产效率低下等全社会不动产不理性发展的印记，而我们自己盲目地得意，以为与世界平起平坐了。今天我们将得益于中小套型住宅的反省，而中小套型住宅的关键是精明设计和精细安排，用科技的、绿色的、节能的和集合的生产方式安排建设规划。这些不就是一个节约型社会的基本原则吗！

20世纪80年代的住宅建筑师习惯于用厘米来设计，参数是2.4、2.7、3.0……3.6就算大的了，而现在动不动就是5.0、6.0。住宅设计讲的是空间的利用，空间的渗透和空间的序列，灵活空间和讲究重复利用的四维空间，要向空间和时间要面积，这就是精细设计的基本原理。住宅设计与公共建筑设计有很大的区别，只有精细设计、精细安排，才能经济省钱、合用节能。为了节约面积，设计人员常常在家具、墙壁上下功夫，现在的设计参数多是用米计算，尺度上就放大了好几倍，追求气派、奢华的风气也在上涨。新政的出台对我们的规划设计提出了更高的要求，设计应该更加精细，将所有的有效空间都利用起来。

尤其需要强调的是，小户型并不等于低标准、低舒适度，小面积也有风度、档次和身份，关键是精明和精细。

尚需要提醒的是，要消除偏袒板楼而排斥塔楼的倾向。板楼固然有优点，但也有不可弥补的缺点，比如占地大、体形系数高、挡影面多等不可克服的问题；而塔楼更适宜小套型住宅，尤其是在城市中心区，塔楼更有优势，不仅节约土地，而且善于营造挺拔、现代、变化的城市景观。由于塔楼的阴影面积小，也更有利于周围建筑的采光日照。塔楼本身存在通风、采光方面的问题，则可以通过设计、技术手段加以完善和解决。

工薪阶层住房政策亟待调整

对政策房的认识问题，我认为这是非常重要的，绝对不是可有可无的，而且从要求方面，应该把它作为一个重要的事、第一位的事情来抓，绝对不是一个小事情，不能说大家敷衍了事，过去就行了。

这次房地产调整，我认为，一个重大的调整方向，就是现在的产业供应结构问题。除了在房价这块需要稳当理智的发展以外，供应结构这一块也是非常重要的。供应结构这一块，我认为最基本的法则分三块。一块就是现在的商品房，也就是市场上大家公认的比较贵的，品质还不错的房子。另外，解决所谓的政策房、廉租房、经济适用房这块。政府在下大力度抓，中央也下了指标，并且拿了很多钱增加地方的投入，可见中央对政策的决心还是很大的。这当然是两块，一块属于商品房，一块属于解决中低收入。还有一块就是我们工薪阶层住的房。这块到目前为止还没有提到议事日程上来，我认为这块是将来政策调整的最大的一块。如果把这块调整好了，我认为房地产市场的整个结构就完善了，这个房子就可以比较健康、比较理性地去发展了。所以这块还是非常重要的。

今天因为谈政策房，现在也是重点抓这块，而且北京市政府下了很大决心，拿出42块地，1600多万平方米的面积。这在全国还是首次。这次北京市政府把它拿出来公示，组织专家来讨论，我认为是个非常好的开端。把这个东西亮出来，让大家都知道，全民来讨论，本来就是很值得提倡的东西，现在媒体也非常关注。这样把这个事情做热、做大，对今后政策房的良性发展，是一个很好的开端。

小面积房政策房不等于低档房

对政策房的认识是个重要的问题。

现在所谓的政策房，一般人的概念就是小面积，投入少，成本低，当然设施配套尽量简单，能够满足基本要求，环境说得过去就行了，地块一般也放在比较边远的地区。当前，对政策房特别是廉租房和经适房，总把它归为低档次、低成本、低配套的这种认识，我认为是个误区，存在比较大的缺陷。

正确的做法应当是越小的房子，可能越要重视它，越要把它当做一个事来做。越是小面积，可能投入的力量反而更大一些。小面积房屋并不是低档房屋，品质质量一定要讲究。所以，最基本的要求，最基本的生活需求，一定要保障，环境品质要保障，配套设施要保障，道路系统要保障，这样才能有它的生命力，才能达到社会责任要求，才能不至于成为盖了一批"垃圾"，才能变成社会财富长期保留下来循环使用。

所以，小面积政策房并不等于低档次的住房，而是应该把它当回事，从研究设计的角度，甚至是制定标准的角度上，把它重视起来，列为重点。面积标准可以是很小，但是很方便、很实惠，低收入市民住得起，满意度高，才是当前正确的定位。这是个政策问题，但首先是个思想认识问题，还是一个方法、途径问题。这都是很重要的急切需要解决的问题。

第一位的思想认识，首先不能藐视它，要把它作为房地产的供应结构的重要一环，是社会财富，要长期保留下去。另外，在方法上要作为重要的课题研究，小面积的住宅实际要求技术含量更高，设计的难度也更高，绝不能小视。其次需要有明确的配套完善的标准体系：政策房一般要由政府根据经济发展阶段控制一定的面积标准，日本到 20 世纪末基本还是在 60～90 平方米左右，少量的住宅达到 110 平方米。我们现在的经适房控制在 40～45 平方米，不要超过 50 平方米的范围。普通政策房控制在 90 平方米以下，少量控制在 120 平方米以下还是合理的，这样的小面积，对住宅性能、功能和质量提出明确的要求是十分必要的。再就是配套和环境方面的要求，也必须达到相当的标准。检验评估标准、验收标准也不能掉以轻心。规定不明确就容易产生偏差，造成了大家思想、认识不够，方法不够。解决标准的制定，标准的控制需要明确的管理。

小面积房要用灵活的设计方法

从设计角度来讲，需要配备有足够经验、有能力的人去承担。因为面积小，做起来难度很大，要求更加精心地去完成，做起来比 100～200 平方米的商品住宅难度更加大，需要更多的技巧，需要从每平方米的空间利用去处理，甚至小到几厘米地去抠。但是，现在各个设计院都没有重视起来，落实到设计师的可能就是刚从学校出来的一些年轻人，高手没有参与，所以，从设计角度根本没有认真去考虑。

小面积的住宅要达到高品质、高舒适度，必须要有手段，要有技巧，要能有创新的精神，还需要突破一些常规的做法，重新去解说相关的规定。比如现在的 LOFT 住宅模式的确可以见到小面积设计发挥的功效，但是和现行的相关规定是不能吻合的，所以很多地方列为禁区。另外，天津有个项目的面积也只有 50～70 平方米，但是通过自由分割，灵活空间设计，流通空间，小中见大，使仅有的小空间发挥了较大的功能，能做到保留大玄关、大厨卫的常态做法，只是让起居、卧室流动起来，显得得大气而舒适。所以，小面积住宅重要的一条经验和国际通常做法一样，打空间灵活设计的牌是重要的解决途径。

灵活设计的重要条件，需要用大开间的方式来做，现在的结构手段是完全可以达到的。因为是小面积大空间，就可以留给家庭自己按照需要和爱好随意分割，可以体现创新的价值。第二，还要解决厨房、卫生间的观念问题，需要从人体功效和操作行为方式上考虑，不能按常规的方式去做死，把厨卫解决了，就可以固定下来，其他空间就可以实施灵活设计。厨房面积按规定不能小于 4.5 平方米，其实厨房也可以再小，甚至小到两三平方米都可以做到很舒适。原来规定卧室最小面积不得小于6平方米，如果做得巧妙一点，同样可保证通风和采光，能很好地解决睡觉的功能，不一定非拿6平方米来限制，腾出的地方可以做别的空间使用。有的空间甚至可以不设门，能挡视线就行。一个小家庭，三四十平方米左右，这个空间可以处理得很好，甚至可以做一个小阁楼，这种办法是多种多样的，这样灵活设计的方法，我认为在舒适度方面会提高很多，使用效率会很高。比如白天不睡觉，床可以掀起来藏在柜子里。所以，规划标准在小面积套型中要适当地灵活，适当地放开，按照大空间综合考量，不能按照常规去干。

规范的要求的基本点是保证安全，保证卫生和方便，如果能通风，光线又很好，防火问题也解决了，还有必要一间一间地检查吗？规范如果控制得太严格，很多创新就没有了。这都是做小套型、小面积时非常重要的。因此，在结构上需要有大跨度的5米、6米甚至7米的空间，目前没有任何问题，隔墙方面也是如此，是灵活设计的重要手段。有的卧室和起居也不用区分得太严格，这个界限可以稍微模糊一下，因为小面积针对的是小家庭人口少的特点。

具体如何做？从组织上来讲，由政府牵头，我认为应该组织一些专家专门来研究这些小住宅小面积的设计，指导居民如何灵活，研究质量具体控制到什么程度，配套具体控制到什么内容，这是十分必要的，要有最低标准来保证，这样才可以做到健康地发展。从建造方式方面，更多要用新的设备和技术及新的科技理念去完善它。从方方面面把小住宅的政策房作为一个研究项目，作为一个重头戏的项目去对待，就可以将小套型小面积的房子做得更好。

总的来讲，我们不能把它做成一个垃圾房，那样会变成社会谴责、历史遗憾的一个房子，就很糟糕。今天历史的责任是应该完成"虽然面积小，而品质并不低"的房子。

"租居"模式也是解决"夹心层"住房之道
——"租与住"的思考

近期热播的电视剧《蜗居》再次使住房问题成为舆论关注的焦点。对于众多既没有能力在市场上购买商品房，又不能享受低收入家庭待遇的经济适用住房住户，俗称为"夹心层"的人群，面对居高不下的房价，如何才能安居乐业，解决居住问题呢？笔者以为，除了政府应不断拓展住房保障的覆盖面，在逐步解决低收入家庭住房困难问题的同时，积极协助"夹心层"住户解决住房问题以外，也不妨从舆论导向角度积极倡导"租住"新生活，更新传统住房观念，换一个方式来思考居住问题。在政策着力点上，则需不断完善和发展房屋租赁产业市场，使政府或社会企事业单位实施公共租赁住房建设，在解决"夹心层"住房问题方面起到更加重要和积极的推进作用。

夹心层住房的政府责任

住房兼具公共属性和私有属性两重性质，就如医疗、教育问题一样，是需要政府承担而不可推卸的责任。目前，政府除了对低收入人群提供廉租房以外，还以经济适用房的形式着力解决低收入人群的住房问题。对于高不成、低不就并占到50%～60%的"夹心层"人群，政府同样有责任协助这些住户解决住房问题。

这里所说的协助并不是计划经济时代的政府"全包"，而是需要通过对住房人群的不同收入的划分，给予不同比例的购房补贴，达到基本生活需求水准，并将随着国家的经济发展而有所变化，在性质上是属于有政府补助的市场化住宅。住房问题的最终解决需要市场和保障两个体系同时能动地起作用。

花钱"租住"购买新生活

"居者有其屋"，重点在"有屋"，可谁也没规定这"有屋"必须是自己的屋子，如果你刚好是这个城市里"望房兴叹"的年轻人，何必非要让自己背上沉重的负担，而不去享受无限美好的生活呢？就目前的楼市情况来看，以更为低廉的代价达到"有其屋"的目的，不失为一种更实惠的选择。我提倡更新我们的购房观念：有住房，拥有自己的生活，租房住，也同样拥有自己的生活。花钱去享受生活，这对浪漫的年轻人是同等重要的，何必要给自己贴上"房奴"的标签呢？

房子最终是为人服务的，无需为它卖命。现实中有太多为房奋斗的人们正在为一套房子匍匐前行，也有太多人认为没房子就不能结婚，这种观念早该转变。房子只是为人服务的，只要能够住在一间明亮舒适的房间里，过自己喜欢的日子，又何必在乎这房子的权属呢？

买房关键看经济实力，更重要的是对经济的控制力，这是一件因人而异、因实力而异的事情。刚工作就月入过万的人是少数，家里能帮忙付首付的也是少数，对大部分年轻人来说，买房就是梦想，着急不得。

当然，这里不是指去社会上租住房屋。目前的租房费用几乎和银行按揭没有两样，高房价拉动了租房的价位，使大多有心租房者"望而却步"。如没有政府和致力于租房事业的企事业单位的投入并提供一批稳定低于市场租赁价位的"租赁房屋"，是达不到"租住新生活"的目标的。

国外成功经验的启示

通过租赁住房解决居住问题，国外有很多成功的经验。例如，在美国曼哈顿，90%的居民租房，而且，据调查，在收入和人口数量不变的条件下，住房拥有者并不比租房者的幸福指数更高，他们获得自尊的程度也不会有什么差异。在德国，六成家庭一辈子租房，只为图方便。在加拿大，选择租房的人越来越多，一方面是因为现代人消费习惯在改变，愿意将更多的钱用于自由消费，另一方面是因为加拿大买房麻烦太多。

在日本，租房市场也很健全，"公团住宅"无需中介费。日本政府向民众推出了一种不需要中介费和保证人人能租的"公营住宅"、"公团住宅"，房租相对便宜。公团的出租住宅一般通过公开募集并以抽签的方式决定承租者，日本政府以此让中低收入者也能"居者有其屋"。日本政府提供开发资金，启动"财团法人公团建设"，以法人身份来负责房屋开发和租赁市场的运行，政府配套鼓励政策和支付政策，以相对便宜的价格供应工薪白领阶层人群。公团住宅几乎占到60%～70%的建设总量，其中包括大比例的租赁住房。政府成立专门化住宅银行，支持工薪住户和符合节能、绿色等标准的政府支持的项目。

一般的日本年轻人要么在结婚之后选择租房子，要么住在集体宿舍。大公司或者政府机关都为自己的职员提供住宿设施，这种设施在日本被称为"社员寮"，这些"寮"属于集体福利，价格要比一般民间租赁便宜。

大众租赁尚需政策支持

不可否认的是，拥有健全的租房市场和较高的租房居住条件是国外众多家庭可以一辈子放心租房住的主要原因。相比较，我国的租赁市场还缺乏高水平的规范运作和管理，出租的房屋也难以提供高质量的居住环境。

因此，除了理念认识，要顺利解决大众租房难的问题，还需要政府或社会机构提供可为大众夹心层租赁用的房屋，并对租赁住房保证居住标准和功能水准，在资金上，协助夹心白领租到满意的住房，稳定租居新生活，实现方便、快捷、舒适的租住房模式。

从长期来看，"租售并举"仍将是中国今后需要长期坚持的基本住房政策。在"租"和"买"的问题上，中国与国外发达国家的差距不是一点点，因此，现阶段尤其需要政府放远眼光，花大力气发展房屋租赁市场，建立和完善多元化的房屋供应体系，引导全社会有买有租。

房地产业亟须转型
——住宅产业化是未来的必经之路

当前房地产市场的供应结构不合理

"我认为，现在整体的房地产市场在发展中是缺少一条腿的，也可以说当前房地产市场的供应结构不合理，市场发展很不平衡。"

——开彦

在未来，保障房的地位和重要性会越来越强，这是毋庸置疑的。保障房存在的问题，当前我们已经认识得比较清楚了，之前保障房领域之所以一直不被重视，原因是商品住宅的高速发展，使得各种力量都沉醉于商品住宅市场，人们也都会认为"花钱买房是天经地义的事情"。但经过这些年的发展，我国的商品房市场逐步呈现出了一种发展不均衡态势，房子盖得越来越多，质量也越来越好，但房地产的市场价格也越来越高，随着很多人买不起房，社会矛盾越来越多，埋怨政府、埋怨房地产市场的呼声也越来越大。如果要分析这些矛盾产生的原因，我个人认为：现在整体的房地产市场在发展中是缺少一条腿的，也可以说当前房地产市场的供应结构不合理，市场发展很不平衡。

这主要表现在：市场一如既往地发展高档房、高价房、别墅等高级住宅，为了追逐利润，几乎所有的开发商都在走高档路线。这对于需要供应中档的普通居民住宅的人群就很不合理，特别对于低收入人群，这种现象就更加不合理了。我认为：政府在这个角度的布局上是缺失的。1998年房改时，国务院联合几个部委共同出台过一个文件，要求商品房建设要与保障房建设同步进行，但由于商品房市场发展过于顺利，实现了软着陆，由此而疏忽了保障性住房的良性发展，现在政府回过头来抓保障房建设，我认为是对的。

社会各界重新重视保障房，这件事情告诉我们，之前社会上对住房的属性认识还不够清楚，房子既有商品的属性，也有保障民生的属性，所以不能只关注其中的一个方面而忽视另一个方面。对于保障性住房，需要政府资助，并提出一套完整的办法（政策）措施来保证保障性住房的发展。房地产业发达的国家也并没有一股脑把住房问题推到市场上去，让市场去解决所有人的住房问题，这也是不可能的。欧美等发达国家和地区，在这方面都有很合理的政策，会想出很多办法让低收入人群买得起房子，如德国、丹麦等地区，就为低收入人群设定了一套办法（政策），买部分产权，另一部分的产权用租金替代。这样一来，无论有钱没钱，起码能保证低收入人群有房子住。保障低收入人群的住房问题，其实是有很多方法的，中国香港、新加坡的保障房的制度就是很成功的证明，都是通过不同的人群来制定不同的住房保障体系。

当然，相关的标准就会有差异，如低收入或者没收入的人群，其住房标准或者面积就会低一点。我们当前社会上的白领阶层，既买不起高档房，又不能享受目前的保障房，对于这种情况，政府也应该制定相关的政策，起码得要他们买得起房子，或者住得起房子，比如大力建设公租房。这些都需要政府投入，如果政府不能全心投入其中，这方面的建设是很难搞起来的。今年中央提出要建1000万套保障房，这个比例是很高的，而能否完成的关键是如何协调中央和地方的关系，看是否能把中央和地方的积极性都调动起来。

有钱人买好房子住，没钱的国家供应房子住，白领和工薪阶层国家负担一部分，自己负担一部分，或租或买，至少有相关国家政策的保障，让这群人能买得起或租得起，最终有房可住。无论是租或买，无论小面积或大面积，无论有钱或没钱，人人都得先有房子住。久之，相信地产市场就会向着健康的方向发展。

对保障房建设技术必须展开深入研究

> "保障房的重要程度远远地超过了我们当前的想象"　　　　　——开彦

保障房的覆盖面将来应该在60%～70%，其建设任务会逐步加重，如果不做好相应的准备措施，这个任务是很难完成的，就算完成出来，大多也达不到保障房的目标和愿望。由于时间非常紧迫，问题也非常的严重，我希望通过呼吁，让有关部门与社会各界都来关注这个事情。作为技术工作人员，我们不但要关注1000万套保障房的份额数量，更重要的是在品质与质量上要达到要求，真正能满足有保障房需求的人能够住上他们愿意住的房子。

在保障房建设中，对于技术层面的东西，一定要有大量的投入，组织一群业内人士对保障房建设的要求、目标、结构、标准、建设模式等方面进行研究，而不能任由市场发展。

首先是标准问题。保障房可以分为几类，第一类属于低收入人群的住房，即城市里的贫困户或者住房困难户。按照中国房地产业协会副会长朱中一的分析，在城市中，真正住房困难的应该占总人数的10%～15%左右，解决这部分人群的居住问题，按照政府当前的能力，应该不是很困难，但依然需要仔细研究这部分房子的配套设施，不能把标准做得过高，如过高，居民入住后就会不舍得离开，过低，又不能符合生活条件。如何在现实状况与基本生活要求之间找到平衡点，必须通过研究制定相应标准，并且要在住房标准和质量标准上都有明确规定。同时，这类保障房还必须规范管理和监管，特别是入住人群的资格问题。

第二类是都市白领的住房问题，这是我最想着重讲的，他们应该是保障房受众的最大一块。当前，很多人都把保障房的受众归结到城市低收入人群，这是一种误解，至少他们的认识会很不全面。根据分析数据，工薪阶层人群人数应该占到城市总人数的 50%～60%，这部分人群应该得到政府的关照与补助。不同的情况应该按照不同的方法、不同的比例去制定规则，这个问题是我们今天保障房建设的关键，也是最急需解决的一个问题。

对于如此庞大的工薪阶层，他们买不起高价的房子，又不能享受给低收入人群标准的房子，这部分人群的住房问题是急需要解决的，是租还是买？都是问题，同时我们要去研究他们的居住标准、性能标准、配套标准、质量标准、环境标准等，并应该尽快制定出相应的规范，既不能太高也不能太低，要让大家住得很舒适，但也不能够太奢侈。

其次，在管理办法上更要加强，究竟如何来满足这部分人的需求。由于这部分人群的收入有高有低，从 2000 多元到 7000、8000 元不等，应该通过一系列方法，让不同收入的人群对应享受政府的优惠政策和运作，要让想买房的人能买得起房子，这是非常重要的。所以，我们一定要提出一些标准，这里面包括住房的时机性问题，让这些房子能够长远地保持下去，更需要制度约束，相关的管理制度应该涉及非常多的内容。比如小套型房子，我认为 60～90 平方米的房子还是相当好的，我们可以通过创新设计，做成一个灵活设计，灵活分隔，或者做成大开间，然后自行分隔，可拉动、可拆装的，也可以称为"四维空间"的房子，这些方法对解决工薪阶层和年轻人的小面积住房问题都是很有用的。及时变换设计方法，都可以使空间直接得到充分利用，小面积并不等于低档次，这其实只是设计方法和设计理念的问题。小套型、高档次的房子的落实，要通过设计人员的创作来实现，也可通过自主动手途径去实现，这些都要通过技术、材料、设备等渠道去实现，通过研究和制定标准去逐步实现。

保障房的重要程度远远地超过了我们当前的想象，它不仅仅是为了解决那 10%～15% 左右的低收入人群的住房问题，其更是一个解决社会矛盾的重要工具，社会上目前的整体认识还是不够的。龙永图曾说过 2/3 的人的住房问题都应该由政府来解决，温家宝总理也曾表示"政府有责任解决 2/3 的人口的住房问题"。大家很奇怪政府为什么会有如此大的力量，实际上当前的社会现状已经不像计划经济时期那样，还是有各种手段和办法的，特别是把保障和市场结合起来，直接惠及到该享受住房保障的这部分受众人群并非不可能。

产业化是保障房发展的必选之路

"只有产业化的方式才能支撑起保障房的规模和造价。"　　　——开彦

大力发展保障房，这是最适合产业化发展的平台和机遇。因为建设保障房需要重复的部件和产品很多，保障房建设是最适合应用产业化集成化生产方式的。也只有产业化的方式才能支撑起保障房的规模和造价。

保障房有几个特点：量大，品质高，小面积，重复率高。要保证这些要素充分发

挥，就应当通过产业化的方式去实现。做产业化的产品，首先技术上是需要有一套产业链的生产模式，实现标准化、集成化，是施工现场实现干法安装方式，垃圾大减量，效率提高，速度加快，成本降低，所以要在保障房产品质量模式转型上下功夫。所以，产业化道路是保障房建设中的必选之路，产业化是保障房发展的必要途径。

关于标准化、集成化，最重要的目标就是"模数"和"模数协调"的问题，目前在管理和行业发展上根本不够重视，国家有责任让"模数协调应用"成为每一个建筑工作者要掌握的技能。就目前看来，这还是需要一个过程的。我们曾经对一些建筑师做过调研，几乎有80%~90%的建筑师根本不知道什么是模数，更不知道什么是模数协调，这是一件很悲哀的事情。模数协调的东西首先要在建筑设计人员中普及，而现在的很多设计师并不知道这些名词和概念，又怎么实现集成化、产业化生产。这东西说难也很难，作为发达国家和地区，看现代化的生产技术很普通，很简单，产业化、标准化已经成为了很日常的东西。

除了施工问题，产业化还涉及产业链和为产业化相配套的产品，这些在我们国家的发展目前也非常紊乱，基本上是"建筑来适应部品，而不是部品来适应建筑"，由此造成了很多质量问题，造成大量的浪费。

房地产业亟须转型

"在管理房价、管理市场的同时请不要忽略了技术领域。"　　　　——开彦

十多年来，我们的建筑看起来似乎发展得很快，实际上仍然没有摆脱"粗放式"的生产方式，存在大量的质量和品质问题。实际上，我们的市场模式很落后，完全是传统式的、手工式的、落后的工作方法，而不是产业化的、现代化的、社会化的、大生产的生产方式。如果不能改正，这将使得我们国家整体的生产水平和生产方式无法实现与国际看齐。

因此，房地产业亟须转型。但这些东西，有90%以上的开发商都没能够认识到，这与政府的主导思想有很大关系。截至目前，政府没有一个部门去研究、引导和提倡这些内容，这是很可怕的。政府和行业主管单位目前只盯着房价，并非房价不应该管，但产业化的问题涉及房地产行业未来发展的后劲和根本方向，如果不提倡、不主张、不研究、不设立专门管理机构，房地产市场能够健康吗？保障房建设能够完善吗？答案肯定是否定的。

很希望通过中房网向官方组织呼吁，在管理房价、管理市场的同时请不要忽略了技术领域（建筑设计、标准领域、产业化领域）。政府亟须要设立专门的机构去管理、研究和推行。目前的住宅产业化促进中心，我认为这些年这个机构由于体制和方向问题，所做的事情并不到位，没有起到他们应该起到的作用。比如模数，就应该立即设立模数推广办公室，这个需要很好的管理完善才能做出来。

如何实现中小户型的精明增长

精明增长这个词现在使用得越来越多了。什么叫做精明增长？精明增长实际上是一个理性的增长、最大化资源和能源环境不被破坏的增长方式。这是一个符合我们的发展规律，符合生态、循环经济、节约型社会的可持续发展的一个重要的内容。

现在房地产市场发展非常快，每年供应量很大，但是我们仍处于粗放型的生产方式，产品提供是粗糙的，资源利用是浪费的，生产成本是很高的。精明增长方式成为我们当今建设行业的重要方向。精细制作，提高生产效率，节约成本，增进工程质量，是房地产开发面临的命脉式的课题：一方面如何提高开发产品的品质，立于创新的竞争前端，一方面如何去降低成本，符合国家推进的资源型、节能型、环保型的目标，是当今每个开发商必须面临的问题。

这方面的一个良方就是推行标准化和绿色建筑。

标准化的问题，应该说早在20世纪50～60年代在我国已有长足的发展，在很多方面可与世界媲美。进入了市场经济以后，标准化被忽略了，忽略的原因是开发商以为它限制了产品多样化，使市场丢掉了"拐杖"，使得我们的房地产开发在资源的利用以及在效率、效益方面都失去了机会。实际上，在国际市场上标准化已经被认为是很通常的东西，就像我们天天要吃饭、天天要洗脸一样，因为它的日常化，已经不当成特殊的事情处理。我们今天在这方面的缺失非常大。现在有一个可喜的现象，就是很多类似万科这样的大企业已经开始在思考标准化的问题。万科的标准化体系不但使其拥有足够的技术资本，而且在争取整个产业链话语权方面取得了主动权。实践证明，标准化才能真正给房地产的开发带来产品、质量、效益方面的奇迹。人居委今年（2007年）6月组织的国际集成化/模数化北京会议，与欧洲及日本、美国的一些专家共同商讨了中国标准化和未来房地产发展中的问题。可以肯定标准化和模数化的开发模式必将成为我国房地产的主导建设趋势。

再有就是绿色建筑问题。绿色建筑已经变成一个大家追求的很好的目标，但是并不是说把花园做好了、外立面做好了，就叫绿色建筑，这是非常形式化和表象化的一个做法。真正的绿色建筑应该和我们的节约型社会、循环经济及可持续发展有非常紧密的关系。绿色建筑概念的推广和应用在我国起步也不算太晚，在2001年就开始研究了，但是很可惜，在这个阶段由于政策方面的一些缺失，支持力度锐减，甚至有很多反对意见。从2005年开始，才有一年一届的绿色大会顺利召开，这至少表明了政府在绿色建筑推广方面的行动力，也给了我们坚定的信心。尽管如此，绿色建筑在中国的发展仍面临着市场的考验。主要困境有：

（1）公众缺乏参与性意识。普通大众尚认识不到绿色建筑发展与自身利益的紧密联系，"事不关己，高高挂起"。对开发商而言，绿色建筑的推广的瓶颈问题主要还是成本的增加。

（2）社会大环境生产链断档，效益不能体现。由于绿色行动还是刚刚起步，整个行业发展长短不齐，困难重重，先行者举步维艰。另一方面，我国的相关标准水准还不到位，时有"无可适从，不知所处"，执行力弱。政府虽然大力倡导绿色建筑，但还缺乏机构和技术行动准备。

（3）设计机制和程序还不适应变革。绿色建筑需要在方案前期就引入采暖、通风、采光、照明、材料等多工种提前参与，因此，从设计体制和设计人员来讲，与绿色建筑的要求也还有一定的距离，现阶段我们的设计体制还是停留在多工种分开的情况下，缺少整合。"大而全"的设计院体制需要改革，专业化设计事务所要实行独立社会化经营，精细化技术服务。

总的来说，大力推广绿色建筑的重要性已毋庸置疑，但如何踏踏实实地将绿色建筑落实到实践开发中，而不是成为一个标签或者一个概念的简单操作，是我们当前面临的非常重要的问题。用绿色建筑的一个完整概念来打造房地产的开发，使房地产开发走上按照科学轨道发展的道路，是人居委的理想。

2007. 7. 18

3 住区规划

城市化与健康住区品质营造

进入 21 世纪后，整个房地产面临着巨大的变革和快速发展，特别在十六大以后，城市化、农村的问题得到了全社会全民的关注，提出了全面建设小康社会的问题。房地产怎么做，住宅的发展应该怎么进行，是非常重要的一个课题。

所谓全面小康，可归纳为三个方面，一个方面是十六大提出的，人与自然环境的协调发展，城市和乡村的协调发展，这是总的宏观目标，第二，全面小康建设实际上体现了小康型人居生活水准和住户生活环境质量，直接涉及整个房地产项目客户。住宅项目应该打造八个字：舒适、健康、安全、文明。第三，要通过全面小康的建设，使我们的房地产能够创造一个新的生活模式，新的生活水准，并勇敢地提出与国际接轨的问题。我想我们的房地产和我们的居住生活品质、居住生活水准，应该树立这样一个目标：能够跟国际接轨。这不是行不行、要不要的问题，而是一个一定要和国际接轨的问题。我们人口多、土地少，如何发展城市，怎么创建新的生活水准是一个十分重要的问题。

我国房地产住宅行业发展已经进入到追求居住环境、讲究生活质量、提高建筑质量水平的新的人居环境时代。未来房地产住宅发展的趋势将表现为：住宅层数不会越来越高，而是会降低，大多数住宅层数四五层就够了，最好两三层，郊区化的发展比例会越来越大；居住功能将向细化发展，提高居住舒适度，简约式的人性化设计，将普遍受到欢迎。单纯追求欧洋式、古罗马式，将受到唾弃，简约化的现代设计将成为现时代的崇尚。另外，生态绿色住宅、健康住宅的技术一定会得到广泛普及。

随着城市化的进一步发展，人们将纷纷走出城市，郊区化居住一时成为风潮。新城市发展理论旨在再造城市社区活力，寻求重新整合现代生活的种种要素，试图在更大的城市开放性空间范围内建立以快速交通线相连的，宜于居住的新城镇邻里住区（类卫星城）。这个住区可以是连片的，也可以是棋盘网状的，从而形成区域性的点片相间的新兴城市网络，开创理想的人类居住环境模式。

新城市化既不等同于小城镇，也不等同于已有城市，而是居住生活方式上发生了改变，在意识形态上也有了新的改变，政治、社会、经济、审美观、价值观都在发生着改变，包括生态意识的改变。在中国，尽管新城市化发展有了种种"新"的含义，但人与自然的关系不会变，人向往自然、向往生命的天性不会变，因此，在建设新城市时，我们的设计要尊重人，尊重人的尺度、人的感觉、人与自然的关系。我们在规划时首先要建立一个不建设的规划，然后倒过来再做建什么的规划，这样规划出的城市永远是有机的、生态的、可持续发展的。

因此，城市化问题的研究包括三大块：一是城市郊区化发展：城市的郊区化到底怎么建，发展什么模式，什么水准。二是农村城市化的问题：哪一天能让农民也住上房地产商开发的房子，就实现了城市化。三是城区的居住功能更新换代：探讨城市机能完善，文化传统城区保护继承，改造发展。比如苏南、沿海富裕地区的农村完全有条件由房地产商开发住宅，完善城市配套，美化环境。研究用更好的模式来发展，建设更符合现代人居环境的条件。

不正当的开发行为使我们的住区环境遗留了一些终为人们遗憾的毛病，即城市病。人口高度集中，城市越来越倾向于高层化发展，居住舒适度不被重视，劣质材料到处蔓延，生态遭到破坏，空调的泛用造成小气候的失衡，给我们带来不可估量的后果。香港的淘大花园去年（2003年）SARS感染三百多人，就是建筑规划和设计存在着不合理的因素和隐患造成的，令人警示。所谓绿色生态、健康住宅，就是人与自然协调的关系。大自然给人类提供了土地、水、空气等很多资源，要学会利用有限的资源为人类创造健康的居住环境。资源是有限的，人们要会保护资源、合理利用资源，这是每个公民应尽的责任。

1987~2000年，世界各国大体上经历了三个发展阶段，即节能环保、生态绿化和舒适健康。各国从最先面临省能省资源出发，逐渐认识到地球环境与人类生存息息相关，转而为生态绿化，最后回归到人类生活基本条件：舒适与健康。

2000年召开的世界健康建筑会议，提出了几个概念：一个是可持续性建筑；二是绿色生态建筑；三是健康建筑。所谓可持续性建筑，根据不同地区、不同目标进行综合考虑，要为今后留有余地。绿色生态建筑讲了经济和环境关于能源和资源的处置，是环境保护的重要理念，比如，有人提倡"零排放、零吸收"，这当然是一个理想，是一个追求的目标。美国有个绿色建筑评估标准，对绿色建筑的解释大概包括了五个方面：①可持续建筑场址选择；②水资源的保护；③建筑能源的有效利用与大气品质；④资源和原料的保护利用；⑤室内环境质量。这五个方面有四个讲的是能源资源的问题、环保的问题，第五个讲的才是居住的条件，是个完善的概念。可持续发展、绿色生态建筑、健康建筑是互相关联、包容的。可持续发展牵涉到经济社会宏观发展领域，是以政府主导完成的。关于绿色生态建筑，更多的是注重环保，生态讲人和自然的平衡协调关系。健康住宅则强调的是人，是具体为人服务的。

日本研究生态建筑提出环境共生住宅三个方面的问题：①地球环境保护；②周边环境亲和性，综合利用的考虑；③居住性也就是健康居住的问题。健康住宅的概念实际上已经国际化：日本有个健康住宅协会，加拿大把健康住宅的概念列入评估标准里去，在东欧各国被广泛运用。概括起来讨论两个方面的问题：一个是居住的健康的问题，一个是健康的人居环境；一个是硬件，一个是软件。讲的是不要让不健康的建筑来影响人的健康。健康住宅的定义实际上比较朴素，即不使人生病的住宅。它涉及居住的生理、心理和社会因素的健康。健康住宅的主要基点在于：一切从居住者出发，满足居住者生理和心理的需求，使居住者生活在健康、安全、舒适和环保的室内和室外的居住环境中。因此，健康住宅的标准要素不仅包括与居住相关联的物理量值，诸如温度、湿度、通风换气、噪声、光和空气质量等，而且还应包括主观性心理因素值，诸如平面空间布局、私密保护、视野景观、感官色彩、材料选择等，制止因住宅而引发的疾病，营造健康，增进人际关系，创造一个良好的居住文明。健康性的居住建筑要求是硬件建设，是规划设计，住宅设计作品本身应达到的目标。健康住宅特别要求住宅设计、规划设计这个平台要构建好，社会与人的居住环境要营造好，这是第一；第二是创造条件改善和提高对大自然的亲和性、自然性；第三是环保性，生活中产生很多三废（废物、废水和废气），应妥当地进行处理和利用。最后是健康行动，创造好的居住生活氛围、文化氛围、休闲氛围、运动氛围、健康氛围。

72 条健康住宅要素可以概括为"空气清新，确保声、光、热环境；粉尘、甲醛、放射性要达标；居住舒适、方便，还要有私密性；环保卫生、抗灾抢险有措施；康体保健、尊老爱幼有行动"。

我们对居住品质的认识大体上经历了三个阶段：初期追求面积；后来注重外在的景观环境；现在已经发展到追求内在的居住品质，也就是居住性能的提高、功能的完善。这是必然的，归回到建造住宅或住宅区的本质上了。功能品质提升要求在相应的面积里增加娱乐室、家务间、设备间。管道的设计，以前不被重视，要强调管道不穿楼板，自己家的管道不到邻居家去，公共压力管道应外移，设置公用管井，净化室内环境，废水管道要隐蔽暗藏，用室内管道墙或做下沉式楼板来处理。

室内空气污染包括悬浮颗粒、气态污染物等。室内空气污染的最大来源——建筑材料、装修材料、采暖和烹调油烟、人体本身的排泄、建筑地点的环境和工业污染、电子辐射、照明空调等均能给家庭造成污染，其中的氡气像吸烟一样有引发肺癌的危害。空气质量保护是公众极为关注的问题。氡气是藏在土壤中的，超过一定含量就有害，要对土地进行分析，要处理，要通过一定的措施稀释化或排除。厨房、卫生间的通风问题也是健康住宅的要害，我们国内的排油烟道的通风系统产品都不太好，能不能在屋顶出烟口上加一个通风的排烟机，使通风管道里产生负压，利用水平通风和安装空气交换机也是个好办法。多种树，多种乔木、灌木，增加绿地覆盖率，调节空气，保护空气湿度，控制和消化二氧化碳，释放负氧离子调节气候，对空气的改善是很大的。有些小区为了好看，为了视线不被遮挡，把树的种植量减少了，光种草皮，这个做法有问题，要把房子放在树丛当中，这个感受更贴近理性，贴近自然。

欧洲有一种高舒适度的低能耗热环境技术，从健康角度、舒适角度创造了特别适合人居住的环境条件，包括四季如春的气温、新鲜温湿的空气、柔和均匀的光照，使居住成为高档的享受。北京锋尚国际完善了外保温技术、窗技术和外遮阳技术，改空调取暖设备系统为冷热板天棚控制室内舒适温度，冬天保持在 22 摄氏度，夏天保持在 26 摄氏度。用低温水作媒介，大量节约了能源资源。

还有就是水环境，城有水则秀，居有水则灵，水景住宅卖得好，就因为有水，水的质量品质成为一个重要的焦点。浙江大学有个金水欢教授，花了几年时间研究用植物生化技术体系来改造水，这是又经济又合理的办法，非常有生命力。通过种植来改善水的质量，解决了南方地区关于水景住宅的忧虑。北方地区也有办法，用生态桶的水处理技术。

再有就是住区康体和休闲的概念。我们的住区应该是一个休闲的空间，放松的空间，是一个享受的空间，我们过去把它做得太严肃，把一些大概念城市的东西做到小区里去了，看了很累。所以，住区要强调有康体和休闲的要求，要建立健身的方式、措施和设施，用一种休闲的方式和放松的方式来达到健身的要求、康体的要求，把康体和健康做到生病之前，而不是生病之后。通过社区、会所为个人活动提供场所和空间。心理健康就是人与人之间、人与建筑、人与自然的交流，改善居住生活条件，建立健康管理中心、健康护照，把每个住户的健康状况列入管理范围中去。

中国住区规划发展 60 年历程与展望①

前　言

今年是中华人民共和国建国 60 周年，值此之际，回顾我国城市居住区的发展历程与成就是一件很有意义的工作。建国后，住房建设一直是国民经济发展的重要组成部分，也是提高人民生活水平的重要标志，可以说，居住区的发展也见证了中国社会经济的发展与变革。居住区的发展与社会发展水平、经济水平、技术水平、政策制度以及城市发展条件等息息相关，因此，居住区规划在理论上和技术手段上也随着国家的整体发展呈现出阶段性特征，从早期的邻里单位和扩大街坊逐步演变为完整的小区开发模式，市场化的运作机制又赋予了居住区规划新的创新动力，使居住区规划理论更加成熟，技术手段更加丰富，也打造出了越来越强的中国特色。中国是一个人口大国，也正处在城镇化的高速发展期，为我们提供了巨大的实践和创新空间，希望本文能使读者从中获益，并提供一些思考和启示。

1　现代居住区规划理论的引入与早期实践（1949～1978 年）

居住是人类基本的生存需求之一，因人的社会属性而聚居在一起，形成居住区。居住区的形态受到生产力水平、地理气候条件、家庭结构、建筑技术、文化传统和风俗习惯等因素的影响。工业革命后，城市内部的居住环境受到巨大的威胁，19 世纪末很多工业发达国家开始针对居住拥挤、日照通风不良、环境恶化、卫生设备落后等问题相继颁布改善居住条件的法案，有关学者也开始寻求对策，逐步形成了现代居住区规划的理论。

1.1　邻里单位理论及在我国的实践

1929 年，美国社会学家克莱伦斯·佩里以控制居住区内部车辆交通、保障居民的安全和环境安宁为出发点，首先提出了"邻里单位"的理论（图 1），试图以邻里单位作为居住区的基本形态，构成城市的"细胞"。邻里单位的基本特点有：城市交通不穿越邻里单位内部；以小学的合理规模为基础控制邻里单位的人口规模，使小学生不必穿过城市道路；邻里单位的中心是小学和生活服务设施，并结合中心

---

① 本文第二作者赵文凯是中国规划设计研究院居住区研究中心主任。

广场或绿地布置；邻里单位的规模一般是 5000 人左右，占地约 65 公顷。1928 年，C·斯坦因和 H·莱特提出了美国新泽西州雷德朋规划方案，是邻里单位理论的最早的实践（图 2）。在第二次世界大战后，西方各国住房奇缺，邻里单位理论在英国和瑞典等国的新城建设中得到广泛应用。

图 1 邻里单位示意图（左）

图 2 雷德朋规划方案（右）

佩里的邻里单位示意图
1—邻里中心；2—商业和公寓；3—商店或教堂；4—绿地（占1/10的用地）；5—大街；6—半径1/2英里

新中国成立初期，百废待兴，亟待解决城市住房短缺和居住环境恶化的问题，由于缺乏经验，曾借鉴西方邻里单位的规划手法来建设居住区；如 50 年代初期北京的"复外邻里"和"上海曹阳新村"（图 3、图 4），为我国居住区规划和建设开创了新的局面。由于封建式大家庭解体，居住形态也由内向封闭型转变为外向开放型，在组团划分、公共服务配套设施、节约土地等方面都反映出了中国的国情。

图 3 复外邻里（左）

图 4 曹阳新村总平面（右）

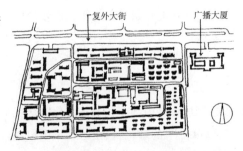

1.2　扩大街坊与居住小区理论的引入

在邻里单位被广泛采用的同时，前苏联提出了扩大街坊的规划原则，与邻里单位十分相似，即一个扩大街坊中包括多个居住街坊，扩大街坊的周边是城市交通，保证居住区内部的安静、安全，只是在住宅的布局上更强调周边式布置。1953 年，全国掀起了向前苏联学习的高潮，随着援华工业项目的引进，也带来了以"街坊"为主体的工人生活区，如北京棉纺厂、酒仙桥精密仪器厂、洛阳拖拉机厂、长春第一汽车厂等。20 世纪 50 年代初建设的北京百万庄小区（图 5）是非常典型的案例，但由于存在日照通风死角、过于形式化、不利于利用地形等问题，在此后的居住区规划中较少采用。

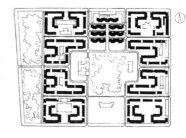

图 5 北京百万庄小区

20 世纪 50 年代后期，前苏联建设了实验小区——莫斯科齐廖摩什卡区 9 号街坊，其特点是不再强调平面构图的轴线对称，打破了住宅周边式的封闭布局，并且增加了配套服务设施，除学校、托儿所、幼儿园、餐饮和商店外，还建有电影院和大量的活动场地。小区与街坊的不同之处在于：组团内不设公共服务设施，具有更加安静的环境；打破了住宅周边式的封闭布局，不再强调构图的轴线对称；配套设施更加齐全。

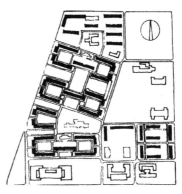

图 6 夕照寺小区

小区规划的理论一经传入我国即被广泛采用，1957 年，在前苏联专家指导下规划的北京夕照寺小区，占地 15.3 公顷，居住人口为 5000 人，设有一套完善的公共服务设施，是我国早期居住小区的范例（图 6）。

1.3 居住小区理论的早期实践

从新中国成立初期到改革开放之前，我国实行完全福利化的住房政策，住房建设资金全部来源于国家基本建设资金，住房作为福利由国家统一供应，以实物形式分配给职工。在计划经济时代，"先生产，后生活"成为城市建设的主导政策，一方面建设了一批"合理设计不合理居住"的大套型合住住宅，一方面出现了大量的简易楼、筒子楼，住宅数量和质量都是突出的矛盾，居住条件的很差。受国家财力制约，单一的住房行政供给制越来越难以满足群众日益增长的住房需求，居住条件的改善进展缓慢，住房短缺现象日益严重，1949～1978 年，我国的城镇住宅建设总量只有近 5.3 亿平方米。

在我国计划经济条件下，居住区按照街坊、小区等模式统一规划、统一建设，虽然建设总量并不大，但在居住小区的理论指导下，在全国各地建成了大量的居住小区，具有代表性的小区有北京夕照寺小区、龙潭小区（图 7）、和平里小区、上海蕃瓜弄、广

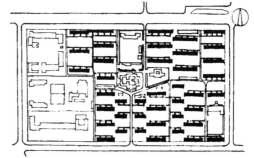

图 7 北京龙潭小区

州滨江新村等。经过不断的努力,形成了居住小区—住宅组团两级结构的模式,有的小区在节约用地、提高环境质量、保持地方特色等方面做了有益的探索,居住小区初步具有了中国特色。

2 住房制度改革推进期的住区规划体现时代进步(1979～1998年)

1979年改革开放以后,住宅建设与其他领域一样取得了长足的进步,住房建设也逐步由国家"统代建"与单位建房相结合的模式逐步转向房地产市场开发,建设量大增,城镇住宅在1979～1998年的20年间共建约35亿平方米,为建国前30年建设量的7倍,1998年人均居住面积达到9.3平方米,人民居住水平有了较大改善,但个人购房仍然较少。

2.1 建设规模的扩大与居住区体系理论的发展

70年代后期,为适应住宅建设规模迅速扩大的需求,"统一规划、统一设计、统一建设、统一管理"成为当时主要的建设模式,住区建设规模达到80公顷以上,扩充到居住区一级,在规划理论上形成居住区—居住小区—住宅组团的规划空间结构。居住区级用地一般有数十公顷,有较完善的公建配套,如影剧院、百货商店、综合商场、医院等。居住区对城市有相对的独立性,居民的一般生活要求均能在居住区内解决。北京方庄居住区就是80年代的典型代表(图8)。

图8 北京方庄居住区总平面

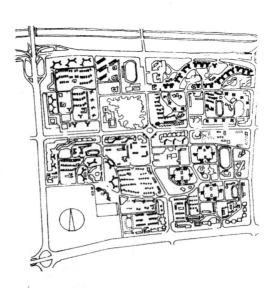

2.2 试点小区推动住区品质的整体提升

进入80年代以后,居住区规划普遍注意了以下几个方面:一是根据居住区的规模和所处的地段,合理配置公共建筑,以满足居民生活需要;二是开始注意组群组合形态的多样化,组织多种空间;三是较注重居住环境的建设,宅间绿地和集中绿地的做法，受到普遍的欢迎。一些城市还推行了综合区的规划，如形成工厂—生活综合居住区、行政办公—生活综合居住区、商业—生活综合居住区等。综合居住区规划冲破了城市功能分区的规划理论，使居住区具有多数居民可以就近上班、有利工作、方便生活的特征。

　　1986 年开始，在全国各地开展的"全国住宅建设试点小区工程"，使我国住宅建设取得了前所未有的成绩，"试点小区"强调了延续城市文脉、保护生态环境、组织空间序列、设置安全防卫、建立完整的配套服务系统、塑造宜人景观等方面的要求，从规划设计理论、施工技术质量、四新技术的应用等方面，推动我国住宅建设科技的发展。

　　这一时期的小区在规划上体现出以下特点：

　　1）注重环境景观，结构清晰。小区试点要求住区有一定的规模，以便形成整体居住环境和完善的配套设施。在规划布局方面，强调结合周边环境，形成科学合理的多样化布局。很多小区规划以小区道路将用地均衡划分，组成多个组团，即各组团围合一个公共绿地，被称作"中心型"（图9）；有的将小区入口、配套服务设施、绿地、标志性构筑物等连成一片，贯穿小区，形成"带状型"（图10）；有的将沿小区主路的几种空间强调为几个景观节点、绿地和建筑小品群，形成"节点型"（图11）；有的小区规划结合地形特点，采用自由布局（图12）等，从而创造出地域性强的空间形态和优美的居住环境。

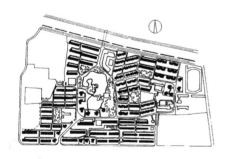
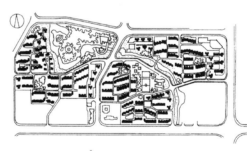

图9　合肥西园小区（左）

图 10　马鞍山珍珠圆小区（右）

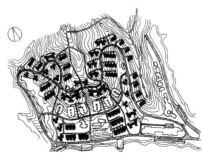

图 11　上海康乐小区（左）

图 12　馒岭新村西区（右）

　　2）适应管理的需要。经过多年的试点，小区规划与建设积累了丰富的经验，形成了小区—组团两级结构模式。由于组团规模均匀，管理合理方便，对应居民委

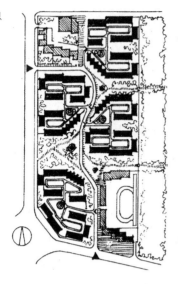

图13 北京恩济里小区

员会，建立了相应的管理机制。有的小区从规划开始就引入物业管理概念，规划设计要保证为物业管理及服务方面提供便利的条件（图13）。

3）配套设施结合市场规律。随着计划经济向市场经济的转轨，小区的配套公共服务设施也更加重视市场规律的影响，这一时期的小区规划开始注意将商业、娱乐设施等布置在沿街，与小区入口结合，充分利用城市的人流，保障经营。

4）延续城市文脉。作为城市的重要组成部分，小区规划设计比较重视与城市和环境条件的协调。在规划结构、功能布局、建筑形态等方面适应当地的气候特点、经济条件、环境条件等；在建筑外观、绿化及小品设计上使用传统建筑符号，延续城市文脉（图14）；也更多地强调居住环境的识别性，符合居民审美及行为心理要求。

图14 合肥琥珀山庄

2.3 小康住宅试点确立了更高的住区标准

20世纪90年代开始的"中国城市小康住宅研究"和1995年推出的"2000年小康住宅科技产业工程"，对于我国住宅建设和规划设计水平跨入现代住宅发展阶段起到了重要的作用。小康住宅在试点小区的基础上，表现出了新的特点：

1）打破小区程式化的规划理念。随着管理模式和现代居住行为的变化，强调小区规划结构应向多元化发展，鼓励规划设计的创新，而不再强调小区—组团—院落的模式和中心绿地（所谓四菜一汤）的做法，淡化或取消组团的空间结构层次，以利于更灵活、更多样地创造生活空间。

2）突出"以人为核心"。以人的行为规律、心理特点、生活细节为核心，把居民对居住环境的需求、居住类型和物业管理三方面的需求作为重点，贯彻到小区规划设计的整个过程中。

3）坚持可持续发展的原则。在小区建设中留有发展余地，坚持灵活性和可改性的技术处置，更加强调建设标准的适度超前，例如提出小康居住标准为人均35平方米，绿地率提高到35%，特别是针对汽车停放，首次提出提高私人小汽车的车位标准等。

4）突出以"社区"建设作为小区规划的深层次发展，配套设施更加结合市场规律，强调发展社区文明和人际交往关系，把人们活动的各方面有序地结合起来，体现现代生活水准。

1994年提出的"小康住宅10条标准"突出表现了面向21世纪发展的居住水准，也倡导建设能较好地体现居住性、舒适性和安全性的文明型大众住宅，同当时的普通住宅相比，要求使用面积稍有增加，居住功能完备合理，设备设施配置齐全，住区环境明显改善，可以达到国际上常用的"文明居住"标准。"小康住宅10条标准"被认为是未来发展的方向，对引导住宅建设有重要的意义。2005年编制的《小康住宅居住小区规划设计导则》，作为指导小区的规划设计的重要指导文件，对全国80多个小康示范项目进行了技术咨询、监督检查，通过项目示范，带动了全国居住区规划理念和方法的整体发展（图15、图16）。

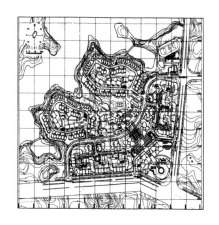
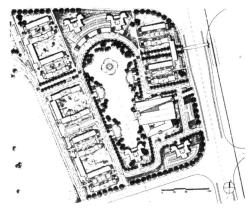

图15　重庆龙湖花园（左）

图16　上海浦东锦华小区（右）

3　市场化成熟期的住区规划呈现多样性特征（1998～2009年）

1998年以后，住房制度由福利型分配转为货币型分配，个人成为商品住房的消费主体，需求的多元化、投资的市场化以及政府职能调整等因素促使居住区建设由政府主导转向市场主导，使得居住区规划呈现更加多样性的局面，住宅建设进入由"数量型"向"质量型"转变的阶段。在居住区规划与住宅设计中，市场机制推进了"以人为核心"和"可持续发展"的规划设计观念，通过规划设计的创新活动，创造出具有地方特色、设备完善和达到21世纪初现代居住水准的居住环境。中国住宅建筑技术将获得整体的进步，我国住宅产业现代化将获得进一步的提高。

在这一时期，社会、经济、制度变革是住区规划进一步发展的重要依托，我国住区规划理论与技术的更新表现出以下特征：

3.1 住区选址向城郊扩展

随着房地产开发和旧城改造的推进，旧城区可用的土地越来越稀缺，并且土地价格和拆迁成本迅速攀升，从 90 年代中后期开始，城市住房建设大规模向郊区拓展。与此同时，私人小汽车迅速进入家庭，大中城市的高收入者获得了前所未有的活动半径，躲避城市喧嚣的诉求也推动了住房郊区化的进程。许多大中城市划出大片郊区土地，建造各类住房，如北京的回龙观居住区，广州的祁福新邨（图 17）、华南板块，上海的春申城、三林城、江湾城、万里城，天津的梅江居住区，南京的江宁居住区等。

图 17　祁福新邨全景

在郊区化过程中，经历了交通基础设施、公共服务设施、就业岗位相对滞后所带来的尴尬，一些城市新建居住区规划面积过大，功能单一，成为了"卧城"，不仅生活配套缺乏，降低了居住生活的方便性和舒适度，而且每日早晚在市郊和市中心区之间形成钟摆式交通，加剧了交通拥堵，近年来也引起了各地政府部门的关注，加强了政府调控和主导的力度，在政府规划的新的大型居住区中，已经有所改善。

3.2 楼盘规模趋向于大盘化

随着一些房地产企业的资金实力的提高，开发建设项目大盘化所具有的规模效应、配套水平、土地增值以及比较容易形成的品牌优势等，使近年来越来越多的开发企业趋向于开发大型楼盘。全国各大中城市几乎都出现过一家开发商一次征地上千亩用以建造住宅的情况。

在大型住区的规划中也出现了一些误区，由于缺乏与城市协调、融合的开发理念，而采用小区的规划手法来规划设计大盘，使本应分片规划的住区形成一个独立王国，其间拒绝一切城市道路穿过，既增加了居民出入住区的步行距离，又使城市路网变得过于稀疏，割裂了城市空间，不利于疏导交通。新城建设中，简单地采用大盘地产开发模式，虽然前期容易启动，但城市功能难以保证，导致新城镇建设机能残缺，使得地区发展难以为继。

目前，这种弊端已逐步被认识到，在住区规划中确保路网的完整和贯通，合理健全城市机能，控制配套设施服务半径等，已经成为城市规划管理部门、规划师、房地产商关注的要点，如北京天通苑居住区，保持了较密的路网，并建设了轨道交通，也加强了高等级公共服务设施的建设（图18、图19）。

图 18 北京天通苑居住区（左）

图 19 北京天通苑居住区全景（右）

3.3 居住环境质量成为住区规划的核心

住房制度改革使得购房者需求对规划设计的影响大为提高，个人需求价值取向改变了规划设计的价值取向，随着生活质量的不断提高，居民对居住环境更加重视，住区的规划设计也围绕环境做文章，出现以下做法：

1）环境均好性。当代的住区规划已不再满足于传统的中心绿地—组团绿地的环境模式，而更加强调每户的外部环境品质，将环境塑造的重点转向宅间，强调环境资源的均享，同时要求每套住宅都有良好的朝向、采光、通风、视觉景观等条件（图20）。

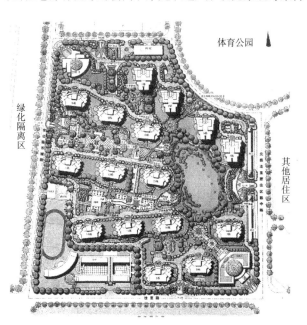

图 20 北京万科星园

2）弱化组团，强调整体环境。小区实行物业管理以来，居委会在居住生活方面的管理职能有所弱化，人们更加关注整体环境景观和邻里之间的交往问题。弱化组团使规划获得更大的灵活性，对环境资源可以有更好的整合，有的扩大中心绿地空间用地，使其达到一定的规模，在休闲健身功能和视觉欣赏方面更加丰富，有的强调将院落空间作为居住区的基本构成单元，为居民提供更加亲近、安全的活动场所，塑造领域感和归属感。

3）精心处理空间尺度与景观细节。环境景观已经成为居住区的关键要素，景观设计成为居住区不可缺少的一环。在住区规划中，强调人性化考虑和精细化处理，在空间尺度、环境设施、无障碍设计、材料运用等方面充分满足现在居住的需要，为居住带来新的价值。

3.4 依靠科技，保护生态

为了创造良好的人居环境，人们开始关注环境的健康性和对自然生态的保护。许多小区在规划初期就注意保护和利用原有生态资源，如自然的地形、地貌、山体、水系和原生树木等，并且在环境建设中，加大植物种植的覆盖面积，保持足够的绿量，精心配置植物品种，提高住区的生态性和景观性，许多小区还注意利用适合当地气候的花草和树木，以保证植物的成活率和降低成本。在环境设计的内容方面，紧密结合居民的生活需要，提供丰富多样的活动场地与设施，增加生态步行系统的建设，如贯穿小区的步行系统和小型的运动场地，以满足居民健康生活的需求。与此同时，越来越多的居住区依靠新技术，例如中水回用技术、雨水收集和垃圾生化处理等技术，提高住区的生态功能，在节水、节能、减排和提高舒适度方面取得重要成就。

3.5 人车分流与步行环境

伴随着国民经济的持续快速增长和居民收入水平的不断提高，私人小汽车从无到有，已经开始大量进入寻常百姓家庭。目前居住区大量采用地下停车，有的还采用机械停车，以容纳越来越多的小汽车。与此同时，妥善解决小汽车的行驶路线和停放位置的问题，尽量减少小汽车对居民造成的交通安全威胁和废气、噪声、灯光干扰，成为我国城市住区规划设计重点考虑的问题。

1）人车分流成为重要的规划手段

为了减少机动车对行人的干扰，在规划设计中逐渐把机动车交通和步行交通分开，使其各成体系，也使小区的空间形态发生了更加人性化的变化。许多规划方案采用了沿小区周边设置的环形机动车道，而在小区中部规划了供居民使用的枝状步行道路系统，如2000年建成的北京龙泽苑小区一期工程（图21）。有的小区采用立体交通组织，做到人车分流，例如2001年建成的北京北潞春绿色生态小区将人行步道全部架空，2003年建成的北京万科星园工程将所有机动车道全部布置在地下空间内。

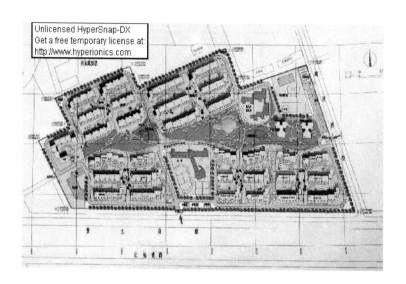

图 21　北京龙泽苑小区一期工程

3　住区规划

2）公共步行系统更加受到重视

由于社区内机动车数量与日俱增，公共步行系统的设计在近年来的住区规划设计中备受关注，和机动车交通组织一样，成为了规划设计不可忽视的重要内容。公共步行体系不仅包括步行道路本身，还包括与之连接的小区入口、公共绿地、各种公共活动场所和各个院落空间等，有的还营造出宜人的购物广场、步行商业街等人性化的场所，更具功能性和趣味性。步行空间的设置为丰富社区的生活提供了功能多样的驻留场所，这些场所除了其使用功能以外，对社区的环境起到了优化和美化的作用，在很大程度上会影响到小区的整体形象。

3.6　开放社区

小区的封闭式物业管理，为人们创造了安全、舒适、整洁、优雅的社区环境，逐渐受到居民的欢迎。但是，随着开发项目规模的日趋扩大，封闭管理的范围也相应扩大，给小区内外的居民造成了极大的不便，也使各类公共资源难以充分利用，城市街道空间冷漠，城市交通也出现了路网密度过低所带来的拥堵问题。

通过十多年住区运营使用的经验，纠正以往的规划设计理念，小区的规划设计并非越封闭越好，而应当适度地开放，提倡采用以街坊、组团，甚至单栋楼宇作为较小封闭单元，形成相对开放的街坊形态，这是目前住区形态发展的趋势之一。社区空间对外开放，使地区交通更加方便，也可以使配套公共设施获得更多的营业额，街道空间也更加丰富，为居民提供了多样性的生活交往场所，使社区和城市的关系更加和谐，更加有利于增强城市的活力和营造多姿多彩的公共空间。深圳的万科四季花城、北京沿海塞洛城（图22）、上海的金地格林世界，都是比较成功的案例。

图 22　北京
沿海塞洛城

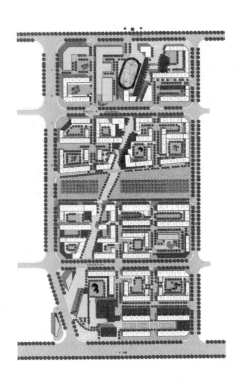

3.7　居住区类型趋于多样

随着居民收入的提高和社会经济的快速发展，一方面，居住需求的分化和差异越来越明显，不仅体现在支付能力的差别上，也表现出了生活方式、功能要求等方面的差别；另一方面，随着城市规模的扩大，土地的价值和区位条件差异加大了。这些都使得当代城市住区在类型和形态上趋于多样化，包括以下特征：

1）居住区形态向高空发展。随着土地价格的上升和高层住宅建造技术的日臻成熟，出现越来越多的高层住宅住区，在规划上重点解决密集的建筑，较多的人流、车流与环境之间关系的问题。

2）低密度社区。对居住环境和品质的追求，使低密度社区成为重要的居住类型之一，住宅有独立式（别墅）、双拼、联排、叠拼、多层花园洋房等形式，容积率较低。住区规划则更多地关注私属空间的品位和配套服务水平。

3）特定需求的居住形态。针对特殊的人群和特定的居住需求，出现了青年社区、老年公寓、旅游地产项目、商务综合体等新型居住社区，在规划上往往根据特定的功能要求进行布局和配套，有的更加突出环境特点，有的突出形象标志。

3.8　更加强调居住文化

居住区不仅是生活居住的场所，也是人的精神家园。对生活品位的要求也是住区规划设计进一步发展的动力之一，越来越多的新建住区重视居住文化的塑造，形成了百花齐放的局面。有的住区通过建筑和环境设计，塑造特定生活场景，例如欧式小镇、中式园林等（图23）；有的通过现代简约的规划设计手法，表现出新颖时尚的居住文化；有的通过开放式的规划手法，使住区空间与城市空间相渗透，塑造繁华的街区生活（图24）。

图23 北京观唐项目（左）

图24 沿海赛洛城商业步行街（右）

3.9 住房保障与社会融合

由于住宅价格大幅提高，在2005年以后，政府加大市场干预力度，并逐步建立健全住房的社会保障体系，相继出台一系列政策，提出了"廉租房、租赁房、经适房、两限房、商品房"的多元化住房供应体系，改善住房市场供应结构，以平衡不同人群的居住需求，促进社会的和谐发展，标志着我国住房建设进入了成熟期。住区规划也开始注意针对小户型居住区的户密度高的特点，在环境保障、交通组织、配套设施等方面探讨技术对策，同时积极探索解决中低收入家庭在公共设施、交通服务、就业机会等方面的需要以及推动社会交往与融合、避免社会隔离等众多新的课题。

4 中国住区规划发展的趋势展望

经过新中国成立后60年的发展，随着我国经济和社会环境的不断改变，人们对住区规划设计新理念和新手法的探索一刻也没有停止过。相信伴随着社会进步、经济发展和技术更新，我国住区规划在理论和技术方法上，还将出现更加色彩纷呈的发展和创新，在创建和谐社会、建设节约型社会的历史轨迹上，展望未来的住区规划，将出现以下趋势：

1）以人为本的原则将继续深化

人是居住区的使用主体，住区规划的目标就是围绕需求展开，体现出对人的关怀。住区规划应适应未来的生活模式，创造方便、舒适的居住生活环境，展现居住者的个性，修养身心。可以预期，住宅建设将进入一个"品质时代"，人们更加注重住宅的性能质量，除了注重室外宜居的环境质量，还将注重室内的居住品质。

因此，住区规划应立足于居住实态和行为方式调查，深入研究人的潜在愿望和生活细节，充分考虑不同家庭组合、职业、生活习惯、收入水平的人群以及特殊人群的需求，从而建立符合未来生活水准的居住空间模式，推进宜居生活环境的建设。

2）和谐将成为住区规划的主题

住区除了要满足作为个体的人的需要，还应考虑作为社会群体的人的需要。住区规划应以空间、行为、心理的相互关系为基点，以多样化的住房供应为手段，以完善的公共空间与设施为平台，塑造健康文明的社区环境，提高住区的安全感、归属感，促进社会交往与公共生活，推动和谐社区的良性发展，使人在物质层面和精神层面都能够得到关怀。

3）绿色将成为住区重要的标准

环境保护和可持续发展是住区建设的重要责任之一，绿色建筑和住区是我们共同关注的事业，也是住区建设的全新的技术理论。住区规划应大力提倡资源的合理化的"精细增长"方式，保护和恢复基地上的生态环境，减少排放，使住区形成零排放或最小排放系统，建立再生循环系统，采用绿色住区评估标准体系指导绿色开发建设行为，同时应关注既有住宅的功能更新、节能减排改造以及环境综合整治。

4）科技进步将是住区发展的重要支撑

21 世纪将是高科技的社会，科学技术将更多地应用于人们的日常生活，并将对住区规划产生重要影响，出现高科技装备的住宅和城市居住区。智能化技术、环境技术等新技术的应用将在安全、设备自动化、信息交互、管理与服务、居住功能提升、居住环境保持、节能减排等方面进一步提高品质。

1994 年小康住宅的表述^①

原文如下

"小康住宅"特指《国民经济社会发展规划于八五计划纲要》中提出的到 2000 年要达到的小康居住水平的住宅。

"小康住宅"是以居住实态调查为依据,充分考虑 2000 年国家经济和中等收入居民预期可接收的水平,按照现代家庭生活行为的实际需要设计建造的能较好地体现居住性、舒适性和安全性的文明型大众住宅。同现有的普通住宅相比,使用面积稍有增加,居住功能完备合理,设备设施配置齐全,住区环境明显改善,达到国际上常用的"文明居住"标准。

具体表述如下:

1. 套型面积稍大,配置合理,有较大的起居、炊事、餐饮、卫生、贮存空间。

2. 平面布局合理,体现公私分离、食寝分离,居寝分离原则,并为住户留有装修改造余地。

3. 根据饮食行为合理配置成套厨房设备,改善排烟排油通风条件,冰箱入厨。

4. 合理分隔卫生空间,减少便溺、洗浴、洗衣和化妆、洗脸的相互干扰。

5. 管道集中隐蔽、水、电、煤气三表出户,增加电器插座,扩大电表容量;增加保安智能化措施,配置电话、闭路电视、空调专用线路。

6. 房间采光充足,通风良好,具有良好的室内声、光、热和空气质量环境,隔音效果和照明水平在现有国内基础标准上提高 1 ~ 2 个等级。

7. 增设门斗,方便更衣换鞋;展宽阳台,提供室外休息场所;合理设计室内外过渡空间。

8. 住宅区环境舒适,便于治安防范和噪声综合治理,道路交通组织合理,社区服务设施配套。

9. 有宜人的绿化和景观,保留地方特色。体现节能、节地、保护生态的原则。

10. 垃圾处理袋装化,自行车就近入库,预留汽车停车车位。

1994 年 7 月住宅科技

---

① "小康住宅"是 1994 年建设部发布的面向 21 世纪发展的大众住宅,1994 年提出的《小康住宅十条标准》,在当时充分体现我国住宅建设未来发展的预期,对引导住宅建设品质发展有重要的参考价值。

中国住区规划设计发展与成就

新中国成立初期，居住区规划采用"邻里单位"的规划理论，这是受欧美诸国规划理论和实践的影响，居住区内设有小学和日常商业点，其基本理论是使儿童活动和居民日常生活能在本区内解决，住宅多为二层、三层，类似庭院式建筑，成组布置，比较灵活自由。

20 世纪 50 年代中期，采用居住区—街坊的规划方式，每个街坊面积一般为五六公顷，街坊内以住宅为主，采用封闭的周边式布置，有的配置少量公共建筑，儿童上学和居民购物一般需穿越街坊道路。这种组合形式的院落能为居民提供一个安静的居住环境，但由于过分强调对称或"周边式"布局，造成许多死角，不利通风和日照，居住条件恶化。

20 世纪 50 年代后期，发展成居住小区规划理论。小区的规模比街坊大，用地一般约为 10 公顷，以小学生不穿越城市道路、小区内有日常生活服务设施为基本原理。由于相应扩大了城市道路的间距，适合现代交通的要求。居住小区内一般采用居住小区—住宅组团两级结构，住宅组团的规模与内容也不断演变，由最初的只设托幼机构到后期与居委会的管理范围相吻合。

20 世纪 60 年代，在总体布局中运用"先成街、后成坊"的原则，新村中心采用一条街的形式，沿街两旁各种商店、餐馆、旅馆、剧场等商业文化设施齐全，形成热闹繁华的商业中心，既方便了居民的生活，又体现了新的城市风貌。由于"先成街"的片面性，有的城市的小区只成了街，而未成坊，形成了"一张皮"的局面，达不到最初规划意图。

20 世纪 70 年代后期，为适应住宅建设规模迅速扩大的需求，统一规划、统一设计、统一建设、统一管理成为当时主要的建设模式，建设规模扩充到居住区一级，在规划理论上形成居住区—居住小区—住宅组团的规划结构。居住区级用地一般有数十公顷，有较完善的公建配套，如影剧院、百货商店、综合商场、医院等。居住区对城市有相对独立性，居民的一般生活要求均能在居住区内解决。

进入 20 世纪 80 年代以后，居住区规划普遍注意了以下几个方面：一是根据居住区的规模和所处的地段，合理配置公共建筑，以满足居民生活的需要；二是开始注意组群组合形态的多样化，组织多种空间；三是较注重居住环境的建设，空间绿地和集中绿地的做法，受到普遍的欢迎。一些城市还推行了综合区的规划，如形成：工厂—生活综合居住区；行政办公—生活综合居住区；商业—生活综合居住区。综合居住区规划，使多数居民可以就近上班，具有有利工作、方便生活的特征。

20 世纪 80 年代中期开始，在全国各地开展的"全国住宅建设试点小区工程"，使我国住宅建设取得了前所未有的成绩，从规划设计理论、施工技术及质量、四新技术的应用等方面，推动了我国住宅建设科技的发展，在各方面取得了成就。

1. 延续城市文脉。小区是城市的基本构成与有机组成部分，小区室外居住环境力求因地制宜，寻找当地的历史文脉及居民生活模式，使小区有机地融汇在城市的大环境中。

2. 保护生态环境。小区建设与基地的地形、地貌、地物密切相关，规划设计时充分注意保护环境，为居民创造健康生活和成长的生态环境。

3. 组织空间序列。小区按不同领域的各自属性和室外空间层次划分，形成由外向内、由动到静、由公向私，渐进的、符合人的行为逻辑的不同空间序列，并划分为公共、半公共、半私用、私用四级，各级空间功能达到室外活动和安全防卫的要求。

4. 设置安全防卫。安全环境来自有效的小区规划和科学的小区管理。安全环境包括生理环境、心理环境和社会安全等因素。小区规划充分考虑到居民的有效防范行为。小区道路做到顺而不穿、通而不畅的布置。

5. 建立服务系统。小区社会服务设施配套齐全，又设置得当，符合居民生活要求和行为轨迹。

6. 塑造宜人景观。小区将主体要素的住宅造型尽可能与当地建筑风格协调一致，塑造不同的风格，使住宅有独特的外貌。充分利用基地的地形、地貌、地物是塑造视觉环境的有效途径，对一个山丘、一块小塘、一片树林都应精心保留，并将它们纳入规划设计，创造生动诱人的景观环境。

20 世纪 90 年代开始的"中国城市小康住宅研究"和 1995 年推出的"2000 年小康住宅科技产业工程"，对我国住宅建设和规划设计水平跨入现代住宅发展阶段起到了重要的作用。小康住宅强调以人的居住、生活行为规律作为住宅小区规划设计的指导原则，突出了"以人为核心"，把居民对居住环境、居住类型和物业管理三方面的需求作为重点，贯彻到小区规划设计整个过程中，编制了《小康住宅居住小区规划设计导则》，作为指导小区规划设计的重要指导文件，主要创新点和指导原则为：

1. 突出以"社区"建设作为小区规划的深层次发展。通过小区的文化建设、环境建设、服务设施建设，有效地把人们活动的各方面有序地结合起来，发展社会文明和人际关系，创造具有现代生活条件的高尚小区。

2. 打破固式化的规划理念。随着管理模式和现代居住生活的变化，小区规划结构应向多元化发展，鼓励规划设计的创新，而不再强调小区—组团—院落的模式和中心绿地的做法，淡化或取消组团的空间结构层次，以利生活空间和功能结构的更新创造。

3. 坚持可持续发展的原则。在小区建设中留有发展余地，达到资源合理利用、环境结合充分，坚持灵活性和可改性的技术处置，特别对汽车停放作了前瞻性的策略布置。

4. 从小区规划的一开始就引入物业的概念，规划设计要保证物业管理及服务方面的便利条件。

居住小区规划设计人居发展概况

1　概　述

人们在解决温饱问题之后，转向关心自己的生存环境，住宅，是人为的生活空间环境，它反映着当时当地的社会物质文化水平和科学技术水平。作为具体供一户居住的一套或一幢住宅，它除了作为社会缩影，反映了社会特征之外，还反映这户居民的社会地位、经济收入、文化修养、生活模式等特征。住宅建筑，由于社会环境、生活习惯、社会情况、经济水平、技术条件的制约而表现出明显的地方特点和民族风格。同时，住宅的设计理论和设计方法在不断地更新。随着社会的发展，特别是改革开放和市场经济的不断推进，社会的物质文明和精神文明迅速提高，人们的居住行为模式也起了明显的变化。住宅成为社会消费热点与国民经济的新增长点后提高了它的自身价值。人们对住宅设计提出了新的设想与新的要求。

我国的住宅建设发展正以雨后春笋的速度和庞大的规模令人瞩目，住宅"量"的上升，离不开"质"的保证，运用"以人为本"的生活设计理念去满足居住者的要求，居住方便、舒适、和谐、安全、经济的住宅是人们所向往的归宿。

人们对住宅的要求，不仅要创造一个对身体健康有益的、与工作环境相适应的环境，而且还要求创造一个文雅幽静、美丽的景观，以美化生活。

人口老龄化是社会发展的必然趋势。我国社会正处于老龄化的过程中。因此，21时记得住区环境要求更细致的安排为老年人服务的基层公共设施，同时为老年人提供安全的公共交通设施，充分满足老年人的特殊需求。

2　居住区人居环境设计要求及规划布局

居住小区是人们长期聚居的生活空间。由于生活消费理念的变化，居民大约有1/3 的时间生活在居住小区内，小区居民身份与地位不同，从事不同的工作，有着不同的生活习惯，加上工作与居住地点的分离，使居住小区的居民的相同属性减少，这是造成邻里关系冷漠的内因。在过去许多居住小区的规划中，只重视生活上的需要，过分强调经济效益，住宅按日照间距排列，道路按出入需要设置，绿化按人均指标分布，忽视了居住环境的室外交往空间规划设计，这是造成人际关系淡漠的外因。居住小区的室外空间是居民经常出入，进行各种活动和使用公共设施的地方，居民间相互见面机会较多，如果存在着便于居民进行交往的空间场所，就可以改善邻里关系。人创造了环境，环境反过来约束着人的生活，限制着人的活动，这是我们无法回避和无法抗拒的。

随着供房需房矛盾的缓解和人们生活水平的进一步提高，居民对住宅的环境质量提出了更明确的要求，随着新居住区的不断建成，居住区的绿地环境已成为居民评价一个居住区好、坏的重要指标。

突破居住区规划的小区单一模式

但在当前我国城市规划的实践中，存在这样一种倾向：凡是居住区规划几乎都采用居住小区的布置手法。政府部门在抓住宅建设工作时，也总是以小区为评优促建、大力推广的对象，即使在高等院校建筑专业的住宅教学中，小区亦成为司空见惯的经典教学模式。对此，人们似乎认为这是天经地义的事情，很少有人加以质疑。然而，居住小区真的是我们必然的唯一选择吗？

居住小区模式可以追溯到 1929 年美国建筑师 C·佩里提出的"邻里单位"的理论，在广泛采用的同时，前苏联等国提出了"街坊城市"的概念，并在此基础上总结出了居住小区和新村的组织结构。居住小区的概念是 20 世纪 10 年代从前苏联引入我国的，经过多年的实践与发展形成了现在的模式。

不可否认，居住小区自从引入我国以后，对住宅建设的规范化、科学化起到了很好的促进作用，这也正是居住小区具有强大生命力的奥妙所在。作为一种模式，居住小区自然有其特点，它们是：①规模性区按居住户数或人口规模，可分为居住区、小区、组团三级，层次清晰，组织有序，管理方便。但在城市化发展推进中，居住行为方式有了大不相同的变化，过分的构成机制非常不利于规划建筑空间设计的创新。②小区居住模式的封闭性：为了保证给居民提供一个安全、宁静的居住环境，小区的规划设计往往采取封闭形式，即采取各种技术手段将内外分隔，令小区独立于喧嚣的城市生活之外。由于小区规模过大，城市被切割封闭，城市道路遇到小区，不是戛然而止，就是绕道而过，车辆不能顺畅地穿越通行。又如：高层建筑沿周边式布置在小区的外侧，内部则安排多层住宅和公共设施，身处其间，宛如在井底，虽然安静，却难免有闭塞郁闷之感。

首先小区的规模 给旧城改造项目的社会目标造成冲击，对历史文化地段的保护不利。每个城市都有其独到的历史文化传统，这种历史文化的延续性（也可称之为"文脉"）反映在旧城里就形成了各具特色的建筑形式和街巷空间，其中，有代表性的即为历史文化地段。它们并不是一个静止的历史断面，而是像某种生命体，虽然缓慢，但却在生生不息地演化更替、推陈出新。只有这样，城市的文脉才不会在声势浩大、疾风骤雨似的外力下断送，然而，居住小区的规模性恰恰与之矛盾，使都市旧城改造中文化传承、古迹保护、社区特征等社会目标付诸东流。

其次小区的封闭性割裂了城市系统的完整，给城市交通的组织造成困难，并助长不安定的社会心理。城市是一个复杂的巨系统，也是一个开放的大系统。它每时每刻都与外界进行着物质的、信息的、资金的交流。它不仅发生在城市与城市之间，也发生在城的各个区域之间。因此，客观上要求物畅其流、人畅其道。试想，如果城市中的所有居住空间都按照小区模式去布置，那么，由于每个小区均追求其自身的独立和封闭，对外界环境采取一种排斥、隔离的态度，势必画地为牢、以邻为壑，人为地割裂城市系统的完整，与现代城市空间开放性的要求格格不入，尤其给城市交通的组织造成很大困难。现在，我们呼吁"拆墙透绿"、空间开放，打开一道道小区的围墙，让城市重新亲切起来。

再次，小区配套设施的完整性与资源配置的市场化趋势相悖，且加大开发成本和居民负担，容易造成社会资源的浪费。小区中的许多配套公建、尤其是那些商业服务设施本属于市场供给的范畴，并在市场竞争中决定其存亡兴衰，而在每个小区都强制性地配套，对于城市而言属于重复建设，容易造成低水平建设、低效率利用，结果在很多小区不得不改作他途。

另外，以一种模式来规划城市住区，容易造成简单模仿、千城一面、缺乏地方特色。中国幅员辽阔，地城之间千差万别，各地在漫长的发展过程中都形成了自己的居住形式与风格。如果地无分南北，城无分新旧，都唯小区以蔽之，势必单调生硬，缺乏地方特色，并且由政府部门介入住宅建设的技术领域，以行政主导的方式推行某一住区模式，不利于城市规划中百花齐放地充分发挥设计人员的创新能力。

促进居住区规划的多元化

小区作为一种较成熟的居住方式，有其明显的长处值得借鉴，并得到了社会的普遍认可，不应轻言放弃，它本身有些缺陷并非不可克服，只要认真研究、大胆探索，便可以推陈出新，不断得到丰富。当务之急，是要求规划设计人员解放思想、打破禁锢，从"小区是居住区规划的最佳模式和当然选择"的迷信中走出来，结合当地的实际情况，创造富有地域特色、满足人们生活需求、符合群众审美情趣的多元化的住区新模式，为居民创造一个舒适、安静、祥和、朴实的居住环境。

例如：

（1）在人口密度较低的小城市，邻里单元可能是恰当的形式。

（2）在经商气氛浓郁的南方城市，街坊式可能是合理的选择。

（3）在历史文化名城，传统形成的空间格局和肌理应得到尊重和延续，则小型化、以保护为基础、与周边建筑环境相协调的改造方案显然是适宜的。

（4）在特大城市的边缘地带，集生活、工作、休闲、娱乐于一体的大型综合性居住区会是今后的发展方向。

总之，没有哪种模式是放之四海而皆准的万能品。和其他艺术一样，在城市规划和建筑设计领域，勇于创新是百花齐放的前提。

居住区环境设计

居住区环境要实用、经济、美观，不要哗众取宠、华而不实。随着社会的发展和生活居住水平的提高，人们越来越重视居住环境的改善，这是一个可喜的现象，然而，搞好小区的环境设计必须根据不同的居住对象，创作中首先应满足居民的使用功能需要，然后在这个基础上精益求精并做到景观优美，这就是"以人为本"和"适用、经济、美观"原则的所在，而不是一味追求新奇，把钱花再不实用的人造景点上。

居住区的环境设计，包括从室内到室外的整体环境设计（在此只谈室外环境）。居住区的环境从以自然生态为依托的体能养育，到适应信息社会的职能培育，把"以人为本"思想为主导的多元人居环境要素加以综合，可以概括为空间环境、生态环境、视觉环境和人文环境四个方面。

1. 空间环境

空间环境应该说是一个居住区环境设计的"硬件"。空间环境要满足人的活动要求，提供充分的空间环境是营建"以人为本"居住区的基本条件。随着人们生活水平的提高，快节奏、高效率的现代生活观念逐步渗入居住生活领域，私家车的拥有量会逐渐增加，经济活动会越来越多地出现在居住区内。5天工作制的推行以及家务劳动日益社会化，使闲暇时间增多，健身、娱乐成为居民日常生活中不可缺少的部分。为此，新世纪的居住区应当留些后备的公建用地，以满足人们日益提高的要求。以人为本的居住空间环境的标准，要注意和社会生产力的发展水平、人们的生活水平相适应，而不是片面追求超越现实的生活水平。

2. 生态环境

中华民族历来非常重视人与自然的关系。中国民居在"天人合一"的哲理影响下，从选址、总体布局到室内外环境设计、陈设乃至营造技术，均充满了朴素的生态精神，即崇尚自然，引入自然的生态精神，把自然看作是人化的自然，把人看作是自然的人，就营造良好的生态循环人居环境而言，环境是贯彻以人为本的人居环境的首要条件。

居住区的生态环境质量应从绿化面积大小、绿化树种搭配、住宅日照通风、废水废气处理等方面考虑。

2.1 居住区绿化

面对社会生活和人类发展生存环境中的种种矛盾，居住区建设中的绿地空间引起了越来越多的重视。生活水平不断提高，使居民的观念发生了很大的变化，对于绿地空间环境，他们要求有草有花，有树有山有水，这是自然生态的重要组成部分，这里蕴藏着中华民族五千年的深厚文化渊源和力量，居住者期望建筑师的规划设计在居住区室外绿地空间环境中注入更多的"人情味"。

"居住区—小区—住宅组团"三级结构，构成了20世纪80年代以来宅旁绿化、庭院绿化、集中绿化，即居住区点、线、面绿地空间系统广泛采用的设计手法，这种绿化空间系统在一定程度上满足了居民对居住文化的追求和返璞归真的设计手法，随着两个文明建设向更深层次的发展，居民对居住区室外绿地空间环境有了更高的兴趣和要求。随着家庭音视设备的普及，各类文化娱乐活动设施的涌现，改变了人们的生活方式，在用原来的思考方式处理室外绿地空间环境将会辜负公众的期望，必须研究、探索当前居住区绿地空间环境发展趋势，如何将点、线、面绿地空间环境设计得更符合时代不同社会群体的不同行为心理。

对居住区室外绿地空间环境的设计，应注意：

（1）在保证居住区（小区）总绿地指标的前提下，减少或缩小不必要的组团绿地空间，并以多种形式的草、花、雕塑、常绿灌乔木等观赏内容为主。

（2）扩大中心绿地空间用地，要达到一定的规模。

（3）一些小区绿地草坪屡栽屡踩，原因在于中国传统健身活动的功法站、跳等各种活动破坏草坪。因此，中心绿地应设置功能分区，共活动的场地宜栽植再生能力强耐踏踩的草坪或不栽植草坪，局部小块活动场地宜进行铺面处理。

（4）中心绿地宜引入中国造园中比例、尺度、体量适宜少而精的山、水、亭、廊、桥等建筑小品，起到画龙点睛的效果，使中心绿地空间环境既适于健身活动又具欣赏功能。

（5）自然地形和城市道路系统密度决定了城市道路包围的用地的大小，决定了居住区的规划结构，也影响绿地空间环境的规划设计。

2.2　住宅通风

住宅通风是由于住宅的开口（门、窗、过道等）处存在着空气压力而产生的空气流动，利用是内外气流的交换，可以降低室温和排除湿气，保证房间内的正常气候条件与新鲜洁净的空气，同时，房间有一定的空气流动，可以加强人体的对流和蒸发散热，改善人们的工作和生活条件。

生态住宅的调整概括起来有四点：舒适、健康、高效和美观。追求舒适和健康是生态住区的基础；追求高效使生态住区的核心内容；追求美观使生态筑区与自然和谐的完美境界。

2.3　视觉环境

视觉环境是指景观设计、整体色彩的协调、构建的空间有序等。以人为本的思想必须在视觉环境上满足人们对环境产生舒适的心理感受。

住区内的住宅、公建、小品和绿化设施必须进行整体设计。居住区良好的视觉环境应是追求宁静典雅为主，环境设计要简洁，不要过多地搞景点设施，景点太多难免会影响居住区的宁静气氛。居住建筑单体设计也应以简单为主，良好的比例及和谐、明快的色彩是最主要的。平面设计必须注意视线干扰，以保证每户的私密性。一般在小区比较显眼的位置制作雕塑，或者在中心花园布置一些假山、瀑布等。好的色彩可以调节居住者的心情，小区内的色彩搭配要给居民以"家"的感觉。电话线、电线等最好在地下铺设，避免影响空间景观；晾衣架、室外空调机位置要统一规划，预留位置，避免居民自行随意安装，杂乱无章。

2.4　人文环境

人文环境是一个"软"概念，即指邻里交往、社区活动、安全措施等问题。

3. 居住区的规划布局

居住区的规划是城市设计的延续，它受到城市文脉和地域的制约。规划形态必须以人为本，符合居民生活习俗、行为轨迹和管理制度的规律性、方便性和艺术性。

多年来的小区规划与建设积累了丰富的经验，形成了以小区—组团两极结构模式，并建立相应的管理机制。由于组团规模均匀，管理合理方便，很多小区规划形态，常以小区道路将用地均衡划分，组成多个组团，即各组团围合一个公共绿地，被称作"中心型"。小区规划空间形态在不断演化，除"中心型"以外，结合小区地域特点，将小区入口、文化设施、绿地、标志性构筑物等连成一片，贯穿小区，形成"带状型"；也有沿小区筑路的几种空间，强调为几个景观节点、绿地和建筑小品群，形成"节点型"等，从而创造出地域性强的空间形态和优美的居住环境。

3.1　动静交通的组织

小区内的交通组织在于创造方便、安全与安宁的居住环境。小区的交通现象可分为动态和静态两类。动态交通组织是指机动车行、非机动车行和人行方式的组织，静态交通组织则指各种车辆存放的安排。

（1）动态交通的组织

动态交通的解决在于道路布局应符合车流余人行的轨迹，实行便捷、通顺、合流与分流的不同处理，保证交通安全，同时道路等级设置清楚，区分车行道、步行道与绿地小道，尽量控制车辆进入院落之内，以减少噪声与不安全因素。小区道路根据规划结果可分别采用三级或二级路网。

（2）静态交通的组织

私家车在小区内增多，引发出空气污染，噪声干扰，交通混乱，景观恶化，也出现了如何合理存放的问题。存车方式有多种：地面存车、室内存车、地下存车，随着社会的发展，汽车量的增多，小区内汽车存放只靠一种方式是很难解决好的，特别当停车率要求达到30%～50%或更多时，更需兼备多种存车方式。在地面停车应注意：一是停车场地应采用植草砖铺砌以维持小区的绿地率；二是每隔3～4辆车距应植置大冠乔木以防晒，地下存车可备用，也是可持续发展的途径。

3.2　环境质量的保障

环境是围绕人群空间和影响人群生存、发展的总体。小区环境质量是居民对其所在环境的具体需要而进行评价的一种概念。小区环境质量包括了小区的自然环境要素和社会环境要素，前者为小区内的水、空气、日光、植物等要素，后者为供水、供气、供热、环卫垃圾处理等设施功能的要素，为了使小区环境质量为居民所满意，可采用相关技术以达到相应的环境质量标准。

在小区规划选址时，要尽可能远离工业区及其污染源，避开城市交通主干道合成时间高速公路，选择污染源的上风向和上游等。对小区供暖锅炉要设置效率高的消烟除尘和烟气净化设备，锅炉所产生的废气、废渣要进行无害处理并合理发展和推广小型家用燃气供热炉，以节能和减少污染。对道路要经常洒水建立路边绿化隔离带，小区地面全面进行硬质和软质铺装，保证黄土不见天。对于小区的水环境，要从水质、水压和水量三个方面来解决。小区绿化环境具有释放氧气、杀菌除尘、净化空气湿度、减噪、隔热、防风以及美化环境、创造四季景异的环境景观，调节居民心理等综合功能。有一个良好的绿化环境的同时，还要创造一个良好的卫生环境，一个小区居民众多，每天都会有大量的生活垃圾，如何处理这些垃圾而又减少污染是个不可忽视的问题。目前最好的有效的方式是垃圾桶方式，即将垃圾桶集中设在小区出入口的一个小间内，居民出行时顺道将袋装垃圾扔入桶内，很方便。

3.3　小区风格的塑造

独特的小区风貌愈来愈被人们所追求，千篇一律或缺乏特色的小区多被居民所厌弃，需要创造有个性的小区，小区的主体是住宅建筑，大规模的住宅处理不当，或成为平淡乏味，或成为杂乱无章。一个小区的住宅建筑处理首先应注意的是统一性，然后在统一要求下求得变化。一种方法是寻找一个与当地建筑有关的母题符号，然后在各个部位，甚至是在建筑小品上应用，可能符号的尺度、形状会有一些变化，但仍会感到其统一性。另一种方法是从当地的历史、文化、气候、民风去挖掘，如青岛的蓝天、碧海、红瓦、绿树广为流传，则建筑可抓住红瓦与传统建筑的"蒙沙"屋顶；上海可应用市区常见的欧陆风格；昆明可应用少数民族的建筑符号等，显示了历史的延续性和居民的认同感。

住区人居环境规划设计理论综述^①

一、概　述

人们在解决温饱问题之后，转向关心自己的生存环境，住宅，是人为的生活空间环境，它反映着当时当地的社会物质文化水平和科学技术水平。作为具体供一户居住的一套或一幢住宅，它除了作为社会缩影，反映了社会特征之外，还反映这户居民的社会地位、经济收入、文化修养、生活模式等特征。住宅建筑，由于社会环境、生活习惯、社会情况、经济水平、技术条件的制约而表现出明显的地方特点和民族风格。同时，住宅的设计理论和设计方法在不断地更新。随着社会的发展，特别是改革开放和市场经济的不断推进，社会的物质文明和精神文明迅速提高，人们的居住行为模式也起了明显的变化。住宅成为社会消费热点于国民经济新增长点后对提高了它的自身价值。人们对住宅设计提出了新的设想与新的要求。

我国的住宅建设发展正以雨后春笋的速度和庞大的规模令人瞩目，有了住宅"量"的上升，更离不开"质"的保证，运用"以人为本"的生活设计理念去满足居住者的要求，居住方便、舒适、和谐、安全、经济的住宅是人们所向往的归宿。

人们对住宅的要求，不仅要创造一个对身体健康有益的、与工作环境相适应的环境，而且还要求创造一个文雅幽静、美丽的景观，以美化生活。

人口老龄化是社会发展的必然趋势。我国社会正处于老龄化的过程中。因此，21世纪的住区环境要求更细致地安排为老年人服务的基层公共设施，同时为老年人提供安全的公共交通设施，充分满足老年人的特殊需求。

二、住区人居环境设计要求及规划布局

居住小区是人们长期聚居的生活空间。由于生活消费理念的变化，居民大约有1/3的时间生活在居住小区内，小区居民身份与地位不同，从事不同的工作，有着不同的生活习惯，加上工作与居住地点的分离，使居住小区的居民的相同属性减少，这是造成邻里关系冷漠的内因。在过去许多居住小区的规划中，只重视生活上的需要，过分强调经济效益，住宅按日照间距排列，道路按出入需要设置，绿化按人均指标分布，忽视了居住环境的室外交往空间规划设计，这是造成人际关系淡薄

---

① "人居环境规划设计理论"是中国房地产研究会人居环境委员会秘书长王涌彬先生提出的理论，主要针对城市人居环境规划实践，体现宏观规划的具体化和人本主义的表达。本文主要从住区规划角度对人居环境规划理论作出表述。

的外因。居住小区的室外空间是居民经常出入，进行各种活动和使用公共设施的地方，居民间相互见面机会较多，如果存在着便于居民进行交往的空间场所，就可以改善邻里关系。人创造了环境，环境反过来约束着人的生活，限制着人的活动，这是我们无法回避和无法抗拒的。

随着供房、需房矛盾的缓解和人们生活水平的进一步提高，居民对住宅的环境质量提出了更明确的要求，随着新居住区的不断建成，居住区的绿地环境，已成为居民评价一个居住区好坏的重要指标。

1. 突破居住区规划的小区单一模式

在当前我国城市规划的实践中，存在这样一种倾向：凡是居住区规划几乎都采用居住小区的布置手法；政府部门在抓住宅建设工作时，也总是以小区为评优促建、大力推广的对象，即使在高等院校建筑专业的住宅教学中，小区亦成为司空见惯的经典教学模式。对此，人们似乎认为这是天经地义的事情，很少有人加以质疑。然而，居住小区真的是我们必然的唯一选择吗？

居住小区模式可以追溯到 1929 年美国建筑师佩里提出的"邻里单位"的理论，在广泛采用的同时，前苏联等国提出了"街坊城市"的概念，并在此基础上总结出了居住小区和新村的组织结构。居住小区的概念是 20 世纪 10 年代从前苏联引入我国的，经过多年的实践与发展形成了现在的模式。

不可否认，居住小区自从引入我国以后，对住宅建设的规范化、科学化起到了很好的促进作用，这也正是居住小区具有强大生命力的奥妙所在。作为一种模式，居住小区自然有其特点，它们是：①规模住区按居住户数或人口规模，可分为居住区、小区、组团三级，层次清晰，组织有序，管理方便。但在城市化发展推进中，居住行为方式有了很大的变化，过分的构成机制非常不利于规划建筑空间设计的创新。②小区居住模式的封闭性：为了保证给居民提供一个安全、宁静的居住环境，小区的规划设计往往采取封闭的形式，即采取各种技术手段将内外分隔，令小区独立于喧嚣的城市生活之外。由于小区规模过大，城市被切割封闭，城市道路遇到小区，不是戛然而止，就是绕道而过，车辆不能顺畅地穿越通行。又如，高层建筑以周边式布局布置在小区的外侧，内部则安排多层住宅和公共设施，身处其间宛如在井底，虽然安静，却难免有闭塞郁闷之感。

首先，小区的规模 给旧城改造项目的社会目标造成冲击，对历史文化地段保护不利。每个城市都有其独到的历史文化传统，这种历史文化的延续性（也可称之为"文脉"）反映在旧城里就形成了各具特色的建筑形式和街巷空间，其中有代表性的，即为历史文化地段。它们并不是一个静止的历史断面，而是像某种生命体，虽然缓慢，但却在生生不息地演化更替、推陈出新。只有这样，城市的文脉才不会在声势浩大、疾风骤雨似的外力下被切断，然而，居住小区的规模性恰恰与之矛盾，使都市旧城改造中的文化传承、古迹保护、社区特征等社会目标付诸东流。

其次，小区的封闭性割裂了城市系统的完整性，给城市交通的组织造成困难，并助长不安定的社会心理。城市是一个复杂的系统，也是一个开放的大系统，它每时每刻都与外界进行着物质的、信息的、资金的交流，它不仅发生在城市与城市之间，也发生在城的各个区域之间。因此，客观上要求物畅其流、人畅其道。试想，如果城市中的所有居住空间都按照小区模式去布置，那么，由于每个小区均追求其自身的独立和封闭，对外界环境采取一种排斥、隔离的态度，势必画地为牢、以邻为壑，人为地割裂了城市系统的完整，与现代城市空间开放性的要求格格不入，尤其给城市交通的组织造成很大的困难。现在，我们呼吁"拆墙透绿"、空间开放，打开一道道小区的围墙，让城市重新亲近起来。

再次，小区配套设施的完整性与资源配置的市场化趋势相悖，且加大开发成本和居民负担，容易造成社会资源的浪费。小区中的许多配套公建，尤其是那些商业服务设施本属于市场供给的范畴，并在市场竞争中决定其存亡兴衰。在每个小区都强制性地配套，对于城市而言，属于重复建设，容易造成低水平建设、低效率利用，结果在很多小区不得不改作他途。

另外，以一种模式来规划城市住区，容易造成简单模仿、千城一面，缺乏地方特色。中国幅员辽阔，地域之间千差万别，各地在漫长的发展过程中都形成了自己的居住形式与风格。如果地无分南北，城无分新旧，都唯小区以蔽之，势必单调生硬，缺乏地方特色，并且由政府部门介入住宅建设的技术领域，以行政主导的方式推行某一住区模式，不利于城市规划中的百花齐放，不利于充分发挥设计人员的创新能力。

2. 促进居住区规划的多元化

小区作为一种较成热的居住方式，有其明显的长处值得借鉴，并得到了社会的普遍认可，不应轻言放弃。它本身有些缺陷并非不可克服，只要认真研究、大胆探索，便可以推陈出新，不断得到丰富。当务之急，是要求规划设计人员解放思想、打破禁锢，从"小区是居住区规划的最佳模式和当然选择"的迷信中走出来，结合当地的实际情况，创造富有地域特色、满足人们生活需求、符合群众审美情趣的多元化的住区新模式。为居民创造一个舒适、安静、祥和、朴实的居住环境。

（1）在人口密度较低的小城市，邻里单元可能是恰当的形式。

（2）在经商气氛浓郁的南方城市，街坊式可能是合理的选择。

（3）在历史文化名城，传统的空间格局和肌理应得到尊重和延续，小型化、以保护为基础、与周边建筑环境相协调的改造方案显然是适宜的。

（4）在特大城市的边缘地带，集生活、工作、休闲、娱乐于一体的大型综合性居住区会是今后的发展方向。

总之，没有哪种模式是放之四海而皆准的万能品。和其他艺术一样，在城市规划和建筑设计领域，勇于创新是百花齐放的前提。

三、住区人居环境设计

住区人居环境要实用、经济、美观，不要哗众取宠、华而不实。随着社会的发展和生活居住水平的提高，人们越来越重视居住环境的改善，这是一个可喜的现象，然而搞好小区的环境设计，必须根据不同的居住对象，创作中首先应满足居民的使用功能需要，然后在这个基础上精益求精并做到景观优美，这就是"以人为本"和"适用、经济、美观"原则的所在，而不是一味追求新奇，把钱花在不实用的人造景点上。

居住区的人居环境设计，包括从室内到室外的整体环境设计（在此只谈室外环境）。居住区的环境从以自然生态为依托的体能养育，到适应信息社会的职能培育，把"以人为本"思想为主导的多元人居环境要素加以综合，可以概括为空间环境、生态环境、视觉环境和人文环境四个方面。

1. 空间环境

空间环境应该说是一个居住区环境设计的"硬件"。空间环境要满足人的活动要求，提供充分的空间环境是营建以人为本居住区的基本条件。随着人们生活水平的提高，快节奏、高效率的现代生活观念逐步渗入居住生活领域，私家车的拥有量会逐渐增加，经济活动会越来越多地出现在居住区内。5天工作制的推行以及家务劳动日益社会化，使闲暇时间增多，健身、娱乐成为居民日常生活中不可缺少的部分。为此，新世纪的居住区应当留些后备的公建用地，以满足人们日益提高的要求。以人为本的居住空间环境的标准，要注意和社会生产力的发展水平、人们的生活水平相适应，而不是片面追求超越现实的生活水平。

2. 生态环境

中华民族历来非常重视人与自然的关系。中国民居在"天人合一"的哲理影响下，从选址、总体布局到室内外环境设计、陈设乃至营造技术，均充满了朴素的生态精神，即崇尚自然，引入自然的生态精神，把自然看作是人化的自然，把人看作是自然的人，就营造良好的生态循环人居环境而言，环境是贯彻以人为本的人居环境的首要条件。

居住区的生态环境质量应从绿化面积大小、绿化树种搭配、住宅日照通风、废水废气处理等方面考虑。

1）居住区绿化

面对社会生活和人类发展生存环境中的种种矛盾，居住区建设中的绿地空间引起了越来越多的重视。生活水平不断提高，使居民的观念发生了很大的变化，对于绿地空间环境，他们要求有草有花，有树有山有水，这是自然生态的重要组成部分，这里蕴藏着中华民族五千年的深厚的文化渊源和力量，居住者期望建筑师的规划设计在居住区室外绿地空间环境中注入更多的"人情味"。

"居住区—小区—住宅组团"三级结构，构成了80年代以来的宅旁绿化、庭院绿化、集中绿化，即居住区点、线、面绿地空间系统广泛采用的设计手法，这种绿化空间系统在一定程度上满足了居民居住文化的追求和返璞归真的设计手法，随着两个文明建设向更深层次发展，居民对居住区室外绿地空间环境有了更高的兴趣和要求。随着家庭音视设备的普及，各类文化娱乐活动设施的涌现，改变了人们的生活方式，再用原来的思考方式处理室外绿地空间环境将会辜负公众的期望，必须研究、探索当前居住区绿地空间环境的发展趋势，研究如何将点、线、面绿地空间环境设计得更符合时代不同社会群体的不同行为心理。

对居住区室外绿地空间环境的设计，应注意：

（1）在保证居住区（小区）总绿地指标的前提下，减少或缩小不必要的组团绿地空间，并以多种形式的草、花、雕塑、常绿灌、乔木等观赏内容为主。

（2）扩大中心绿地空间用地，要达到一定的规模。

（3）一些小区绿地草坪屡栽屡毁，原因在于中国传统健身活动的站、跳等各种活动破坏草坪。因此，中心绿地应设置功能分区，公共活动的场地宜栽植再生能力强、耐踏踩的草坪或不栽植草坪，局部小块活动场地宜进行铺面处理。

（4）中心绿地宜引入中国造园中比例、尺度、体量适宜的，少而精的山、水、亭、廊、桥等建筑小品，起到画龙点睛的效果，使中心绿地空间环境既可用于健身活动，又具欣赏功能。

（5）自然地形和城市道路密度决定了城市道路包围的用地的大小，决定了居住区的规划结构，也影响绿地空间环境的规划设计。

2）住宅通风

住宅通风是由于住宅的开口（门、窗、过道等）处存在着空气压力而产生了空气流动，利用的是内外气流的交换，可以降低室温和排除湿气，保证房间内的正常气候条件与新鲜洁净的空气，同时，房间有一定的空气流动，可以加强人体的对流和蒸发散热，改善人们的工作和生活条件。

生态住宅的调整，概括起来有四点：舒适、健康、高效和美观。追求舒适和健康是生态住区的基础；追求高效是生态住区的核心内容；追求美观是生态住区与自然和谐的完美境界。

3. 视觉环境

视觉环境是指景观设计、整体色彩的协调、构建的空间有序等。以人为本的思想必须在视觉环境上满足人们对环境产生舒适的心理感受。

住区内的住宅、公建、小品和绿化设施必须进行整体设计。居住区良好的视觉环境应是以追求宁静典雅为主，环境设计要简洁，不要过多地搞景点设施，景点太多难免会影响居住区的宁静气氛。居住建筑单体设计也应以简单为主，良好的比例及和谐、明快的色彩是最主要的。平面设计必须注意视线干扰，以保证每户的私密性。一般在小区比较显眼的位置设雕塑，或者在中心花园布置一些假山、瀑布等。好的色彩可以调节居住者的心情，小区内的色彩搭配要给居民以"家"的感觉。电话线、电线等最好在地下铺设，避免影响空间景观；晾衣架、室外空调机位置要统一规划，预留位置，避免居民自行随意安装，杂乱无章。

4. 人文环境

人文环境是一个"软"概念，即指邻里交往、社区活动、安全措施等问题。

四、居住区的人居环境规划布局

居住区的人居环境规划是城市设计的延续，它受到城市文脉和地域的制约。规划形态必须以人为本，符合居民生活习俗、行为轨迹和管理制度的规律性、方便性和艺术性。

多年来的小区规划与建设积累了丰富的经验，形成了小区—组团两极结构模式，并建立了相应的管理机制。由于组团规模均匀，管理合理方便，很多小区规划形态，常以小区道路将用地均衡划分，组成多个组团，即各组团围合一个公共绿地，被称作"中心型"。小区规划空间形态在不断演化，除"中心型"以外，结合小区地域特点，将小区入口、文化设施、绿地、标志性构筑物等连成一片，贯穿小区，形成"带状型"。也有沿小区筑路的几种空间，强调以几个景观节点、绿地和建筑小品群，形成"节点型"等，从而创造出地域性强的空间形态和优美的居住环境。

1. 动静交通的组织

小区内的交通组织在于创造方便、安全与安宁的居住环境。小区的交通现象可分为动态和静态两类。动态交通组织是指机动车行、非机动车行和人行方式的组织，静态交通组织则指各种车辆存放的安排。

1）动态交通的组织

动态交通的解决在于道路布局应符合车流与人行的轨迹，实行便捷、通顺、合流与分流的不同处理，保证交通安全，同时，道路等级设置清楚，区分车行道、步行道与绿地小道，尽量控制车辆进入院落之内，以减少噪声与不安全因素。小区道路根据规划结果可分别采用三级或二级路网。

2）静态交通的组织

私家车在小区内增多，引发出空气污染、噪声干扰、交通混乱、景观恶化，也出现了如何合理存放的问题。存车方式有多种：地面存车、室内存车、地下存车。随着社会的发展，汽车量的增多，小区内汽车存放只靠一种方式是很难解决好的，特别当停车率要求达到30%～50%或更多时，更需兼备多种存车方式。在地面停车应注意：一是停车场地应采用植草砖铺砌，以维持小区的绿地率；二是每隔3～4辆车距应植置大冠乔木以防晒，地下存车可备用，也是可持续发展的途径。

2. 环境质量的保障

环境是围绕人群空间和影响人群生存、发展的总体。小区环境质量是居民对其所在环境的具体需要进行评价的一种概念。小区环境质量包括了小区的自然环境要素和社会环境要素的质量，前者为小区内的水、空气、日光、植物等要素，后者为供水、供气、供热、环卫垃圾处理等设施功能的要素，为了使小区环境质量为居民所满意，可采用相关技术以达到相应的环境质量标准。

在小区规划选址时，要尽可能远离工业区及其污染源，避开城市交通主干道和城市间高速公路，选择污染源的上风向和上游等。对小区供暖锅炉要设置效率高的消烟除尘和烟气净化设备，锅炉所产生的废气、废渣要进行无害处理并合理发展和推广小型家用燃气供热炉，以节能和减少污染。对道路要经常洒水，建立路边绿化隔离带，小区地面全面进行硬质和软质铺装，保证黄土不见天。对于小区的水环境，要从水质、水压和水量三个方面来解决。小区绿化环境具有释放氧气、杀菌除尘、净化空气湿度、减噪、隔热、防风以及美化环境，创造四季各异的环境景观，调节居民心理等综合功能。有一个良好的绿化环境的同时，还要创造一个良好的卫生环境。一个小区居民众多，每天都会有大量的生活垃圾，如何处理这些垃圾而又减少污染是个不可忽视的问题。目前最好的、最有效的方式是垃圾桶方式，即将垃圾桶集中设在小区出入口的一个小间内，居民出行时顺道将袋装垃圾扔入桶内，很方便。

3. 小区风格的塑造

独特的小区风貌愈来愈被人们所追求，千篇一律或缺乏特色的小区多被居民所厌弃，需要创造有个性的小区。小区的主体是住宅建筑，大规模的住宅处理不当，或平淡乏味，或杂乱无章。一个小区的住宅建筑的处理首先应注意的是统一性，然后在统一要求下求得变化。一种方法是，寻找一个与当地建筑有关的母题符号，然后在各个部位，甚至是在建筑小品上应用，可能符号的尺度、形状会有一些变化，但仍会感受到其统一性。另一种方法是，从当地的历史、文化、气候、民风上去挖掘，如青岛的蓝天、碧海、红瓦、绿树广为流传，则建筑可抓住红瓦与传统建筑的"蒙沙"屋顶，上海可应用市区常见的欧陆风格，昆明可应用少数民族的建筑符号等，显示了历史的延续性和居民的认同感。

五、老年人居住建筑

1. 适应老龄社会的住宅

人口老龄化是当今世界发达国家和一部分发展中国家面临的共同问题，它是保持低生育水平、死亡率下降和平均寿命延长的人口发展趋势所带来的必然结果。21世纪将是一个城市化世纪，如果说20世纪的人们思考如何谋求生存的问题，那么，21世纪将是人们追求生命质量提高的时候。在老年人生活保障问题基本得到解决后，"老有所养"的核心内容——"老有所居"问题自然就凸显出来了。根据我国现有的生产力水平及其发展前景和传统文化、道德观念的要求以及子女有义务赡养老人的法律规定，在我国社会福利保障体系尚不完善的条件下，今后相当长时期内，居家养老将是我国养老的主要方式。另一方面，由于观念、生活习惯的不同，老少两代分居的现象也在增加。与此同时，随着经济的发展，家庭人口结构的变化，独生子女政策继续奉行，再加上子女工作繁忙，将来一对年轻夫妇要照顾双方家庭的四个老人，尤其是照顾体弱多病的高龄老人将成为家庭生活中的突出矛盾，这就需要社会承担起家庭成员难以承担的责任，因此，社会养老模式将是我国未来养老形式发展的一个趋势。今年，社会福利院、老年公寓、敬老院和托老所等社会养老专用设施的规划建设已引起社会的重视和关注，在各级政府和社会各界的关心和支持下，兴建了一批规模较大的社会福利院和老年公寓。

2. 老年人居住建筑设计概论

居住建筑的分类，老年人居住建筑根据养老方式可分为三类。

1）居家养老居住建筑

居家养老是我国主要的养老模式。老住宅是居家养老的主要载体。老年人住宅分为纯老户住宅和多代户住宅，即只有老年人的住宅和老年人与子女共同生活的住宅。根据家庭供养模式和家庭人口结构的不同，住宅的布局可以是多种多样的。依老年子女居住的分离程度大致可分为下列三种：

（1）合住型

依老年人的专用居住部分在住宅中的分离程度可以分为三种：居室分离型：包括共用厕所和老年人专所两种。

居室、厨房分离型：包括浴厕共用和浴厕单独使用两种。

主要生活空间分离型：包括门厅共用和门厅分离两种。

（2）邻居型

由本楼内两个居住套型组成。这种居住形式既有利于两代人生活的完全独立，又有利于两代人生活上的互相照料和感情上的交流。两个居住套型近邻，共用一堵墙，中间可打通联系。两个居住套型在同一楼内，但不邻接。

（3）分开型

老年家庭和年轻家庭高度独立，但在同一居住区内，符合现代居住潮流："住得近，分得开，叫得应，常来住"的模式。

2）社区养老居住建筑

在代意义上的居家养老不同于传统的家庭养老，随着社会的发展，现代家庭很难满足居家养老的各种需求，养老功能逐步社会化。社区养老服务设施为居家养老提供了可能，是其不可分割的重要组成部分。

社区服务养老设施主要由下列内容构成：

（1）增设和完善居住社区的老年公共服务设施，主要包括：①老年人日间活动中心：为低龄老人和健康老人提供文体、兴趣的空间，并且可以解决午间的餐饮和休憩的需要；②托老所：为平日需要照料和护理的老人提供餐饮、起居、护理、保健的服务；③医疗保健：包括小型医院、门诊所和保健站，为老人提供常见病预防、保健、急救服务；④老年人咨询中心：包括老年人权益、房产、婚姻、再就业、旅游等问题开展咨询服务。

（2）扩大和完善居住社区绿地和场地的建设。增辟室外健身、休闲、交往和娱乐的场地，扩大绿地面积，增加绿地的功能和设备、设施。

（3）建立家政服务中心，兴办老年学校，开展各种生活服务，如购物、家务、送餐、保健和陪读、陪聊的日常服务工作。

3）社会养老居住建筑

社会养老是由社会提供的养老机构接纳单身老人和老年夫妇居住，并提供生活起居、文化娱乐、医疗保健等综合服务的养老方式。社会养老居住一般包括老年人公寓、养老院、护理院和关怀医院等。老年人公寓根据其投资和服务的对象性质的不同可分为福利性老年人公寓和普通老年人公寓，前者属于社会养老范畴是社会供养型老年人居住建筑，后者是居家养老的范畴，属家庭供养型老年人居住建筑，二者均是老年人设施，属于设施养老范围。

（1）老年公寓是以家居形式为主，辅助养老服务体系的老年人养老设施。在老年公寓内，老人们独立分套自居，或多个老人以家居形式半独立自居。根据老人需要照料的程度，适当配置公用设施和服务管理人员。

（2）养老院（福利院、敬老院）主要接纳社会单身老人或老年夫妇，提供集体居住的生活单元，并提供生活、文化、娱乐、健康服务的老年人设施。

（3）护理院接纳生活自理能力差、活动能力差的老年人，并重点提供医疗和护理服务的老年人设施。

（4）安怀院是专为无望康复的老年人提供临终关怀的特殊老年人设施。

4）老年人居住建筑设计原则

老年人身体机能的衰退有个渐变的过程。因此，研究和设计基点不是把老年人作为负担去适应和迁就居住环境，而是通过加强和设置居住建筑的某些设施来激发老年人的生活情趣，最大限度地延长健康期，推迟护理期的到来，从根本上提高老年人的生活质量。

老年人居住建筑设计的特点和基本原则是安全性（safety）、自立性（serf-support）、健康性（health）和适用性（usefulness）。

（1）自立性、健康性、安全性

低龄老人与正常人的生活没有多少差别，有意识地提高老年人的自立性，是使老年人更多地享受正常人生活的最好方式。自立性是建立在健康性和安全性的基础之上的，避免由于盲目强调自立而发生不必要的危险。

地面高差的消除，走廊宽度的加大，报警装置的设置，地面材料的防滑处理，墙面扶手的安装等，都是给老年人在增加安全度的前提下多一些自立的可能性。老年人使用的设备和设施应按老年人的人体尺度和生理、心理特点进行设计。空间布局以有利老年人自信心为原则，以增进老年人机体活动的愿望和更长久维护老年人独立生活能力为目标，比如：走廊、房门、卫生间尺度要适当加大，以利于轮椅和在别人搀扶下行走；厨房的吊柜和低柜尺寸适当减小，避免由于过高取物需要攀登或过低取物时弯腰的不便等。

（2）适用性

"老有所为"，是积极的养老方式。老年人居住建筑应该为老年人提供发挥余热的更多的空间，充分考虑到老年人的生活规律和子女的不同需要，为老年人提供更舒适的生活空间，并给子女留有相应的余地。老年人应有相对独立的空间，并保证有较好的休息环境，特别是需要照顾的老年人，需要子女或护理人员与他们生活在一起，这就提出了老年人居住建筑在考虑到老年人需求的同时兼顾其他人的需求，即居住条件的多元性。居住条件的多元性体现在许多方面，如老年人的浴缸距地面过高会影响老年人进入或迈出，过低又会使搀扶老年人的人感到吃力，这就要求浴缸的尺寸与位置应使照顾和被照顾人的需求同时得到满足。在老年人居住建筑中，两代居的设计就比较好地满足了老年人与年轻人的不同需求，为两者创造了好的居住条件，同时又达到了长期照顾老年人的目的。老年人随着年龄的增长，生理发生变化，身体机能下降，心理上也发生变化，留恋过去，害怕孤独，思维逻辑性和辨别能力减弱。老年人居住建筑的一切设备设施和空间设计要点都应以提高老年人自信程度为目标，即使对高龄老年人、需要护理的老年人和借助轮椅的老年人，也应该通过老年人居住建筑的特殊措施使他们能主宰自己的一部分生活，使其生活得有尊严，这无疑提高了老年人的生活质量。住宅商品化的实施使更换住宅的次数相对减少，对住宅的可改造性要求相对提高。住宅中的潜伏设计是提高可改造性的必要条件。所谓潜伏设计，就是在最初的设计的空间和构造方面为今后的改造留有充分余地。

3. 老年人居住建筑设计标准的设定

1）网络规划与设施配置标准

老年人居住建筑的网络规划与设施配置不单单是建筑和规划的问题，它还牵涉到社会、经济、文化、政策等一系列相关问题和相关学科，是一个十分复杂的社会系统工程。老年人居住建筑网络规划与设施配置标准的制定包括家庭供养型和社会供养型两部分。老年人居住建筑的网络规划与设施配置标准应注意以下几个问题：

（1）老年人的活动能力

老年人居住建筑的网络规划与设施配置应满足老年人身体健康和心理健康两方面的需求。一般健康的老年人步行5分钟的距离大约是200～250米，以住所为中心，以此为半径所划定的区域就是老年人进行经常性和日常性活动的空间范围，这个空间范围与我国的居住社区中居住小区的规模大致相当。一般健康老年人的步行疲劳极限为10分钟，步行距离大约为450米，以此为半径，这个区域与居住区的规模大致相当。因此可以说，老年人的主要活动区域是居住小区，扩大活动区域是居住区。所以，有关老年人日常生活的老年人设施应以居住小区为网络规划与服务半径。另一个不容忽视的因素是老年人的心理特点，实态调查发现，许多老年人宁可守在设备设施并不完善的旧居中，也不肯搬到设备设施相对完善的新环境中去。老年人居住在原有的居住环境，有利于老年人维系原有的社会关系，保持原有的社会活动和交往。因此，尽量不使老年人脱离原有的居住环境和生活圈是确定老年设施网络规划的一条重要原则。

（2）老年人不同的需求层次

家庭供养型老年人居住建筑的层次性表现在其功能和服务区域上。相应于老年人的不同文化背景、经济收入、年龄阶段以及不同的需求层次，老年人居住建筑有不同的类型。老年人住宅是家庭供养型老年人居住建筑中量最大、最基本的一个层次，因此，它对应的是居住社区的基本层次——组团或院落。老年人住宅在社区中的比例可以根据老年人人口比例以及发展趋势来确定。老年人公寓可以以居住小区为单位来设置。养老院的设置可以以居住区或更大范围为单位，老年护理院设置可以以城市为单位。

（3）老年人设施的共用

社区中的老年人住宅相配套的老年人活动和服务设施，如家政服务中心、老年人活动中心等，社区中设置的老年人社区养老设施，如老年人公寓、养老院、护理院等的服务部分合并设置，可以使这些老年人设施中的服务、医疗、保健、文化、娱乐等功能为全社区的老年人服务，提高设备设施的利用率。

2）套型设计标准

为了满足不同时期、不同地区、不同经济能力以及不同老年人的不同需求，再依据 2015 年国民经济发展预测以及今后 15 年内我国老年人的生活模式，设计标准分为下列三个档次：

（1）基本型

老年人居住建筑的低限标准——基本型标准是关系日常安全性的最低限基准，在基本生活空间内，依老年人的人体尺度，满足基本的健康适用要求，设计时利用潜伏设计原理，考虑今后改造、添加设备的可能性。

（2）推荐型

老年人居住建筑的一般标准——推荐型标准是关系日常安全性的推荐标准。在基本生活空间内，依老年人人体舒适尺度，满足健康适用的要求，设计时注意材料、设备、产品价格的合理性。

（3）理想性

老年人居住建筑的理想标准——理想型标准是今后的发展方向，在推荐型标准的基础上进一步提高安全性、舒适性、健康性和适用性。设计时可选用性能质量较好的材料、设备和产品。

老年人身体机能下降，大多数属于轻度障碍，所以，考虑老年人轻度障碍的无障设计以及考虑身体机能下降时，便于护理的空间尺度是老年人居住建筑的功能空间尺寸与面积标准制定的重要原则。基于此原则，套型内功能空间尺寸与面积应符合依靠拐杖可独立行走、需要护理时使用轮椅的尺度。

老年人居住建筑的公共空间的尺度必须考虑使用者的多样性，应以使用轮椅的尺度为标准。套型内各功能空间，在有限的面积中，如果以使用轮椅为尺度的话，会有很多限制，或增加不必要的经济负担，所以可考虑一旦需要时，可以通过打通隔断等后期改造达到轮椅通行的目的。

老年人对冷暖气设备的冷热感的特点及对应原则：

（1）随着年龄的增长，在生活上、心理上对温度适应的差距增大，因此，冷暖气设备的可调节性就显得十分重要。

（2）随年龄的增长，其温度感受能力迅速下降，所以，对冷暖气设备自动化程度要求高，并要求具有高度的可靠性。

（3）由于老年人机体调节体温的能力下降，因此冷暖设备除必须具备足够的可靠性外，居室、卫生间等各房间的温差，也必须限定在一定范围内。

室内空气环境对老年人特别重要，因为排除室内异味、有害物质，是保证老年人居住建筑的健康性、舒适性的必要条件。另外，充分利用自然采光，对老年人是非常重要的。用窗户采光时，窗户位置越高，采光越好，纵向长窗比横向长窗的采光好，照度均匀度好，还应避免眩光。随着年龄的增长，感受外界刺激的机能衰退。视觉上，适应亮度变化的能力也下降了。因此，老年人的照明标准应比普通标准更亮，同时，还要考虑安全性、健康性、舒适性等方面的要求。

交通空间尺寸控制：

（1）坡道：老年人因为体力衰弱，水平移动和上下移动都很困难，坡道成为提高老年人日常活动安全性的必不可少的设施。但老年人不等同于残疾人，大多为轻度行为障碍，还有相当的活动能力，所以残疾人使用的坡道完全可以满足老年人的使用要求，并可酌情放宽。

（2）楼梯：老年人下肢功能衰退，上下楼成一种沉重的负担。上下楼梯是容易发生踩空、滑倒等危险的地方，因此老年人用楼梯的宽度与普通楼梯相比应作适当加宽，楼梯的坡度与普通楼梯相比应减缓，并应安装扶手，这些对老年人安全使用是十分重要的。

（3）电梯：老年人使用的电梯所对应的对象虽大多为轻度障碍，但应考虑使用轮椅的情况。根据老年人的生理、心理特点，老年人电梯的设置应满足以下条件：①三层以上的老年人居住建筑应配置电梯。②供老年人使用的电梯应选用速度较慢、运行平稳的电梯，并每层设站。③候梯厅和轿厢的尺寸应能满足轮椅的进出要求，门宽大于等于800毫米，避免高差。电梯设施应方便老年人使用，降低电梯按钮和操作盘高度，使用触摸式按钮，延长闭门时间，轿厢内两侧设扶手，在后背板设方便轮椅出入的镜子，有条件时安装电视监控系统。

安全、防火标准应考虑到老年人的生理和心理特点，老年人居住建筑的安全与防火标准应略高于普通建筑。与一般建筑相比，老年人居住建筑安全疏散距离宜作缩减，楼梯、走廊和底层疏散外门净宽应适当加宽。三级及三级以下防火等级的老年设施，其层数不应超过三层。

21世纪的住区环境要求更细致地安排为老年人服务的基层公共设施，让老人们生活得更加舒适、快乐。

六、智能化住宅

进入21世纪，科学技术将更为广泛地应用于各个领域，智能化建筑是当今的一大发展趋势，住宅也不例外，但就目前人民群众的生活水平而言，智能建筑还不宜大面积推广。随着人民生活水平的不断提高，人们对居住舒适度的要求也会越来越高，故智能化住宅的发展前景是光明的，是住宅在功能方面的大势所趋。以无锡新世纪花园为例介绍小区智能化系统。

小区智能化系统设计分为安全防范系统、物业管理系统和信息网络系统。

1. 安全防范系统

小区安全防范系统包括闭路电视监控、电子巡更、出入口管理和可视对讲、住户报警和火灾报警等诸多子系统。

（1）闭路电视监控系统在入口处、小区主干道、小区车库、停车场、电梯轿厢及其他重要区域等设闭路电视摄像机，系统主机设在小区的安保值班室，系统采用多画面处理器，对小区内的所有监视点进行 24 小时监控，由计算机和长延时录像机同时完成图像记录。

（2）电子巡更系统由接触式或非接触式 IC 卡读卡机、IC 卡管理中心组成。在小区的重要地点设立电子巡更点，值班人员采用接触式或非接触式 IC 卡在各个巡更点定时刷卡的方式工作，物业管理中心计算机对值班人员的刷卡情况进行记录，达到人防与技防的全效结合，为安全防范分析提供资料。

（3）周界报警系统采用红外线探测器，对于小区四周进行严密控制。当有人侵入，即自动触发报警，将报警信号传至管理中心，向值班人员发出警报通知，并将具体位置、时间输入计算机进行记录。

（4）出入口管理和可视对讲系统利用小区内部电话（电信虚拟网）和大门入口处的摄像机进行监控。进入小区的外来访客，可以在小区入口处通过电话和被访住户通话，同时将摄像机图像调制到小区有线电视网的某个频道，被访住户可以通过电视机观察来访人员，在得到住户允许时，访客才可以进入小区。小区管理中心的录像机可在有人来访时自动触发进行长延时录像。另外，入住小区的居民每人有一张 IC 卡，通过该卡与网络计算机进行身份辨别后才可进入小区。

（5）住户报警系统在每户内设住户智能主机一台，住户智能主机具有家庭报警功能，除住户智能主机上有紧急报警按钮外，家庭报警还包括安装入户的门磁和每扇窗上的红外线探测器，厨房内安装的煤气探测器和卫生间浴缸上的紧急按钮。这些报警功能通过住户智能化主机传送到小区管理中心，小区管理中心的计算机将及时处理并显示在显示器上，通知保安人员迅速赶往现场。住户可以通过紧急按钮在有突发事件发生时向小区管理中心进行紧急求助。

（6）火灾报警系统采用集中控制，在物业管理中心设消防控制中心，在小区的车库、商场、活动中心及高级住宅的电梯前室设各类火灾探测器、手动报警按钮和警铃，并对消防设备根据消防规范进行联动控制，在每幢楼一层管理室设壁挂式显示屏。

2. 物业管理系统

（1）三表数据远程采集，住户智能主机除具有家庭报警功能外，还有水表、电表和煤气表数据远程采集功能，并将数据传输到物业管理中心的计算机，实现电脑网络管理。

（2）机电设备管理系统，为了保障小区居民的正常生活起居，对小区内的电梯、给水排水、供电和公共照明等重要机电设备进行集中监控，采用计算机联网管理。具体为：小区内的蓄水池水位状态监控和故障报警，小区各幢楼供电系统的状态监视和故障报警，公共照明的自动、定时及程序控制等。

（3）小区车辆出入与停车管理系统，与物业管理中心计算机联网，结合出入口管理的 IC 卡实现对车辆的进出、停车收费进行管理。

（4）小区紧急广播和背景音响系统。小区紧急广播和背景音响系统的中央控制器、功率放大器等放在物业管理中心，在小区公共活动草坪、走道和每一幢楼一层的主入口门厅安装音响，播放背景音乐，自动回带，循环播放，创造一个舒适、轻松、回归自然的气氛。在火灾发生时可将系统强制切换为消防广播。

（5）物业计算机服务系统。该服务系统包括用计算机进行房产管理、物业收费管理、运行设备管理、小区保安管理、各类维修管理和房产服务管理等。通过该系统协调小区内居民和物业管理员、服务人员之间的关系，并将小区物业管理提高到一个新的层次。

3. 信息网络系统

信息网络系统包括通信系统和双向有线电视系统。由市政引入通信单模光缆和双向有线电视光缆至小区物业管理中心，每户设两条电话线和两个有线电视终端。

网络类型采用 HFC，满足多媒体数据和网络将来的发展趋势。在网络上，建立小区的信息中心，小区与外界具有 64KbPS 的数据专线连接。小区内用户可以300KbPS 以上的下行速度高速接入当地 IP 网，且具有独立的收费系统。

通过小区计算机网络提供信息，服务住户，住户可对物业信息进行查询。通过社区网络，居民可享受到多项舒适、方便的服务项目，如 Internet 接入服务、节目点播（VOE）服务、电子商务服务、网上购物、网上图书馆、建立住户个人电子信箱和个人网页、网上家政服务等。

整个小区以小区物业管理中心为中心，通过 Lonworks 网和双向 CATV 网这两个网络，组成一个智能化小区三个系统的网络。其中，设备部分通过 Lonworks 网进行，如安全防范报警、机电设备管理和物业管理等，咨讯方面的应用则通过双向CATV 网进行，如小区信息网接入及住户上 Internet 网等。

科学技术的发展要求未来小区和住宅拥有智能化系统的设备。

七、生态住宅

生态建筑的诞生，标志着世界建筑业正面临着一场新的革命。这一革命以有益于社会，有益于健康，有益于节省能源和资源，方便生活和工作为宗旨，并在建筑业的设计、材料、结构等方面提出了新的思路，它不再是生态专家们的美好设想，而是已变成现实。

1. 生态住宅的设计原则。生态住宅中最核心、最有生命力的不是某种固定的结论或方法，而是这种思想所蕴涵的设计原则。

2. 生态化

生态住宅首先要遵循的是生态化原则，即节约能源、资源、无害化、无污染、可循环。

1）节约水资源，一方面，居住区内的自来水管道应采用高技术新型材料，以防爆裂，收集处理中水进行花园灌溉，回收雨水及生活废水冲洗厕所、清洁道路、绿化，户内采用节水型马桶，无渗漏水龙头等节水设备；另一方面，节约用水直接减少了污水量，间接节约了污水处理的能源和设备损耗。

2）开发可再生的新能源

（1）太阳能利用：太阳能在生态住宅中的利用包括两方面：①太阳能应用系统，即太阳热水供应系统，②太阳能光电（PV）系统，即将太阳能转换成电能。在生态住宅设计中利用太阳能并非简单地安装一些太阳能电池或太阳能热水器，更多的是和建筑物本身有机地结合来综合利用太阳能。

（2）自然温差利用：地球上冬冷夏热，夜冷昼热，如果能够将夏天的热量转移到冬天，或者将冬天的低温转移到夏天去（夜的情况类似），如设计夜间通风和地下通风等，就可以不花钱或少花钱解决许多问题。

（3）地能利用：指对地下和地表可再生能源（主要指储能）的综合利用，即将地热水、地下水、地表水、土壤乃至工业废水废热、生活废水废热中的低品位冷量和热量用于建筑的空调系统中。目前比较成熟的技术是地下蓄能、深井灌溉，如使用水源热泵和地热泵，既节省能源，又可提高热泵的效率。

（4）相变材料的利用：利用建筑围护结构把白天的热量存起来在晚上用，或者把夜里的冷量存起来在白天用，是一个很好的途径，但它存储的量还不够，一种很有效的解决方法就是采用相变材料。把建筑结构和相变材料结合起来，可设计出一种低能耗建筑，并可维持建筑物良好的热环境。

八、使用新型建材

新型建材，国际上称之为健康建材、绿色建材、生态建材等，主要包括新型墙体材料、新型防水密封材料、新型保温隔热材料、装饰装修材料、无机非金属材料等。和传统建材相比，不仅可以降低自然资源的消耗和能耗，而且能使大量的工业废弃物得到合理的开发与利用。新型建材不仅不会对人类的生存环境造成污染，而且还有益于人体的健康，有助于改善建筑功能，起到防霉、隔声、隔热、杀菌、调温、调湿、调光、阻燃、除臭、防射线、抗静电、抗震等作用，制造新型建材不仅可以采用不对环境造成污染的生产技术，而且在产品结束使用寿命后，还可以作为再生资源加以利用，不会形成新的废弃物。目前，我国已经开发了不少绿色建材。

九、环境绿化

首先，绿地的规划应纳入住宅小区的整体规划中。若住宅小区的规模较大，可将集中的绿地拆散到各个住宅组团之中。其次，随着生活水准的提高，人们对住宅环境绿化质量的要求也在不断提高。因此，环境绿化不再是简单的种树栽草，而是应做到春有花、夏有荫、秋有果、冬有绿，落叶乔木、常青灌木、常绿草坪高低参差、交相辉映，充分满足崇尚田园生活的现代人的审美情操。

十、垃圾处理

住宅、小区的生活垃圾应分类处理。发达国家早就对生活垃圾进行了有机物、无机物、玻璃、金属、塑料等的分类回收、处理，这样能最大限度地减少垃圾对环境的污染，最大限度地将其化害为宝，循环利用。实践证明，住宅小区的生活垃圾如果处置不好，往往会导致居民生活质量的下降与环境污染。

1. 以人为本

树立"以人为本"的指导思想。人毕竟是我们这个社会的主体，追求高效节约不能以降低生活质量、牺牲人的健康和舒适性为代价，在以往设计的一些太阳能住宅中，有相当一部分是服务于经济落后地区的，其室内热舒适度较低。随着人民生活水准的不断提高，这种低标准的"生态住宅"，很难再有所发展。

2. 因地制宜

首先，生态住宅非常强调的一点是要因地制宜，绝不能照搬盲从。住宅设计应充分结合当地的气候特点及其他地域条件，最大限度地利用自然采光、自然通风、被动式集热和制冷，从而减少因采光、通风、供暖、空调所导致的能耗和污染。如北方寒冷地区的住宅应该在建筑保温材料上多投入，而南方炎热地区则更多的是要考虑遮阳板的方位和角度，防止太阳辐射和眩光。

3. 整体设计

住宅设计应强调"整体设计"思想，必须结合气候、文化、经济等诸多因素进行整合分析、整体设计，切勿盲目照搬所谓的先进生态技术，也不能仅仅着眼于一个局部而不顾整体。整体设计的优劣将直接影响生态住宅的性能及成本。

4. 典型生态住宅举例

1）太阳能住宅

（1）美国太阳能设计协会正在研制新型的太阳能住宅，称为建筑物一体化设计，即不再采用在屋顶上安装一个笨重的装置来收集太阳能的方法，而是将那些能把阳光转换成电能的半导体太阳能电池直接嵌入到墙壁和屋顶内。这种建筑物一体化的设计思想是该协会创始人史蒂文·斯特朗20年前所倡导的，由于当时太阳能电池过于昂贵，无法实施，如今太阳能电池的价格只有80年代的1/3，所以，推广的可能性大大增加。电力供应商被吸引的原因是太阳能电池能够在白天高峰时间内产生过剩的电能，从而形成电能储备，可供随时使用。

（2）德国建筑师塞多·特霍尔斯建造了一座能在基座上转动的跟踪阳光的太阳房屋，房屋安装在一个圆盘底座上，由一个小型太阳能电动机带动一组齿轮。该房屋底座在环形轨道上以每分钟转动3厘米的速度随太阳旋转，太阳落山以后，该房屋便反向转动，回到起点位置。它跟踪太阳所消耗的电力仅为该房屋太阳能发电功率的1%，而该房所获太阳能相当于一般不能转动的太阳能房屋的2倍。

2）植物生态住宅

80年代初期，美国在芝加哥建成了一座雄伟壮观的生态楼，楼内没有砖墙，也没有板壁，而是在原来应该设置墙的位置上种植（或多植）植物，把每个房间隔开，人们称这种墙为"绿色墙"，称这种建筑为植物建筑。这种建筑的施工方法并不复杂，它无需成材木料，无需采用大而笨重的建筑设备，而是就地取材，以树林为主材，以经过规整的活树林来作为"顶梁"、"代柱"和"替代墙体"，运用流行的"弯折法"和"连接法"建造出许多构思巧妙、造型新奇、妙趣横生的拱廊、曲桥、屏风、住宅楼等。

3）无化学住宅

过去，在住宅环境表面，一些化学合成物的使用，对人体产生过一定的危害，比如建筑材料常常含有可以致癌的挥发性有机物，地毯和窗帘也通常经过防燃性处理，其防燃剂、防虫剂的成分具有不同程度的毒性。无化学住宅的做法是：不在楼板或地板下等处喷涂有机磷等化学药物，采用具有防虫效果的桧叶油、干馏木和密腊加工楼板、地板材料，并在地板下铺炭层，利用其吸湿性防真菌和防白蚁，不是用石化油漆，改用涩柿子汁和米糠调合的新配方，在芋头、木薯的淀粉中添加食用抗菌素等作胶粘剂，外壁则以硅酸盐材料为主，涂以微生物酸素硅藻土涂料等。

另外，生态房、生态村、资源保护屋也已经在一些国家建成。

尽管生态技术的发展日新月异，但与办公建筑、商业建筑、国外生态住宅相比，发展仍显得十分缓慢，因为生态住宅所触及的不仅是建筑本身，还有一系列其他社会问题。理想中的生态住宅模式与现实社会还存在较大差距，一系列政策、法规和技术措施还有待完善。随着国家将可持续发展作为21世纪社会发展的基本战略，住宅产业已经成为国民经济的支柱产业，新的市场机制下的生态住宅可以通过市场竞争而不断发展，从而促进和引导住宅产业向着可持续发展的方向前进。同时，住宅的可持续发展问题也日益得到了政府、房地产开发商、住宅消费者和科研机构的重视，生态住宅将成为21世纪住宅产业发展不可阻挡的大趋势。

4）健康住宅

人居健康问题引起了全世界居住者和舆论的关注，人们越来越迫切地追求拥有健康的人居环境。今天的住宅建设有责任确保广泛意义上的健康，包括生理的和心理的、社会的和人文的、近期的和长期的多层次的健康。

健康住宅有别于绿色生态住宅和可持续发展住宅的概念：绿色生态住宅强调的

是资源和能源的利用，注重人与自然的和谐共生，关注环境保护和材料资源的回收和复用，减少废弃物，贯彻环境保护原则。它的实际释义为：消耗最少的地球资源，消耗最少的能源，产生最少的废弃物的住宅和居住小区。绿色生态住宅贯彻"节能、节水、节地、治理污染"的方针，强调可持续发展原则，是宏观的、长期的国策。

"健康住宅"围绕"健康"二字展开，是具体化和实用化的体现，对人类居住环境而言，它是直接影响人类持续生存的必备条件。保护地球环境，人人有责。但从地球环境，一直到地域环境、都市环境以及居室内环境，如何着手呢？不言而喻，从小到大，从身边到远处，从基本人体健康着手推开，至室外绿地、城市地域，乃至地球大环境，不断地引申与拓展。

健康住宅的核心是人、环境和建筑。健康住宅的目标是全面提高人居环境品质，满足居住环境的健康性、自然性、环保性、亲和性，保障人民健康，实现人文、社会和环境效益的统一。健康住宅评估因素涉及室内外居住环境的健康性、对自然的亲和性、住区环境保护和健康环境的保障四大方面。不同于一般小区规划和住宅设计，健康住宅的实施必须建立在优秀的住宅规划设计平台上，紧扣与"人"的健康相关联的指标框架，提高和引导健康住宅开发建设的目标。

绿色住宅注重居住区和住宅等硬件设施，更重视居住生活方式文明化的软件设施，创造一个绿色生活环境。

5. 住宅建设可持续发展

21世纪，社会将向都市化、高龄化、信息化急速发展，面向未来，我国人居环境正在经历着现代化的进程。社会老龄化，家庭结构小型化，厨房、卫生间标准现代化，汽车、电脑等进入家庭，逐渐成为现实。随着社会的进步，人们的生活方式和观念将会不断更新变化，新问题、新需求也将会不断出现，而鉴于我国目前的经济发展，物质生活水平有一个渐进的、较长时间的发展过程，不可能一步到位，更何况我国幅员辽阔，各地经济状况不一致，因此，当今的住宅设计又必须兼顾到这一客观事实，切不能不顾客观事实，盲目追求高标准、高水平，走入误区。广大人民群众憧憬着可持续发展的人类住区，期望着我们的建筑师从时代的高度，以更广阔的视野、更深邃的目光，自觉地思考21世纪人居环境发展的客观规律，从居住空间设计、居住区的整体环境设计方面，都要有所突破和创新，努力营造环境优美、舒适方便、充满生机和可持续发展的人居环境，使人类"能过上有尊严、健康、安全、幸福和充满希望的美好生活"。

4 人居环境

人居环境建设要走可持续发展之路

全面小康是中国人居环境事业的奋斗目标

21 世纪的中国将是一个全面与国际接轨，全面参与国际经济竞争的中国。快速和大规模的城市化以及新城市的经营更新改造已全面开始，这预示着中国将进入一个全面建设小康社会的新的历史性发展阶段。中国人居应顺应这种发展潮流，进一步加快中国的人居环境建设，致力于城市人居环境状况的改善，把全面建设小康社会当作自身的奋斗目标。

近五十多年来，中国的住宅建设取得了举世瞩目的伟大成就，并引起了世界的关注，目前可以说是进入了小康的社会。中国房地产市场的发展之所以如此迅速，与中国房地产业在住宅功能和居住环境方面有突破性进步及住宅设计多元多层次标准，小康住宅规划设计导则的提出是密不可分的。在这一阶段中，我们在住宅的理念及住宅开发上发生了翻天覆地的变化。回顾这一段历史，实际上可大致分成以下两个阶段：

第一个阶段是计划经济时期。在计划经济状态下，我们在住宅的问题上基本是被动的，是住房选择我们，居住者是被动地居住，因此根本谈不上质量，更谈不上健康。第二个阶段是 1998 年以后，我们经过了房改，把分配的体制发展到我们在住宅市场上自由地去选择住宅，这在本质上发生了变化，住宅也由原来强调平方米、强调大小、强调有无发展到今天讲究品质、讲究环境、讲究健康，这是我们发展的一个非常重要的时刻。在这一阶段的发展过程中，我们的开发商尽了很大的努力，在概念上、在理念方面也建立起很多值得大家表扬的东西。但在目前的情况下，大多数还停留在表面，由于过去不当的城市建设行为、人口高度的集中、过快的城市化趋势以及我们城市中大量建设高层，特别是高层住宅带来的城市弊端——城市病不断地延伸，过分的人造环境造成了非常严重的土地失水性，人居环境在城市里已急剧地恶化，地球环境也受到了莫大的威胁。正是基于这一原因，中国人居应视改善中国的人居环境现状为己任，真正实现符合人居环境要求的小康社会。

全面小康就是国民经济与社会科学技术文化的全面发展，是人与自然环境的协调发展，是城市与乡村的协调发展。全面小康的动力来自于新型工业化，活力来自于快速发展的城市化，魅力来自于小康型舒适、健康、安全、文明的人居生活环境。全面小康，是着重于创造一个新的生活模式并提升人们生活品质的一个新的生活水准。它是城市郊区化发展模式的升华，它是农村城市化进程的楷模，它开创了城市地产开发运用最新经营理念创建活动的新局面。

可持续发展是中国人居环境事业的指导思想

人类住区生态环境及可持续发展是全人类和国际社会共同关注的热点问题。城市住区长期的作用制约着居民的生理、心理、观念和行为，对人的生活质量将产生直接或间接的影响。因此，加强城市人居环境规划建设及可持续发展具有十分重要的意义。中国人居的主要任务应是积极探索中国人居环境事业的可持续发展之路，并认真思考如何可持续地发展中国的人居环境事业，要把可持续发展作为中国人居的指导思想。

众所周知，可持续发展基本思想形成于20世纪80年代初，目前已传遍整个世界，并逐步涉及、渗透到环境以外的经济、社会、生态的各个领域。可以说，可持续发展概念的提出彻底地改变了人们的传统发展观念和思维方式。人居环境的可持续发展就是要着重于人居环境发展与生态的联系、生态与经济发展之间关系的研究，同时要以概念更新、制度创新为核心，组织人居环境可持续发展的学术活动，大力宣传可持续发展的观念，并结合住宅建设及相关的人居环境问题探讨中国人居环境可持续发展的理念、对策及政策措施。

关于可持续发展的人居环境，联合国论定的条件包括以下五大方面：一是住区居民适当住房的保证；二是居民健康和安全的保障；三是人与城市环境、住区环境的和谐发展；四是城市住区的生态环境建设与管理；五是住区基础设施和住区资源的可持续开发与利用。

在刚刚过去的20世纪，人类在经济、社会、教育、科技等众多领域取得了显著的成就，但在环境与发展的问题上始终面临着严峻的挑战。当前我国城镇建设存在着两大亟待解决的问题：①严重的大气污染、森林和水土流失、荒漠化侵蚀、土地浪费、防减灾体系薄弱等诸多严重问题；②存在着民族风格的城市个性丧失，规划滞后和可持续性差，城市设计和建筑设计水平低下及景观破坏，不重视历史文化社区保护，基础设施残缺，施工质量低劣等严重问题。

随着工业的发展和城镇人口的迅速增长，住房短缺、环境的显著恶化、自然资源的逐渐枯竭、重大污染事件的频频爆发使人们不得不开始深思人与环境的关系。人们已意识到环境问题并不以国家的疆界为限，它不再是一个国家或一个地区的问题，而是整个人类社会、整个地球的共同问题，因此，中国人居环境与城市化发展首先要积极树立可持续发展的人居环境观。

可持续发展的内涵包括改善人类的生活质量、提高人类健康水平，并创造一个保障人们的平等、自由、教育、人权和免受暴力的社会。可持续发展要求人们改变传统的生活、消费方式，建立合理的消费模式，合理利用并节约自然资源，人居环境的好坏与各社会成员有着切身的、直接的利益影响。因此，各社会成员都会积极地共同参与，从而为区域乃至整个社会的可持续发展注入源源不断的动力。可持续发展人居环境观要求我们把行动具体落到实处，积极推进绿色住宅的建设。

可喜的是，在实现人居环境的可持续发展方面，中国已做出了一系列的行动并取得了一定的成就。例如，中国强化了城乡住区管理的法制建设，编制了城市总体规划并调整了城市功能布局，加强了城市基础设施建设，如市政公用和环境保护的基础设施的建设，开展了城市环境的综合整治，如推行了城市环境综合整治定量考核制度，同时也实施了国家安居工程，加快了城乡住房建设步伐，实施了住宅科技产业工程，推进了住宅产业现代化。中国人居应在此基础上，进一步实现人居环境的可持续发展。

新城市化发展是中国人居环境事业的工作重点

随着工业化和现代化建设的发展，城市化是一个必然的趋势。目前，我们正处在经济全球化、新经济发展过程中，我们的城市化的成绩很好，但也有不少教训，其中包括文化名城的保护。目前，国内正处在城市化高潮之中，在这一进程里，对"生态环境"保护的重要性还未有足够的认识。很多城市由于受经济利益的驱使，在建设规划中不能正确对待历史文化遗产，从而拆除了很多有特色的古迹，而真正的现代化城市的建设规划应在保护旧城的基础上由内向外扩张，对旧城应加强保护，减少改造开发，充分重视历史文化古迹的价值和意义，要多一些保护、少一点破坏。

随着城市化的进一步发展，人们纷纷走出城市，郊区化居住一时成为风潮。新城市发展理论旨在再造城市社区活力，寻求重新整合现代生活的种种要素，试图在更大的区域开放性空间范围内以交通线相连，重构一个紧凑、宜于居住的邻里社区。

新城市化既不等同于小城镇，也不等同于已有城市，而是生活方式发生了改变，新城市化在意识形态上也有了新的改变，政治、社会、经济、审美观、价值观都在发生着改变，包括生态意识的改变。尽管中国新城市化发展有了种种"新"的含义，但人与自然的关系不会变，人向往自然，向往生命的天性不会变，因此，在建设新城市时，我们的设计要尊重人，尊重人的尺度、人的感觉、人与自然的关系。我们在规划时首先要建立一个不建设规划，然后再倒过来作建什么的规划，这样规划出的城市永远是有机的、生态的、可持续发展的。

我们的城市是人民的城市，因此我们要加强城市的人民性，即要遵循城市环境建设的社会原则，新城市的人居环境建设要面向广大群众，重视社会群体。现代城市建设不仅仅要建造鳞次栉比的建筑群和高档次的别墅式住区，更重要的在于创造惠及广大群众的物质与精神文明。这样，就要面向广大普通群众，解决"居者有其屋"的问题。

总之，新城市化的发展可带动产业发展，强大的产业基础也为这些城镇带来稳定上升的居住需求；新城市化的发展为大量原本就居住在城郊的居民提供了就业机会，免除他们每日在城镇与市区之间的奔波之苦，同时也缓解了城市交通压力；同时，产业基础的壮大也吸引了更多的人流前来安营扎寨。

增强生态国是中国人居环境事业的社会责任

中国人居要将中国生态力的增强作为自己的社会责任。生态力是指生态系统服务的能力。生态系统服务是人类生存与发展的物质基础，生态力或生态系统服务能力的状况直接和间接地影响可持续发展的方向。中国人居环境要加强生态系统的有效引导和管理，积极致力于中国生态力的增强。

我国幅员广阔，生态系统类型繁杂，我国科技工作者经过一代又一代人的不懈努力，对中国各类生态系统开展了很多深入、系统的研究，并取得了一系列重要的科技成果，已经为中国生态系统管理提供了一定的科学积累和比较坚实的科学基础。尽管如此，还是应当清楚地看到，新的形势向我们提出了新的任务和新的要求。

科技引领人居　科技服务未来

人居科技是人居环境的重要内容

人居环境，顾名思义，是人类聚居生活的地方，是与人类生存活动密切相关的地表空间。它是人类在大自然中赖以生存的空间，是人类利用自然、改造自然的主要场所，是一个综合的大系统。比如，美国《1997 年宜居都市的评选标准》为：犯罪率低、毒犯问题少、中小学校好、医疗质量高、环境清洁美观、生活费用合宜、经济增长强劲、学生课外活动丰富质量高、离大学近、到城市不超过 1 小时路程、温暖晴朗天气多等。其中，既有针对居民基本生活提出的要求，也包含了整个社会和经济发展的基础条件。

90 年代初期，吴良镛先生通过对全球和中国若干问题的广泛思考，创建了"中国人居环境理论框架"，倡导融贯、综合地看待和处理人居环境问题。所谓"融贯"，就是从中国建设的实际出发，以问题为中心，主动从相关学科中吸取智慧，有意识地寻找城乡人居环境发展新范式，不断地推进学科的发展。所谓"综合"，就是强调把包括自然、人类、社会、建筑、支撑系统在内的人类聚居作为一个整体，从生态、文化、社会、技术等各个方面，对人类聚居问题进行系统的综合的研究。科学技术是研究和推动人居环境发展的很重要的内容。

吴良镛还提出，我们对于 21 世纪中国人居环境问题应当有一个清晰的共识，即要树立生态、经济、科技、人文和文化五大原则。其中，科技原则的内涵在于："科学技术对人类社会的发展有很多推动，它对社会生活，以至对建筑、城市和区域发展都有积极的、能动的作用。ISoCaRP《千年报告》中明确提出：'新技术将对城市和区域规划以及城市的发展产生全面的影响。'""一些建设中的难题，可寄希望于以科学技术的发展予以解决。"

人居科技是人居环境建设的有力支撑

近十年来，我国的城市开发和住宅建设飞速发展，总的来说历经了三个发展阶段：

第一阶段，单纯追求住宅面积。这是满足居住基本需求的肤浅阶段。

第二阶段，重视环境，追求景观。人们逐渐意识到买房子不仅仅是买住房面积，更是买一种生活方式，但是这一阶段充斥着很多虚无的概念和口号，也可称为追求"包装"和营销的阶段。

今天，房地产发展已经进入了第三阶段——品质时代。现阶段的住宅设计正逐步从理念和概念的炒作，走向理性和务实的层面。设计师们日益认识到，要获得一个健康、高舒适度的居住环境，不仅要注重套型内部平面空间关系的组合和硬件设施的改善，还要全面考虑住宅的光环境、声环境、热环境和空气质量环境等综合条件及其设备的配置，而这一切都离不开人居科技的有力支撑。

尤其是在人口高度集中和过快城镇化的大背景下，人类不当的城市建设行为，正在导致人居环境的急速恶化。人类居住的生活功能区，在很大程度上被削弱：舒适性环境设计指标不被重视、空调使用失控、劣质材料蔓延、生态型绿化环保遭到破坏、住户健康受到莫大的威胁。应对人居环境发展的严峻挑战，人居科技需要发挥更加积极的作用。

高舒适度、低能耗技术前景广阔

由于我国的节能建筑和人居科技发展工作尚处于初步阶段，加强相关技术交流，借鉴吸收适合我国国情的成熟技术显得格外重要。相比较，欧洲在经历了20多年的大量研究和实践后，住宅节能方面已经探索出了很有成效的方法，其中，以"高舒适度、低能耗住宅节能技术"尤为突出。该项技术通过使用功率非常低的辐射采暖和制冷同一化设备，既可调整室内冬季和夏季不同季节的温度，保持居住环境最佳的舒适的状态，又能保持住宅的运营低价位。这项技术是欧洲在20世纪70年代经历了两次能源危机后，积极制定的建筑发展战略的重要内容。目前，"高舒适度、低能耗住宅"在瑞士、德国和北欧各国已十分普遍，技术相当成熟，在我国发展前景也非常广阔。

"高舒适度、低能耗住宅节能技术"的建筑要素主要包括：室内温度条件、湿度条件、空气运转速度（风速）、辐射强度和新风补充量。其核心的理念是强调现代住宅的密闭概念，即采用各种特殊的材料和技术在外墙、屋顶、门窗、外遮阳、地板等方面做足文章，阻隔乃至切断住宅的"热桥"、"冷桥"，有效隔绝室外大气中各种不利因素，达到低能损失的目标。

在北京地区，"锋尚"和当代集团的"Moma"项目是应用"高舒适度、低能耗住宅节能技术"的成功范例。

"锋尚"项目系统应用了混凝土辐射采暖制冷子系统、健康新风系统、外墙子系统、外窗外遮阳子系统、屋面及地下子系统、防噪声子系统、垃圾处理系统、雨水污水处理子系统这八大子系统，在不开空调、暖气的情况下，基本能使室内气温达到人体舒适温度21摄氏度。每年每平方米采暖费可以由原来的30元降到10元以下，传统的空调费和暖气费可以全省下来。一个居住面积100平方米的住户，每年只需花费1000元，就可以享受四季如春的舒适环境。为此，"锋尚"提出了"告别空调暖气时代"的口号，这一实践得到了业界的密切关注和市场的高度认可。据了解，"锋尚"售价达每平方米14000元，比邻近楼盘价格几乎高出一倍，可一开盘近 400 套住房就被抢购一空。"Moma"也卖到了每平方米 16000 ~ 20000 元，在尚未完工的情况下，全部售罄。

在欧洲，并不把"高舒适度、低能耗住宅节能技术"视作高难、高新、高价技术，而是普通住宅和普通居民享受的技术，也是政府的倡导、科技的引领、开发的配合所取得的丰厚成果。关键是需要全民开展节能理念的教育和推广，包括不轻易"开窗"的做法，对我国的建筑节能技术概念来说，重要的一点，就是整体系统地考虑建筑能源应用和消耗的途径，采用系统工程原理来审视建筑节能技术方法，而不是单纯地追求某一个采暖空调和能源系统的先进程度。在南方冬季，完全可以采用相应的措施，在不采暖的情况下，保持人体需要的舒适温度，采取补新风的技术就可以大大改善室内空气环境质量，使健康新风和空气湿度均达到健康要求。

当前，"四节一保"的节能省地型住宅原则正在深入人心。资源和能源正日益成为我国国民经济发展的制约因素。随着在我国房地产开发进入"品质时代"，"高舒适度、低能耗住宅"将是我国未来一段时期内住宅产业的重要发展方向。

惠泽普通百姓是人居科技的落脚点

一般而言，高科技节能住宅的成本和售价要高出普通住宅，这是限制人居科技快速推广的瓶颈问题，也有人因此认为，高科技节能住宅与普通居住者没有关系，只是富人阶层才能享有的奢侈品。这种观点是不正确的。从人居环境的角度来看，人居环境的核心是"人"，以人为本是人居环境建设的基本前提之一，只有将人居科技的落脚点落在惠泽普通居民上，人居环境建设才具有持续发展的生命力。

因此，应该明确，"高舒适度、低能耗节能住宅"并不是富人"专利"。除了尽快建立和出台建筑节能的相关法律和政策，我们还需要积极促进成熟人居科技的整合和推广，应该走节能技术本土化和国产化的道路，让每一个普通老百姓享用到节能技术的益处。

目前，中国房地产研究会人居环境委员会正在做"人居科技"的推广工作，旨在通过优选先进成熟的人居科技研究成果、技术体系、产品设备，积极搭建人居环境科技产业交流平台，促进人居科技的推广和应用。具体的运行设想是：首先将拥有技术领先、性价比优良、应用效益突出的人居环境科技产品的企业吸收成为平台成员，然后配合中国人居环境与新城镇发展推进工程"金牌建设试点项目"工作的进展，在试点项目中对平台成员的产品和技术进行人居科技推广、应用。同时，平台还将建设人居科技实体，帮助房地产企业在具体开发中解决疑难问题，担当技术咨询，对工程实施有效的探索和实践。

中国人居环境与新城镇发展战略

一、理论部分

1. 人居环境是人类居住环境的简称。

人居环境是相对于"人"这个居住主体而言的。

人居环境就是人这个主体周围的生物和非生物条件的总和。生物指动物、植物、微生物。非生物条件指空气、土壤、水、岩石等。这些都是人居环境的组成要素，也可以称为环境资源。

环境资源的另一种分类方法就是分为人文环境（建筑物、人工景观等）和自然环境。

人居环境就其范围而言，又可以分为多个层次：全球—国家—城市—居民点（住宅小区、村庄等）。

2. 人居环境的创造和改善，既是一个古老的命题，也是一个与人类存在而共存的永恒主题，而在当前，则是一个突出的问题。

人类的祖先非常懂得选择好的人居环境。原始社会的先民们为了御寒与躲避野兽侵袭，选择了"巢居"、"穴居"的居住环境。后来，在地面搭起了茅草屋。再后来，有了砖房。我们的祖先总是尽量选择依山傍水、自然环境优越的人居环境来建造住宅，总是千方百计地营造良好的住宅小生态环境。即使地处寸土寸金的闹市的民居，也设计了可以种花植草、气息清新的庭院和天井，或者是叠石为山、积水为湖、绿树掩映的私家园林，并通过建筑结构的变化来改善日照、通风、温度，防止噪声侵扰和灾害侵入（如高院墙、风火墙）。

人类社会进入工业化、城市化以来，人居环境遭到了破坏。一方面，工业和生活的废气、废水、废渣、垃圾等，使人居环境受到了严重的损害，自然资源，特别是森林植被的滥用使人居环境日益恶化。另一方面，"建设性破坏"使人居环境受到了严重损害。城市的急剧膨胀使人居环境每况愈下，空气污染、水质下降、交通堵塞、居住拥挤等"城市病"日益严重。

生产力的高度发展，工业和人口的大规模集聚，既让人类享受到了空前的精神文明和物质文明，也让人类付出了惨重的环境代价。

于是，改善生态和人居环境的问题，引起了全人类的重视。

二、战略部分

对自然环境（或称为自然资源）的保护，主要是对资源，特别是不可再生资源的合理利用和节约使用；对人文环境（或称人文资源）的保护，则主要是解决好传承问题。具体有以下几个战略原则：

1. 生态优先战略

生态是物种生存状态的简称，希腊文原意是"人与居所"。物种的生存繁衍要靠环境系统中物质和能量的良性循环——"生态平衡"、"生态结构健全"来维持。

在代住宅，依托于发达的科学技术，把生态理念的实践不断推向新的高度。在过去的二十多年里，先是"节资、节能"理念的建立，从而引发了"绿色建筑挑战"的实践创新行动。后来，又向深度和广度挖掘拓展，形成了"生态"理念，并建设了一批"生态"、"绿色"、"健康"的住宅小区，使居住环境的整体性、根本性、系统性、科学性达到了一个新的高度和深度。由于发现一些住宅小区简单地把"绿色"等同于"绿化"，"美观"等同于"景观"，而尚未涉及到"生态"、"绿色"、"健康"的深层次、多角度的科学内涵，于是，当前又产生了"量化"理念，着手研究制定小区环境的量化指标和评价体系。

人居环境包括室内居住环境和室外居住环境两个部分。

室内人居环境方面：在住宅规划设计中的容积率、绿化率、建筑密度、建筑物间距、宜人居住面积以及日照、通风、保温、隔热、隔声等技术规范指标，实际上也是生态指标，而现在，光污染（玻璃幕墙和景观灯光造成的）和装修污染则是新出现的生态问题。

室外居住环境：最重要的是住区的大气、水体、土壤等的质量，尤其是植被的造氧、造荫功能的发挥。

改善人居环境，最根本的是要建立"健全的生态结构"，消除污染，这是人居环境建设要优先考虑的问题。从美观的角度来看，人居环境审美的最高境界就是"生态美"，即健全的生态结构所表露出来的美感。

2. 可持续发展战略

主要指合理利用和节约使用资源，如节能、节水、节地等。节能，就是要有效地采取建筑物的保温、隔热、通风技术措施，并尽量利用太阳能、风能等无污染清洁能源。节水，要大力推行中水系统、雨水收集系统，少建或不建大草坪等费水项目。节地，不搞大广场，不搞占地面积过大的别墅等。

所谓可持续发展，就是讲人居环境因素，或称环境资源，尤其是稀缺资源，可以长期地持续地利用。例如，要有计划地批地，不要一下子把地用完。

3. 文脉传承战略

保护好文化遗产，传承好文化脉络。一个城市的文化底蕴，不能光是到历史典籍中去寻找，而要体现在现存的名胜古迹、古建筑、风土人情、自然遗产等方面。

目前，这方面，尤其是古迹和古建筑的破坏是很严重的，要引起高度重视。

对于欧陆风格建筑：①从泛文化意义上来说，它是人类共同的文化遗产；②从现代居住要求上看，它有很多长处，如采光好等；③欧陆风格也要本土化，一方水土养一方人，一方水土孕育了一方的居住文化。要尽量把外来的居住文化和本土居住文化融合在一起，否则，一眼看去，就像到了外国，这也不好。要尽量挖掘我国居住文化的精华，也不排除吸收外来居住文化。

4. 经济适用战略

一方面要考虑建造成本的经济性，另一方面要考虑建成使用后维护成本的经济性。不搞奇花异草、名贵建材等华而不实的事；不搞超越"宜人尺度"、大而无当的事（如广场、马路、户型、面积分配等方面的失当现象）；不搞大广场、大草坪等浪费资源的事，特别是住区景观要把握好尺度，满足生态要求即可；不搞节外生枝、画蛇添足的事。要强调必须在"有用性"的前提下，兼顾"审美性"。要借鉴国外的成功经验，他们在经济实力很雄厚的条件下，住宅和小区都建得很朴素、简约。因此，我们不要搞"小区景观公园化，住宅装修宾馆化"的事。

5. 以人为本的战略

营造好的人居环境，目的是为了"人"能健康地生存繁衍，舒适安全地生活和工作。以人为本战略的实施，涉及人居环境的许多方面。当前，突出的问题是如何迎接老龄化社会的到来，在人居环境建设中采取"适老"的措施，如老年住宅、亲情住宅、亲情社区等，并要特别注意关心残疾人等弱势群体。

有的同志担心，提倡"以人为本"会影响保护自然环境，实际上"以人为本"的一个重要方面就是保护自然，保护生态，两者是一致的，而不是对立的。

三、新城镇发展战略

我国正在向城市化国家大踏步前进，去年我国的城市化水平已达40%。要走有中国特色的城市化道路，不要把流向城市的人口都集中到原有城市的中心区和旧城区，而应该在城市周边发展新城镇。

（1）从国外的教训看：城市化前期，人口流入城市中心区，并造成城市中心区环境恶化；城市化后期，人口从市中心搬到郊区，造成城市中心"空洞化"，于是又要反过头来"振兴中心区"。

（2）从中国的教训看：以往的"摊大饼式"的城市发展模式，使城市功能分区混乱，单个城市的规模越来越大，旧城难以改造，带来各种问题。

（3）许多城市已经开始采取的合理模式是：开发新城—松动旧城—改造旧城。我国的城市人均占地面积与国外相比，少了很多，旧城非常拥挤。局限于旧城改造，很难成功，甚至愈改造愈乱，还把一些文化遗迹破坏掉了。采用"开发新城—松动旧城—改造旧城"的发展模式，既可以避免城市化前期人口大量涌到城市中心，又可避免城市化后期因人口大量迁出中心区而造成城市中心区空洞化。

城市生态人居环境建设

未来城市人居环境建设要实现几个转变：一是从物质形态空间的需求上升到人的行为生活方式品质的需求。二是从环境污染治理的需求上升到人的生理和心理健康需求。三是从城市绿化需求上升到生态经济和节约社会的需求。四是从城市形态美上升到讲究循环经济、城市可持续性的发展。用一句话概括，就是要引进天人合一的系统观，道法自然的自然观，巧夺天工的经济观和以人为本的人文观，实现城市建设的系统化、自然化、经济化和人性化。

由于工业时代的城市建设导致人与自然之间出现极为紧张的关系，因此，新的建设实践和城市规划设计都主张"生态、绿色、健康、安全"。国际上，各国都主张避免高层建筑集中以加剧"热岛效应"，主张通过绿地和建筑群的合理布置形成"生态绿色环境"。近年来，我国获得了联合国人居环境奖。我国大连、深圳等城市在提高城市人居环境水平上做了大量工作。在环境污染治理上，各城市和地区都倾注了极大的人力、物力，取得了卓著的成效。

生态城市建设是一种渐进、有序的系统发育和功能完善的过程。生态城市的建设在各地有不同做法，但任何一种做法都要跨越五个阶段，即生态卫生、生态安全、生态整合、生态文明和生态文化。

1. 生态卫生

通过鼓励采用生态导向、经济可行和与人友好的生态工程方法，处理和回收生活废物、污水和垃圾，减少空气和噪声污染，以便为城镇居民提供一个整洁健康的环境。生态卫生系统是由技术和社会行为所控制的，自然生命支持系统所维持的人与自然间的一类生态代谢系统，它由相互影响、相互制约的人居环境系统、废物管理系统、卫生保健系统、农田生产系统共同组成。

2. 生态安全

为居民提供安全的基本生活条件：清洁安全的饮水、食物、服务、住房及减灾防灾等。生态城市建设中的生态安全包括水安全（饮用水、生产用水和生态系统服务用水的质量和数量），食物安全（动植物食品、蔬菜、水果的充足性、易获取性及其污染程度），居住区安全（空气、水、土壤的面源、点源和内源污染），减灾（地质、水文、流行病及人为灾难），生命安全（生理、心理健康保健，社会治安和交通事故）。

3. 生态产业

强调产业通过生产、消费、运输、还原、调控之间的系统耦合，从产品导向的生产转向功能导向的生产，企业及部门间形成食物网式的横向耦合，产品生命周期全过程的纵向耦合，工厂生产与周边农业生产及社会系统的区域耦合，具有多样性、灵活性和适应性的工艺和产品结构，硬件与软件的协调开发，进化式的管理，增加研发和售后服务业的就业比例，实现增员增效而非减员增效，人格和人性得到最大程度的尊重等。

4. 生态景观

强调通过景观生态规划与建设来优化景观格局及过程，减轻热岛效应、水资源耗竭及水环境恶化、温室效应等环境影响。生态景观是包括地理格局、水文过程、生物活力、人类影响和美学上的和谐程度在内的复合生态多维景观。生态景观规划是一种整体性的学习、设计过程，旨在达到物理形态、生态功能和美学效果上的创新，遵循整合性、和谐性、流通性、活力、自净能力、安全性、多样性和可持续性等科学原理。

5. 生态文化

生态文化是物质文明与精神文明在自然与社会生态关系上的具体表现，是生态建设的原动力。它具体表现在管理体制、政策法规、价值观念、道德规范、生产方式及消费行为等方面的和谐性上，将个体的动物人、经济人改造为群体的生态人、智能人。其核心是如何影响人的价值取向、行为模式，启迪一种融合东方天人合一思想的生态境界，诱导一种健康、文明的生产消费方式。生态文化的范畴包括认知文化、体制文化、物态文化和心态文化。

以上五个层面，各个城市应根据自己的具体情况制定发展目标。基础比较差的发展中城市应从前三项抓起，而发达地区城市则应重点抓好后三项建设。

高度关注人也就是人居环境建设应以人为本，注重人的尺度和人的需要，关注人的生活和发展的需要。成功的人居环境建设都关注那些很细小但却与人的工作、生活关系密切的小的城市环境设计。

深圳市率先停止住房实物分配，实现了住房分配的货币化。政府只投资兴建社会保障性的安居房，其余由市场解决。要关注人的交流需求。人类交流的开放与半开放空间，对交流起着关键作用的交通系统受重视。对交流空间的渴望，导致了开放化的"广场空间"和"复合空间"的流行。要关注人的发展。人居环境建设的一个重要的新动向就是对人的发展的关注。一些对新经济触觉敏锐的城市和地区开始有意识地提升教育，打造创业支持系统，力争为人的成长和发展提供最佳环境。如杭州市通过优化、美化人居硬环境，调整政策环境吸引人才。大连的人居环境建设则极为重视社区教育系统，努力使住宅区成为社会教育的有关补充。

高度关注文化。在追求文化品位上，人们对居住地要求有归宿感，有适合自身背景的文化特色，有自己追求和向往的文化理想，有唯美的、艺术的、幸福的文化氛围。建筑界的诺贝尔奖——1998 年度普里茨克奖获奖作品就是位于西班牙的一个用高技术手段体现当地建筑传统特色的新建筑。要注重文化精神。地区的社会文化氛围对人的创业和发展有巨大的影响。硅谷的崛起，靠的是一种文化精神，是经济体制的创新。深圳的"特区精神"使深圳在我国改革初期建立新的经济秩序的过程中，成了当之无愧的开路先锋。

建设人人享有和谐的人居家园
——解读中国人居环境金牌住区
建设试点的特色与内涵

一、试点项目工作概况

中国人居环境金牌建设试点项目是"中国人居环境与新城镇发展推进工程"的重要组织部分，是中国房地产及住宅研究会人居环境委员会 2003 年年底在应对快速城市化挑战、全面建设小康社会的大背景下，针对规模住区规划建设开展的理论与实践相结合的品牌活动，是人居环境科学理论和可持续发展思想在实践中运用的范例。

这项工作开展近三年来，得到了城市政府和开发企业的充分肯定和积极地参与。目前，通过我会专家审查并正式签订共建协议的试点已经达到 63 个，遍及全国 24 个省、市、自治区（含直辖市）的 47 个城市，总建筑面积超过 2500 万平方米，并且基本形成了以开发企业牵头，以当地政府主管部门为主导，媒体积极参与的人居环境的全方位的实践模式。尤其是一些规模强大、实力雄厚的集团企业，如金都房产集团有限公司、阳光 100 集团公司、浙江新湖集团股份有限公司、建业（中国）集团股份有限公司等，都将其在全国各地开发的项目以集团型金牌试点单位的方式，整体地纳入到人居环境建设中来，为我国的住区建设增添了强大的动力。

今天，由金都房产集团有限公司承担的"杭州·金都华府"、"嘉兴·金都佳苑"顺利通过专家组的严格检查和验收，成为了全国第一批通过人居环境金牌建设试点评估验收的项目。这不仅预示着全国首批人居环境金牌住区的诞生，也标志着中国人居环境金牌建设试点项目验收工作进入了新的阶段。

二、试点项目的特色与内涵

自人类有史以来，聚居活动就始终伴随着人类的生存与发展。近年来，随着我国城市化的快速发展以及人与自然矛盾日益突出，改善和提高人居环境更是成为了全社会共同关注的焦点。为此，很多的单位和组织从不同的角度以不同的方式进行着积极有效的实践和探索，共同推动了我国人居环境建设的发展。从住区领域来看，国家康居工程以实用技术为支撑，旨在推进住宅产业现代化。健康住宅强调从居住者生理和心理健康的需求来营造健康舒适的居住环境。这些工作都各具特色、各有优势，犹如百花齐放，共同推动了我国住区人居环境建设的健康发展。那么，与这些工作相比较，我们的人居环境金牌试点工作有哪些特点？中国人居环境金牌示范住区的内涵又是什么呢？

（一）强调融贯与综合，从人居大系统中考虑住区建设

中国人居环境金牌建设试点工作最大的特点在于强调融贯和综合的思想，这也正是吴良镛先生提出的人居环境科学理论的精髓之处。它强调要把人类聚居作为一个整体，从生态、文化、社会、技术等各个方面，进行系统综合的研究，而不像城市规划学、地理学、社会学那样，只涉及人类聚居的某一部分或是某个侧面。因为今天，无论是住区开发，还是城市化发展，早已是由各个行业错综复杂地交织在一起的系统工程，牵一发而动全身，缺乏共同认可的专业指导思想和协同努力目标的举措，往往只能是"头痛医头，脚疼医脚"，很难取得根本上的成效。

因此，作为城市住区发展方向的引领者，中国人居环境金牌建设住区试点首先将住区建设放到人居环境大系统中来考虑，从住区与自然、住区与城市、住区与社会系统等多个角度来思考，营造真正的和谐住区人居环境。

比如，我们提出的"中国人居环境金牌住区建设七大特色目标"中的第一条"生态：生态规划先行，突出人与自然"和第二条"配套：完善配套建设，创造价值城市"都是从人居环境大系统的角度，首先倡导住区与自然、住区与城市的融合，将住区纳入到城市中，成为城市的一个细胞、一个环节。中国人居环境金牌住区强调既要充分利用基地的自然资源和城市资源，使住区规划与周边生态、人文、建筑等环境相协调，另一方面，住区设施又要为城市所用，通过增加就业和发展住区经济，丰富城市功能，为城市作贡献，实现区域土地增值。

此次首批通过金牌住区验收的金都华府项目就充分体现出了与城市相融，为城市创造价值的思想。金都华府位于杭州南宋皇城旧地紫阳山麓，距西子湖南山路仅2000余米。小区一侧毗邻城市污水沟，另有铁路线从小区穿过，场地条件并不优越。经过认真地思考，该项目并没有采用常规的做法，简单地将自己与城市分割开，而是对污水沟周边和铁路两旁的环境进行了积极的整治，与城市融为一体。同时，金都华府还通过高品质的住宅产品，提升了该地区房价，提升了区域的土地价值。

（二）追求人居和谐，着力创造宜居软环境

人居环境分为人居软环境和人居硬环境。人居硬环境即人居物质环境，由居住条件、生态环境质量、设施服务水平等部分组成，人居软环境是一种无形的环境，如生活方便舒适程度、信息交流与沟通、社会秩序等。要衡量一个居住环境是否宜居，不仅要看住区的硬环境建设，还要看住区的社会、文化软件环境。从近年来世界人居研究成果及关注热点来看，强调人居环境的社会性已经日益凸显。例如，

1997 年美国某城市提出的 13 条宜居标准，其中包括犯罪率低、中小学校好、医疗质量高、环境清洁美观、生活费用合宜、到城市不超过一小时路程等，更侧重从城市的软件环境上，社会系统层面提出衡量标准。

近年来，随着经济和房地产业的快速发展，我国的人居环境建设也有了很大的提高。但是，从我国现阶段大部分住区的规划和设计来看，关注的重点仍然是住区内部的规划设计、景观环境、建筑立面等硬件要素的营造。人居环境金牌住区从人居环境的角度对住区建设提出了更高的要求，即强调通过人居环境硬环境的营造，来促进住区软件设施的提高和改善，最终为居民提供一个舒适、健康的居住环境以及有利于促进人际交往、公共活动的交往空间，在快速城市化进程中，将人居环境的理念切实体现在住区建设中。

最近，业界出现了一个新名词，叫"潜能住区"，就是指那些在住区设计阶段充分地考虑了不同人群的居住行为和交往需求，使得后期的人际和谐具备了空间上的可能性，从而具备了某种巨大的潜在能量的住区。我认为，人居金牌住区就应该具备这种潜能，通过合理的空间布局、良好的个性空间、精致园林小品的情趣空间、邻里沟通互动的自然空间和健康休闲的运动空间，来营造出亲情社区和宜居环境。

强调人与自然、人与社会、人与人之间的和谐与融合，是建设人居环境金牌住区的核心。

（三）倡导人居科技应用，引领节能舒适

人居环境金牌住区的建设目标将人居科技应用放在非常重要的位置，这不仅因为通过人居科技的应用，可以使资源和能源利用最大化，实现住区可持续发展的目标——这与资源和能源日益紧缺的大背景下，国家提出大力开展建筑节能、发展节能省地型住宅的方针大政是一致的。另一方面，科技应用也是改善声、光、热环境，提升居住品质最重要的手段之一。

对此，人居环境金牌住区试点提出了三个基本原则：一是整合原则。节能建筑不是"贴膏药"似的技术堆砌，一定要强调整合的理念，学会优化组合。二是适用原则。人居科技的应用与推广要以惠泽普通居住者为落脚点，因此，高价位和高技术并不是人居金牌住区试点追求的方向，而是倡导以现有的成熟、适用的技术为支撑，用低投入的方法来实现建筑节能和居住环境改善的目标。三是定量节能的原则。即把建筑节能实效作为检验节能成果的目标，采用定量节能技术的被动与主动节能的整合手段，选择出最为经济、有效的设计方案。

承担"金都华府"和"金都佳苑"项目的金都房产集团是人居科技实践方面的佼佼者。通过多年的探索，金都不仅总结出了一套适用的环保节能材料和技术，在其开发的所有项目中全面应用，并结合各项目所在城市的地理、气候条件进行创新与拓展。2005 年 6 月，金都集团的第一家，也是国内首家人居科技馆——杭州金

都人居科技馆隆重开馆。该馆总建筑面积 2600 平方米，集中展示了节能外保温技术、外遮阳技术、新风系统、中央吸尘系统、节水洁具、太阳能、垃圾处理系统、智能家电控制等二十多个目前国内外较为先进的环保节能材料和技术。人居科技馆的做法迅速在各地的金都项目中展开，并免费向公众开放，配有专门的讲解员。开馆几个月，金都华府及各地人居科技馆接待房地产专业人士及普通市民数万人次，起到了良好的科普宣传效果。

（四）重视居住文化的传承与创新，再造社区新模式

重视居住文化的传承与创新也是人居环境金牌住区的一个重要特点。建筑、聚落、城市本身就是人类历史文化的产物。但是文化不是符号，而是一种内涵。因此，那些跟风式的欧陆建筑或者简单的仿古建筑都是我们不提倡的，人居环境金牌住区推崇的是那些既根植于传统文化与地域文脉，又符合现代生活方式和居住需求的建筑。同时，文化也不是凝固不变的，文化是可以发展的。文化是一种习俗，是经过时间的沉淀为大众认可的东西。因此，我们既要把传统的居住文化和城市文脉传承下来，还要通过我们的建筑设计和规划设计，不断地创造新的为大众接受并喜爱的社区文化模式。

（五）健全服务管理，打造全寿命社区

人居环境建设是一个持续发展的过程，并不会随着项目工程的竣工交付使用而结束，相反，从人居环境建设的角度来说，又有了新的任务和要求。因此，人居环境金牌住区还对项目的后期管理提出了具体要求，在前期设计的同时要考虑到后期的使用问题，还要建立全寿命住区的理念，通过优良的物业服务和管理，创造和谐的居住空间。

三、中国人居环境金牌建设住区工作展望

在实践中，我们日益体会到，开展"中国人居环境金牌建设试点"具有深广的社会意义：直接为地方政府、开发商提供人居环境建设的概念、目标和技术支持；充分发挥人居科技专家优势和学术资源优势，在试点项目的前期策划、规划设计到后期施工的各个过程中，与试点单位建立人居共建关系，从而使地方政府、开发商和技术部门形成一个战略联盟，共享资源，共同努力推进我国人居环境建设实践的展开。从实践的效果来看，这种方式确实适应了城市政府和房地产企业的迫切需求，对房地产项目品质的提高能够起到积极的作用。

在未来的工作中，我们将进一步加强国际合作，我们计划通过吸收和借鉴美国绿色建筑的严谨科学作风，提升中国人居环境金牌住区建设的内在品质，促进金牌住区产品升级，逐步实现金牌住区建设水平的国际化。

目前，在我国，针对住区一级的人居环境评估标准中，多只能提出原则性的要求和指标，操作性较差，而可计量的住区环境评估正是美国《绿色建筑评估体系》的优势。

《绿色建筑评估体系》（Leadership in Energy & Environmental Design Building Rating System），由美国绿色建筑委员会建立并推行，国际上简称 LEEDTM。它强调建筑设计和施工应将选址规划的可持续性、水源保护和水的有效利用、原料与资源保护、室内环境质量四个方面作为绿色建筑评估目标，明显降低或消除建筑对环境和用户的负面影响。目前，在世界各类建筑环保评估、绿色建筑评估以及建筑可持续性评估标准中，《美国绿色建筑评估体系》（LEED）被认为是最完善、最有影响力的评估标准。近年来，它的发展更加受到关注，由于其突出的实用性、量化性和可行性，被市场广泛接受，目前已为美国 50 个州、加拿大、澳大利亚、印度等 20 多个国家借鉴使用。

通过与美国美国绿色建筑协会的多轮会晤和磋商，我们初步计划，第一步将合作开展绿色建筑评估员资质培训工作、宣传和推广工作，使更多的人了解和熟悉绿色建筑。等到条件成熟了，我们将在全国开展绿色建筑范例住区建设，争取两年内初步完成绿色建筑住区评估体系的中国本土化工作。

当前，我国的人居环境建设正面临着城市化加速发展带来的巨大压力和挑战。人居环境建设任重道远，需要社会各界共同参与和支持。中国人居环境金牌试点工作将从规模住区开发的实践着手，努力体现理论的完善性和完整性，体现人居环境的可持续发展观，体现人与自然、人与城市的协调发展原则，创建一批追求居住环境质量、讲究居住生活品质、提升住区建设亲和力的人居环境优秀住宅小区典范，引导规模住区房地产市场健康发展，满足我国城市化快速发展的需求，实现人人享有美好的和谐家园。

快速城市化中的中国人居环境建设

一、快速城市化给人居环境带来严峻挑战

（一）城市化是 21 世纪最具影响力的社会事件之一

城市化现象最早源于 18 世纪末的英国。从表象看，城市化主要表现为随着工业化的不断发展，农村人口大量向城市聚集，实质上，城市化所带来的经济、社会、文化、生态等方面的巨大影响已经远远不止于此。今天，随着各国政府和学者对城市化的认识和研究日益加深，城市化已经被认为是 21 世纪最具影响力的社会事件之一，并与数字技术的广泛引用同称为"当前人类社会和城市发展的两大趋势"。

（二）中国快速城市化高潮已经来临

当前，中国城镇化率已达高达 37.5%，在未来的 5 到 10 年内还将有两到三亿的人口涌向城市，城市居民每年将增加 2000 万到 3000 万人。中国已经进入了城市化的快车道。从空间表象上看，城市化具体表现为：①城市大举向外围扩张并进一步强化其对整个地区经济、社会、文化生活的影响；②农村人口向大、中城市迅速转移；③农村地区通过自身的非农业化而转为中小城市（城镇）。④大都市圈及城市群迅速形成。从发达国家走过的城市化历程看，城市化带来的一系列问题似乎很难避免。在中国，空前的人口规模更有可能使问题扩大化、复杂化。在快速发展的城市化进程中，要动态而全方位地思考人居环境建设问题，积极寻找有效解决之道。

二、城市化中的人居环境问题

（一）城市用地紧张

由于大城市的聚集优势所显示出的旺盛的生命力，我国政府对大城市的发展政策从控制转向积极促进，进而人口及经济活动向大城市过分集中，引发了城市土地资源供应的紧张和激烈争夺。土地资源的紧张又反过来影响城市的环境、交通、住宅建设和公共基础设施建设等各个方面，造成交通拥堵、环境污染、人们生活质量下降等问题。尤其是房价的居高不下，更是与城市用地紧张直接相关。以南京为例，2003 年 1 月至 5 月，南京市商品房供求之比为 0.52：1，供需矛盾十

分突出。因此，尽管目前我国政府正在加大对土地供应的控制力度，加强土地的集中管理，土地紧张仍然是我国城市发展中面临的根本问题。其中，需要警惕部分城市不顾地方的实际情况，以工业园区和开发区的名义大搞"圈地运动"。由于这些园区功能较为单一，经济活力不强，最终导致土地大量闲置，资源严重浪费。

（二）郊区化现象突出

自 20 世纪以来，西方部分大城市相继出现"美国式郊区化现象"，即城市的人口、产业不断由市中心区迁往城市郊区，大型郊区超级市场也随人口的大量外迁而纷纷涌至城市郊区，它最大的问题在于造成了对土地资源的极大浪费。从目前的发展来看，郊区化仍然是城市发展过程中的一种必然趋势。但现阶段我国的郊区化往往只是单纯分散了城市化居住职能，郊区化了的市区往往无法完全取代中心城市的功能和地位，"卧城"、"睡城"等现象在一些城市十分突出。例如北京的"回龙观"、"天通苑"等住区就存在明显的"钟摆交通"，居民生活十分不便。在华南地区，一些大规模的住区虽然内部的建筑和环境质量均十分出色，却往往由于规划不到位，城市基础设施滞后，难以形成人气。因此，在城市化的进程中，郊区化发展一方面要充分考虑新城镇发展的产业支撑，另一方面应突出城市规划的地位，超前引导，避免盲目和失误。

（三）汽车文化盛行

汽车的快速普及，为城市郊区化发展推波助澜。虽然郊区的交通条件为此有所改善，但是中国的郊区化发展往往突破了传统的城市总体规划范围，存在城市机能不健全、市政设施跟不上、服务不配套等严重问题。汽车数量的快速增长，也给城市交通和生态环境保护带来极大的挑战。从深层次来看，它甚至从根本上改变了以人为本的城市尺度和社会体系架构，将城市拖进无序扩张的怪圈中。据统计，目前我国私家车每年以超过30%的幅度快速增长，仅北京市的汽车保有量就超过了200万辆。汽车的增长趋势不可阻挡，但是可以通过增加停车费等措施控制交通需求，限制私家车出行，同时大力发展轨道交通和公共交通，以解决城市居民的出行问题。

（四）资源和能源紧缺

我国的人均可采煤储量只有全世界人均水平的55%，石油只有全世界人均储量的11%，天然气只有5%左右，但能源消费总量在1998年已是世界上第二大能源消费国，我国的建筑、采暖等方面的能耗量更是先进国家的3~4倍。近年来，随着我国经济建设的快速发展，城市人口的不断增加，城市用水量持续增长，水、电的供需矛盾已经日益突出，据统计，全国已有236个大中城市严重缺水。我国全年电量则短缺 600 亿千瓦时，北京、上海、广州等发展速度较快的城市已出现因城市用电紧张而限电的情况。资源和能源短缺已成为我国城市经济发展最大的瓶颈。要改变这种局面，重要的是在区域城镇体系规划中对有限的资源进行科学合理的配置，促进区域协调发展。我们长期坚持的"以人为本"的原则，应该进化到"人与自然协调发展"的基点，同时，加快增长方式的转变，提高资源的节约利用效率。

三、中国人居环境的理论框架

1993 年前后，中国著名学者吴良镛、周干峙与林志群三人针对快速城市化带来的问题，在积极借鉴希腊建筑师道萨迪亚斯的"人类聚居学"的基础上，创造性地提出了中国人居环境科学理论。

该理论的核心思想是融贯综合地看待和处理人居环境问题。所谓"融贯"，就是先从中国建设的实际出发，以问题为中心，主动地从所涉及的主要相关学科中吸取智慧，有意识地寻找城乡人居环境发展的新范式，不断地推进学科的发展。所谓"综合"，就是强调把包括自然、人类、社会、建筑、支撑系统在内的人类聚居作为一个整体，从生态、文化、社会、技术等各个方面，对人类聚居进行系统的综合的研究，而不像城市规划学、地理学、社会学那样，只涉及人类聚居的某一部分或是某个侧面。这一思想渗透了"天人合一"的东方智慧。

其中，"五大前提，五大系统，五大层次，五大原则"构成了人居环境科学的理论框架：

1. 五个基本前提

①人居环境的核心是"人"，人居环境科学以满足"人类居住需要"为目的。②大自然是人居环境的基础。人类的生产活动以及人居环境建设活动都离不开更为广阔的自然背景。③人居环境是人类活动与自然之间发生的联系和作用。人居环境建设本身就是人与自然相互联系和作用的一种形式，理想的人居环境是人与自然的和谐统一。④人居环境内容涵盖丰富。人在人类聚居地中进行各种各样的社会活动，努力创造宜人的居住地（住区），进一步形成更大规模、更复杂的城市人居环境支撑网络。⑤人创造人居环境，人居环境又对人的行为产生深远影响。

2. 五大系统

划分系统的研究方法是该理论的一大创造。就内容而言，人居环境包括自然系统、人类系统、社会系统、居住系统、支撑系统五大系统。

①自然系统，是聚居产生并发挥其功能的基础，是人类安身立命之所，侧重于人居环境有关的自然系统的机制、运行原理及理论和实践分析。②人类系统，侧重于对物质的需求与人的生理、心理、行为等有关的机制及原理、理论的分析。③社会系统，强调人居环境是"人"与"人"共处的居住环境，人居环境在地域结构和空间结构上要适应"人与人"的关系特点，最终的目标是促进整个社会的和谐幸

福。④居住系统，强调住房不能仅当作是一种实用商品来看待，必须要把它看成促进社会发展的一种强有力的工具。⑤支撑系统，主要指人类住区的基础设施，包括公共服务体系、交通系统以及通信系统和物质规划等。它对其他系统和层次的影响巨大，包括建筑业的发展与形式的改变等。

3. 五大层次

人居环境的"层次观"是一个重要的理论。根据中国存在的实际问题和人居环境研究的实际情况，初步将人居环境的科学研究范围简化为全球、国家（或区域）、城市、社区（邻里）、建筑五大层次。不同层次的人居环境单元的研究目标、范围和内容是不同的，不仅在于居民量的不同，还带来了内容与质的变化。

（1）全球：在研究人居环境的过程中，我们必须着眼于全球的环境与发展，特别要把眼光放在直接影响全球的共同的重大问题上；经济全球化是不以人的意志为转移的客观的历史潮流；国际大都市的发展也着眼于全球。

（2）国家（或区域）：国家对环境的考虑，强调生态，保护绿地和控制都市发展用地等规划政策，集中在土地再造系统、城市发展控制以及人口分布这三个主要问题上。中国幅员辽阔，各地具体的自然条件千差万别，人居环境发展有着明显的不平衡性。在东部沿海地区，以中心城市为核心发展城市化进程；在欠发达地区，限于条件，还是要以城市为核心进行城市化。

（3）城市：优先土地利用与生态环境的保护；确保能源、交通、通信等基础设施的支撑系统；重视各类住区及公共建筑群的组织，要充分注重整体城市规划的建设；改善密集的城市环境质量，使之成为生态、健康、安全的城市；继承城市文化情节，创新城市环境建筑艺术。

（4）社区（邻里）：这里指城市与建筑之间一个重要的中间层，社区人居环境建设广义为：就城市结构系统言，可包括居住区、片区、街道；就社会组织言，可释义为社区、邻里；就城乡关系而言，可指小城镇、村镇等。

（5）建筑：建筑既包括物质内容，也包含精神的内容，反映了人类文明的进步。特大城市和城市地区的建筑发展现象，涉及人类对环境建设的重大要求。建筑的发展是建立在人类生产力和技术发展的基础上的，应全面地看待建筑与国家发展、社会的进步、科学的发展、广大人民的生活环境的提高以及与文化艺术发展的关系。

4. 五大原则

通过对全球和中国若干问题的广泛思考，对21世纪中国人居环境问题应当有一个清晰的共识，主要包括下列内容：

①正视生态的困境，提高生态意识；②人居环境建设与经济发展良性互动；③发展科学技术，推动经济发展和社会繁荣；④关怀广大人民群众，重视社会发展的整体利益；⑤强调科学的追求与艺术的创造相结合。

四、推进工程——有中国特色的人居环境建设实践探索

中国人居环境科学理论提出后得到了社会各界的高度重视。1995 年，清华大学成立了"人居环境研究中心"，并于 1994～1998 年的五年间，在自然科学基金的资助下，举办了四次关于人居环境的学术会议。与此同时，清华大学、同济大学相应开设了"人居环境"课程，重庆建筑大学召开了有关山地人居环境的国际学术会议等。最近几年，人居环境更是成为人们关注的焦点，各种有关人居环境的研讨、论坛纷纷举办，各城市都将人居环境作为政府工作的重要内容。我国一些城市频频获得联合国"世界人居奖"。中国在人居领域取得了突出的成就，已经赢得了国际社会的广泛赞誉和肯定。中国人居环境事业正在蓬勃发展，努力探索有中国特色的人居环境建设实践新模式。

2003 年 11 月，人居委员会针对当前我国人居环境发展存在的现实问题，在"首届中国人居环境高峰论坛"上发表了《中国人居环境与新城镇发展推进工程倡议书》，并首次提出住区人居环境建设的七大技术纲要。这一倡议立即引起了广大城市建设者和房地产开发企业的广泛关注和积极响应。

中国人居环境金牌建设试点项目是"中国人居环境与新城镇发展推进工程"的重要组成部分，是中国房地产及住宅研究会人居环境委员会于 2003 年年底在应对快速城市化挑战、全面建设小康社会的大背景下，针对规模住区规划建设开展的理论与实践相结合的品牌活动，是人居环境科学理论和可持续发展思想在实践中运用的范例。

目前，通过人居委专家审查并正式签订共建协议的试点已近 70 个，遍及全国 24 个省、市、自治区（含直辖市）的 47 个城市，总建筑面积超过 2500 万平方米，并且基本形成了以开发企业牵头，当地政府主管部门为主导，媒体积极参与的人居环境的全方位实践模式。尤其是一些规模强大、实力雄厚的集团企业，例如，金都房产集团有限公司、阳光 100 集团公司、浙江新湖集团股份有限公司、建业（中国）集团股份有限公司等，都将其在全国各地开发的项目以集团型金牌试点单位的方式，整体地纳入到人居环境建设中来，为我国的住区建设增添了强大的动力。所有的试点项目都必须经过一个人居共建的过程，只有经过了人居委专家组中期检查、预验收、验收等环节的审核后，才能由试点项目升级为"中国人居环境金牌住区"。

为了在快速的城市化进程中将人居环境的理念切实地体现在住区建设中，人居环境委员会编制了《中国人居环境金牌住区建设七大特色目标》，包括生态、配套、科技、亲情、环境、人文、服务等方面的内容。

五、中国人居环境金牌试点项目"湖畔尚城"评析

临海市是国家历史文化名城，具有浓厚的历史文化底蕴。"湖畔尚城"的规划

设计通过明快、简洁和现代的手法，表达了现代住区的居住文化。建筑的形象稳重而不沉闷，延伸了传统建筑文化内涵。这是小区的一大特色。

该项目的另一特点是小区的规划结构布局合理、分区明确，能按照高层、多层和联排住宅的不同居住群的要求，组织内部的居住空间，以适度的围合、开放的手法，形成空间序列，并通过高低关系、视觉通廊与城市山水景观相互呼应，充分利用城市景观提升住区品质，为城市风貌增添色彩。

值得称道的是，小区利用半地下车库局部提高的地势，形成了变化的小地形，丰富了景观。车库采用生态的采光、通风井，改善了视觉观感，同时，又为节约采光用电、机械通风创造了条件。小区的道路简洁通畅，车位数充足，有良好的动静态交通条件。

此外，住宅的套型丰富、类型多样，较好地适应了广大城市市民的居住需求。套型平面功能合理、尺度适中，有较好的内部空间关系，部分套型通过景观房、阳台和观景空间，使住宅内外有较好的连接，提升住户的舒适性和阳光感。

总体来说，作为临海市新区灵湖风景区畔的重要住宅配套项目，"湖畔尚城"的建设将为临海市创建"人居佳市"的战略目标添光增彩，为临海市的普通住户提供宜居型的居住小区创造舒适、健康、生态、环保的高品质生活水平，体现了人居环境的建设目标。

人居环境品质和人居住区营造探讨

一、人居环境研究理论和背景

人居环境所涉及的方面不仅是要满足人类对遮风挡雨、生活起居的物质需求，而且还要满足人类对心理、伦理、审美等方面的精神需求，因此，人居环境的发展表现了一个时代文化艺术的风貌和水准，凝聚了一个时代的人类文明。无论是建造住宅，还是与其融为一体的园林景观，都既是一种生产活动，又是一种文化艺术活动。人类居住环境的改善始终伴随着人类文明的进步。如何让住宅和社区符合优质人居环境的标准和特色，是人居委多年来的追求。

在代科学的产生和工业革命带来的生产力的高度发展打破了这种平衡。19世纪至20世纪初，现代建筑与城市规划学提出了"住宅是居住的机器"的口号，大规模的城市开发和工业化的建筑施工，将人与自然隔离对立起来，在居住硬件条件改善的同时失去了环境的亲近感和协调感。

毋庸置疑，工业化给人类带来了前所未有的文明。但是，其负面效应也体现在社会各个领域。在众多探索中，有两条线索特别引人注目。从理性和实证出发，西方学者提出了生态建筑学和景观建筑学，试图将人工环境与自然环境结合起来；从感性和想象出发，东方学者重新继承发展了风水理论中天、地、人有机统一、"天人合一"的理想，力图创建新时代的"山水园林城市"。同时，全球也把注意力转向环境保护和持续发展，"我们同住一个地球"的口号成为时代宣言，人类对人居环境的品质与意境有了共同认识。可以说，在这一点上，东西方走过了一条殊途同归的道路。

二、人居环境追求和谐平衡

人居环境的营造活动是在人的规划下进行的。从本质上说，人的思维活动是人的社会存在的反映，因而，不同的地理、气候、社会环境决定了设计者的思维差异，从而决定了设计的结果差异。然而，作为观念形态的意识不仅仅会反过来影响人的社会存在，同时，作为文化沉淀的、相对稳定的观念形态本身就是一种社会存在，必然地影响到人居环境的设计、选择。这种观念的基础就是理性实践精神，人就是在不断实践中完善人居环境的观念。

在影响人居环境发展的诸多观念中，天人合一的观念是根本性的。"天"是一个历史范畴，"天"被认为是有意志、有人格的最高主宰；"顺应天意"作为人居选址的理论基础，力图将人居的选址模拟成通过天象观测、地理的测象，以求得到合法与永恒，从而影响了人居环境的发展。

作为中央、地方以至乡村的最重要的建筑活动，常常体现人居环境意识形态，构成中国人居环境体系最具象征意义的内容。在城市，通过进一步的关于自然环境的具体认知及其他事物中的有序的把握，使天人合一观念逐渐潜化为人对居住环境要素选择中的选择。

对于中国文化来说，包含"自"与"然"两个部分，包含人类自身以及周围世界的物质本体部分，也就是说，中国文化的自然观是将自然看作包含自我的一体的概念，人类及自然生态都从属于物质世界体系，在这种概念的作用下，人与自然其他要素是处于相同层次与地位上的，这为确立人与自然的和谐关系奠定了基础。

"智者乐水，仁者乐山"之类的追求，催生人居环境中的人文精神，显示了人在自然中的地位与主体价值。

环境观指的是人对周围环境因素及相互关系的认识。在"天人合一"的宇宙观下，这种认知表现在：赋予构成人居环境的各种要素以互相依存的有主次的属性。最为典型的就是关注环境中的地形地貌、山林植被、河系水流的位置，对营造最佳人居环境的影响的重要程度。其次是社会文化心理长期累积产生的潜移默化的影响因素。生活在一定社会条件下的人群在心理上有着对社会条件的折射，有着对社会规范文化同构的心理认知，这种社会文化心理结构自然影响着包括人居在内的人群的活动与行为。中国文化的内敛性格，常常演变为聚合式的内院和围合空间，创造的是内向式人居环境建筑。早先的福建土楼、北京四合院等反映的是当地人居文化。

三、现代人居环境品质新发展

世界是物质的，人类从主观唯心和朴质唯物的思想中觉醒，人类对人居环境的规划选择更明智、更理性化，从而形成了人居环境区域整体规划、开放化的人居环境及绿色人居环境。

1）绿色人居环境区域整体规划

人们是从区域发展条件、经济增长、区域规划及发展等方面来分析人居环境的优劣的，人类对自身的发展提出了"以人为本"的口号，对区域人居环境，通过制定整体的规划决定发展方向与战略目标，通过对区域土地的利用与保护、区域产业规划布局、区域基础设施规划，来达到整体的规划目标。区域协调经济、社会和环境的发展，保护人们的健康，促进社会生产力和资源环境的利用，而这一切的唯一目的就是提升整个人居环境的品质。

以大、中城市为中心，小城镇及广大自然环境地域为腹地，共同组成一个多样性、综合性的生态环境系统，必须依靠适当数量的物种的分布来平衡整个人居环境区域生态系统的稳定。人居环境区域内要形成一定的社会文化特征，成为多样性的社会、经济、自然的复合环境系统，现代人居环境的人工生态系统与自然生态系统的平衡协调，是实现可持续发展的两个不可或缺的两个方面。

2）开放式的绿色人居环境设计理念

当今世界，信息成为主宰我们生活的最主要因素。生态观、环境观直接影响人们的生活方式，开放式的人居环境，是适应新的生活方式的主要特征之一。所谓开放式的人居环境，是指人们的生活、工作、学习空间对传统的私密性和公共性模式的突破，人与自然，人与人之间试图通过信息、资源的共享，达到和谐共处的目的。

在代城市与建筑空间的特点表现为，既是许多人居住和工作的场所，同时对每一个人来说又是具有特殊意义的场所。公共空间不光为集体性活动提供场所，也为个体而存在。广场空间设计的实质，是"场所感"的创造，是提供给居住者生活交流的自己的空间。城市规划设计中，常以开放空间与城市空间自然过渡来表达空间的连贯和功能的放大，延续市民自己的人居环境的概念。

3）绿色住区人居环境理念的实践

就绿色人居环境来说，它是以一种生态学的基本原理为指导的住区人居环境。由于绿色意味着生命、生长和可持续性，所以，绿色即成为了活力与希望。为此，绿色人居环境的意义就可以理解为具有活力的和可持续发展的住区的生活空间环境。除此之外，绿色住区环境还可理解为是自然资源合理化、节能减排、无污染、无公害、具有地方特色的高居住品质、高性能、高品位和充满文化意韵的住区环境空间场所。

绿色人居环境能给住区居民提供符合整体人居环境质量的居住条件，有较好的日照、空气与通风条件，并远离有害气体污染源和噪声源。绿色人居环境为住区居民提供的居住条件在物质空间方面具有均好性，给每个住区居民提供的生态、生活的条件是公平的。人居委近年来就规模住区的人居环境品质发表了《人居住区金牌试点七大特色目标》，充分表达了对绿色人居环境品质的认识，为住区提供了一个规范性、实施性很强的评价工具。

这七条特色目标的具体内容包括：①生态规划先行，突出人与自然；②完善配套建设，创造价值城市；③优化整合资源，引领节能舒适；④突出人本关爱，体现社区和谐；⑤合理空间布局，构建宜居环境；⑥住宅品质升级，传承居住文化；⑦健全服务管理，保证物业增值。具体执行条文超过200条。这套评价体系涵盖了绿色人居环境的硬环境和软环境建设的各个方面，彼此联系，各有侧重。它强调的是住区与城市的人居环境关系，强调的是住区与区域生态资源的关系，强调以人为本的室内外的空间环境布局，充分满足生态人自己的舒适、健康和和谐的宜人居住条件和普通市民的居住生活品质。

紧凑新城镇：节能省地与可持续发展之路

21 世纪中国面临着一个空前发展的机遇，也面临着人口、能源、资源、生态环境和城市化各地发展不均衡，以及"三农"等诸多问题的挑衅，因此，大力发展紧凑型新城镇，是实现节能省地与可持续发展目标的有效途径。

第一，我认为，中国目前的城市发展困境主要包括四个方面：一是城市化的速度非常快，但水平不高；二是城市化发展水平滞后于工业化发展水平；三是土地资源浪费严重，规划及管理水平又非常低；四是能源浪费非常大，生态环境的压力非常大。

1. 城市化水平不高。1979 年，我们的城市化率只有 18.96%，但到 2004 年已经发展到 39.6%，总体上进入快速增长期。在城市数量方面，1979 年为 216 个，1997 年已经发展 668 个，20 年增长了三倍。中国的城市化迎来了历史上最快速的发展阶段，各种类型的城市与城镇建设规模、人口规模、经济水平都面临着空前的发展，在这样的大背景下，我们提出创建紧凑型新城镇的发展观念与发展模式是与时俱进的。

2. 城市化发展水平滞后于工业化发展水平。2000 年时工业化率已经达到 49.2%，而同期城市化水平仅 28.2%，两个指数相差 21 个百分点。城市化水平滞后的结果是工业化和农业现代化进程受阻，低水平、重复性建设严重浪费了有限的能源和资源，拉大了小城镇与大城市发展水平的差距，因此，也就限制"三农"问题的解决。现阶段正是建设紧凑新城镇的良机，从解决人居环境问题入手，在经济增长、社会进步、劳动就业、节约能源、保护耕地、环境保护等领域中构建新的可持续发展模式。

3. 土地资源浪费严重，规划及管理水平低。城市的形态是分散的，土地浪费严重的根本原因在于规划管理和城市开发理念不足。城市建设与发展不应该被势利投资者或浅显的开发商牵着鼻子走，因此我们今天提出要为城市创造价值，应该得到高度的崇尚。今天我们反思在超短时间内超大规模的建设行为是否符合城市发展可持续性。

4. 能源浪费，生态的环境压力大。汽车的普及正极大地改变着人们的生产和生活方式。据了解，北京在非采暖时期机动车排放量 CO、HC、NO 已分别占排污总量的 86%、90% 和 56%，北京再生水回用率只有 2.5%，城市水体污染也使本就严重缺水的城市更加紧张。不解决城市的环境问题，城市发展的成本将越来越高。

第二，紧凑新城镇发展模式的提出，是结合中国短时期内城市大规划建设实际情况提出的一种城市规划对策与发展模式，是对可持续发展的强调，旨在倡导越来越多有实力的企业参与到解决中国城市化问题中来，让从事传统房地产开发的企业，以人居环境与资源可持续发展的角度参与新城镇的建设。

什么是紧凑新城镇，一个是"紧凑"，一个是"新城镇"。

"紧凑"——包括城市形态的紧凑，以及以步行非机动车系统与公共交通系统为主体的城市交通体系，紧凑之中有完善的城市功能和居住舒适、卫生安全的环境条件等。

"新城镇"——既包含大城市的核心区功能更新和规模住区建设，以产业发展带动的小城镇化建设，功能健全城市各类开发区建设的城市，还包括对城市郊区化发展的科学引导。

紧凑新城镇就是在城市总体规划指导下，以紧凑的城市形态，建设新城镇的一种可持续发展的战略，是建设节能省地型城市、建设节约型社区的有效途径。

第三，创建紧凑型新城镇恰逢其时。一是城市规模和城市数量面临突破。二是在短时间内，超大规模的开发建设，迫切需要紧凑新城镇的开发观念的指导。三是城市运营商出现，其运营模式及理念需引导。四是中央房地产宏观调控政策，对城市建设与房地产业来说是个难得的"盘整"时期。

第四，如何建设紧凑新城镇。紧凑新城镇目前仍然是一个具有可持续发展的基础理论，需要不断充实、完善并进行深入研讨的系统课题，需要大家共同研究。2000年11月份，人居环境委员会发起了"中国人居环境新城镇发展推进工程"的倡议，并提出了七大技术纲要，首次对新城镇发展确立了指导性文件。

建设紧凑新城镇，应该坚持以下原则：

1. 坚持可持续发展原则。

紧凑新城镇鼓励在现有城市用地基础上开发，不仅可减少市政基础设施投入，还有利于降低公共服务的成本、保护耕地。在开发新区的时候，规划应做详细论证。

2. 全面规划与适应社会发展原则。

紧凑新城镇要注意加强对城市资源的全面统筹以及对社会问题的充分研究和把握，对综合资源进行综合整合及充分利用。

紧凑新城镇要主张设立禁止开发区域，保护空地农田，设立自然景观和重要的环境保护区。

3. 紧凑新城镇不是说不要环境，而是更注意环境的建设。

4. 步行与公共交通结合。紧凑新城镇可以减少城市交通的压力、营造健康生活。

5. 产业发展符合功能原则。紧凑新城镇主张以产业发展为龙头，坚持混合使用土地，避免建设单一功能区域，尽量减少对区域外城市功能的依赖，减少出行时间和距离。

6. 公众参与原则。中国已经进入社会政策时代，紧凑新城镇主张积极的公众参与，尤其是在城市更新的改造中，未能征得相关居民的同意的开发是不可持续性的表现。

7. 紧凑新城镇鼓励形成自己的特色。包含环境特色、产业特色、建设风格、交通方式、文化体育、节庆活动等方面，一个有特色的新城镇不仅能增加居民的自豪感、归属感，更是构建和谐社会的重要因素之一。

8. 法律保障措施支持。建一栋楼是百年基业，建一个城市则是千秋伟业。紧凑新城镇不是一届政府甚至一代人能够完全的事业，朝令夕改是我们当今建设城市中最大的问题之一，应采用法律手段保证紧凑新城镇的方针得以长久贯彻执行。

2005. 11. 10

5 住宅·老年住宅·小面积住宅

中国住宅房地产 60 年发展历程与成就①

概　述

住宅房地产发展受制于国家经济、社会和科技发展的水准，住房直接涉及每个居民的切身利益。居住者享有居住权，提供住宅既是政府的责任，又具有商品的属性。中国住宅房地产的 60 年发展记录了住宅房地产的基本生存型—温饱型—舒适性—享受型的发展阶段，建设的理念和开发模式也跟随住房体制变革按简单模仿型—探索型—理智型—精明型的规律不断发展。

建国伊始，百废待兴，城镇居民的住房短缺十分严重，尤其是新兴工矿区的住房建设的紧迫性更加突出。由于受到"先生产、后生活"的政策干扰，1949～1978年的城镇住宅建设总量只有近 5 亿平方米，人均居住面积只有 3.6 平方米，人民居住水平与建国前后相比并未得到提高。1979 年改革开放以来，中国住房建设取得了很大的成绩，城镇住宅建设 1979～1998 年的 20 年间共建约 35 亿平方米，为建国前期 30 年间建设量的 7 倍。人均住房建筑面积从 1978 年的 6.7 平方米上升到 2007年的 27.06 平方米，据 2008 年统计，已达到平均每人 28 平方米，是 1978 年的 4 倍多，城镇居民住房自有率达到 83%。

1998 年实施城镇住宅供应体制改革，住房制度由福利型分配转为市场化供应的模式。房地产开发建设发生了根本的变化，不光在居住面积水准上有了类小康居住水准的提升，而且住房建设已经成为拉动国民经济 GDP 的支撑产业，拉动 10 多个行业 30 个产业的发展。住宅已经成为全民、全社会关心的切身大事。1998 年以来，十年市场化房地产开发已经使中国的住房建设由"数量型"进入"质量型"的崭新的发展阶段。在居住区规划与住宅设计中，积极推进"以人为核心"的设计观念和"可持续发展"方针，大力推进"节能减排、绿色建筑"技术的发展。通过规划设计的创新活动，为中国快速城市化发展创造出大批的功能齐全、有时代特色、设备完善的居住小区，初步达到 21 世纪初现代居住品质的人居环境要求。中国住宅建筑技术获得整体进步，我国住宅产业现代化也将步入新的发展时期。

一、住区规划布局

1. 邻里单元

---

① 本文作者是中国房地产研究会人居环境委员会开彦、赵冠谦。

新中国成立初期，居住区规划借鉴了西方"邻里单位"的规划手法。居住区设有小学和日常商业点，其基本理论是使儿童活动和居民日常生活能在本区内解决，住宅多为二层、三层，类似庭院式建筑成组布置，比较灵活自由，如北京的"复外邻里"和"上海曹阳新村"（图1、图2）。

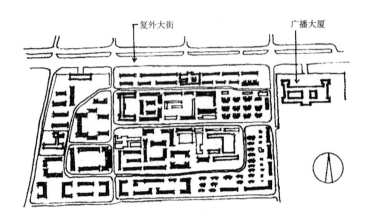

图1 复外邻里

图2 曹阳新村总平面
1—居住区中心；2—中学；3—小学；
4—托幼；5—医院；6—菜场

20世纪50年代中期，采用居住区—街坊的规划方式，每个街坊面积一般为五六公顷，街坊内以住宅为主，采用封闭的周边式布置，有的配置少量公共建筑，儿童上学和居民购物一般需穿越街坊道路。这种组合形式的院落能为居民提供一个安静的居住环境，但由于过分强调对称或"周边式"布局，造成许多死角，不利通风和日照，居住条件恶化。

2. 扩大街坊

在邻里单位被广泛采用的同时，前苏联提出了扩大街坊的规划原则，即一个扩大街坊中包括多个居住街坊，扩大街坊的周边是城市交通，在住宅的布局上明显强调周边式布置。

1953年，全国掀起了向前苏联学习的高潮，随着援华工业项目的引进，也带来了以"街坊"为主体的工人生活区，20世纪50年代初建设的北京百万庄小区（图3）是非常典型的案例。但由于存在日照通风死角、过于形式化、不利于利用地形等问题，在此后的居住区规划中已经较少采用。

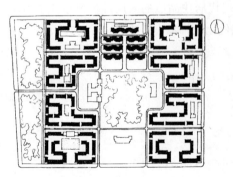

图3 北京百分庄小区

3. 小区规划理论

20世纪50年代后期，发展居住小区规划理论。小区的规模比街坊大，用地一般约为10公顷，以小学生不穿越城市道路、小区内有日常生活服务设施为基本原理。由于相应扩大了城市道路的间距，适应了城市交通快捷的要求。小区内采用居住小区和住宅组团两级结构，住宅组团的规模与内容也不断演变，由最初的只设托幼机构到后期与居委会管理范围相吻合的组织。

20 世纪 60 年代，在总体布局中运用"先成街、后成坊"的原则，新村中心常采用一条街的形式，沿街两旁设各种商店、餐馆、旅馆、剧场等商业文化配套设施，形成热闹繁华的商业中心，既方便了居民的生活，又体现了新的城市风貌，如当时上海的闵行一条街、天山一条街等对全国产生了很大的影响。由于"先成街"的片面性，有的城市的小区只成了街，而未成坊，形成了"一张皮"局面，未能达到最初的规划意图。

4. 成片建设

20 世纪 70 年代后期，为适应城市建设规模迅速扩大的需求，住宅建设由老城分片插建改为成片集中统一规划、统一设计、统一建设、统一管理，成为主要的建设模式。建设规模扩充到城区居住区一级，在规划理论上逐渐形成居住区—居住小区—住宅组团的规划结构。居住区级用地一般有数十公顷，有较完善的百货商店、综合商场、影剧院、医院等公建配套。居住区对城市有相对的独立性、完整性，居民的日常生活要求均能在居住区内解决。

进入 20 世纪 80 年代以后，居住区规划普遍注意了以下几个方面：一是根据居住区的规模和所处的地段，合理配置公共建筑，以满足居民生活需要；二是开始注意组群组合形态的多样化，组织多种空间；三是较注重居住环境的建设，组团空间绿地和集中绿地的做法，受到普遍的欢迎。一些城市还推行了综合区的规划，如形成工厂—生活综合居住区，行政办公—生活综合居住区，商业—生活综合居住区。综合居住区规划具有多数居民可以就近上班、有利工作和方便生活的特征。

长期来，我国实行完全福利化的住房政策，一直延续到 1978 年改革开放之前，大多数住房建设资金来源于国家及地方政府的基本建设资金，住房作为福利由国家统一供应，以实物形式分配给职工。单一的住房行政供给制越来越难以满足群众日益增长的住房需求，居住条件改善进展缓慢，住房短缺现象日益严重，社会矛盾很大。计划经济的 1949 ~ 1978 年，居住区按照街坊、小区等模式实行统一规划、统一建设，虽然建设量并不大，但在全国各地建成了大量的居住小区，经过不断地努力，基本形成居住小区和住宅组团两级结构的模式，而且不少小区在节约用地、提高住区环境质量、保持地方特色等方面做了有益的探索，居住小区初具中国建设特色。当时，北京夕照寺小区、和平里小区、上海蕃瓜弄、广州滨江新村等小区均有代表性。

5. 小区试点

20 世纪 80 年代中期开始，以济南、天津、无锡三个小区为主的"全国住宅建设试点小区工程"使我国住宅建设取得了前所未有的成绩。三年以后，建设部就试点的经验进行总结并成立全国试点小区办公室，轰轰烈烈地在全国开展试点工作，除直接指导的百余个小区试点以外，由地方建立的小区试点数百个。小区试点工作从规划设计理论、施工质量、四新技术的应用等方面，推动了我国住宅建设整体水平的提高，带动了建设科技、建筑材料的应用和发展，使建设领域呈现了欣欣向荣的气氛。这个阶段居住区规划普遍注意了以下几个方面：一是根据居住区的规模和所处的地段，合理配置公共建筑，要求与住宅建设同期进行，及时满足居民居住生活的需要；二是开始注意组群空间组合形态的多样化，组织多种居民空间；三是注重居住环境的建设，创立公共空间—半公共空间—半私密空间—私密空间序列的理论，使绿地和集中绿地的做法受到普遍的欢迎。

6. 小康住宅示范小区

20世纪90年代开始的"中国城市小康住宅研究"和1995年推出的"2000年小康住宅科技产业工程"，历经十年，对我国住宅建设和规划设计水平跨入现代住宅发展阶段起到了重要的作用。小康住宅强调以人的居住生活行为规律作为住宅小区规划设计的指导原则，突出"以人为核心"，把居民对居住环境的需求、居住类型和物业管理三方面的需求作为重点，贯彻到小区规划设计的整个过程中，编制了《城市小康住宅居住小区规划设计导则》作为指导小康示范建设的重要指导文件。对全国80多个小康示范项目进行了技术咨询、监督检查，通过项目示范，带动了全国居住区规划理念和方法的发展。

小康住宅在示范小区的基础上，表现出了新的特点：

（1）打破小区固化的规划理念。随着管理模式和现代居住行为的变化，强调小区规划结构应向多元化发展，鼓励规划设计的创新，而不再强调小区—组团—院落的序列模式和中心绿地（所谓四菜一汤）的做法，淡化或取消组团的空间结构层次，以利生活空间和功能结构的更新创造。

（2）突出"以人为核心"，强调以人的居住生活行为规律作为住宅小区规划设计的指导原则，把居民对居住环境的需求、居住类型和物业管理三方面的需求作为重点，贯彻到小区规划设计的整个过程中。

（3）坚持可持续发展的原则。在小区建设中留有发展余地，坚持灵活性和可改性的技术处置，更加强调建设标准的适度超前，例如提出小康居住标准为人均建筑面积35平方米，绿地率提高到35%，特别是汽车停放的前瞻性的策略布置，首次提出提高私人小汽车的车位标准等。

（4）以"社区"建设作为小区规划的深层次发展，配套设施更加结合市场规律。强调发展社区文明和人际交往关系，把人们活动的各方面有序地结合起来，体现现代生活水准。

1994年提出的"小康住宅10条标准"突出表现了规划居住品质的水准，同当时的普通住宅相比，要求使用面积稍有增加，居住功能完备合理，设备设施配置齐全，住区环境明显改善，可达到国际上常用的"文明居住"标准。

小康住宅被认为是未来发展的方向，对引导住宅建设发展有重要的意义。

7. 商品楼盘规划新理念

1998~2008年商品化住宅发展十年来，随着房地产市场的不断拓展，人们对住区规划设计新理念和新手法的探索一刻也没有停止过。开发项目的住区选址、楼盘规模、规划结构、空间形态、交通组织、景观绿化、公建配套等均发生了许多新的变化。主要特点是：

（1）城市化加快，核心城市中心土地紧缺，住区选址向城郊扩展。这种趋势随着道路的延展而得到加快，郊区的楼盘因为自然环境、交通方便和楼盘品质受到大众的欢迎，使千百万城市工薪家庭获得了价格相对低廉的住房。但是，由于增加了交通的生活成本，生活设施一时得不到完善，造成使用的不方便。

（2）楼盘规模趋向于大型化。楼盘规模的大型化，有利于集中资金、完善配套设施，有利于物业管理，但是常因为缺乏整体的规划和管理，造成楼盘分割，公共设施得不到充分的利用，城市功能不健全，使住户使用不方便、不完整。大盘开发的问题逐渐显露。

（3）公共空间从封闭式管理到对外开放。

20世纪90年代末，小区物业管理从无到有并以法律的形式确立下来。物业管理的建立为人们提供了安全、舒适、整洁、优雅的社区环境，居住生活质量得到保证。但是，小区封闭式的物业管理常常因为规模过大而造成极大的不便，城市功能不能得到发挥。人们开始意识到采用以街坊、组团，甚至单栋楼宇作为较小封闭单元，直接与城市沟通形成的开放模式更加有利于生活品质的提升，有利于增强城市的活力和营造多姿多彩的公共生活空间。深圳的万科四季花城、沿海集团在北京建设的塞洛城、上海的金地格林世界都是比较成功的案例（图4）。

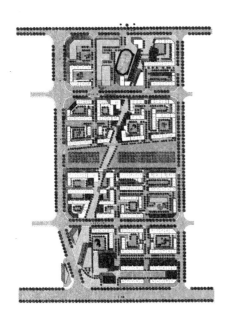

图4 街坊式开放住区——北京塞洛城

（4）向中高层和高层发展。

20世纪70年代中叶，住宅建设处于几乎停滞的状况。北京发动了"前三门大街"住宅复兴工程，第一次尝试了用高层住宅技术大批量建造的生产方式。全部26栋楼，采用了大模板现浇、大板结构、内浇外板结构等工业化的施工模式，展示了"文革"以后的城市和住宅技术的发展。中国的高层与中高层住宅开始起步。

1989年以来,随着高层建造技术的成熟,高层住宅得到了长足的发展。在北京和上海,每年大约有3/4的新建住宅为中高层或高层。优秀的中高层住宅并不意味着低标准,很多开发项目如深圳百仕达花园、广州的星河湾等都取得了大众的认可,是高品质的代表。

(5)汽车成为住区规划的重点。

图5 住区半地下停车方式

商品市场化十年来,私人小汽车从无到有,已经开始大量进入寻常百姓家庭,妥善解决小汽车的行驶路线和停放问题,减少对居民的干扰成为住区规划设计的重点。北京市政府规定,城市核心区三环路以内新建小区的机动车位,一户不得低于1/2个车位。全国其他的城市,也都制定了相应的标准(图5)。

(6)高度重视居住环境质量规划。

住房制度改革使个人需求价值取向改变,居民对居住环境的重视成为规划设计的目标,表现出以下做法:

1)环境均好性。当代的住区规划突破中心绿地加组团绿地的环境模式,而更加强调每户的外部环境品质,将环境塑造的重点转向住家的感觉,强调环境资源的均享性。要求每套住宅都能获得良好的朝向、采光、通风、视觉景观等条件。

图6 住区内的露天茶座,提供了居民交往空间

2)弱化组团,强调整体环境。要求对环境资源有更好的整合,扩大中心绿地空间和公共设施,使休闲功能、健身功能和视觉欣赏等更加丰富,强调院落空间,增强邻里交往和亲近关系,塑造领域感和归属感(图6)。

3)精心处理空间尺度与景观细节。环境景观已经成为居住区的关键要素,景观设计成为居住区不可缺少的一环。在住区规划中强调人性化考虑和精细化处理,讲究建筑风格,在空间尺度、环境设施、无障碍设计、材料运用等方面充分满足居住的需要,为居住带来新的价值。

二、住宅建筑设计

1. 建国初期住宅

住宅设计是随着国家经济社会的发展而相应发生变化的。从50年代的"先生

产、后生活"的简易住宅、"合理设计不合理使用"的大面积住宅、低标准住宅以及大进深小面宽住宅、小天井住宅等开始，经过曲折的变化，直至80年代，小区试点倡导合理使用功能、套型多样化、充分利用空间、厨房卫生间系列化等要求后，住宅设计才有了较大的进步。

建国初期的住宅设计大体沿袭欧美的生活方式进行平面布局：以起居室为中心组合其他空间，多为低层砖木结构，少量为钢筋混凝土结构。50年代中期，引入了前苏联单元式住宅设计手法，取消了以起居室为中心的居住模式，改为内走廊式布置方式，增加了独立房间，加大了厨房、卫生间，以适应多个家庭合用一套住宅的需要。当时十分强调加大进深、减小开间尺寸，以节约用地和降低造价。但是由于套型面积较大，成为合理设计和不合理居住的缘由，造成居住不便，引发了居住邻里纠纷，中方专家普遍不认可这种做法，到前苏联专家撤走也就停止了。

2. 简易住宅

20世纪60年代初国家遭遇"大跃进"的冲击，又面临三年自然灾害，住宅发展到了极低点。在大庆精神"干打垒"指导下，全国各地出现了一批简易住宅，减小了住宅的开间与进深，厨房及厕所的尺寸也极小，出现了厨房、住房分离和共用厕所的"两把锁"住宅，并不分地区条件地广泛采用"浅基、薄墙"，有的甚至连室内粉刷都没有。住宅的简易程度已不能满足人的基本生活需求与房屋的基本要求，形式也相当简单，造成事实上的极大浪费。具有讽刺意味的是，百万庄宇宙红简易楼至今仍站立在建设部的隔路东侧。

3. 复苏住宅及体系化技术

20世纪70年代文化桎梏以后，经济复苏，住宅需求紧迫。北京前三门大街高层住宅的兴建代表了一个新的起点，上海、广州等大城市相继也兴建了一些高层住宅。

1971~1973年，中国建筑情报所发布"科技情报100项体系技术"研究成果，促成了高层建筑多种体系技术的探索和发展，并不断推陈出新，高层技术由内浇外砌、内浇外挂、框架轻板直到全现浇、全大板、全升板、飞模、滑模建筑等技术的探索，可以说当时世界上有的技术中国都在实验，对我国的施工技术提高有很大的促进作用，高层建筑施工技术逐步成熟并快速地提高。但是，由于建筑标准的严格控制和配套设备水平过低，设备简陋，居住满意度低，大多居住条件差，很快成为更新改造的对象（图7）。

4. 住宅设计竞赛

从1979年开始，建设部举办了多次全国性的城市住宅方案竞赛，目的在于冲破多年来的设计思想禁锢和适应大批量建设的高潮的到来。通过设计竞赛的方式拓展创作思想，探索住宅

图7 工业化装配大板住宅

多样化设计，在各种创新理念和学术活动的调动下，新的创作气氛比较浓厚，并较注意国外技术动态，在创新基础上融入新技术、新观念，在有限的小面积、小空间条件下积极探索可变的多功能、多样化方案。这个路径到现在仍然是值得肯定的经验，推出了很多优秀的作品和优秀的人才。参赛作品中出现了很多的标准化的设计和灵活住宅的设计，引领了住宅向面大精深的深层次发展。

1979 年的"全国城市住宅设计方案竞赛"首次提出了"住得下"、"分得开"与"住得稳"的要求，一梯两户型紧凑平面开始出现，在平面布局上出现了由窄过道演变而成的小方厅型住宅，之后发展为小明厅住宅。竞赛方案还对设计标准化、定型化与多样化的问题作出了积极的探索，提出了多种不同结构模式的住宅体系，特别强调 3M 模数参数的应用，提倡在开间、进深小的前提下形成系列化成套设计，以定型的基本单元组成不同体形的组合体，再次提出经济合理性要素，开始运用加大进深、缩小面宽的方法达到节约用地的目的。

由于 1976 年唐山大地震的影响，方案特别强化住宅结构的抗震性能和平面结构的整齐划一性，对刚刚有起色的住宅平面布局造成了较大的影响，给住宅设计灵活性和大开间住宅的发展带来了相当大的限制。

1987 年举办了"中国'七五'城镇住宅设计方案竞赛"，这次方案竞赛与前两次相比，更多地考虑了现代生活居住行为模式的影响，起居厅的概念得到了注意，"大厅小卧"式住宅设计受到普遍的欢迎和应用。设计还重视了室内使用功能，利用有限的面积创造出多种类型的空间，特别是厨房、卫生间功能的完善得到了更多的重视。但是，也存在一些概念问题，如把大厅看作小厅面积简单放大，尚构不成家庭的中心，为了节地，又片面加大进深，使室内使用功能和采光通风效果下降，以小开间结构机械地加大开间参数，勉强换取灵活空间，高层住宅设计简单地成了多层住宅的叠加，忽略了高层建筑结构选型专用性、平面特点和消防疏散等高层问题。

1989 年，紧跟住房体制改革，开展了"全国首届城镇商品住宅设计竞赛"。竞赛主题为"我心目中的家"，鼓励设计者设身处地发挥想象力，创造一个宜人的居住环境。这次竞赛要求在设计手法上有所创新，探讨商品住宅的模式和特征，更新设计观念，推进住宅商品化的发展。方案着重对中、小套型的商品住宅设计的探索，发掘每一平方米的空间利用的可能性，以满足住户在小面积的标准下最大化地追逐功能的住户选择心理和适应商品市场的特征。

1991 年，"全国'八五'新住宅设计方案竞赛"开始。设计竞赛重点是住宅功能的改善，引导"从追求数量转为讲究质量"，"由粗放型向精品型转换"，强调住宅空间利用、厨卫功能、节地节能以及地方风貌等，方案出现了空间利用的众多手法，诸如错层住宅、复合住宅、跃层住宅、坡屋面利用，甚至利用时空概念的四维空间设计等。创作热情高涨，冲破了长久的思想禁锢，创新精神达到从未有的高度。新结构、新材料、新技术、新工艺的四新技术应用等也被提高到从未有的高度。

1998 年，以"迈向 21 世纪的中国住宅"为主题的"九五"住宅设计方案竞赛活动开始了，组织者从更高层面激发设计人员的创作热情，畅想未来。住宅产业现代化的讨论在行业中广泛进行，设计竞赛要求利用产业化理念的成熟和四新技术的提高等条件，创造以产业化技术为条件的满足现代居住要求的住宅套型，要求住宅设计考虑可持续发展的可能，要有适度的超前意识，引导我国住宅建设在 21 世纪前期的发展方向。

住宅设计竞赛对解决住宅设计中长期存在的一些问题进行了积极有益的探索和尝试，提供了针对地方特点的工业化住宅体系的解决方案，特别是产业化多层住宅的平面布置，在使用功能、室内环境、节约用地等方面都达到了较高的水平。

5. 砖混住宅体系化

1984 年，结合建设部"砖混住宅合理化课题"的研究，开展了"全国砖混住宅新设想方案竞赛"，征集砖混住宅体系化的建议方案。首次要求以提高砖混住宅的工业化水平为目标，以 3M 为基本参数系列，应用双轴线定位制以保证住宅内部的装饰装修制品、厨卫设备、隔墙、组合家具等建筑配件走上定型化和系列化的道路。方案设计引入了"套型"的概念，以使此后住宅统计更符合科学的计量要求。这次方案反映了住宅单体设计的平面布置合理性、功能实用性与外部环境优美性，出现了以基本间定型的套型系列与单元系列平面和整体的花园退台型、庭院型、街坊型等多种类型的建筑，体现了标准化与多样化的统一。大厅小卧的平面模式开始得到发扬，逐渐向现代起居生活迈步。

同期开展的"中国城市砖混住宅体系化研究"项目吸收了设计竞赛的成果，将传统的砖混住宅改造成符合工业化原则的体系化、标准化、机械化的传统生产模式，向达到摆脱纯手工的湿作业迈进了一大步。

6. 小康住宅

1990～2000 年十年小康住宅的研究把我国的住宅发展推上了产业现代化、体系化发展之路。1989～2003 年的中国城市小康住宅研究项目（中日合作 JICA 项目），创新性地提出了一系列关于中国住宅设计和建设的重要理念，开拓性研究得以全方位地展开。20 世纪 90 年代以来流行着一句话，叫"小康不小康，关键看住房"。1994 年发布的小康住宅的十条标准，至今仍然影响着房地产开发的理念。

小康住宅功能性研究强调居住的私密性，个人的隐私受到尊重，确立的设计原则是动静分离、公私分离、干湿分离，实际上是讲居住的品质和居住生活行为对住宅套型平面的要求。扩大厨房功能，使它符合商品时代的特征，安排洗、切、烧、储的操作顺序。小康住宅将起居厅的作用强调到最大，直接影响了新的居住行为的产生。

小康住宅还重点从体系设计、优良部品制度、厨房卫生间的整体系列集成、设备管道合理化等方面提出现实可行的技术措施。小康精神提倡的是适用、方便、健康、合理。石家庄小康实验住宅打破了常规做法，把底层、顶层和山墙部位的套型设计功能发挥到最大，第一个把坡屋顶引进并充分利用屋顶空间，上下功能分区，挑空起居室，被誉为"空中别墅"。"2000 小康住宅科技产业工程"的小康示范小区在全国有 80 余个，极大地推动了 1998 年开始的住宅商品化市场开发，为今天中国房地产成就奠定了厚实的基础。

小康项目几乎把整个住宅研究从头到尾都做了一遍，小康住宅的思路、方法、研究成果是开创性的，影响力是巨大的。可惜，到 2000 年时被人为地边缘化了，作为中国住宅品牌，没有很好地衍生下来。

7. 康居工程

2000 年开始由建设部牵头建立的康居工程，原意是扩大和加强 1998 年 7 月国务院八部委提出的"关于推进中国住宅产业现代化的若干意见"的实施，但是，很快发现用小区试点的办法无法承担重要的历史使命，无法把一个巨大的产业链的系统工程只寄托到一个只是房地产开发的"工程"项目上去，好比用小车拉动车组火车，完全是搞错了住宅产业与房地产业的概念，是把生产方式和生产产品不同内容混淆的错误。今天仍然无相关的行政管理和科研部门来掌管策划和政策管理，至今，住宅产品市场产业链未能如愿生成。

8. 健康住宅

2001 年，国家住宅工程中心编制的健康住宅建设技术要点发布，并启动了以小区为载体的试点工程，健康住宅被定义为心理健康、生理健康和社会健康，研究与人们的居住环境和人类健康相关的问题，设立了人居环境的健康性、自然环境的亲和性、居住环境的保护、健康环境的保障四个章节。在健康要素的指标方面，很适应房地产开发的需要，醒目而令人信服。2003 年，恰好遇到了"非典"疫情，健康住宅理念显示了在住宅建设中的重要地位，暴露了住宅设计中缺失，引发了的严重问题。健康住宅标准前后修编了三次，条文的定性定量指标方面，更具备了科学性、人文性和大众性，受到了众多的房地产企业和住户的欢迎。

9. 商品化住宅

1998～2008 年的十年发展使中国房地产市场逐渐完善与成熟，万科、金地、中海等一批龙头企业开始思考与世界同步。十年时间，我们的世界发生了巨大的变化，我们的生活也随之日新月异，而这些变化往往可以从我们身边的一些细微之处得到充分的体现。

令人遗憾的是，住宅商品市场化后，中国住宅产业化发展被人为地耽搁了十年，根本原因在于严重混淆了住宅产业和房地产业的概念。很多人把做好房地产业视同于做好了住宅产业，这样理解的结果导致了无视住宅产业的存在。十年时光的流逝，住宅产业十年的停滞使住宅发展付出了惨重的代价。至今没有人可以说中国住宅摆脱了"粗放式"的生产模式，这就是例证悲剧。

自 1998 年住房体制改革实施以来，十年间，房地产发展呈现出突飞猛涨的欣欣向荣的发展态势，全国土地、资金的投入达到了历史上的最大程度，建设量平均每年达到 2.2 亿平方米，居民购房热潮遍及大江南北。但是，不可避免地出现了市场两极化的表象：一方面是购房热情引起房价的飞涨，一方面大批住户望房兴叹。普通居住者用普通工薪已无法购得新房，社会矛盾凸显。2007 年，国家为此采取了几轮房价限制政策，包括小面积居住标准 90/70 方针，房地产发展出现强烈的波动。

2008 年 8 月至 2009 年 4 月，全国出现销售市场的"低迷"状态，引发了众多不同意见的强烈反响，认为人为的抑制政策违背了市场的规律，但是，更多的人则认为，住宅房地产的属性决定房地产应分属市场和保障两类管理和建设。市场按市场规律走，保障房理应由政府负担，保障的范围应包括普通的工薪阶层在内。中小套型原则适合普通住宅，应当提倡，国家应当提供一个明确的执行标准，不同层次需求的住房供应机制应得到保证。科技四新领域偏重大众型住宅，发展有着相当的紧迫性。

三、未来住宅技术探索

自新中国成立以来，中国住宅就没有停止对未来建筑的探索，20 世纪 50~60 年代住房严重缺乏时就已经开始了对未来居住模式的探讨，并着手建立模数数列的研究，实施标准化预制和传统建筑技术的革新运动。20 世纪 70~90 年代，对小康社会居住目标提出居住目标预测，并就小康住宅的技术路线和设计原则进行探索，建立了相关技术规范和行业标准，推动了住宅小区示范建设的蓬勃开展。21 世纪以来，世界各国对人居环境建设、绿色节能建筑的探讨，推动了我国对未来建筑的探索，现在正是我国住宅房地产建筑走向世界的重要阶段。

1. 绿色建筑

2001 年，我国开始启动"绿色建筑"研究，陆续从研究的角度编制了"中国绿色生态小区建设要点"、"绿色奥运建筑评估软件"等，研究成果开了绿色建筑运动的先河。2004 年开始，建设部每年一次在全国召开绿色建筑和智能化国际研讨会，直到 2008 年已经完成了五次会议，表明了政府的决心。会议对绿色建筑的定义作出了明确的规定，使全国的绿色建筑走上了规范的发展道路。2008 年，第一次以建设部名义发表了《绿色建筑评价标准》，填补了我国绿色建筑发展的空白。

但是，绿色建筑的发展仍然存在许多制约因素，主要是：

（1）缺乏对绿色建筑的准确认识，往往把绿色建筑技术看成割离的技术，缺乏整体整合和注重过程行为的落地等更深层次的意识，在行业中尚未形成制度和自觉行动，绿色建筑的影响力未能发挥出来。

（2）缺乏强有力的激励政策和法律法规。绿色建筑当前"叫好不叫座"，绿色建筑投入和产出效益主体分离，开发商看不到好处，奖励政策力度不够，就不能鼓励建设绿色节能建筑的积极性。当前，主管绿色建筑的各部门尚未能协同工作，未能提出影响国家经济、社会长远发展的有效的公共政策。

（3）缺乏有效的推广交流平台。绿色建筑在世界各国已经受到不同程度的关注，有的已经在经济发展、环境改善和能耗持续下降方面取得突出成就。尽管每年绿色建筑大会如期召开，但是仍没有及时、系统、广泛地与国际同行建立合作交流的平台，引进他们的成功经验和技术，推出的绿色建筑评价标准也未能表达绿色建筑注重社会性和过程行为实施性的本质特征。

我国的绿色建筑是在城镇化高速发展的起步阶段开始的，及时普及推广绿色建筑，无疑是对我国的财富积累、经济社会健康发展有着深重的意义。因此，必须加强政府导向和管理，及时提出切实可行的推广绿色建筑的工作目标、工作思路和措施，加大力度推广绿色建筑工作。

推广绿色建筑的工作思路是：

（1）全方位推进，绿色建筑涉及社会经济各个方面，必须动员各行各业的投入，而且主要依靠人通过行为意识来贯彻，这就要建立相应的行为准则和行政政策，变成全国全民的大事，方能及早实现绿色建筑的理想。

（2）全过程展开，要建立全寿命过程目标观点，包括立项、设计、施工、使用、拆除等环节在内的全程实施绿色建筑原则，防止只管眼前、不顾长远的短期行为，只有全寿命原则才能保证绿色建筑的目标实现。

（3）全领域监管，要建立资源全面整合协同的技术策略，防止片面分割绿色技术，错误地累加绿色技术和建筑部品而误导绿色成果目标。要建立全程绿色监控和监测机制，保证绿色行为的实际效果。

2. 人居环境建设

世界各国都在关注人居环境状况的发展，中国对人居环境建设的重视应当始于改革开放的年代，快速城市化催生了人居环境从理论到实践的发展。人居环境是门综合性很强的学科，包含社会、经济、科技、文化多方面，人居环境也是直接关系生活质量、生命幸福度的大事。

中国城市化发展的一个重要指标就是人居环境的宜居程度。城市化发展从1993年在整体上进入加速阶段，到2008年，中国城市化已经达到45.3%。快速城市化发展不可避免地潜伏着众多的问题，从"城市人居环境"到"住区人居环境"，一直是中国人居环境建设研究的重点。

1993年，中国人居环境的基本理论与典型范例研究为人居环境建设建立了理论基础。吴良镛等三教授提出人居环境科学的基本理论框架，从人居环境中的人与环境的关系，人居环境的规模层次，人居环境的建设原则以及人居环境的研究方法展开，理论框架按照自然系统、人类系统、社会系统、居住系统和支撑系统五大系统和全球、国家、城市、社区和建筑五大层次进行分类研究。框架理论的建立使"人居环境科学"在研究哲学上具有了中国特色，在解决人居环境实际问题的方法上具有广泛的世界意义。

2003年，中国房地产研究会人居环境委员会针对中国快速城市化进程中的城市建设和房地产业发展的实际问题，以《中国人居环境及新城镇发展推进工程》为核心，全方位地进行了人居环境的科学理论和实践研究。人居委从城市、住区和建筑三个层面推进人居建设事业的发展。

2004～2008年，人居委已经在全国43个城市80个小区建立规模住区金牌试点。通过试点实践不断总结分析，形成了《规模住区人居环境评估指标体系》，从人居软件环境和硬件环境建设两个方面提出生态、环境、配套、科技、亲情、人文和服务七条特色目标。指标体系来自于房地产项目实践，上升为行业标准后，又成为指导人居住区建设的手册，人居委的研究路线开创了理论实践的先河。

2009 年，人居委在内蒙古乌审旗建立了第一个以人居环境为目标的示范城镇，以"人居环境规划"为手段，帮助城镇政府实践科学发展观和城乡统筹一体化的探索，全面改善小城镇的人居环境质量水平。形成的《城镇人居环境评估指标体系》，简称"九条标准"，为小城镇人居环境建设提供了有实效、可执行的工具。

在建筑层面的人居环境研究方面，2006 年以来，人居委提出了"中美绿色建筑比较研究"课题，力图在国际化绿色建筑研究的基础上开展本土化编制研究工作，将以《绿色人居·可持续住区建设技术导则》为工具，力图在实践中完善技术实施手册和技术验评标准等文件，作为研究会的社团标准，服务于房地产业的发展。

四、住宅房地产发展展望

经过建国后 60 年的辉煌发展，相信伴随着社会进步、经济发展和技术更新，我国住宅房地产还将出现更加色彩纷呈的发展和创新，在创建和谐社会和节约型社会的建设上还将有无量的发展前景。展望未来，将出现以下趋势：

（1）以人为本的原则将继续深化

可以预期，未来的十年，房地产发展将进入一个"品质时代"，人们更加注重性能质量，居住的健康、休闲和安全，除了注重室外的宜居环境质量，还有更加注重室内的居住品质，也就是既要"面子"，又要"里子"，走向更加理性的发展路子。因此，住区规划应立足于居住实态和行为方式调查，深入研究人的潜在愿望和生活细节，充分考虑不同的家庭组合、文化职业、收入水平群体以及特殊人群的需求，建立符合未来生活水准的居住空间模式，推进宜居生活环境建设。

（2）绿色将成为楼盘开发的重要标准

绿色建筑和住区是我们共同关注的事业，也是住区建设的终结技术理论。房地产开发大力提倡资源的合理化，保护和恢复基地上的生态环境，减少排放，使住区形成零排放或最小排放，建立再生循环系统。

21 世纪将是高科技的社会，科学技术将更多地应用于人们的日常生活。环境技术、智能化技术等将在安全、信息交互、管理与服务、功能提升、环境保持、节能减排等方面进一步得到应用。

（3）住宅建设将大力推进住宅产业现代化。

我国住房建设仍然处在粗放式的生产模式阶段，工业化与产业化是住房建设发展的必由之路。采用社会化大生产的方式进行生产和经营，连续化、标准化、集团化、规模化、集成化和机械化的"六化"成为行业关注点。住宅产业化是当前提高效益、保证住宅建设质量的根本出路，将给我国的住宅业及其相关行业带来革命性的变化。

老年住宅有待开拓的市场

清凉的充满草香的空气，连片的茵茵绿地，清澈如明镜的湖水，小桥平缓地在湖面上展开身躯；点式、板式、连廊公寓、联体别墅、独栋别墅错落有致地从湖边向四周蔓延。这里所有的建筑不高于4层，公寓必备电梯，室内是防滑地面，墙壁预埋扶手，电子安防，紧急呼救，另外，还有社区医院、图书馆、俱乐部、模拟高尔夫球场……

千万别以为这是什么高档别墅区，这只是北京的一个老年人社区。

社会老龄化需要老年住宅

老龄化已经成为我国目前不得不正视的社会问题。国家统计局统计的数字表明，我国60岁以上的人口已超过总人口的10%，按照联合国规定的标准，我国已经步入了老龄化国家的行列。仍在快速增长的这一庞大人群，对目前的住宅建设提出了新的课题——关注并开发老年住宅。

按照中国的传统，居家养老是首选，含饴弄孙、其乐融融的画面是很多老年人的心愿。但在一些大城市里，多数父母与成年子女更愿意分开居住，这既能使老人活动不受干扰，减轻子女负担，又减少了长期共同相处容易产生的矛盾，而且越来越多的独生子女，使居家养老更难实现。然而，社会养老靠养老院、老年公寓已经不能同现在的需求相适应。老年人需要的不仅仅是楼层、医护、交通、服务等方面的照顾，更需要在娱乐、学习、交往、情感方面得到进一步的满足，况且老年人中还有相当一部分人具有较强的购买力，他们事业有成，退休金加储蓄存款及健康的身体使他们有条件享受更为惬意、舒适的后半生。这就产生了与传统的居家养老和关怀式的敬养院养老所不同的开放式的社区养老。

老年社区应建成什么样

老年社区在国际上很早就被提出，如今，美国、日本、新加坡等国的老年住宅已经相对成熟，如美国的太阳城中心是从1961年开始开发建设的，是全美最好的老年社区。

国际上的老年社区体现了老年人养老与提高生活品质的结合，与养老院和老年公寓有着本质的区别，不是老年人不得已而去的地方，而是为老年人寻求更健康、更积极的生活提供场所。在这里，首先具备的是基本的养老服务。社区乃至老人居住的空间必须是特别设计的，比如无障碍设计，大量扶手的使用，门和走廊要宽，楼梯踏步要低，医疗服务和紧急呼叫系统要完善。另外，居住环境必须适合老人养老，即老年社区一般远离城市喧嚣，能够有山有水更好，绿地面积大，负氧离子高，空气污染指数低。要有老年活动中心、老年俱乐部、老年图书馆等，使老年人能够通过各种活动增进相互之间的交流和沟通。

目前，我国在老年社区的开发上可以说刚刚起步，还在探索阶段。老年社区对于中国而言是个崭新的概念，部分开发商也看准了这一点，及早进入，抢占市场，但这其中不乏急功近利的心态，对于老年人的关怀多从商业角度或惯例考虑而缺乏人本的精神，从而忽视了一些细节。比如，在住宅精装修化的今天，为老年人设计的房子却是毛坯房，仅一部分住宅为了弥补位置的缺陷而提供了全套精装修。对此，销售人员的解释是：精装修太麻烦了。有的老年住宅价格过高，而且房屋的密度太大，密密麻麻的，令人窒息，不适合老年人居住。

据有关部门的调查表明，老年人对老年住房的需求在未来几年呈快速增长趋势。北京市 50 岁以上的常住人口中，希望社会养老的有 27.5 万人，而目前全市的老年公寓、敬老院、托老所远远不能满足需求。就全国而言，现有 4.2 万所养老院，加上社会兴办的老年机构，现收养老年人不足 100 万，还不到目前全国 1.2 亿老年人的 1%，即使将这一比例提高 1~2 个百分点，其蕴涵的商机和可能产生的新的经济增长都将是难以估量的。在房地产开发进入市场细分时代的今天，各个市场的竞争已经几近白热化，在这种状态下，谁都无法对老年住宅这块市场熟视无睹。

老年社区悄然兴起

老有所养、老有所乐

老年人大部分时间生活在家中，因此，与其他人群相比，对住宅的依赖程度相对更高。住宅的设计如何更好地满足老年人的生活需要，适应不同年龄老年人的生理和心理的居住行为是一个重要的研究内容。

由国家住宅工程中心联合十多个大专院校提出建立的"老年人居住社区"概念，倡导通过设施硬件的建设，将"被动养老"转化为"主动养老"，鼓励老年人自信、自立和自强的生活方式。北京"太阳城小区"，大连的"夕阳红"工程以及北京老年协会在温榆河畔小汤山拟建的老年家园项目，都不同程度地体现出了老年生活社区的模式。建立老年社区可以分为三个阶段——

建设长寿型普通住宅

在建设普通的商品住宅时，要充分考虑老年人居住的需要，一旦主人变老或转让老人居住时，通过简单的改造就能很快适应老年人的生活需求。如事先设置好的可拆改的墙体和门洞，一旦需要，就可以扩大和减小空间的尺寸；又如在墙上预先留好扶手的埋件，电器、电信报警装置，需要时也可就近开通装置。当然，在房型的设计上为老年人考虑就更为重要了。供老年人使用的卧室应和卫生间紧连，老年人用的卫生间尺度应适当放宽，要考虑老人使用时的空间尺寸和方便程度，在适当的地方要设置不同功能的扶手。

供老年人使用的空间地面要防滑、防跌和防碰，不要出现高差。门洞尺寸要加宽，厨卫的门不应小于80厘米，关门、开门要防止夹伤和碰伤老年人的手脚，特别是推拉门和折叠门更应注意。供老年人用的门把手、应摆把式、开锁的钥匙就应为锥形，以适应老年人握裹力和视力不强的特点。如此种种，设计和选材上要十分小心。社会进入老龄化，建设普通住宅，关注老年人的需求十分必要。

积极发展老年公寓

这里讲的"老年公寓"在概念上是完全不同于传统形式上的养老院和敬老院的。老年公寓的根本特征是以家庭居住模式为主，并配置相应的服务设施和完善的生活照料，有足够的归属感和安全感。因此，在规划设计上应具备下列特征：

（1）以老人家庭套型为平面组合的基本单元，具有家庭的温情，能保障老年人的私密性、独立性和领域感，让老年人的尊严得到充分的保障。

（2）老年人住宅套型和公共设施的设计必须符合老年人的生理和心理的需要，比如：具备简单易行的预报和呼叫系统，设置通廊便于服务和交流，无障碍设计，加强光照色彩的设计，防滑、防撞和设置扶手等。

（3）老年人公共设施和配置应符合老年人群的要求，要便于老年人交往。服务要能及时，有餐饮、医疗、休闲、健身的设施和各种健全的管理和服务，有各种应急的措施，有较好的外部居住环境。

生活在老年公寓的老人，保留了老人的温馨感，又有了生活的照料，健康条件有了保证，即使有了病，也会及时得到救护和医治。

创建具有中国特色的老年社区

老年人一般不愿意远离自己熟悉的环境和亲人，大多数老年公寓的建设因此设置在居住区内，便于与亲人们交往。但是，由于子女无暇照料，单身老人和老年夫妇的居住条件有时不能满足老年人提高生活质量的要求。一种新型的养老模式"老年人居住社区"的概念被提出了，房地产商创造了一个全新的养老概念，得到了全社会的重视。

老年社区内不但设有老年公寓，而且还包括普通的老年住宅（集合式住宅、联排住宅和别墅），老年人需要的保健医疗、文化娱乐、老年大学、商业餐饮等一应俱全。老年人利用这些设施开展各种文艺创作、娱乐健身、联谊、观光等活动，扩大了交往的空间，提高了精神境界，给老年人以新的生活、新的追求，尽享人间的快乐。

老年社区一般选择在自然山水风景相宜的地方，不仅有老年人，还有更多的年轻人和儿童，节假日之时会洋溢着更多的生活情趣，有别于城市的喧哗，真正体现了人间真情！

城市中的公共寓所
——老年公寓

人口调查资料显示：中国已逐步进入老龄化社会。因此，如何为老年人创造一个舒适的居住之所安度晚年就越来越成为了社会性的问题。在这方面，城市中的老年公寓是一种特殊类型的居住建筑，同时，我们也完全可以理解为是住宅建筑的自然延伸或是一种补充。

1. 老年公寓不是养老院

如果一家三代人同居，那么至少要在三居室以上，这在当今的住宅理念中已属于常识性的问题。事实上，过去好几代人同居一个屋檐下的时代早已不复存在，现代城市中，"三口人"的小家庭单独生活居住似乎也早已成为时尚。

与此相应，老人独居或老年夫妻单独居住的情况也非常普遍。孤独、寂寞以及病痛和有些较重的家务难以处理，类似这些已成为老年人生活上的现实问题，为此，老年公寓的兴起也就成为了一种时代的必然。事实上，养老院或敬老院是早已存在的建筑形式，但从其原有功能及管理来看，主要以社会福利的方式为孤寡老人以及病痛缠身的老年人所设置，这与我们所说的老年公寓有着许多的不同。从我国目前已在使用的老年公寓来看，主要是经营型的，以老年人身体状况和行动能力以及公寓的档次确定，收费上大致在每月 300～800 元的范围内。有些闲置的住宅加以改造，不仅可以带来经济上的积极实效，同时还能对社会做出有益的贡献，不少城市已出现这样的例子。

2. 利用原旅馆或办公楼进行改造

实际上，目前我国专门为老年人设计的公寓少之又少，大多数这类城镇公共寓所还是以改造或"借房而成"的形式为主，同时，建筑上的精心考虑恐怕更是极为有限了。

从改造的方案来讲，主要是利用原有的旅馆或其他如办公楼等建筑改造，特别是旅馆建筑这种形式似乎成了老年公寓当然的模式——内通廊不变或增设沿墙扶手，原来的客房改为老年人的居室，会客厅或会议室自然就成为老人们的活动室，有的还在屋顶增设了阳光室，供老人聊天、晒太阳等。还有规模较小的老年公寓，利用原有的别墅式住宅改造而成，尽管很小，但在生活气氛的营造方面却有不少有利条件。应该说，利用原有建筑改造老年公寓的确是一个很成功、很实在的方法，从大量实例来看，效果是非常显著的。

近年来，各地也出现了不少各种规模档次的老年公寓，甚至还有 10 层以上的高层老年公寓。这些新建的老年公寓，除部分参照养老院的蓝本进行设计之外，大多是从未来的发展着手的，无论在设备、设施的配套方面，还是在各种房间的布局安排上都经过了很细致的考虑，比较专业化的老年公寓更是在室内外整体环境方面投入了大量的人力、物力。

3. 设备、设施第一

医护设备、设施及专门的人员——老年公寓必备的重要组成，为需要特护的老年人准备。从建筑角度上讲，要特别注意与医院有所区别。

日常活动设施与场地——为行动完全自理的老年人的健身娱乐、日常交流所使用，这也是有别于普通住宅及其他城市公共寓所的一个明显之处。

饮食与衣被换洗等服务性设备、设施——老年公寓中不可缺少的重要环节，特别是在饮食方面，既不能像餐馆那样复杂，又不能完全如一般家庭那样随意。因而，在这一环节上，老年公寓都有其一整套专门的方法。

此外，家属的接待以及适当的室外空间与设备等都是老年公寓中所要考虑的组成部分。大多数老年公寓以低、多层建筑为主，上下及室内外的交通都考虑得非常仔细，因而使用起来很方便。有些高层或多层老年公寓在电梯与交通安排等方面也都积累了不少很好的经验。

4. 软、硬件组成人情化氛围

对于很多民用建筑来讲，富于人情化或人性化的设计是一种共同的追求，而且这种追求往往并不受到经济因素的限制。心理学家认为，人情化的重要外在手段就是人与人之间、人与建筑和自然景物之间的广泛交流与沟通。对老年人来说可能更是这样。我们知道，大多数老人对养老院和老年公寓是存有抵触心理的，起码现在是这样的一种状况。如果我们的老年公寓能够在设计上、在室内外环境布置上体现出人情化的色彩，那么，至少还能够与老人们建立起正常的沟通，相反，恐怕就失去了老年公寓的全部意义。

当然，老年人之间以及老年人和护理人员之间的交流是最为重要的。老年公寓正是这样的一个场所，因此，"大家庭"的气氛是否融洽、是否充满了祥和的人情味，往往直接关系到老年公寓运作的好坏。以建筑形式来说，老年公寓似乎介于旅馆和医院之间；经营管理上，目前以民政部门、社区及个人这几种主要负责方式展开，随着需求的增加，深入的专门研究会变得越来越有必要。

老年人居住行为特征与老年住宅研究

老年人住宅问题涉及千家万户。随着我国社会经济的发展，人们在追求长寿健康的同时，更追求居住生活质量的提高。由于老年人对住宅的依赖度与要求比青年人更高，如何发挥老年人的潜能，要根据老年人的生活行为特征，变消极因素为主动因素，使老年人身心愉快，延年益寿，体现全社会对老年人的关心。从广义上来说，我们每个人均要进入老年期，关怀老人住宅的问题，也是直接关心我们自己的未来。老年住宅问题，说到底是一个重要的社会保障，是体现国力和物质文明的重要标志，直接影响社会的稳定与发展。

一、中国老年住宅的社会特征

与世界相比，中国老龄化社会虽然进入得较晚，但是，由于中国的特殊性，使中国老年住宅问题具有自己的特征。

1. 绝对数字大、来势猛、问题多

据人口预测，到 2000 年我国将有 1.3 亿 60 岁以上的老人（占总人口的 10.7%）步入老龄行列，其中，65 岁以上的老人 0.9 亿，约占 7%。到 2025 年，60 岁以上老人有 2.78 亿，而 65 岁以上的老人有 1.91 亿。到 2040 年，60 岁以上老人有 3.74 亿，而 65 岁以上老人达到 2.87 亿。

由于我国属于政策性老龄化，与世界发达国家老龄化进程相比，老龄化比率增长速度要快得多，这种人为加速老龄化的现象引发了众多的社会问题。例如，由于老人的社会保障的费用大幅增加，年轻人的抚养比扩大，代际冲突加深；老人设施普遍缺乏，引发了老人普遍的孤独感等。这些问题将困扰我国半个世纪，处理不当将会给整个社会经济发展造成极大的影响，我们将为此而付出代价。

2. 老年设施差，观念弱，亟待完善

我们仍属于发展中国家，经济实力不强，没有足够的资金用于发展老龄事业。中国的老年制度不完善，社会设施不足，老年人经济收入低，居住条件很差。社会发展的各种因素决定了我国的养老方式以各种各样的形式来进行。应积极推进社区养老模式，发挥我国基层社会组织十分健全的优势，开展社区服务，补助和增强家庭养老的能力，为老人提供舒适的、健全的生活环境。

与此同时，应加大改革社会保障制度的力度，提高社会福利待遇，健全老年人住宅及公用设施配套的标准和规范，保障老年人居住环境的基本生活条件。

3. 家庭养老和社会养老并存发展趋势

在我国，"家庭养老"在相当长时间内仍占主导地位。但随着经济的发展，社会生产体制的改革以及我国奉行的独生子女政策等因素影响，加大力度，加快发展"社会养老"模式，逐步改变家庭养老的传统观念，使养老形式社会化，将是我国未来养老形式发展的一个趋势。我国奉行独生子女政策后的 30 ~ 50 年间，我国的中青年人将面临一对夫妇供养两对老人家庭的局面。因此，从现在起就应当大力宣扬并着手建设老年公寓、养老院等社会养老设施，打破一些传统的观念，使老年人建立自助、自立的观念，依靠社会的力量，改善传统的养老形式，使老人具备"老有所养、老有所居、老有所医、老有所乐、老有所学、老有所为"的幸福天地。

4. 全社会关心老年住宅的建设

针对我国目前仍以"家庭养老"为主的养老模式，在住宅的建设中，以新的观念来指导、研究和设计适应老年人生活的需要，适应家庭养老的住宅建设模式，是至关重要的。

人的一生经历了少年—成年—老年的发展阶段。老年住宅的建设，不只是涉及当前老年人的需求，而且涉及每个人自己的未来的需求，所以，应体现全社会的关怀。因此，建立全寿命的概念是十分必要的。在日本，把这样的做法称为长寿住宅，即在住宅开始建设时，就树立和贯彻老年住宅设计的必要技术措施，使得居住者一旦变老，各方面体力体能衰弱时，就能增加必要的设施和设备，来提高老年人的自主和自理的能力。为此，政府各部门和社会团体应采取相应的政策加以扶持，加快长寿住宅的实现和发展。

二、老年人居住生活特征

步入老年以后，人在心理和生理上随着年龄的增加而出现与青壮年完全不同的情况，叫做老化现象。一般表现在：

1. 身体功能的变化

①老年人身体尺寸总体上变小，出现弯腰、弓背的现象，手臂也不像青壮年人一样伸得直了。②老年人身体的运动能力下降。关节活动的范围变小了；脚力、背力、握力、腕力等肌力明显下降；机敏的反应能力缺乏；持久力降低。③老年人骨骼脆弱，关节组织出现了弹性减弱。

2. 感觉功能的变化

①由于感觉功能的衰老，对室温冷热变化的感觉的衰退不敏感。②在视觉衰退上表现显著，瞳孔的光通量能力下降，在较暗的场所很难看得清。视觉的敏感度降低，对明暗度感觉能力下降，适应时间加长；焦点调节能力下降，老花眼加重；水晶体内部散光，混浊变黄，对色差的识别能力降低；在辨别物体存在的知觉中，辉度对比的能力也降低了。③听觉能力衰退。老年人听力明显下降，语言的辨别能力不足，特别是对低频区域和混响音，对音的辨析度大大降低。④在嗅觉、触觉和平衡感方面均明显下降，表现迟钝。

3. 心理功能特征的变化

①一般老人普遍留恋过去，在居住方面总希望继续居住自己曾长期生活过的地方，希望与自己经常接触的老朋友、老同事们保持联系，否则会显得孤独。②适应新事物需要时间，有时也懒得思考，思维的适应性和逻辑性减少，辨别事物真相的能力也减弱，有时显得难以控制感情，通常只对身边的事物感兴趣。

4. 老人的生活结构的变化

步入老年后，通常闲暇时间增多了，随着年龄的增长，生理能力的衰退（特别是行走的能力），滞留在家里的时间增长。通常国际上将65岁以上的老人定为需要社会提供服务，并获得关照的人。根据老人的健康、行为的特征，可将老人分为四个年龄段：

健康活跃期：60 ~ 64 岁

自立自理期：65 ~ 74 岁

行为缓慢期：75 ~ 84 岁

照顾关怀期：85 岁以上

75岁以下的健康老人，其行为是积极的，一般都有很高热情，愿意发挥余热为社会和家庭作出贡献。他们仍有自己的人生目标和生活目标，通常会为自己的某种目标全力追求。一般来说，住宅设计是一种可以左右老人的一生的大事业，住宅设计就应当努力满足老人们实现自己目标的愿望。住宅设计对老人来说就是要设法提高老人生活的自理、自立的能力，而不是限制或给老年人设置障碍。

三、住宅设计的关注点

设计老人住宅，首先要一切从老人的居住生活行为特征出发，也就是应很好地理解老年人究竟具有什么样的身体机能、心理特征、生活结构和具体的家庭与社会养老生活形式，确定合适的设计方针。总体来说，应当按下列观点来选择和确定我们的思路。

1. 要有功用性

要充分考虑老年人步行和使用轮椅的空间，消除地面所有的高差，使老人能自由地在住宅内移动。家具、器具和设备要配置在便于老人操作的位置，采用简单的动作就能使用的操作方法。

要给护理人员或家人留有护理空间，特别是浴室和厕所空间，一定要注意放大一些尺寸，保证老人活动需要的尺寸和协助老人时所需的空间。

2. 要有安全性

住宅内总会存在一些不安全的因素，需要加以注意。特别是地面材料要求防滑，要排除高差和门槛，在厕所和浴室或协助老人用力的地点，要安装扶手，门最好改为推拉式的。要用鲜明的色彩和照明，以提醒老年人注意。

在紧急、危险的情况下，在老年人判别力、行动力减退的情况下，安装警铃能方便及时地或自动地发出警报，以使老人能得到帮助。

3. 要有健康性

要保持老人的居室、厕所、浴室、厨房容易清扫的方便条件。老年人在室内的时间长，所以特别要考虑到日照、通风、采光和换气，让起居生活空间能直通阳光，便于老人进行室外的活动。要使老人能方便地使用卫生设备和厕所，应考虑冬天洗浴时加温的设备。

4. 要能确保隐私性

老年人害怕孤单是一个普遍的现象。在不断创造机会加强社会交往之外，还应充分注意老年人生活的隐私。当老年人和儿子夫妻同住时，既要创造一个未被疏远的感觉，同时又要充分注意老年人生活的隐私。通常出现的二代居的模式就是既保留了老年人的独立居住部分，同时又加强了联系和年轻一代对老人的关怀和照顾。这类住宅中，不仅保留了一些家庭共用的部分，也还有老人独立使用的部分。即使到了年老高寿时，也应当保留一个自己的空间，并适当保留更方便家人提供照顾的地方。

另外一种共居的形式是邻居型，即通过一个共同的门分为两个相对独立的套型，这种住宅的隐私性则更能得到保证。

5. 要便于改造

老年人从自理自力期到照顾关怀期，差不多有一二十年的时间，老人生理将由健壮到衰老，住宅的设计应当考虑到老人的需求，设置隐蔽设计，便于增添设备、设施等改造工程，及时为老人提供协助，延缓老人的衰老过程。

四、周边环境和社区服务

老年人的社区生活是保证老年人居住生活质量的首要条件。周边的环境建设对老年人特别重要，老年人特别喜欢有一个供休闲散步的绿色环境，有便于通达的道路和文化娱乐的设施，要便于老年人之间的交往，要能看到青年人和幼儿的身影和嬉戏，这可造就老年人的身心健康和安度晚年的气氛。

除此之外，还应加强家政服务建设，建立家政服务员制度、健康管理制度、社会福利保险等，把工作做到每个老人的身边。

老年人居住生活质量的提高和改善，对我国社会发展有积极的意义，它不仅是建设工作者的首要责任，更应由全社会来关心和参与，从各个角度共同把老年人的居住生活环境的工作做好！

启动老年地产市场是
解决老年居住问题的重要途径

一、对我国老年地产的基本认识

1. 我国老年地产至今尚未形成

"老年住宅产品"在国际上有一个通行模式，即专供老年人居住的住区集中居家养老、社区养老的老年公寓，全方位医疗保健与生活服务相结合的住区养老住宅模式。随着国力及民力的不断提高，家庭的小型化、老年人的居住生活模式和环境问题越发成为大家关心的大事。越来越多的老年人及子女随着我国经济发展和生活理念的变化，有了追求老年人后半生的生活品质和幸福生活的强烈愿望。根据分析估计，我国城市在十年内将有大约 1/3 或一半的老年人在政策支助和子女的帮助下获得改善生活质量的条件，也就是近 2000 万个老年家庭需要住房的改善。这一数量是十分惊人的，也使我国的老年住宅地产具备发展的巨大的发展潜力和市场，由此对老年住宅产品模式及生活品质的细分及老年房地产市场的研究就显得尤为必要了。

自 20 世纪 90 年代开始，我国老年住宅的研究已经陆续在全国各地关心老年事业的科研设计单位、企业、地产开发以及老年事务主管部门相继开展，并已完成了一批科研成果和成功的老年示范实践项目，对老年房地产业和养老设施有了初步的系统成型的认识。

但是，我国近十几年房地产快速发展的关注点，并未充分转移到老年地产领域。这是因为我国老年人养老传统存在着自身的特点，老年地产面对的是社会老年群体的养老理念、养老机制和老年地产市场问题的复杂性、多变性的需求和经营特征，以至于使老年地产不同于常规房地产。开发商看不到获利点，老年地产开发商的付出和收益处于严重不均衡状态。政府主管部门面对现状缺乏有力的扶持和奖励手段，致使老年地产的发展和老年住宅开发市场长期未能形成，阻碍了老年地产的健康发展。

2. 老年地产发展的必要性和紧迫性

20 世纪末，人口结构的老龄化已成为世界人口的发展趋势。据预测，全世界 60 岁以上老年人的数量将在 2050 年以前增加近 2 倍，即从 2000 年的 6.06 亿人增加到近 20 亿人。在人口结构上，除非洲少数国家外，几乎全球所有国家的人口结构都在趋于老化。其中，日本、大洋洲国家、包括俄罗斯的欧洲部分在内的欧洲以及中国的老龄化趋势将最为明显。

到21世纪中叶，我国60周岁及以上人口将在4亿以上，老龄化水平推进到30%以上。其中，80岁及以上老年人口将达到9448万，占老年人口的21.78%，2051年，中国老年人口规模将达到峰值4.37亿。

人口老龄化是人类社会发展到一定历史阶段必然出现的社会现象，世界各国都有普遍性与共同性，但不同国家和不同历史时代都各有不同的表现。与国际社会相比，我国老年人居住问题将有3个特点：

（1）老年人口持续增长，老龄化比重不断提高，老年人口基数大。

（2）高龄化发展平稳，低龄老人增长迅速。

（3）"纯老家庭"老年人增加。

老年型社会的政策，引发了一系列令人关注的老年问题，其中老年居住及环境问题尤其令人关注。

提高老年人的精神慰藉、生活享受和居住物质条件已成为政府和社会关注的热点之一。敬老爱老是中华民族的传统美德。"老年人乐了，儿女们乐了，社会和谐了，政府放心了。"为此，积极响应国家的老龄产业事业发展的要求，在原老年研究的基础上积极探索新的养老模式和开发模式，开展示范实践，总结经验，及早在我国形成健康发展的房地产市场，以适应经济社会的发展和老年人的生活需求。

3. 启动老年地产市场的重要意义

中国房地产市场经历了12年的发展，已取得国际瞩目的成就，我国房地产业从计划供应的局面转向依靠市场机制运作的快速发展的局面，城市面貌发生了根本性的变化。其中，"市场机制"发挥了重要的作用，开发商在房地产住房建设上发挥了重要的作用。

在老年地产启动之初，全国有很多房地产商跃跃欲试，各地先后建设了一批以老年为主题的地产项目，如北京太阳城，但是很快发现老年地产配套设施多，技术难度大，资金回笼慢，盈利微薄，使得房地产商望而却步，加之房地产普通市场收效快、简便易行，老年地产始终未能得到重视。老年住宅和老年住区缺口较大，长期下去将严重影响社会经济的健康发展。当前，首要的任务是启动老年地产开发市场，使之成为开发商盈利的天堂，而不仅仅是承担一份社会责任。

当前，重要任务之一就是研究启动老年地产市场的政策框架体系，制定鼓励房地产投入的激励政策的建议报告，吸引社会各界对老年地产市场的投入和支援，使得老年地产得到相应的快速健康发展。启动老年地产市场的另一项重要任务就是研究老年地产建设模式，研究老年人的生理和心理的需求，创立使老年人从心底里乐意生活、颐养天年的环境好、配套齐、服务好的老年住区典范项目，总结建设和管理的经验以带动老年地产的发展。

实现老年社会养老和居家养老相结合的居住方式最重要的途径是两条腿走路的方式：一条是针对社会孤寡老人和低收入老年人群，以老人院、敬老院和老年公寓，加大社区服务、扩大社区配套的方式发展老年养老地产事业，这就是经济适用房的政策，这需要政府更多的投入和政策支持。另一条是通过市场机制，为开发商提供进入老年地产的优越条件。引入发展政策体系，使开发企业在名誉上、操作上、经济上都有利可得，从而引导开发商的大批投入，迅速形成老年地产市场蓬勃发展的局面。市场化的目的就是为广大的中高等收入的老年人提供条件优越、可以寄托生活理想的生活环境，让社会和子女减轻负担。

二、国外老年事业的发展现状

由于欧美各国和亚洲的日本、新加坡等国老龄化已有近百年历史，经过多年的摸索，各自形成了一套适合自身发展的对策。

1. 英国老年人住宅

截至 2009 年底，其 65 岁以上的老年人口占全部人口比例已接近 20%。虽然经济保障、医疗保障、照料保障制度完备，但同样面临各种变化中的生活、健康、护理、个人实现等问题。

（1）人口老化与居住对策

2008 年，英国社区与地方政府部、卫生部、退休再就业部联合进行"终生住宅和社区——老龄化住宅国家策略"研究并出版报告。1950 年，英国老年男性平均退休年龄为 67 岁，据预测，2036 年，其 85 岁以上的人口将比 2006 年高出 184%，将来的出生婴儿中有 20% 将会活到 100 岁。英国人将有更多的时间生活在住宅和社区当中。

英国的对策是从 2011 年起，所有社会住宅必须按照终生住宅标准建设，而至 2013 年，所有新建住宅必须符合终生住宅的标准。这为将来的老年人能终生居住在自己的住宅中，尽可能多地享受独立生活的乐趣与尊严，并在需要时能得到及时照顾提供了物质基础。

（2）支持老人独立生活并融于社会的目标

英国人口老龄化是随着经济发展、民权建设逐步形成的，因此社区内一般都建有社区中心，提供交友、娱乐、健身、医疗、学习、创作、园艺等空间，为居住者提供服务。但由于人口老龄化和高龄化的加速发展，对于身心自然衰退的老年人而言，在无人陪伴的情况下，自由进入社交空间仍受社区多方面因素的束缚。

英国目前的策略是，基于"老年友好"型城市的目标，在社区生活中无论年龄、健康和残疾做到人人平等，从而消除老年人融入社会的藩篱，为支持老人融入社会提供了可能。另一方面，社区附加护理计划正在壮大之中，专门提供服务的公司有了更大的顾客群，使得老人在旧宅中安享晚年，并将生活、健康、照料全部串联起来，提供使未来生活得更好的可能。

（3）多种居住类型和经营模式

1）普通住宅

即老年人常年居住的住宅，包括私有住宅、租赁的私有住宅、租赁的社会住宅等。这种方式的好处是老人可以居住在自己熟悉的环境中，在身体健康时独立生活，享有个人生活的自由和自尊。

2）庇护住宅

由各地隶属于政府的房屋协会、一些慈善机构和信托基金提供，并经由国家护理委员会注册生效。

3）退休社区

一般由私人信托基金、慈善基金投资管理，并经注册生效。一些理想的退休社区已经参照终身住宅的规范建造，提供包括 24 小时监护的护理院等所有类型的老年住宅。

4）护理院

英国的护理院一般分为两种：一种是普通护理院，类似于家居护理院，一般不设专业护士护理。一种是专业护理院，由具有注册资格的专业护士护理。

2. 美国老年住宅

太阳城中心是美国较大的老年社区之一。太阳城中心从 1961 年开始开发建设，从一开始就规划成为佛罗里达乃至全美最好的老年社区。太阳城中心坐落在佛罗里达西海岸，距佛罗里达最好的墨西哥海湾海滩只有几分钟的路程。

太阳城中心现有来自全美及世界各地的住户 1.6 万，且一直处于持续增长的态势。整个社区内设独立家庭别墅、联体别墅、出租的独立居住公寓以及辅助照料式住宅和家庭护理机构等六大居住社区。各社区共同享用邮局、超市、医疗机构、银行和教堂。

无论您选择哪种住宅，都会享受到积极活跃的生活方式。在这样的社区内，有各种各样的俱乐部，开设的课程和组织的活动超过 80 种以上。一项调查表明，生活在这样环境的老年社区中，老年人的平均寿命要延长 10 岁。

3. 日本老年住宅

日本的老年人的生活质量是在良好的社会保险保障体系的基础上实现的。由于日本的人工费贵，日本住宅的技术和电器化程度很高，这特别体现在老年人住宅和为老年人提供的公用设施上，使得老年人能够在生活中充分实现自助和自理。

比如，提供无障碍设施的老年人住宅产品、提供具有看护性质的老年人住宅产品、提供能和家人共同生活的（二代居）住宅产品。在社区内一般还提供完善的配套设施，用于满足老年人在健康和精神方面的需求。

日本的老年人住宅与其他租售性质的住宅产品混合建设在一个生活社区内的做法是值得我们借鉴的。

三、发展我国老年地产的建议意见

建议建立全面研究老年地产市场课题项目，也就是在我国大规模老年地产到来之前从概念、理念、技术和政策支持等方面做好充分的准备，健康、稳妥地启动、形成和发展老年地产事业。

我国房地产快速发展的 12 年，因偏重于项目的外在形式、追求成本控制和营销利润，一般不重视公建配套的老年设施的建设，更没有考虑到如何应对社会老龄化发展的汹涌态势。

在有房地产开发商主导开发的郊区养老社区、养老公寓，仅是出于对房产增值的考虑，老年人口入住率很低，使养老社区的设施运转难以为继，最后被迫放弃，老年社区完全变味。

比较事业单位和企业单位主导开发的项目，不难发现各自存在不同的优缺点：

（1）事业单位主导开发的优点是以改善民生为前提的愿望坚定，软性研究进入较早，虽然一直努力寻求试点，为验证和发展软科学研究寻找突破口，但由于投入经费受到局限，常常难以为继。

（2）企业单位的优势在于对于行业发展方向的前瞻性把握较强。目前又有多家实力雄厚的企业已经觉察到老年地产事业将带来的巨大商机，因此非常愿意参与研究示范建设，出资或出地，在有限的风险下，"先试先行"，抓住机遇，并从中总结经验教训，从而寻找到一条适合我国国情的老年产业发展对策。

1. 主要项目思路

通过对国内外老年地产市场发展的分析研究和对我国不同地区和经济实力的高龄老人、中低龄老人、中青年三种人群的居住行为、需求、健康状况、个人支付能力、居住现状及期待的问卷调研，建立老年地产市场构成要素的框架体系，老年人房地产项目实施技术途径，老年人规模住区开发示范建设实施计划等方面的研究成果。先沿海后内地、先南方后北方地逐步为启动以开发企业为主体的老年地产市场做准备。

2. 预期达到目标

（1）通过对当前老年地产行业现状的分析研究，找出影响老年地产行业发展的主要原因和症结所在。探讨老年地产市场发展要素，研究编制发展老年地产的政策框架和政策建议报告。以研究现阶段沿海经济发达地区老年地产示范建设项目的途径和对策作为起点。

（2）研究中国老年人群的养老模式，探索老年人幸福指数构成要素。通过调研分析总结富一代和中档收入老年人群的居住行为特征和幸福居住、健康安居的文化和物质需求，编制相关的研究报告。

（3）研究老年地产的管理运营要素，编制老年地产的管理框架，银行保险等金融资助方式和金融体制建设建议，"以租换租、以旧换新、差价养老"等经营管理模式建议，使大多老年人有条件安心入住老年新住区，颐养天年。制定老年人生活、文化、养生、医疗等服务框架目标评估体系。

（4）建立老年地产项目的示范建设基地。研究示范建设方案的具体示范目标、内容和建设实施途径，研究示范建设的意义和影响力。通过示范建设创新我国的老年地产模式。

通过示范建设，实现健康老龄化，提升老年人的生活（生命）质量，"自己不受罪，子女不受累，国家省了医药费"；倡导发展老年人的居住生活观和老年人使用的产品；实现长三角地区在未来 20 年老年地产发展的变革。

3. 主要的技术难点

最大的难点在于，人们对于老年地产的认识仍然停留在老年公寓、老人院的基点上，对如何提升老年人人生价值，增强其自尊、自信和生活尊严感缺乏正确的理念。我国现行的养老模式仍然停留在传统福利机制的水平，养老地产政策导向不明确，开发老年地产的投入、产出不平衡，老年配套负担重，社会管理不到位等造成老年地产市场迟迟不能形成，要改变局面尚需时日。

其次老年居住生活、健康管理以及对生活的期待是随着时间推移、经济改善，而不断变化的。因此，研究必须实现实时跟踪，分析系统。试点实践是一个复杂的系统工程，要使大家真正意识到健康是永恒的话题，老龄事业是常青的事业，要使我国解决人口老龄化的目标与居住及环境政策衔接并融入社会，还是需要大量人力、财力和时间投入的，不会一蹴而就。

要完善老年产业的变革，就要大力发展围绕老年需求的老年物品、器材、设备，老年食品产业、医疗康复产品的开发和生产体系。目前，我国在这一领域尚不发达，缺项较多，对改善老年生活和社会服务还是一个重要的障碍。

老年事业不是单一学科可以解决的问题，其中，人口学、社会学、经营管理学、老年医学、规划建筑学等需要协同工作才能制定出对策和技术路线。现在，中国房地产研究会、中国房地产协会已经开始计划建立老年地产研究委员会，成立老年专家工作小组，在技术政策领域和政策研究组织方面开展研究工作，将在老年地产方面做出全面的安排，并在两会领导下建立老年住宅专家委员会，使研究工作得到加强。

保障性住房的尴尬与出路

2007 "住房保障年"

讲到保障性住房的问题，国务院于 2007 年 8 月 7 日发布了《国务院关于解决城市低收入家庭住房困难的若干意见》（国发〈2007〉24 号），要求各级政府把解决城市低收入家庭住房问题作为重要的工作，作为住房制度改革的延续，作为政府公共服务的职责来抓，实际上表明了政府对目前房地产发展形势的一个新的重要的认识，可以称之为一个里程碑式的文件。过去我们把住房出现的问题都归结到市场，就是开发商发难，有意把房价抬高，在里面获取暴利，不顾民生，引发了政府干预，出现大量宏观调控的"国九条"、"国六条"政策文件。实际上，"国六条"，"国九条"的本意出发点应当是正确的和可嘉的，但在执行条文的表达或做法上还是违背了市场发展的客观规律。这完全是一种行政的措施，一刀切的方法，尽管有权威人士说出现了效果，事态发展比较好，实际上，效果并不是很理想，是不尽如人意的。我国地广人多，什么事都会有，哪能一刀了之，关键问题还是违背了市场发展的客观规律。"国发〈2007〉24 号文件"是中国房改历程中的一个新的里程碑。

"24 号文件"，说它是里程碑式的，是因为把"保障性房"提到了前所未有的高度。我认为，它是表明了政府对房地产发展的一种新的理解、新的认识，标志着从 1998 年房改以来的偏重市场运作而忽视保障向政府两手抓的合理模式回归了。从文件字面上来看，是抓保障房的建设问题，实际上反映了运行机制内在本质的变化，可以说，现在摸到了整个房地产发展的脉络，找到根源了。按照这个路数发展下去，政府抓城市 60% ~70% 的中低收入以及中等偏上收入的白领家庭保障房的建设，显示政府承担了应该承担的住房责任，这是个有抱负的做法。另一方面，则放手让市场发展市场化的东西，满足那些"先富起来"的人群的需要。可以通过税收政策，比如级差税收政策去调整资源分配的问题。从国际大市场来讲，往往都是如此，可以说，没有哪个国家政府对民生的问题、居住问题不承担相应的责任的，都是尽了很大的力量的。

政府承担大部分人住房问题

这个可以举很多的例子，咱们熟悉的新加坡几乎百分之七八十的住房都是政府供应的。国民经济总产值国际第二的日本，实际上也都是以政府为主导组织实施，由公家资助，日本百分之六七十的居民是政府政策的受惠者。香港地区很多中低收入的人也是受惠于政府。这些国家和地区在房子问题上解决得比较好，住房也符合国民各层人士的身份，并没有因为住房的问题和政府、社会产生多大的矛盾。一方面房价很高，一方面大家却很安定，各行其道，所以，政府担心的矛盾就很少，包括欧洲、美国，政府承担的保障房都有相当的比例。咱们的政府通过"24 号文件"能够认识到这一点，是一个大进步！从保障房入手解决居民的居住问题，解决高房价问题，使中低收入的住户都能够有房住，这个命脉算是把握住了。

温总理在东南亚地区访问的时候提出的甚至包括中等偏上的白领阶层的住房问题也应该由政府管的说法，表现了一个战略家、政治家高瞻远瞩的姿态，是一个负责任的政府应当有的态度。政府将大多数人的住房都管起来，这是非常英明的一种方针。我们的中产阶层是社会发展的中流砥柱，他们应当是社会的主流，但他们在高房价面前同样束手无策，也同样需要帮助，只是帮助需要分出级差罢了。

中央和地方协力共创新局面

现在的问题是，很多的政策、很多的做法不符合客观规律，特别是中央政府与地方的关系、开发商跟政府之间的关系都没理顺，正因为没理顺，所以，目前的宏观调节的贯彻就很不得力，特别是地方政府的根本利益受到冲击，在利益得不到保证的情况下有自觉的行动，似乎是不太可能的。地方政府在房地产开发的很多问题上是受限的，比如土地，土地作为地方政府发展地方经济的主要来源，房地产的繁荣又能获得高额的税收，地方政府靠征地获得最大的利益，保障房的土地供应必然受到极大的阻力。保障房的建设常为一纸空文，有名无实。中央和地方分税制也使得地方政府的一些利益受限，导致地方政府措施不力。尽管不反对，实际上不出力，实施措施很慢，这样应付的态度影响了整个政策的贯彻，国务院"24 号文件"尽管好，但是贯彻起来非常费劲。

中小套型是关键

另外值得一说的是中小套型的问题。我认为中小套型政策是今后解决保障房问题的一个重要的途径，非常符合我国国情的一种做法。我们资源少，人口多，这几年，来消费理念的不当使大家滋养了一种专门追求面积，追求花园的非常浮躁的心理。面积大就一定好吗？不见得。住房的问题讲的是家庭生活行为学和人体功效学，只有符合人的生理和心理需求的才是科学的、合理的、舒适的。所以，适宜的才是最好的，万事都有个尺度。我认为，一些中小套型好处多多，面积小了，负担可以少了，大家都可以买得起。目前中国的家庭都是以小家庭为主，它需要量，家庭人口数和构成、年龄和职业、文化和修养等都是影响住宅的因素。各类家庭在室内的生活行为需要有面积和空间的变化。要克服一种认为中小套型的房子是低标准、不舒服的，是又回到了计划经济的时代的观念，我们要建立一个全新的、有创意的和精明增长观的理念，重新认识中小套型住宅发展的意义，并且是可以执行的。中小套型不光能满足我们生活的需要，而且可以住得很舒适，完全可以做得非常高档。问题是我们用什么理念、什么方式去做。

这里，我想举一个例子：日本小面积住宅通常强调适应性设计，尽管大多住宅被建成集合住宅的标准化形式，仍然强调个性化和多样化：一是根据居住者的情况，设定针对性的平面；第二是提供不同价值观的居住生活方式的相应住宅；三是居住者能自行装修和自由分隔的住宅；再有就是为家庭提供可以自由组合的灵活住宅，在考虑人口结构可能变化的条件下，可以分隔变化，有名的"可变型住宅"、"顺应型住宅"都是如此。

精心设计，科学理性地发展

室内设计在日本被认为是最能体现居住生活行为的地方，因此，需要更加精细地设计。尺寸精细到厘米，各种尺度考虑净模的设计，所以，产品连接的闭合性较好，室内自然就很漂亮。各个空间的设计定位很亲切，公共活动空间首先要考虑家具位置和使用，空间要能互为借鉴渗透，小中见大，充分发挥空间的作用。一般来讲，室内每个平面和每个空间都不会轻易浪费，恰到好处地发挥作用。比如，门厅可称为脸面，设计一般要表现个性，门要外开且不妨碍别人，为了保证私密性和空间效果，一般设一个隔断，门厅外部，由过渡空间和管线表具布置的空间，要留出适当的放陈列品和花盆的地方。住宅的室内充满了生活感、舒适感，并且对居住的隔声、采光、隔热、保温和空气质量等住宅性能特别关注，从材料、设备和建筑的处理等方面加以保证。只有高质量的住宅产品才有市场。日本提出居住要以"与环境共生存"、"节能住宅"为主题，创造人与生活、自然与都市相协调的居住环境。日本的住宅区的规划设计，一般非常重视居住生态和环境建设，公益设施配套都比较齐全。日本住宅精细设计的程度可以与世界各国媲美。

对于产业化、标准化的问题，日本同样高度地重视，尽管面积不大，但是做得非常精致，所以品质高、性能好，这是世界有名的。我国过去这些东西没有受到政府的关注，也没有在我们的房地产业中引起足够的重视，我们现在的房子还是停留在粗放型的生产方式中，也就是花很多的劳动力，花很大的资源、能源，去获得毫无用处的所谓的豪华、所谓的排场、所谓的花园。这种建设模式劳民伤财，是非常需要反省和纠正的。建立一种新的观念：小房子可以住得很舒适、很好。所以，要充分发挥建筑师的聪明才智，把小的做成大的，小中见大，在小里做一些更健康的、更舒适的文章，这个是完全可以实现的。

要学会改变我们住房理念

刚才讲的是建设模式的问题，还有住房的居住模式问题，也就是消费模式的问题，这个同样是很重要的。常年来，民间把购房看作是拥有住房的标志，租住房被冷落，买房成为人人的追求，现在，年轻人刚从学校出来一两年就想买房。我们的这种观念根深蒂固，导致结婚必须要有自己的房子，女孩不嫁没有房子的男孩，男孩们拼着命地要去买房，所谓的"房奴"就出现了。居住理念的改变是今天的大事。

政府主导跟开发商合作？

日本有一段时期维持了中小套型的水准。日本政府对待中低收入者住房的经验是值得我们学习的。到目前为止，他们仍然坚持公共住宅的建设模式，差不多在二三十年的时间内基本上维持在 80~90 平方米的住房标准上，解决大部分人的住房问题，而且质量、品位都非常高，并不认为是低档住宅。他们靠的是什么？是政府支撑了住房的整个局面，战后，一手抓经济、一手抓住房，建立了公营住宅和后来的公团住宅，也就是由政府贷款成立专门的开发建设公司，后来的《日本财团法人城市整备公团》分布在全国各地，专门为大众公民解决住房问题。由政府出政策，公团搞建设，营造了占绝对比例的国家公团住宅，用低价位出租或销售给需要住房的广大市民。整备公团是低赢利国家企业，用政府政策性贷款和市场化运作，保持经营的活力。公团的建设特别注重品质和居住性能，围绕公团成立了一批研究机构。评估组织优良产品大力发展优良产品制度，发展住宅产业化的生产机制，使住宅的生产犹如生产飞机、汽车那样品质高、质量好，经济效益、环境效益都达到最大化。这是国际都承认了的。所以，在住宅问题面前，政府勇于承担责任是最大的关键，但这并不意味计划经济，它完全可以通过市场的杠杆运作，当然，必须有相关的政策加以扶持，这是必不可少的。至于商品房市场，这一块完全可以放开，适当以级差税收来控制资源的占用，绝不能简单地一刀切来解决。

用商品市场的规律办事。要发展经济保障房，政府不能把责任推给开发商，有人提议，开发商开发项目要划出 10% 做经济适用房！这种摊派的做法是极其错误的，其结果不会解决保障房的问题，实际上整个搞乱了市场，破坏了多年来的改革成果，实在是要不得的。富人还是少数的，他们的资源物质的享用应当还是少数的。何况，大多富人的财富所得还是他们的才智和努力的结果。包括大多白领阶层在内的住房问题仍然需要社会的一定的关照，政府应该管起来。问题是，现在的经济保障房过于少了，有人估计才占到 2%、3% 左右，即使到了 10%，也还远远不够。我认为，当达到 60% 的时候，高房价问题就解决了，大家都能住上各自满意的住房，还有谁再去关心有钱人的高房价呢？我以为，这就是根本解决房子的供应问题和价格问题的最佳途径。

日本公团住宅是我国保障房建设的典范[①]

住房保障房建设已被列为"十二五"规划的重中之重。2011 年全国保障性住房建设将高达 1000 万套，如何建设成为我们开发设计行业最为关注的问题。作者曾与日本住宅整备公团的同行共同工作过一段时间，对日本整备公团建设的"公团住宅"和集合住宅的建设模式 深有体会。今天看来，日本公团住宅实际就相当于我们今天说的保障房，只不过，日本政府把解决低收入和中产阶层的住房问题交给由政府组建和资助的住宅公团来承担，经过近二十年的努力，基本解决了占 60% 的普通住户的需求。

日本地少人多，物资短缺，长期以来，在住宅建设方面坚持小面积、适用舒适的理念，长期开展对居住行为方式和家庭人口结构的研究，无论是住宅设计还是产品都是做到了精细的程度。所以，日本的公团住宅不光适用、方便、舒适、健康，而且显得高档，有品位。在今天，我们回过头来讨论保障房的小面积住宅的时候，日本公团集合式住宅和产品认定、性能评价制度等一系列措施，几十年坚持住宅产业化的生产模式，是我们学习借鉴的典范。

一、精细设计是日本公团住宅的特征

早在 1955 年，日本刚刚开始进行大规模住宅建设的时候，他们就成立了"住宅公团"（现称都市"整备公团"）的建设省住宅建设机构，这个机构在日本各个城市、各个区县都有分部，负责管理、协调住宅建设的发展，为城市普通住户住房问题提供了大量支撑。整备公团赖以生存的就是大量建造集合住宅，从 1996 ~ 2000 年的第七个住宅五年计划中就达到 7300 万套左右。在居住品质保证从住宅生产的方方面面采用理性建设、精细设计，达到了有良好的规模、生产结构、居住性能和设备的新一代环境建设更新的目标。

1）设计形成期

20 世纪 50 年代，战后日本住宅政策进行调整和确立。由此建立的公营住宅和公团住宅极大地推动了集合住宅形式的发展。一是钢筋混凝土住宅得到了确认，二是标准化的研究和应用，为保证公团住宅集成化发展而打下了稳固的基础，才有了规模建设的可能。跟随工业化技术的进步，20 世纪 50 ~ 60 年代形成了一系列施工工法（SPH、HPC），工效一路提高。在规划设计方面，进入 20 世纪 70 年代开始出现了创意设计，在公团的集合住宅中形成了多样化的设计热潮，发展了后现代设计

[①] 本文第二作者是梁才。

风格，并容纳了规模建设的标准设计系统，使公团的集合住宅进入了成熟的阶段。

2）标准设计模式

日本的集合住宅一直坚持小面积套型的方针，1951年以后每年都要推出标准化的设计，不断公布建设标准，并通过居住实态调查，把"食寝分离"、"就寝分离""干湿分离"和"公私分离"的理念融入到标准设计中去。建立了 nLDK 型套型设计模式，由 n 个卧室和起居室及餐室、厨房等空间组成，从而确立了公团小面积住宅的标准模式，使关于小面积住宅的研究进入了精细化的阶段。以家庭人口为依据，用"家庭人数减去夫妇对数"来计算卧室数量，使集合住宅进入保证居住实态和注重实效的阶段。除此而外，老年住宅的"亲子型"的二代居、三代居住宅也得到了发展，在设计上又分为同居型、分居型和邻居型三种。

第六个"五年计划"引导居住标准

家庭人数	房间组成	卧室面积	住户专用面积
1 人	1DK	20.2m² （12.0 张）	37.0m²
1 人（中老年单身）	1DK	23.0m² （14.0 张）	43.0m²
2 人	1LDK	33.0m² （20.0 张）	55.0m²
3 人	2LDK	46.0m² （28.0 张）	75.0m²

3）适应性设计

尽管 nLDK 住宅被确定为小面积集合住宅的标准形式，但仍然在个性化和多样化方面做了各种各样的尝试：①根据居住者的情况，设定针对性的平面；②提供不同价值观的居住生活方式的相应住宅；③居住者能自行装修和自由分隔；④自由组合的灵活住宅。另外，还考虑由于人口结构的变化，在居住以后可以分隔变化的"可变型住宅"、"顺应型住宅"。在集合住宅标准形式中增设了西式卧室布置，使居住空间更加富有灵活性。

4）各种房间设计

室内设计在日本被认为是最能体现居住生活行为的地方，因此，需要更加精细地设计。尺寸精细到厘米，模数考虑榻榻米的尺寸定为 900 毫米，一律设为净模。所以产品连接的闭合性较好，自然就很漂亮。各个空间的设计定位很亲切，公共活动空间首先要考虑家具位置和使用；空间要能互为借鉴渗透，小中见大，充分发挥空间的作用。一般来讲，室内每个平面和每个空间都不会轻易浪费，恰到好处地发挥作用，比如，门厅的设计可称为脸面，日本住宅精细设计的程度可见一斑。门厅设计一般要表现个性，自然要表现主人的身份；要便于大型家具的出入；门要外开且不要妨碍别人；为了保证私密性和空间效果，最好应有一个隔断，还可以间隔外界气候的影响。门厅外部由过渡空间和管线表具布置，并要留出适当的陈列品和花盆的地方，从而设计出有特征的空间。住宅的室内充满了生活感、舒适感，并且对居住的隔声、采光、隔热、保温和空气质量等住宅性能特别关注，从材料、设备和建筑的处理等方面加以保证。

5）住宅品质开发

小面积集合住宅是以高品质、高质量著称的，它的这一成就应当归功于日本优良部品制度。这一制度的核心就是对住宅部品的外观、质量、安全性、耐久性、使用性、易施工安全性、价格及供应条件等，由建设省指定的日本住宅优良部品认定中心进行综合审查。为了保证认证的公正性、权威性，优良部品认定有一套产品标准、性能测试、专家评价、机构认定、推广普及、售后服务、保险赔偿等方面的方法和程序。公布合格的部品，并贴"BL 部品"标签，有效时间为五年。经过认定的住宅部品，政府强制要求在公营住宅中使用。在筑波还专门投资新建了检测中心，配备了先进的检测仪器和设备，每个受检产品都要在该中心经过严格测试，过五关斩六将。在住宅生产的各个环节，每个产品、部件都有非常完善的质量保证体系，如对一个普通的门锁的性能测试，就要由机器人作 20 万次的模拟开启试验。住宅的材料，需要在仿真的恶劣气候条件下，经受声、热、光、风、雪、雨、霜长时间的实验。

只有高质量的住宅产品才有市场。日本提出居住要以"与环境共生存"、"节能住宅"为主题，创造人与生活、自然与都市相协调的居住环境。日本的住宅区的规划设计，一般非常重视居住生态和环境建设，公益设施配套都比较齐全。为推动住宅产业发展，各有关政府管理部门都根据各个时期要形势需要提出了相应的技术开发计划和课题。比如，在"21 世纪住宅开发计划"中提出了：①住户参与居住空间设计；②功能好、舒适度高的内装修材料和住宅设备的开发；③住宅能源综合利用系统的开发；④高功能材料和设备及生产技术的开发等。邮政省于 1987 年提出"智能住宅"课题，内容包括智能住宅本身（家庭内部网络、机器设备、安全系统、模数化、标准化）以及通信、广播基础设施等的研究开发。

二、对我国住宅建设的思考与建议

日式小面积住宅值得借鉴

在土地资源十分紧张的日本，多数套型专用面积都在 90 平方米以下，三居室的套内面积也基本上在 80 平方米左右。然而值得注意的是，为争取较高的容积率，节约土地，日本住宅的套型平面大多采用大进深、总面宽小的住宅，较大三居室面宽为 8 米左右，而进深则在 11 ~ 13 米之间，一居室、二居室的总面宽一般就在 4.5 ~ 6.6 米之间。隔墙采用轻质装配显得十分灵活自如。在这一点上，日本的套型面积和开间进深与我国一味求大、求洋、求面子有很大的差距，那些浮夸、表象的作风实际上困扰了我们多年，日本成功的范例有很多值得我们借鉴的地方。

日本的集合住宅最常见的是外廊式住栋。套型结构大体是通道位于中间，卧室靠近住宅入口附近，并不强求南向；住宅中部一般为卫浴空间和厨房，厨房不要求必须对外开窗（日式餐饮清淡）；起居室则位于最南端，一般与餐厅、厨房共同构成公共空间；和室（榻榻米）作为日本特有的第二起居空间，一般与起居室相邻设置，用推拉门加以分隔，完全可以打开摘走，其空间和起居室连通，扩大了空间，又能分时使用。一些房间可间接采光而不必直接临窗，从而节省了面宽。比起中国的住宅，日本的套型在功能分区上有三个特色：一是厨房位于套型中部，采用开敞或半开敞式，这是因为日本人在饮食上少油烟，不必对外开窗。二是卫生间在日本被细分为洗浴、洗面、如厕三个独立的功能空间，使业主既拥有了完整的卫浴功能，又可多人共用而功能间互不干扰，总面积较大，使用方便舒适，完全没必要再安排另一个卫生间。三是日本的住宅多采用框架结构，室内较少承重墙，轻质的隔墙、推拉门与壁柜等储藏空间结合设置，灵活且能充分利用空间，能够从不同角度满足居住者的需求。

小面积住宅在我国具有长期性

就人的心理特征和人体工学而言，居住面积并不是越大越好。空间过大会有空旷感，而缺乏氛围；有一种冷漠感而显得压抑。我们常说的"大而无当"就是描述那种空间利用不当而造成的浪费和累赘。这种盲目求大的做法是一种长期苦日子后的虚荣心，是暴发户的心态。对一般普通住户来说，人的行为方式和活动场所大小是有限度的，只有适合才是最好的。小面积不光是人的正常行为所需，也是我国人多地少的特征所决定了的。不过，很多富裕国家也都在提倡小户型，把它归因于勤勉和一种文化的传承应当是适当的。

现在，总是把保障房统认为只是低收入住户的住宅。温总理曾说，政府要将大多数小白领阶层的住房问题列入政府关注和解决的范围。龙永图先生也指出，70%的住房要列入保障的范围。笔者非常同意这种负责任的态度，只是我们应当通过不同的比例对不同的收入的住户给予不同的帮助，同样起着保障性的作用。

住宅本来是面对大众，是"量大面广"的东西，要耗费大量国家资源和社会人力财富，涉及社会中的每个人，因此需要精细、需要定制化、需要多次性的重复。因为，量大就特别讲究经济和效率，因为是为"人"所用的，又应当是个性的、多样的。日本公团集合住宅的发展具备所有的特性，值得我们学习。这些年，我们把求大、求个性的虚荣心强调到不切实际的地步：由狭小、简陋的住宅一下变得一定和世界相比，把本应当注重发展标准化、集成化和产业化的研究撂倒了一边，变得随心所欲，把资源、效率和社会影响力不当回事。小面积小户型的提倡可使我们重新找回自我，重新研究和大力发展产业化、定制化、模数化是非常有必要的，因为那样才能如日本公团集合住宅一样具备舒适、高档和功效，才能使我们的住宅成为发展我国经济的真正动力。

利用90平方米的空间完全可以构建出一个"小三居"，但是，这种小三居是否能较长一段时期内满足我们多边市场的需求？小面积的定义尚需要讨论，适合于我国的居住标准需要慎重制定。我以为，一刀切的"90平方米"保障房，对那些人口较多，而又有特殊行为方式的家庭而言，确实有点狭小。但是，小面积在我国预示着一个方向，预示着在未来的一段时间内长期地存在。这是客观条件所决定的。

住宅设计规范应作重大的调整与变革

住宅设计规范的修编始于1998年的实物分房的计划经济年代，发表于1999年商品化市场鹊起、房地产行业起飞的岁月。住宅设计规范的编制和执行，对住宅的健康发展功不可没。然而，它一问世就遭到批评，尽管于2003年又集中修编了一次，仍然被指责为"拖市场的后腿"。这种说法，且不论对和错！但是，住宅设计规范存在的问题、造成的障碍——混淆优劣、模糊概念、增加浪费等有不可推卸的责任。

长期以来一本规范打天下的局面始终未能改变，规范的权威受到严重的冲击。个别类似日照和栏杆安全的条文过于严厉、繁琐，造成了严重的浪费。规范中很多低标准的限制早已不能适应市场商品化的需要。市场化带动住宅房地产的发展一日千里，后十年住宅创新设计需要松绑解锁，住宅品质需要法规来作保证。住宅规范作为一部国家大法，承担着重要的历史使命，调整和修编现行规范并使它有一个彻底的变革，已经到了迫在眉睫的程度了……

根据我的了解，我认为，最急需变革的有下列几个方面，供大家讨论：

一、关于面积和层高计算的思考

1. 关于套内建筑面积的计算单位

建议以套内建筑面积代替使用面积计算。其实，这是国外普遍采用的一种套内面积计算方法，可以很好地化解住户、开发和设计三方面的矛盾，它被定义为套分户墙中轴线和外墙结构面围合的面积，也就是"套内使用面积加属于本套自身的结构面积"。这样计算面积的好处是：

（1）住户购买的就是套内建筑面积，购买多少住户一目了然，再也不用考虑公摊是多少，特别是大公摊，使人摸不着头脑！住户再不会和开发商有理不完的矛盾了。

（2）简化设计人员的面积计算工作，避免了由于门洞、轻质隔墙、落地窗、挑窗、壁龛等模糊不清的边界概念而导致的边角面积计算过程中极易产生的矛盾。

（3）简化或取消购房面积实地测量队的现场工作，降低开发成本。

（4）实际套型面积标志清晰，购房人的购房面积概念与设计可取得一致，容易沟通。

（5）实际购房面积和公摊面积明确，且十分容易计算。产权面积按照"套内建筑面积＋各套按比例分摊公用建筑面积"计算。

2. 建议面积计算时一律以结构墙中轴和外墙结构外表面为基准面，不再另加装修厚度和内外墙保温厚度，从而简化计算并能达到激励做好内外保温层的作用。

3. 关于阳台、露台的计算，长期存在不合理成分，概念混乱。如设计要求单另计算，并不计入面积标准内；而统计和销售则要求一半计入套型面积并计入容积率；施工要求一半计入工程量。又如规范规定露台面积属于平台性质，不在面积计算之列，于是出现了把阳台做成露台、不计入面积，成为促销手段奉送客户的情况，这造成了混乱以及概念的模糊不清。建议：

（1）取消阳台和露台面积作为套内建筑面积计算值的规定，改为每套阳台面积的总额控制，这样可以避免阳台和露台的概念偷换。

（2）结构外表面以内的内阳台面积不计入套内建筑面积。封闭阳台仍应当看作阳台，不应计入套内建筑面积，但是内阳台和封闭阳台都必须按每套住宅的阳台总量控制。这个措施提供设计创新机会的同时又防止了过度放大阳台面积的偏向。

（3）阳台面积不应计入容积率。可真实地反映居住的实际水平。

4. 关于层高的2.8米限值一直都是争议的焦点。当年制定的时候，主要出发点是节约用地，被开发商认为是低标准的表现，而且有悖于规范限低不限高的原则。但是，很多项目利用无限制层高的做法，使用3.4~5.4米层高来留作夹层，增加额外面积，促进销售，实际这种做法涉嫌违规。这里有一个自然层的定义需要澄清，以避免不正常的设计和开发。为此建议：

（1）取消层高2.8米的限制，但是必须明确自然层概念，并规定自然层最大的高度限值，以避免利用自然层高添加夹层，从而达到逃避容积率的控制和逃避纳税的目的的现象发生。为进一步拓宽设计创作思路，还应当正确定义错层住宅。

（2）对住宅挑空高度所占面积应作出规定，并与套内建筑面积、比例大小发生关系。

（3）放宽底层全架空留作绿地休闲空间的2.2米高度的限制，此空间不应计入容积率和公摊面积。但此条不应包括封闭入户门厅和开敞式车库的面积。

5. 坡屋顶的净高计算

取消原使用面积的计算方法，简化为2.1米以下不计入套内建筑面积，以鼓励坡屋顶的做法。

6. 半地下室与有窗井地下室均不计入套内建筑面积和容积率，以鼓励地下空间的开发利用。

二、关于日照和卫生间距的修改意见

1. 日照在全国的执行情况不一，有损权威性。建议按五个气候分区制定不同的日照标准，此条应与规划院日照标准相对应，并统一使用日照软件。

2. 我国的日照标准要求偏高，以至于不能有效地利用城市中心的土地，城市建筑类型趋同，板式建筑泛滥。建议：允许小套型住宅无日照，如规定套内建筑面积不足 40 平方米的小面积套型允许无日照，但不宜超过总套数的 25%。这种做法符合高效利用城市核心区土地，且符合紧凑型原则的要求。

3. 有些地区和城市擅自规定日照间距和日照分析软件各取其一的做法是不可取的，应明确取缔。

4. 建立卫生间距标准，各类建筑应满足最小卫生间距标准的要求。

三、关于对安全条文修改的设想

1. 关于安全栏杆的高度完全可以统一为 1.1 米一个高度。

2. 关于防护栏杆，实际上因要求过严，已成为应付验收的摆设，造成了浪费。建议降低安全临界点的高度和防范水准，重新审议护栏设置的依据，以便为住宅释负，避免虚设和不切实际的要求。可参照国外（日本等）的做法，以入学前的儿童为主来设置，如将 7 岁儿童的平均身高的重心点定为安全的高度。

3. 踩踏面一直是争议点，按上述意见降低安全防范高度后，解决争论就变得容易了。

防暴玻璃应当视为安全栏杆，如果结合 7 岁儿童的安全高度，可以解决虚设窗前安全栏杆的问题，避免浪费。其他因素，如洞口大小、开启方式、护栏材料等也是安全考虑的主要因素。

四、关于其他方面的一些规定的建议

1. 中高层的层数应由 11 层扩大到 14 层，15 层以上为高层，30 层以上为超高层。

2. 根据我国住房水准的提高和生理因素，规定 6 层及 6 层以上的住宅应当设置电梯，规定 14 层单元式一梯三户住宅的电梯数量应放宽到允许单设一部，但必须是防火电梯。

3. 取消关于住宅按面积分类的等级规定，但应当制定保障房、政策性住房、普通住宅的面积标准。

4. 取消最小卧室的面积规定，因为不利于灵活空间和渗透空间的组织，不利于小套型住宅的空间功能创新。

5. 住宅设备管道应当提倡集中外置，实施同层排水的原则。楼板面层应当预留管道走向的尺寸空间，应当注意楼板的撞击噪声。

6. 应对内墙的保温系数和隔除噪声提出要求。住房的噪声问题困扰了我们几十年，到了根治的时候了。

住宅设计规范在房地产开发中发挥了重大作用，同时又有好多的问题困扰着我们，阻碍着住宅建设水平的大步提高。过去，我们并不是不知道问题的所在，因为一部规范可能涉及十几部乃至几十部相关的规范标准，有时为了避免交叉，简化手续，采取金蝉脱壳的简化办法，但是万事总有报应的，顾了眼前的方便，总是会带来后果的惨不忍睹，造成了严重的社会经济乃至住宅发展的不良后果。等到我们痛心疾首时，深感当时如痛下决心，哪怕再费事、再困难，改了就改了，反倒能改出一片新天地……

我想，今天我们又该进入当年的责任、矛盾、困惑、犹豫交织的时候了，我们是否要挺直腰板理直气壮地把修改规范的重任进行到底呢！

"全装修"势在必行

毛坯房诞生于 20 世纪 80 年代，经过 20 多年的市场磨砺，它已经不能适应社会发展的需求了。近年来，在住宅装饰装修过程中，一些用户违反国家法律法规，擅自改变房屋使用功能、损坏房屋结构等情况时有发生，给人民生命和财产安全带来很大隐患，既浪费大量的人力、财力、物力，也不符合循环经济的要求，不利于住宅产业化的发展。根据专业测算，毛坯房装修会造成建筑成本 10% 的损失，造成装修材料 30% 以上的损耗。

去年（2008 年）8 月，住房和城乡建设部发出了《关于进一步加强住宅装饰装修管理的通知》，要求各地尽快制定出台相关扶持政策，引导和鼓励新建商品住宅一次装修到位或菜单式装修模式，逐步取消毛坯房。一石激起千层浪，有人欢喜有人忧。虽然取消毛坯房已是老生常谈，但是由于这次是国家部委正式发文倡导的，因而引起了业内外人士的广泛关注。

"'全装修'到了必须重视并需赶紧实现的时候了，政府应该采取坚决而果断的措施，制止现在还做毛坯房的行为，在我国全面实现'全装修'。"近日，中国人民环境委员会主任委员开彦在接受记者采访时如是说。

毛坯房危害性很大

"'全装修'是现在必须重视并且要赶紧做的事情，而不是要拖一两年、两三年，做毛坯房的危害性是很大的，有害于整个房地产发展，对资源利用、环境保护、社会团结等各方面的影响也是很大的，它是一种不可持续的行为。"开彦说，"我们现在都讲绿色建筑，跟绿色建筑整体的观念是违背的，是不合适的东西。政府应该采取很果断的措施，赶紧下达通知或者命令，来制止现在还做毛坯房的行为，限制其在某个时期去完成'全装修'，而不是说逐步实现过渡，因为这跟房地产业发展是不对称的，危害性也是很大的。"

谈到建"毛坯房"的危害，开彦说："比如对资源的利用方面，个人或家庭在对"毛坯房"进行装修时，在材料的选择、质量以及材料的浪费等方面是保障不了的，并且存在很多的建筑垃圾，对建筑物结构的破坏性也很大，还产生了很多不安全的因素，垃圾本身也是资源，不能很好地对资源进行利用，使这些垃圾对社会环境造成很大危害。另外，在装修工程的过程中，居民要承担很多的麻烦事，比如要去采购、选施工队、为自己的装修做设计等，由于不专业，施工质量得不到保障，特别是管道的问题，也存在安全隐患，因为现在各种设备、各种材料、各种管道的布置都是很有讲究的，不是说随意都能做得好的，这种方式对整体的布局都是不利的，这是一个非常严重的问题。"

在对"毛坯房"进行装修的过程中，有的装修公司对有些客户个性化的要求是做不到的，还存在邻里之间的干扰、噪声干扰、环境污染等问题。在住宅的性能方面，我们中国的住宅外部做得很漂亮，但在内部，很多外国人看了都感到可惜、感叹，感觉内部的环境、设备、居住条件太差了。由此可见，中国住宅内部品质所达到的居住水准是远远不够的，究其原因，主要是"粗装修"造成的。开彦说，"粗装修"在好多环节上都是实现不了的，比如对节能的考虑、设施设备、空调系统、排水系统、采暖系统、热水系统等，通过精装修都可以很合理地去完成，并健全地处理好这些关系。特别是在现在提出节能减排的情况下，由科技人员去完成是完全有必要的，"粗装修"根本达不到国家标准，所以在建筑性能、建筑品质、保障人员的健康安全方面是不够的，和国际上的标准相差甚远。另外，在施工质量及检测方面也是达不到标准的，对于我们检测量这么大的国家，居住品质应该要更好、更高一层，但因为粗装修的原因，受到了阻碍而得不到进一步的发展与提升。

政府应采取果断措施

在全面实施"全装修"的过程中，也会有一些困难，众口难调是一个大的障碍，但本质上不是问题，因为从装修的角度来说，装修有软装修和硬装修，所谓硬装修是硬件的装修，软装修就是指装饰装修，如窗帘、家具等，这些都是小问题，装饰可以由住户完成，装修由房地产商完成，这样就可以结合起来，跟住宅的个性要求就分开了，成本实际上也节省了。

"有些人要找各方面原因，如住户不认可，要求多，胃口多，不满足，住户苛刻等，这些问题也存在，但不能都赖到住户头上，强调这种无谓的东西是不应该的，主要在于市场和宣传媒体的引导，因为'粗装修'有害于社会、有害于房地产发展、有害于人民健康，还滋长了不正之风，有的甚至说我是权威的领导或者是有关系的人，不要钱都可装修，这种不正之风是应该杜绝和制止的。所以我认为，应该很果断地限时限条件地将它政府化，这样才能促进整个行业和建筑材料市场的发展。"开彦说。

他说，中国住宅的发展目前还是粗放式的，早应该精细化发展了，非常理性地去做，在国际上，住宅产业化的发展最终的理念叫做集成化，这种集成化的设计方法通过缓解生产链的社会化生产，按照一定的标准模式进行组装，这就应该按照装修的多样化、多品种方式去发展，通过生产链的生产方式可以把住宅的产品从标准化、模块化的角度去做，使得生产住宅的时候就达到相当的工业化水准，这样就可以极大地提高生产的效率，对节省资源、材料都有很大的好处，在管理和品质方面的水平也会得到很大的提升与保证。

他认为，有了这些基础，对内装修就会有很大的好处。他们曾经研究过这方面的问题，当时把住宅分成内装体系和结构体系两大类，结构体系是为了保证内装修的材料能够合理地安装进去，内装体系能够通过集成化的手段满足大家个性的需要、多样化的需要。"这样做才能在性能、质量、保证安全健康等方面得到本质性的效果，完善住宅的发展，只有这样，房地产才能走上一个非常正规、国际化的道路，这是从根本上来说。提到全装修的问题，我觉得首先应该从政策上、制度上制定更严格的措施。"

另外就是要多采取一些奖励政策，通过具体的研究，政策、制度方面的完善，保障全装房的成品，同时在宣传的力度方面也要加强，要得到住户的理解，只有这样，整个房地产才能发展起来。

开发商与相关建材装饰企业应很好地结合

"我们国内的装饰公司发展的速度也很快，在这么强大的装修队伍下，我觉得房地产商和装修公司应很好地去合作，材料供应商去合作的可能性很大，所以，在新的形势下应该开展这种合作。"

开彦说，不一定要开发商费很大的劲，全装修能不能做，对于开发商来说，既是能力的考验，也是管理水平的一种考验，有些开发商对这些很害怕，他觉得不必这么担责任，应该开展一些类似于中介机构的组织、公司、协会来实施，这个对精装修的激励是很大的，不一定要每家每户自己来运作和掌握，某个阶段交给设备公司，某个阶段交给管道，这样的话，各个阶段就可以结合得很好，找一个这方面的管理公司来运作，就可以在全国走一个比较平稳的发展之路，不要每个开发商都去操心、也不需要每个开发商都要具备这种本事。目前，进行"全装修"的呼声很紧迫，大家都行动起来形成一个社会的舆论和风气，全面实现"全装修"市场就不难了。另外，科研技术部门应该加强研究，有些方面是很需要研究的，有些成套的技术、方法还是需要专家去研究、去完善的，而我国现在在研究领域方面太缺乏了，还有待进一步加强。

由此可见，"全装修"市场的到来已是必然，不管是对开发商还是相关装饰建材企业，都是一个巨大的机遇与挑战，大家只有在组织上做好准备，在技术上做好整顿学习和培训，通过完善自身，提高技能来应对市场，迎接新一轮的挑战！

居住规格与未来的技术趋向

"规格"从字义上讲主要指标准、大小、轻重、精密度、性能等，统指规定的要求或条件。我们研究"居住规格"不光需要研究有关居住方面的水准、质量和性能，而且包含更多与居住者密切相关的含义，如居住模式、居住形态、居住生活质量或者居住品质。从而要研究居住者的不同生活行为规律和不同生活方式，住宅建设或住宅成品的生产方式和管理模式，材料、部品、设备的升级换代，住宅能源、资源的综合利用，环境保护，住宅增值和全寿命评估。

我们今天研究"居住规格"，不仅能对现行房地产开发、住宅建设的相关政策、技术和管理方面起到指导和规范作用，为居住者提供明晰的标准和居住生活目标，而且可以为我们未来住宅发展的技术模式作出预测性报告，保证房地产业的健康发展。

1. 居住模式的发展趋势

居住模式或称居住形态，是指居住生活起居的行为方式。不同的类型和形式，导致不同人群有不同的生活起居行为。低层住宅和高层住宅、集合住宅和独立住宅、板式住宅和塔式住宅、城区住宅和市郊住宅等，均会给居住者不同的感受和不同的生活行为。居住模式影响着居住者的生活质量。创造不同的舒适感、安全感和满足感，体现不同文化和文明。

经济和文化的发展，在很大程度上决定了居住模式和居住形态。有人说，我国的经济发展最终应当赶上或接近发达国家水平，因此我国居民居住形态或居住模式同样应当与发达国家看齐，至少在某种程度上体现发达国家居住模式的水准。依这个观点来看，我国的居住模式将有下列的渐变趋势：

（1）住宅层数将向低层化发展，独立式和联排式住宅将逐渐增多，高层住宅将受抑制，多层住宅向4~5层发展，"小高层"将成为普通住户受欢迎的居住形式；

（2）板式住宅将受到普遍欢迎，而塔式住宅将向短板化、蝶型化发展；

（3）住宅郊区化明显，卫星城将成为城市主要发展模式；

（4）街坊式布局将替代居住小区模式，围墙式将逐步走向敞开式。

2. 住宅功能向精细化发展

住宅功能和性能是居住生活是否舒适、方便、安全、卫生的决定因素，是住宅价值所在。如何取得呢？当然，住宅受到的制约因素很多，完善的设计和各种技术手段的处理，仍是促进住宅性能提高的重要因素。经历了计划经济分配制度的小面积住宅的涤荡之后，开发商普遍地注重面积的扩大。但是一味扩大面积，不恰当地把厅设计为 50~60 平方米以上，把卧室扩大到 30 平方米。一套 120 平方米的住宅只能做到二房一厅，一套 150 平方米的住宅只能做到三房一厅，大量生活琐碎得不到合理的安置，正常的日常生活行为受到扭曲，很多大而无当的设计是不可取的。功能精细化措施简单地讲为以下几点：

（1）居住功能增量的必要因素，除面积应有必要的增加之外，一条重要的原则是居住空间功能约分化。强调一套住宅精细化设计，除基本功能空间外，应增设书房（电脑房）、设备管道间、娱乐室和家务室等。这里主要指居住空间功能单一化、专用化，而不是多功能；

（2）注重室内管道的排管布局，设计强调管道不穿楼板。"自家管道不进邻居家"和"实现压力管道外移的原则"设立户外管并，综合布置管网和表具，实现净化室内空间，减少室内污染源，提高居住室内环境质量的健康住宅目标；

（3）升华居住功能，实现舒适性和享受性要求。如：增加第二起居室供家庭内部休闲、团聚、健身和视听使用功能。采用开放式厨房和主卧内的卫生间，使厨房、卫生间成为具备休闲功能、放松肌体、愉悦身心的空间，是一个享受型的空间处置方式。

再如注重景观设计。不仅创造室内协调、主调明显的特征，而且利用门窗的设计、观景阳台的设计，充分将外部景观条件引入住宅室内。

3. "简约式"设计受到欢迎

经历了住宅创作的传统、风格、文化和个性的讨论和潮流之后，很多开发商、建筑师摒弃了简单模仿地方传统建筑符号、欧陆古典风格符号，简单挪用城市广场、公园景观、宾馆装修等的手法，使住宅重获近情、近事、近物的人情味和亲和感，使居住功能"可看可亲"，使住户得到真正的享受和实惠。

（1）未来的居住形态应当以简约式的风格为主流，住宅造型简洁明快，现代感强烈。玻璃、金属和混凝土将成为主要的建筑材料，材料的特性将得到充分发挥。

（2）住宅交付标准实现成品化。室内装修一次性到位，与国际水准对口衔接。实现这一目标的关键，在于贯彻"装修和装饰"分离的原则，要让住户市场明确"简约式"的装修是一种高尚、文明的做法；精细设计、精细选材、精细施工的原则下完成的是精品而非过去计划经济时期粗制滥造的住宅。个性特征、文化品位则是由家具、布艺、饰品的不同风格、色彩来完成的。不同住户的文化、喜好决定了不同风格和气质的表现。室外环境园林景观设计将特别强调绿荫化，绿地覆盖率将成为主要的衡量指标。绿荫的设计特别强调高大灌木的数量，增加高大树木的种植，对改善小气候环境、增加富氧离子、单位面积二氧化碳固定量具有重要的作用，这是人工草坪不可比拟的。

重视植物配置和种类数量，使得各种姿态、色彩相得益彰、赏心悦目，营造一个完全的生态环境、绿荫的气氛，满足老人、儿童体育活动的需求。体育运动健身将成为社区居住生活的主题。

4. "健康住宅"成为追求居住品质的主要原则和技术导向

健康住宅是顺应居住品质的提高而产生的，国际上很多国家和地区开展这方面的研究和实践工作。联合国也对健康住宅提出了九条建议性标准：对绿色建材、空气温度和湿度、空气质量无害化、噪音控制及日照、通风等均提出了生理健康的具体要求。而在心理健康方面的指标如空间尺度、私密性保护、照顾老年人及自然灾害防治等方面也提出了具体的要求。

健康住宅的目的是一切从居住者出发，满足居住者生理、心理和社会等多层次的需求，使居住者生活在舒适、卫生、安全和文明的居住环境中。健康住宅从人居环境的健康性（硬件建设）、自然环境的亲和性（高接触性）、居住环境的保护（污染的防治）和健康生活的保障（健康行动）四个方面进行。不仅在硬件建设中有具体的指标和原则要求，而且在社区建设中，强调了人与人之间关系的和睦。健康档案、健身中心等建设，使健康住宅对小区住宅建设达到了高层次的追求，使住宅建设走上健康的追求居住品质的道路。

5. "住宅产业"概念将得到重新审视

"住宅产业"是生产和经营住宅、住宅区这一最终产品的产业。而"住宅产业"是一个广义的概念。它包括承担建造活动的建筑业、室内外装修业、材料和设备的生产制造业以及流通和服务行业。住宅产业化是当今房地产行业必定要关心的事情。这涉及我国住宅建设发展方向的大事，是涉及"多、快、好、省"的根本问题。

"住宅产业现代化"的含义则反映了这一产业的总体质量水平、生产水平和创新能力。联合国经济委员会对产业化的定义为：要达到生产的连续性、生产物的标准化、生产过程中各阶段集约化、工程建设高度组织化。因此，住宅产业现代化的根本标志是标准化、工业化和集约化。为此，国务院八部委发表了国办发 1997（72）文件《关于推进住宅产业化，提高住宅质量的若干意见》，提出了住宅产业化五大目标体系：

（1）住宅基础技术体系；

（2）成套的住宅建筑体系技术；

（3）住宅部品集成化体系；

（4）住宅质量保障体系；

（5）住宅性能评价体系。

国务院八部委 77 号文件为初步建立住宅工业化、标准化的生产体系的目标分别作出了 2005 年、2010 年两个不同阶段的实施目标。但在 1999 年以后几年内，文件最重要的阶段性目标及实施内容被忽视了，没能将文件主要精神和技术目标在各地和各行业进行部署、贯彻实施。把示范性小区建设工程的地位提高到不恰当的高度，以示范小区工作代替"住宅产业化"的工作来布置，而把地方性的工业布局、标准化管理、技术引进和技术质量工作放在脑后。重创了"住宅产业化"的部署，延缓了阶段目标的实现。

住宅产业化是住宅建设的必然道路。西欧、美国、日本等国家经过多年努力整合后，在提高劳动效率、节约资源和能源、降低成本、改进工程质量等方面取得了极大的进步。目前设计技术利运行原则已从专用住宅体系普及到了通用住宅体系。

住宅产业化的概念，随着房地产的飞速发展，必将得到重新审视，住宅产业的工作将很快得到普及性的发展，我国住宅建设水平将跨入新的发展台阶。

1）住宅产业基地是某项工业化成套体系技术创新和推广转化的扩散地

有步骤地促进工业化住宅部品体系的发展，转变落后的住宅建造方式。基地将对培养和造就一批生产企业群体起到发展的规模在示范和带动作用。基地通过在全国布点，建立若干个以当地为基础，辐射和带动全国住宅产业发展的发源地。

产业基地的好处是：

（1）加强技术研究和开发工作，集中完成以标准化、工业化为指导的完善的建筑体系和部品开发机制；

（2）加强技术集成，协作配套。以市场开拓集约化经营的方式带动产业技术的整体进步；

（3）突出重点开发项目，组织攻关。引进国际先进经验，作为住宅产业的"领头羊"。

2）住宅产品的认证工作是推动我国住宅部品有序发展的关键工作

它的目的是：促进优良住宅部品技术和部品质量的健康发展，达到保护消费者利益的目的。认定的范围包括尺寸、性能、质量、售后服务等内容，我国由于行政归属的关系，一直不能正常开展住宅部品的认证工作，致使我国住宅部品的开发和管理工作处于无序的状态。数量少、质量差、规格不全、通用性低，以至于成为住宅质量低、使用功能差的根本原因。

发展住宅部品体系，开展认定工作的主要工作内容有：

（1）建立住宅部品的分类研究工作，出版产品分类目录，就各类部品的尺寸、性能、接口和检测标准作出规定；

（2）建立住宅部品评定机构和审定工作机构，下设住宅评定和审定专家委员会；

（3）建立住宅部品标准制定委员会；

（4）建立全国住宅部品试验室网络；

（5）建立住宅部品的研制和开发体系。

3）"住宅性能评价"的可实施性将得到加强

在住宅商品市场驱动下，房地产开发会产生许多不规范行为，危害行业的健康发展和住户的利益，住宅品质将不能按人们预期的要求发展。为确保住宅质量逐步提升，完善市场的运作机制，使消费者住上放心房，推行住宅性能评价工作具有重要的意义。住宅性能评价体系是一个自发促进房地产开发健康发展的激励机制，是市场条件下的可靠保证。

然而，我国目前性能评价制度的开展属于起步阶段，法律条文、制度等尚不健全，而且一开始就给人们造成错觉，这一制度的推行是局限在"贵族化"的范围中，忽略了真正的重点——"大众化住宅"，对象是100%的新建住宅。要在开发商中形成这样的认识和习惯：性能评价工作是保证开发房地产产品质量的必要制度，是取得居住信誉的桥梁，从项目立项开始就应当作为一个议事列入策划之中。

建立住宅性能评价的主要工作为：

（1）建立相关的评价方法和评价标准；

（2）建立全国评价机构，下设评定委员会负责评价标准、评价体制和评价项目的管理和发布工作；

（3）建立全国和地方评审委员会网络机构，负责全国项目的跟踪评价工作；

（4）建立部品和住宅性能测试实验室；

（5）建立"住宅纠纷"的仲裁和赔偿制度。

6. 政策导向可持续发展建筑

人和自然和谐共存是人类共同的心声。大自然为人类提供了丰富的资源和能源，但资源和能源是有限的，是不可再生的，这就为人类找出"可持续发展的问题"一个命题。保护地球，为千秋万代的后代们留有足够的空间；保护地球，使地球不受到污染，是我们每一个人的责任。

在如此重大的命题前，行政机构应当有效制定法律进行管理，制定标准规范对各行各业进行约束。有些还要采取积极相关奖励政策予以鼓励，使各方面的技术得以发展，可持续发展的事业得到发扬光大。

近期内，开发商踊跃地对生态、绿色建筑发生兴趣，并对项目冠以"绿色"和"生态"的名誉，但仔细看来，大多停留在对某种单一特征的追求，而忽视了整体的、全方位的提高。我们的行政和科研部门应当及时以正确的概念和方法来指导开发商乃至全民来实施绿色生态技术，而防止无度的炒作。其实，"绿色"、"生态"说到底是一个资源和能源的有效利用。强调节地、节材、节能、治理污染，开发和发展再生、回用和复用技术，使材料和能源的利用最大化，最大可能地保护地球，不但能使我们生活在美好的环境中，享受现代物质文明和精神文明，而且能造福于我们的子孙后代。

2004.8.17

6 绿色·节能·健康住宅

迈向可持续发展的中国健康住宅

2001 年 10 月在北京召开的国际建筑中心联盟（UICB）大会上，由我国国家住宅与居住环境工程中心研究编制的《健康住宅建设技术要点》被隆重推介给大会，得到大会与会者的热烈反响，并由此引发了中国的住宅建设迈向"健康住宅和人居健康工程"的新的发展阶段。人们开始摆脱由于对住房的紧迫性追求而导致的不恰当追求外表的"繁华"和不切实际的"富贵"转而到讲求"务实"、追求品质和健康舒适。

一年来，健康住宅技术围绕人们居住环境和人类健康的相关问题，研究了相应的对策和解决方案，努力实施人类居住与居住健康的可持续发展。从 2002 年 3 月开始，已在全国范围内接纳"健康住宅建设试点工程"北京奥林匹克花园，金地・格林小镇和厦门浪琴湾等住宅区已被正式批准为首批试点住宅小区，全国其他许多城市住宅小区也正在积极地申报之中。

"健康住宅与人居健康工程"特别要求致力于发展健康住宅事业的开发商、承建商、制造厂商以及建筑师、工程师、室内设计师们以居住与健康的新价值观为原则目标，积极促进健康住宅建设事业的可持续发展，共同来营造健康、舒适、安全、卫生的人居环境。

一、迎接"健康住宅"的新时代

人类居住健康问题的挑战引起了全世界居住者与舆论的关注，人们越来越迫切地追求拥有健康的人居环境。由于人们过去的不当的城市建设行为，使居住环境急速恶化，地球环境受到了莫大的威胁。人口的过度的集中、城市建筑的高层化倾向、过分的人造环境，造成了土地失水性严重，热岛现象衍生。节能设计不重视，空调使用失控，能源浪费严重，城市气温普遍上升。

城市作为人类居住生活的功能区，在很大程度上被削弱。居住条件恶化、环境污染、人际关系冷漠等"城市病"正在蔓延，城市已不再是人与自然和社会健康发展的乐园。让城市和作为城市细胞的居住小区功能朝着人居环境的健康目标发展，包括生理的、心理的，社会的和人文的，近期的和长期的多层次的健康是我们今天的责任。

中国的住宅建设在经历了长期的计划经济的束缚之后，开始十分重视住区环境的建设，全国各地建成了一批成规模的住区环境优秀的住宅小区。山、水、土、石、绿地、阳光、空气组成的建设要素成为人们追逐的目标，由此引发的绿色住宅、生态住宅、水景住宅、阳光住宅等应运而生，迎合了消费者某种居住心理的要求，但大多常常流于某种形式的追求，而忽视了居住者对健康、舒适、安全、卫生、文明等居住环境因素的审视，包括居住者生理和心理的，社会和人文的健康的追求。

很多小区引进城市广场手法和公园化景观绿地，好看不中用，使住户得不到实惠，亲和感离之甚远。又比如，家庭装修宾馆化、贵族化，住户随和、方便的家庭气氛不在了，而建材的选用不当造成了空气污染，有害射线衍生，空调病（军团病）、呼吸病、肥胖病甚至白血病蔓延，直接危及住户健康。

健康住宅的主要基点在于：一切从居住者出发，满足居住者生理和心理健康的需求，生存在健康、舒适、安全和环保的室内和室外居住环境中。因此，健康住宅可以直接释义为：一种体现住宅室内和住区居住环境都健康的住宅。它不仅可以包括与居住相关联的物理量值，诸如温度、湿度、通风换气、噪声、光和空气质量等，而且尚应包括主观性心理因素值，诸如平面空间布局、私密保护、视野景观、感官色彩、材料选择等，回归自然，关注健康，关注社会，制止因住宅而引发的疾病，营造健康，增进人际关系。

健康住宅有别于绿色生态住宅和可持续发展住宅的概念。绿色生态住宅在注重居住生活的舒适、健康的同时，更加强调资源和能源的利用，注重人与自然的和谐共生，关注环境保护和材料资源的回收和复用，减少废弃物，贯彻环境保护的原则。一批学者认为，"绿色建筑"主张"消耗最少的地球资源，消耗最少的能源，产生最少的废弃物"，绿色生态住宅贯彻的是"节能、节水、节地和治理污染"，强调的是可持续发展原则，是社会经济发展的宏观的、长期的国策。

"健康住宅"围绕"健康"二字展开，是具体化和实用化的体现。对人类地球居住环境而言，它是直接影响人类持续生存的必备条件，保护地球环境，人人有责。但从地球环境一直到地域环境、都市环境以及居住室内的环境，如何着手呢？不言而喻，从小到大，从身边到远处，从基本人体健康着手推开，向室外敷地、城市地域以及地球大环境不断地引申与拓展，直至可持续发展。

健康住宅更贴近人们的需求，健康住宅受到了广大住宅开发商的重视，被认为是摸得着、看得见的具体化的要求，可操作性十分强，把居民的利益和开发商的追求紧密完善地结合起来。

二、健康住宅的国际化趋向

20 世纪 70 ~ 80 年代，爆发了二次世界石油危机，环境受到破坏，引发了人们对节能和环保的重视。1972 年，联合国在斯德哥尔摩召开大会，号召人们对环境污染给予重视，指出人们在发展经济的同时牺牲了健康的条件，引发了许多疾病的发生；1981 年，世界建筑师大会提出了由于建筑物的不当处置产生的对人的负面的影响，会议发表的《华沙宣言》号召建筑学进入环境健康学的时代；1987 年，《蒙特利尔公约》针对地球保护层——臭氧层的破坏影响到人类生存的问题，开始对全球性的健康问题进行讨论；1990 年后，地球环境快速被破坏，地球气候异常；1992 年在里约热内卢发表的《里约宣言》提出了"Agenda 21"议题；2000 年在荷兰举行的"SB2000"可持续发展大会和健康建筑研讨会，提出了全球共同开创未来可持续发展和健康舒适居住环境的时代。

从 1987 年到 2000 年世界各国大体上经历了三个发展阶段，即节能环保、生态绿化和舒适健康。各国从最先面临省能、省资源出发，逐渐认识到地球环境与人类生存息息相关，转而为生态绿化，最后回归到人类生活的基本条件：舒适与健康。

根据世界卫生组织的建议，"健康住宅"的建议标准是：

（1）尽可能不使用有毒的建筑装饰材料装修房屋，如含高挥发性有机物、甲醛、放射性的材料。

（2）室内二氧化碳浓度低于 1000ppm，粉尘浓度低于 $0.15 mg/m^3$。

（3）室内气温保持在 17～27℃，湿度全年保持在 40%～70%。

（4）噪声级小于 50dB。

（5）一天的日照要确保在 3 小时以上。

（6）有足够高度的照明设备，有良好的换气设备。

（7）有足够的人均建筑面积并确保私密性。

（8）有足够的抗自然灾害的能力。

（9）住宅要便于护理老人和残疾人。

国际上对健康建筑及可持续发展课题的研究大多遍布在欧洲、北美洲及亚洲的日本地区。我国台湾学者近年来也就绿色建筑、健康建筑提出了七大评估体系，在落实政策、细化指标、实际操作等方面做了大量的具体、务实和平易近人的工作。

日本在几年前就推广实行了健康住宅的建设，成立了专门的研究机构和健康住宅委员会、健康住宅技术研究所、健康住宅对策推进协议会等组织，研究工作组织了公众卫生、设备技术、文教等部门进行有关的研究，其研究目标是探索人类健康与居住环境的种种对应关系，研究把健康分成了"生理健康"和"心理健康"两大类，以它的研究结果为基础，把居住环境也分为了"物理环境"和"社会环境"两类（以上摘自日本《住宅与健康》1997 年度调查研究报告）。

加拿大住宅建设明确倡导"健康住宅"理念。

健康住宅建设推行的主要内容主要体现在以下几个方面：一是保证居住者健康方面，包括室内空气质量、水质、采光照明、隔声及电磁辐射等因素；二是讲究能源效益，包括建筑物的保温性能，用于采暖与制冷的能源，可再生能源技术利用，用电及高峰用电需求等；三是资源效益，可再生材料的利用，节水器具、建筑物的耐久性及长期性等；四是环保责任，包括燃烧污气的排放，污水及废水的处理，社区的选址与自然资源的利用等；五是可支付能力，包括住宅的性能价格比，建设的工业化水平，住宅的适应性和市场性等。

加拿大的住宅建筑技术发展以"健康住宅"理念为原则，发展相应的体系与技术，通过规范式生产技术操作来保证居住者的健康（摘自于建设部 2002 年赴美、加住宅产业考察后的报告）。

三、健康住宅的评估指标

健康住宅的核心是人、环境和建筑。健康住宅的目标是全面提高人居环境品质，满足居住环境的健康性、自然性、环保性、亲和性和行动性，保障人民健康，实现人文、社会和环境效益的统一。

健康住宅评估因素涉及室内外居住环境健康性，对大自然的亲和性，住区环境保护和健康行动保障四大方面。不同于一般小区规划和住宅设计，健康住宅的实施必须建立在优秀的住宅规划设计的平台上，紧扣与"人"的健康相关联的指标框架，提高和引导健康住宅开发建设的目标。指标框架中，尽可能将评估因素量化、表格化和手册化，便于实施工作人员检查和记忆。

（1）评估因素一：人居环境的健康性

人居环境的健康性主要指室外影响健康、安全和舒适的因素。在室外环境中，强调有充足的阳光、自然风、水源和植被保护，避免噪声污染的侵害，并有防灾救灾、人际交往、增进人情风俗的条件，尊老爱幼，实施无障碍的原则。

室内要求强调居住空间最低面积的控制标准，尊重个性，确保居住的私密性；实施公私分区的住宅套型设计，并对住宅的可改性、设备管道布局走向提出了严格的要求。住宅的室内空气质量应保持清新，通风换气畅通无阻，防止室内污染和病原体的发生。强调装饰材料无害化，并就各类建筑材料的放射性污染物——氡，化学污染物——甲醛、氨、苯及各种具有挥发性的有机物（TVOC）等指标列表控制，提出空气污染物控制标准。此外，室内的声、光、热环境质量和饮用水质量均有相应的标准规定，并用表格显示清楚。

（2）评估因素二：自然环境的亲和性

对大自然的亲和人人皆有之。但是，由于城市建筑的蔓延，自然空间的缩小，气候条件的恶化，弱化了人们对自然的亲和。提倡自然，创造条件，让人们接近自然和亲和自然是健康住宅的重要任务。

要讲对大自然的亲和，必须在建设时尽可能保护和合理利用自然条件，如地形地貌、树林植被、水源河流，扩大人与自然之间的关系，让人感受真实的对自然的情感。同样，水、阳光、空气和自然风也是宝贵的，应充分组织好，利用好。

健康住宅生活少不了绿意。在居住环境中，广植花木不但可以怡情养性，同时还可以促进土壤生物活化，对生态环境有莫大的裨益。绿被植物还可吸收二氧化碳，改善小气候，降低温度。为了鼓励绿化，应增加有关绿化覆盖率、乔木植种的数量和栽种密度等，提倡大量种阔叶乔木和小乔木、针叶木等，增加立体绿化和植物立体配置，发展阳台、屋顶绿化，保持人和自然的高接触性。

基地的保水性能与改善土层的有机物、滋养植物、有益土壤微生物的活动，与调节小气候有关。保水性能越好，基地涵养雨水的能力越强。为了保证有好的渗透性和保水性能，应做好环境透水设计，保留和收集雨水，为此应在规划中增加土壤面积，增加透水铺面和雨水截留设计。

景观水是指池水、流水、喷水和涌水等，规定为流动水循环使用，有循环水净化装置，使改造的地表水、雨水、污水的水质标准符合要求。

（3）评估因素三：住区的环境保护

住区的环境保护是指住区内视觉环境的保护，污水和中水处理，垃圾收集与垃圾处理和环境卫生等方面，主要从环境的卫生、清洁、美观出发，在景观和色彩上保持明亮、整齐、协调，既具有住区的个性和感染力，又具备文化性、传统性。对于污水和雨水的处理，除了达标以外，着重对污泥的综合利用，减少出泥量，扩大复用水资源以利节省。

垃圾分类和袋装化工作虽小，但意义深远，培养住户的垃圾处理自觉性，是居民实际文明行为的表现。与此同时，还应有公共场所的卫生和公共厕所的设置和宠物饲养的有关规定。

（4）评估因素四：健康行动的保障

健康住宅的环境保障评估因素主要是针对居住者本身健康的保障，包括医疗保健体系、家政服务系统、公共体康设施、社区老人活动场所等硬件建设，使住户居住放心、方便。这些服务体系的创建对小区的健康生活品质升位有重要作用。

健康行动是指公众参与的对全体住户的教育行动，是健康住宅不可分离的部分。健康住宅的硬件建设和健康行动的软件建设结合在一起，才能建立健康住宅的完整概念，引导住户参与和组织志愿者活动，开展各种持续性健康活动。

四、中国健康住宅的研究与推广

健康住宅的研究是针对我国住宅建设方面的规划设计、施工安装、材料设备以及家庭装修中的不当行为而产生的种种有害居住健康因素而建立起来的，得到了卫生部、环保部和国家体育总局的下属科研机构的支持，并参与合作研究工作。

2001年7月，由跨行业科研设计部门共同研究编制完成《健康住宅建设技术要点》（2001年版），并于同年10月在国际建筑中心联盟大会发布。与《要点》相匹配，相继编制完成《健康住宅评估因素及评价指标体系》、《健康住宅实施管理办法》等文件。

2002年9月，根据一年的实践研究，对原《要点》（2001年版），广泛的征求意见后，开展了修编工作，完成了《健康住宅建设技术要点》（2002年修改版）的编制工作。

健康住宅力求推动全国健康住宅建设工程的发展，通过健康住宅工程的试点和技术跟进工作，总结支撑健康住宅发展的成套技术体系，推进健康住宅产品产业的发展。为此，专门建立了以规划设计、材料部品、建筑设备、环保卫生、健康保健等方面的首批24名专家组成的健康住宅专家委员会，制定了专家委员会组织办法，明确了专家的职责、权利和义务，切实地做好健康住宅建设技术服务工作。

健康住宅建设随着房地产及经济的发展和住宅技术的不断提高而不断改善。《健康住宅建设技术要点》将是一个动态的技术参考，随着技术的发展和材料的完善而及时得到修正，将不断提高的健康住宅建设技术成果及时提供给机关部门和国家标准定额管理部门，为今后制定我国的健康住宅技术标准提供重要的技术基础。

此外，我们还将以"健康住宅"理念为原则，发展我国的建筑体系技术及相配套的住宅部品、材料的设备，完善我国住宅生产的一体化管理体系，为健康住宅的持续发展贡献我们的力量。

中国绿色建筑发展与国际化比对

比较一下国外的绿色建筑发展和中国目前的差距，目的就是通过这个比对找出我们今后一些方向。今天主要是三个方面的问题：第一，回顾一下可持续绿色建筑的国际形势；第二，我们中国绿色建筑的表象；第三，国际化行动。大家都知道，我们因为在不同的程度上破坏了环境，资源方面受到了伤害，所以大家才将绿色建筑作为可持续发展的思想来进行研究。

进入20世纪80年代，特别是国际上已经把绿色建筑跟经济增长和自然和谐的观点相联系，也就是我们今天讲的可持续发展的理论。作为可持续发展理论，这个概念在绿色建筑设计上有其具体的表现：第一，它特别强调地方性、地域性，强调延续地方的文化脉络；第二，强调技术公众性，要用简易的大家能掌握的技术做；第三，要建立一种循环意识，最大程度去利用可再生资源、可再生材料，防止人为的破坏；第四，要采取被动的方法，也就是我们今天讲的构造方法、理念，尽量做到可再生资源的利润；第五，要减少建筑体量，降低对资源的消耗；第六，对环境的保护。

国际上第一个绿色建筑评估体系是1990年的时候英国的建筑研究所的环境评估法，这个评估法主要强调能源消耗。第二，就是材料，材料对环境的影响。第三是环境整体表现，它起到的作用。我们今天研究绿色建筑的理论，并不光是建筑本身的表现，而且涉及人文和社会发展。英国建筑体系涉及方方面面，包括办公楼、住宅、工业建筑等方面都有。它的主要目的就是要降低建筑物对环境的污染，创造舒适、健康的室内环境，致力于环境问题，使得开发商通过这样的评估能够了解到。欧盟在英国发展的基础上做这个工作，现在做得也比较深入。它主要强调一个建筑物本身的位置、场所的整合，对房屋结构、对房屋本身形成的要素进行控制，包括交通、能源、资源材料、生态的保护，包括降低社区的犯罪率，提供就业机会等。

德国也有非常好的特点，德国在节能方面做得非常成功，从20多年前就开始制定第一部的关于节能的法规，在这个法规的基础上又不断地更新，原来它的节能的水平，拿汽车百公里油耗量来说超过9升，甚至达到12升，后来逐步做到9升石油消耗量，在2000年以前，它差不多达到6升的耗油量。2005年的时候他们公布的一个节能法，这个节能法达到了新的高度，达到了3升耗油量的水准，它跟1978年比较，至少提高了60%，所以它的能耗水平、技术水平是非常高的，也是通过标准的更新、目标的提升来实施的。

美国的绿色建筑标准是比较先进的，它起源在20世纪70年代世界能源危机的时候，到了1993年的时候成立了美国绿色建筑协会，是一个非政府、非盈利的组织，成员来自于社会各方面，编制了美国绿色建筑的评估体系。这个评估体系实施到现在，被认为是最完善、最有影响力的评估标准，世界很多国家已经把这个标准引到自己的国内，建立自己的标准。2005年10月，美国有2553个建筑通过绿色建筑的评级，这个数量还是少，占到1%。其中，NC的注册是绿色建筑评估流程的第一步，通过这个标准的评定，表示设计师拥有对绿色建筑的环保的意识。这个领域有两万人已经通过评估师的专业评估。他们热衷于绿色建筑，但并不是把它作为最终的目标，而是通过可持续的设计推动链，使得越来越多的人认识到绿色建筑对经济、对效益方面会有非常大的好处，至少在运营成本上可以减少8.9%，在建筑造价上能够增加7.5%，投资回收可以达到6.6%，这个无论在哪方面都会取得非常好的效益。

亚太地区基本上也模仿美国绿色建筑的标准做自己的评估体系，其中包括印度、中国台湾、日本、澳大利亚，这些评估体系不同程度地把美国绿色建筑的体系应用在自己的国家，比较本土化地开展起来。

北京的开发商现在越来越多地对环境生态友好型的建筑项目感兴趣了，也开始行动了。但是，由于我们广泛采用危险的能源耗费型的增长，使得绿色建筑的发展面临非常艰苦的里程。北京目前绿色建筑满天飞，大家都喜欢它，但是绿色建筑面临着市场的考验，究竟能不能做，而且踏踏实实做，而不是表象地、浮夸地去做，这是我们面临的非常重要的环节。这主要是因为我们起步晚，技术上也不完善，绿色建筑目前也就是一种标签，贴着标签的就好卖房子，这个是一种不健康的表现。

具体表现在：

第一，缺乏参与性的意识，事不关己，高高挂起，认为绿色建筑离我太远，能卖房子就行了，特别害怕成本增加，这方面又是一个非常大的难题。社会大环境生产链断裂，绿色行动刚刚开始，行业发展参差不齐，所以困难重重。

第二，我们国家目前的水准低，有了标准就无所适从、不知所措。政府虽然提倡绿色建筑，到2005年已经搞了三次绿色大会了，但是光说不练，所以我们缺少行动、机制的变动。

第三，从设计体制方面、从设计人员方面来讲，也没有完全跟上来，体制上还是停留在多工种分开的阶段，没有整合。设计技术不灵活，所以对绿色建筑的推动也有影响。总的来讲，我们雷声大、雨点小。我们在绿色建筑方面的研究浮夸，技术和实践两张皮，使绿色建筑停滞不前。目前，绿色建筑体系操作性较差，缺乏实际的价值。

对比美国的评估体系，它有五大考量：第一，非常清晰明了；第二，非常公正；第三，可记录性很强；第四，可以查证；第五，可实施性很强。希望各国根据自己的情况，根据美国绿色建筑的要求进行整合。

这里，我想回顾一下关于LEED体系的产品，目前为止已经公布的有四个体系。其中一个体系叫LEED-ND，LEED/ND是关于社区的评估标准，目前尚为草案阶段。

这五个产品构成了对建筑行业不同领域、不同方面的技术标准，这个是比较完整的。其中 NC 代表了五个体系的一个典范，贯彻了它的整个体系的思想，关于这个标准，国内也有翻译版。它的方法就是打分，比如 LEED/NC69 分就可以拿到铂金牌，LEED/CS 是 61 分，LEED/CI 是 57 分，LEED/EB 是 85 分，通过打分的办法确定绿色建筑的含量是多少。铂金是最高级的，目前为数并不是太多。LEED/NC 有五项是最主要的方面：可持续的场地；水资源与节水；能源利用和大气保护；材料与资源的利用；室内环境品质和设计创新等。

我们着手从 LEED/NC 来做，配合 LEED/ND 共同进行，使它对照我们的标准进行。我们在建设部立了项目，就叫"中国绿色建筑的国际化比较研究"，通过比较研究，吸收他们的好的经验，对照我们的标准，找到一个共同点。目前，我们主要做这几个工作：第一，接受他们的委托，开展评估认证工作；第二，我们进行大量宣传工作；第三，建立实验工程；第四，完成住区的评估标准。通过这些找出差距，做成量化指标，使得我们国家的标准接近国际化的标准。

谈谈绿色建筑及本土化发展

在人类赖以生存的环境、资源遭到越来越严重的破坏，人类不同程度地尝到了环境破坏苦果以后，人们开始思考如何维系生存的可持续发展问题。可持续发展的概念要使自然资源、能源能够永远为人类所利用，不至于因耗竭而影响后代人的生产和生活。

绿色建筑遵循可持续发展原则，以资源、能源利用最大化的方式，在最低环境负荷情况下，建设人居环境理想的安全、健康、高效及舒适的居住空间，达到人、环境与建筑共生共荣，永续发展。

一般说来绿色建筑设计与行动包含六个方面内容：①重视地方性、地域性，延续地方文化脉络。②增强适用技术公众性意识，采用简单易行技术。③树立循环使用意识，最大程度使用可再生材料，防止破坏性建设。④采用被动式能源策略，尽量应用可再生能源。⑤减少建筑体量，降低建设资源使用量。⑥避免环境破坏、资源浪费和建材浪费。

绿色建筑评估目标是指对建筑使用生命周期与对周边范围环境影响的一种评估方法。其中包括建筑物理表现，也涵盖部分人文和社会因素。

世界上第一个绿色建筑评估法是 1990 年由英国建筑研究所提出的"建筑研究所环境评估法"。受英国的启发，不同国家和研究机构相继推出不同类型的建筑评估法。主要划分为：注重对能源消耗的评估，注重建筑材料对环境影响的评估，注重建筑环境整体表现的评估。

英国建筑研究环境评估法 BREEAM（1990）

该体系有以下几个目的：①提供降低建筑物对全球和本地环境影响的指导，同时创造舒适和健康的室内环境；②使致力于环境问题的房屋开发商通过此项评估体系，获得分值认证和得到相应的证书。

欧盟建筑研究环境评估法

由欧联盟房屋研究机构（UK Building Research Establishment）设置，适用于城镇和规模地产的发展以及重建项目，着重于位置、房屋和结构的可持续性。这一体系包含环境、社会和经济问题。

《美国绿色建筑评估体系》（Leadership in Energy &Environmental Design Building Rating System），简称 LEEDTM

在世界各国的各类绿色建筑评估以及可持续性建筑评估标准中，LEED 被认为是最完善、最有影响力的评估标准，已成为世界各国建立各自建筑绿色及可持续性评估标准的范本。

近几年，以美国 LEED 为范本的绿色建筑在世界各地得到了迅速的普及发展。

印度、中国台湾、日本、澳大利亚和加拿大都已成立了绿色环保建筑协会，开展了
LEED 的绿色认证工作。澳大利亚采用绿星认证评估体系（Green Star System），日
本采用环境综合效率评价体系（CASBEE）。

中国的绿色建筑研究始于 2001 年，近年来发展较为快速，尤其是 2005 年，由
建设部、科技部、国家发展和改革委员会等重要部门共同召开的国际智能、绿色建
筑与建筑节能大会充分显示了政府对绿色建筑的重视和推动力。中国的绿色建筑发
展呈现出勃勃生机。与此同时，由于中国绿色建筑发展起步晚，处在快速城市化的
起步阶段，基础理论及思想准备不足，认识水平低下，市场机制发展不完善，"绿
色"成为一些开发商售房的标签，变成了招摇撞骗的手段。

绿色建筑在中国的发展面临着市场的考验和极端的困境，主要有：

（1）公众缺乏参与性意识。从普通大众而言，尽管也表现出对绿色建筑的喜
爱，但尚认识不到绿色建筑发展与自身利益的紧密联系，"事不关己，高高挂起"，
"绿色"太远，远水解不了近渴。对开发商而言，绿色建筑的推广，瓶颈问题还是
成本的增加，房价的人为控制。

（2）社会大环境生产链断档，效益不能体现。由于绿色行动还是刚刚起步，整
个行业发展水平不齐，困难重重，先行者举步维艰。另一方面，我国的相关标准水
准还不到位，时有"无所适从，不知所处"的情况，执行力弱。政府虽然大力倡导
绿色建筑，但还缺乏机构和技术行动准备。

（3）设计机制和程序不适应变革。绿色建筑需要在方案前期就引入采暖、通
风、采光、照明、材料等多工种参与，设计工种主动配合不灵活。"大而全"的设
计院体制扼杀了创新和专业特色的发挥，专业化设计事务所实行独立社会化服务，
精细化服务。

大力推广绿色建筑的重要性已毋庸置疑，是我们当前面临的非常重要的问题。

中国正在步入城市化加速发展阶段，快速发展忽视生态环境保护和能源节约的
传统发展模式，在获得高增长的同时造成自然生态恶化、环境污染的严重后果。中
国的状况已令邻国担忧，21 个世界级污染城市，中国占了 16 个——绿色建筑国际
化行动势在必行。

美国绿色建筑委员会（USGBC）于 1993 年建立了 LEED 认证体系，创立和实
施了全球认可和接受的标准、量化指标和设计手册，已成为世界各国建立本国绿色
建筑及可持续性评估标准的范本。目前已评估 1641 个项目，2.0 亿平方英尺。

LEED 包括新建建筑（LEED-NC）、核心与外观（CS）、商业建筑内装修（CI）、
现有建筑（EB）、社区开发（ND）五大体系。

LEED 评估采用评分体制，分为 4 个认证等级。

以 LEED-NC 为例：合格级为 26 – 32 分；银级为 33 – 38 分；金级为 39 – 51 分；
铂金级为 52 和 52 +。铂金级是最高级别，迄今为止，只有为数不多的几个项目获
此殊荣。

为了推进人居环境和绿色建筑发展，人居委将针对 LEED 体系，已在建设部科

技司指导下进行中国绿色建筑标准体系国际化比较研究，并通过对比研究，吸收和消化 LEED-NC 和 LEED-ND 的原则精神和框架结构，结合中国的应用实际加以本土化，以尽快学习和借鉴 LEED 的国际化原则与方法，使我国人居环境与新城镇建设有相应的评估指标和合理可行的评估方法，最大限度推动我国可持续绿色建筑的技术进步。

专注于绿色住区的 LEED-ND 评估标准，是根据精明增长、都市化、绿色建筑的基本原则，制定的一部相关住区定位、设计的新编评估标准（尚未正式使用）。与 LEED-NC 评估不同，LEED-ND 将着重于将建筑融入社区。

LEED 本土化的意义在于利用国际上已经成熟的成果为我所用，使我们花少量的精力投入、少量的时间经历、少量的财政花费，就可以获得高水平的成果，何乐而不为呢！事实证明美国绿色建筑评估标准具备五大特点：①清晰明了；②客观公正；③可记录性；④可查证；⑤可实现性。

人居委提出本土化研究项目的主要目标是：①着重以美国绿色建筑评估标准为范本，开展比较研究，分析总结现行有关各项标准建立的研究基础条件和指标量化的差距。②找出适合国际化目标要求和我国能具体实施的量化指标体系。③实现绿色建筑国际标准本土化工作。④开展绿色建筑技术的实践、普及与人才教育培训工作。

绿色建筑：这么近，那么远

"揭幕中国绿色建筑元年"，北京一个美式独栋别墅项目打出了这样的口号，在它的广告文案中你还会发现这样的字句："如果不是年代相隔，……将与瓦特共获殊荣"；"原版原质的美国成熟建筑作品，项目将纯美概念带到北京"。

对此，林武生的评价显得愤懑和斩钉截铁："这完全是一种噱头和误导。"这位建筑学博士的身份是招商地产策划设计中心的建筑师，对于目前中国的地产项目一窝蜂似的打着"绿色"、"环保"的旗号大肆宣传极为担心和不满。他还在中国最著名的绿色建筑论坛上发表了一篇名为《绿色技术，一种忽悠的手段》的文章，尖锐地指出一些所谓的"绿色"豪宅与真正的"绿色建筑"相去甚远，只不过是利用其作为宣传的手段而已。

那么，到底什么样的建筑才是真正的绿色建筑？在各种"绿色"满天飞的当下，这个概念显得那么混乱和不可捉摸。

根据我国于 2006 年 6 月 1 日起实施的《绿色建筑评价标准》（以下简称"标准"）的定义，所谓的"绿色建筑"是指在建筑的全寿命周期内，最大限度地节约资源（节能、节地、节水、节材）、保护环境和减少污染，为人们提供健康、适用和高效的使用空间，与自然和谐共生的建筑。

按照这样的定义，文首提到的别墅项目是绝无可能成为"绿色建筑"的。先不说它到底采用了什么绿色节能技术，先仅仅拿节地一项来说，就让人感到尴尬，"标准"中明确规定，人均居住用地指标：低层不高于 43 平方米，多层不高于 28 平方米，中高层不高于 24 平方米，高层不高于 15 平方米。可见，作为豪宅的别墅项目根本就不在标准的考虑范围之内，就算套用低层的用地指标，别墅动辄几百平方米的占地面积也不可能符合要求。据售楼小姐介绍，该项目于 2007 年 1 月成为了中国第一个申报绿色认证评估的项目。这是怎样的一种概念扭曲啊！

正如林武生在文章中写的："豪宅，代表一种奢华的生活方式，在这种方式下，运营能耗无节制地扩大，然后，我们再通过某种节能环保手段来降低建筑能耗，这与绿色建筑从一开始就考虑减少能耗的观念是背道而驰的，这决定它只能是一种忽悠的手段而不是什么榜样。"

清华大学建筑学院江亿教授曾对媒体说，现在我们经常讲"与国际接轨"，但在建筑节能方面却是万万不行的！以美国为例，他们的房子，其温度、湿度基本上都是人工调节，要耗费大量的能源，因此他们的建筑能耗人均水平是我国城市（仅是城市，还不包括农村）的 7 倍。我们十几亿人口的国家，如果采取美国的生活方式，就是把全世界的能源都拿来也不够。

绿色建筑溯源

不能否认的是，建筑文化的发展源自于人类对舒适生活的不断幻想。长期以来，我们不断地创造出新的建筑形态和技术，改变着地球表面的面貌，我们用建筑构建起供自己栖居生活的城市，我们为人类自己的作品感到骄傲，为自己创造的崭新而壮丽的天际线兴奋不已，那些鳞次栉比的建筑给了我们舒适安逸的生活，承载着我们不断膨胀的欲望。

到了 20 世纪 60 年代，生于 1919 年的意大利建筑师保罗·索列里发现，人类过于乐观和自私了，他将生态学（Ecology）与建筑学（Architecture）合并起来，创造出一个新名词——"生态建筑学"（Acrology），指出任何建筑或都市设计如果强烈破坏自然结构，都是不明智的，号召将富勒的"More with Less"原则应用到建筑中去，对有限的物质资源进行最充分、最适宜的设计和利用，反对高能耗，提倡在建筑中充分利用可再生资源。

这可以视为我们今天所普遍接受的"绿色建筑"概念的诞生，也有人叫其"可持续建筑"。曾设计过法国蓬皮杜艺术中心、与诺曼·福斯特齐名的生态建筑学大师伦佐·皮亚诺（Renzo Piano）说过的一句话似乎可以充当这些相似概念的最好的解释——"人，应该、必须，也只能绿色地栖居在这个蓝色的星球上。"保罗·索列里于 1970 年买下了亚利桑那州凤凰城以北 65 英里处占地 860 英亩的一块沙漠荒地，开始在上面建立自己的生态建筑之城——阿科桑地（Acrosanti），但在当时被打上了理想和不切实际的烙印，以致被大众冷落甚至遗忘。

但几十年过去，地区性环境污染的加剧和全球生态环境的恶化使得更多的人开始反思人类的城市建筑，而 20 世纪 60 年代末和 80 年代先后爆发的能源危机也促使许多国家政府开始关注建筑的能耗问题，于是，索列里的价值终于被人们重新发现了。

到今天，发展"绿色建筑"已经成为全球的共识。在 1992 年举行的联合国环境与发展大会上，与会者第一次比较明确地提出"绿色建筑"的概念。1990 年，世界首个绿色建筑标准——英国建筑研究组织环境评价法（BREEAM）发布，1995 年，美国绿色建筑委员会又提出"能源及环境设计先导计划"（LEED），5 年后，加拿大推出"绿色建筑挑战"标准。中国香港和台湾地区也相继于 1996 年、1999 年推出自己的标准，而中国内地的《绿色建筑评价标准》也已于 2006 年 6 月 1 日正式实施。很显然，这也契合了当前中国政府循环经济和可持续发展的战略。

与此同时，在众多卓越的建筑设计师和建筑机构的不断努力下，一座座根据各自特点设计的"绿色建筑"在这个世界上不断地生长和矗立起来，不论是公共建筑还是住宅建筑都出现了很多经典作品，它们代表着人类建筑的发展方向和必然选择。

比如由 7 个不连续建筑组成的英国诺丁汉国内税务中心，采用轻质遮阳板和自动控制的遮阳百叶，使整组建筑既能充分利用白天的自然光，又可以有效地遮挡室外的直射光线，避免室内眩光。自然通风从四周外墙处进风，然后将污浊的室内空气利用楼梯间角楼的烟囱效应向外拔风。楼板局部外露，利用混凝土的热惰性积蓄太阳热能。整个建筑群利用垃圾焚烧产生的热量作热源管网供应。

1933 年在希特勒操纵的国会纵火案中被烧毁的德国柏林议会大厦于 1999 年重建完成，在这个重生的轮回中，英国设计师，诺曼·福斯特爵士将自己的大师风范表现得淋漓尽致，自然采光、通风、联合发电及热回收系统的广泛使用，不仅使新的大厦能耗和运转费用降到了最低，而且还能作为地区的发电装置向邻近建筑物供电。被视为柏林新象征的玻璃穹顶不仅有助于采光，还是电能和热能的主要来源，自然通风系统的重要组成部分。此外，生态技术的使用，还使整个大厦设备的二氧化碳排放量减少了 94%。

德国建筑师塞多·特霍尔建造了一座能跟踪阳光的太阳房，房屋被安装在一个圆盘底座上，由一个小型太阳能电动机带动一组齿轮，房屋底座在环形轨道上以每分钟转动 3 厘米的速度随太阳旋转，当太阳落山以后，房屋便反向转动，回到起点位置。它跟踪太阳所消耗的电力仅为房屋太阳能发电功率的 1%，而所吸收的太阳能则相当于一般不能转动的太阳能房屋的两倍。

其他如法国巴黎的联合国教科文组织（UNESCO）办公楼、美国匹兹堡的 CCI 中心、法兰克福商业银行、柏林 Marzahm 区节能住宅、文德堡青年教育学院学生宿舍、荷兰 Delfut 大学图书馆、日本九州绿色高层住宅等，这些建筑均通过精妙的总体设计，结合自然通风、自然采光、太阳能利用、地热利用、中水利用、绿色建材和智能控制等高新技术，充分展示了绿色建筑的魅力和广阔的发展前景。

当中国遇到绿色建筑

在全世界都在谈论中国的经济奇迹时，一个我们无法回避的事实是，这个国家正在成为能源消耗大国和温室气体排放大国。在巴黎的国际能源署（International Energy Agency）甚至表示，中国可能在今年或 2008 年取代美国，成为世界第一大温室气体排放国。

国务院副总理曾培炎在给第三届国际智能、绿色建筑与建筑节能大会暨新技术与产品博览会的贺信中说：我国现有建筑总面积 400 多亿平方米，预计到 2020 年还将新增建筑面积约 300 亿平方米。建筑在建造和使用过程中直接消耗的能源已占全社会总能耗的 30% 左右，已经成为我国三大用能领域之一。而建设部副部长仇保兴提供的另一个数据更加让人无法轻松起来：近年来，中国每年约新建 20 亿平方米建筑，现有的 420 亿平方米存量建筑，绝大部分属于高耗能建筑。中国建筑单位面积采暖能耗是气候条件相近的发达国家的 2 ~ 3 倍，不仅会过多地消耗能源，同时严重污染了环境，致使国家能源消耗和生态的临界点提前到来。因此，中国建筑节能与绿色建筑的发展，对中国乃至世界的可持续发展都将产生重大的影响。

于是，中国提出了建筑节能发展的目标。第一阶段：从现在起到 2010 年，通过全面推进建筑节能和发展绿色建筑，城镇建筑达到节能 50% 的设计标准，其中各特大城市和部分大城市率先实施节能 65% 的标准，开展城市既有居住和公共建筑的节能改造，大城市完成改造面积 25%，中等城市完成 15%，小城市完成 10%。第二阶段：从 2010 年到 2020 年，实现大部分既有建筑的节能改造。东部地区实现节能 75%，中部和西部地区争取实现节能 65%。

于是，中国于 2005 年 7 月 1 日实施了《公共建筑节能设计标准》；2006 年 6 月 1 日实施了《绿色建筑评价标准》。

于是，我们看到了 2004 年建成的上海生态建筑示范楼和 2005 年建成的清华超低能耗示范楼，看到了深圳泰格公寓、北京锋尚国际公寓和万国城 Moma 国际公寓等一批先后建成的绿色建筑项目。看起来绿色建筑离我们好像真的很近了。

可是，由于中国绿色建筑研究起步较晚，加之中国建筑数量大、质量低、区域差异大、制度体系不完善、人们的绿色环保观念欠缺、建设正处于加速期等多方面特殊的国情，使得中国在发展绿色建筑的过程中将遇到比发达国家更多的困难。

睿智的加尔布雷斯说过，绝大多数的人并不会为自身长期的福祉设想，他们通常只会为立即的舒适和满足打算。"这是一种具有主宰性的倾向，不仅在资本主义世界是如此，更可说是人性深层的本质。"无论是消费者还是开发商关注的都是短期效益，这也可以解释为什么人们向往豪宅，而很多发展商仅仅将绿色建筑作为宣传的噱头来使用，而并没有什么实质性的动作。因此，观念问题是当前中国发展绿色建筑面临的主要障碍。

清华大学建筑学院林波荣说："追溯国外绿色建筑的发展，政策的推动作用巨大。对此，我们也要积极推动政府部门对绿色建筑的重视和加大在民间的普及，有政府给予诸多鼓励性和引导性政策，绿色建筑的发展将取得事半功倍的效果。"

其次，绿色建筑在策划、设计、建造、使用、废弃的全生命周期中，政府、开发机构、科研机构、设计机构、建设单位、产品供应商、消费者乃至媒体作为直接或间接的参与者，发挥着各自不同的作用，而我国现阶段，这一有机链条还并未形成。

一项由业界专家在"TopEnergy 绿色建筑论坛"上进行的长达半年的自由参与式调查结果显示，将近三成的投票者认为"政府的政策导向不力"是当前中国绿色建筑发展的主要障碍，政府在绿色建筑发展初期的不作为，成为大多数人诟病的目标对象。

这项调查还得出结论：在绿色建筑起步阶段，以政府的政策为核心的制度要素和以技术的产业化为核心的技术要素是绿色建筑发展的主要制约因素，而开发商的认识、大众的绿色建筑消费需求、设计机构的绿色建筑设计能力、绿色建筑的初投资等则构成了第二层次的制约因素群，它们或许会成为起步阶段完成后，绿色建筑发展需要面对的主要障碍。当然，需要看到的是，第二层次的制约因素与当前的主要制约因素之间存在着内在的关联性，随着制度和技术两大主要制约因素的突破，当前看起来各种纠结在一起的困难与障碍都有可能随之解决，这也许也是大多数专家对于绿色建筑在中国发展表达乐观预期的一个重要的原因。

尾　声

"绿色建筑的核心在于什么呢？"这个问题在绿色建筑论坛上引来了长达 6 页的跟帖，众多的网友和业内人士说出了自己的看法，从理念、实践等大的概念范畴到节能、环保等较为具体的内容，答案五花八门。

很显然，这是一个不可能有标准答案的问题。实在是因为绿色建筑所涉及的范围非常广泛，它需要我们从观念的树立、标准的制定、政策的完善、经济的发展、技术的创新等几乎涉及社会所有部门和阶层的努力才能真正地成为潮流。

如此庞大的一个系统工程，绝非一朝一夕能够实现的。或许网友 stone 的观点值得我们思考："我们不能等待'绿色建筑'像春天里的小草一样地从地下钻出来，在现有的观念和经济条件下，市场行为不会自发地催产绿色建筑。我们即使没有能力务实，也要身体力行地'呐喊'，传输观念。"

能够确定无疑的是，我们不希望再听到类似比尔·麦可多努夫（Bill Mcdonough）的哀叹和抱怨。这位建筑师在 2005 年 9 月的一场关于"设计未来"的演讲中说道："人类在互相破坏。到底我们有多爱自己的孩子和其他物种呢？"

中国绿色建筑发展背景及障碍分析报告

一、基本概况

1. 中国绿色建筑基础研究起步晚于国际 15 年。因为快速城市化的发展，使得房地产发展特点是：建筑量大质低、区域差异大、制度体系不完善、人们的绿色环保观念欠缺等，中国在发展绿色建筑的过程中遇到比发达国家更多的困难。

影响绿色建筑发展的问题为观念问题、技术问题和制度体系三大类。

在绿色建筑起步阶段，政府的制度要素和产业技术要素是绿色建筑发展的主要制约因素，而开发商的认识、大众的绿色建筑消费需求、设计机构的绿色建筑设计能力、绿色建筑的初成本投资等形成了第二层次的制约因素群，这些制约在当前已经初步成为发展绿色建筑要面对的主要障碍。

无论是消费者还是开发商关注的都是短期效益。当前，绿色建筑运动倡导的许多原则都与中国常规传统基本逻辑和判断相左，一些消极的传统观念不可避免地成为制约绿色建筑启动发展的首要问题。针对这样一个观念的问题，政府首先要转变执政观念，并要通过教育、政策引导和激励制度三方面带动市场去接受这个观念，形成有利于绿色建筑发展的良性市场环境和机制。技术问题相对比较容易些，随着机制的完善，技术及跟进服务顺理成章也就不成问题了。

2. 中国绿色建筑运动相对国际来说要晚 15～20 年。目前我国的绿色建筑标准体系由国家标准、行业协会标准和地方标准三个层次构成。国家级标准对全国的建设都具有约束力，影响面广，但受到地区发展不平衡、区域差异明显等因素的制约，标准的编制特征倾向于一种原则性的粗犷要求；行业协会标准虽然没有政府推动的力度，但更为灵活，可以提出相对高起点的要求，同时与企业、市场的联系也更为广泛，有利于发挥其在实际操作方面的影响力；地方标准是贯彻国家标准的重要一环，将国家标准的原则性要求变为可操作的，具有地方针对性、建筑类型针对性的细则，从而有利于发挥国家标准的作用，但是，由于地域的差别，地方标准编制水平参差不齐。

从 2001 年建设部启动绿色建筑研究以来，到 2006 年，已陆续发布相关标准和研究成果，如：

2001 年 5 月，建设部发布《绿色生态住宅小区建设要点与技术导则》。

2003 年，中国工商联房地产商会推出了《中国生态住宅技术评估手册》。

2003 年 12 月，国家科技部立项，由清华大学、中国建筑科学研究院等 9 家机构联合推出了《绿色奥运建筑评估体系》。

2005 年 1 月，建设部和国家质量技术监督局联合发布了《商品住宅性能评定方法和指标体系》。

2006 年 3 月，建设部发布《绿色建筑评价标准》，同年 10 月，建设部和科技部共同颁布了《绿色建筑技术导则》，明确了发展绿色建筑的原则和技术要求。

2007 年 7 月，国家环保局公布《绿色生态环保标志认证标准（生态住宅）》

3. 中国绿色节能建筑标准体制建设存在较大问题。据有关调查显示，中国绿色节能相关标准法律八成未能实效落实，节能领域更甚。具体从相关制度建设方面分析，存在以下问题：

基本法规缺乏配套执行力来支持当前中国的绿色建筑标准，作为基本法律，常常只有一般原则规定，缺乏实施技术细则，对建筑实施绿色节能标准难以起到实际作用。同时，一些建筑绿色节能标准相应的法律效力太低，执行不力，多数地方采取敷衍应付的态度。与国外相比，差距较大，国外特别是欧美的总体特点是层次高，执法主体明确，规范配套、细密，奖惩并重，执行认真，这正是目前中国标准规范所欠缺的。因此，要建立中央或行业社团组织，强有力地抓绿色建筑节能配套基本法规建设，才能为绿色节能建筑的推动建立良好的基础条件。

二、现状及问题

归纳起来，当前中国绿色建筑运动的推进主要存在下列问题：

1. 缺乏绿色建筑的紧迫意识和知识。

2. 缺乏强有力的激励政策和行政监管法律法规。

3. 缺乏有效的新技术推广交流示范平台。

4. 缺乏完整系统的标准规范体系，尤其是缺少实施细则。

在制度执行思路上，当前我国绿色建筑制度的执行手段仍然过分依赖行政的强制性推动，没有很好地发挥制度的监管和引导性作用。由于我国特殊的文化传统和国情背景，政府在许多方面都扮演着重要的角色，在绿色建筑的发展过程中，这种主导性作用依然非常明显，消费者的意向、地产开发机构的决策，甚至技术的产业化发展都与政府的政策导向有着密切的关系。

下列一组数据说明了推行绿色建筑的主要障碍：

1. 开发商对绿色建筑缺乏认识的占 9.46%。

2. 大众的绿色建筑消费需求不旺盛的占 9.91%。

3. 政府的政策导向不力的占 29.28%。

4. 建筑师和工程师不熟悉绿色建筑设计的占 8.56%。

5. 施工建设单位对绿色建筑的实现存在困难的占 4.05%。

6. 绿色建筑的初期投资太大的占 9.91%。

7. 绿色建筑技术、产品还不成熟的占 19.82%。

8. 绿色建筑的长期经济效益目前看来并不明显的占 9.01%。

其中，"政府的政策导向不力"是当前中国绿色建筑发展的主要障碍，政府在绿色建筑发展初期的不作为，成为大多数人诟病的主要目标。

三、解决途径

在制度体系建设上，中国发展绿色建筑的基本法规已经公布，但在操作层面上，结合建筑行业与地方特点形成的地方法规尚待完善，特别是包含绿色建筑评价标准在内的可操作性强的行业标准、地方实施细则成为了当前绿色建筑制度建设中的薄弱环节。由行业协会标准、地方标准组成的绿色建筑标准执行体系也正在完善之中，但什么是绿色建筑有效执行和精明增长的恰当方式，仍在迷茫摸索的过程中。

如何又好、又快地在绿色建筑推广中建立成效，经过比较后认为：在中国，引进已经国际化了的 LEED 标准，并将它根据中国的特征本土化，是最好的途径。通过本土化的修编和执行，将更多地引入绿色建筑产业链不同环节的专家参与并得到认知，实施 LEED 标准与现实市场的结合度将会得到很好的提高。

中国绿色建筑发展制约因素及对策

中国的绿色建筑研究始于 2001 年，近年来发展较为快速，尤其是 2005 年，由住房和城乡建设部、科技部、国家发展和改革委员会等重要部门共同召开的国际智能、绿色建筑与建筑节能大会充分显示了政府对绿色建筑的重视和推动。中国的绿色建筑发展呈现出勃勃生机，但由于中国绿色建筑起步较晚，且处在快速城市化发展的起步阶段，基础理论及思想准备不足，标准体系不完善，人们的绿色环保观念欠缺，市场机制发展不完善，中国在发展绿色建筑的过程中遇到比发达国家更多的困难，亟须我们加以分析和研究。

一、中国绿色建筑发展制约因素

影响当前中国绿色建筑发展的要素主要为观念问题、标准体系和技术问题三大类。

（1）公众缺乏参与性意识。从普通大众而言，尽管也表现出对绿色建筑的喜爱，但尚认识不到绿色建筑发展与自身利益的紧密联系，"事不关己，高高挂起"，"绿色"太远，远水解不了近渴。对开发商而言，绿色建筑的推广，瓶颈问题还是成本的增加。

（2）社会大环境生产链断档，效益不能体现。由于绿色行动刚刚起步，整个行业发展长短不齐，困难重重，先行者举步维艰。另一方面，我国的相关标准水准还不到位，时有"无可适从，不知所处"的问题，执行力弱。政府虽然大力倡导绿色建筑，但还缺乏机构和技术行动准备。

（3）设计机制和程序还不适应变革。绿色建筑需要在方案前期就引入采暖、通风、采光、照明、材料等多工种提前参与，因此对设计体制和设计人员来讲，与绿色建筑的要求也还有一定的距离。现阶段我们的设计体制还是停留在多工种分开的情况下，没有整合，设计技术不灵活，"大而全"的设计院体制需要改革。专业化设计事务所则实行独立社会化服务，实行精细化服务。

综上所述，政府的制度要素和产业技术要素是绿色建筑发展的主要制约因素，而开发商的认识、设计机构的绿色建筑设计能力、绿色建筑的初成本投资等形成了第二层次制约因素群，共同成为绿色建筑发展的主要障碍。最使人担心的是，目前，建筑节能界存在一股浮躁之风，绿色建筑的节能和环保在很大程度上还体现在理念上，更为甚者，成为了某些房地产项目对外销售的一层绿色包装，节能实效还没有得到真正的重视。如何解决这些问题，踏踏实实地将绿色建筑落实到实践开发中，而不是成为销售的一个标签或者一个概念的简单操作，是我们当前面临的非常重要的问题。

二、中国绿色建筑发展策略

1. 完善政策体系

随着国家对节能减排的大力倡导，积极推进，很多开发商也认识到了建筑节能的重要性，然而，做节能建筑，成本增加，房价受控制，百姓对建筑节能带来的效益又感受不深，使得开发商在节能方面的投入没有回报，严重影响了开发商做节能建筑的积极性。造成这种现象的根源在于政府对节能没有实质性鼓励政策。国家应及时出台建筑节能的鼓励性政策，对做节能建筑的企业可以实行优先拿地、减税等政策，鼓励企业开发节能建筑。有业内人士提出要开征能源税，笔者认为，目前要做的，不仅是要向能源消耗多的征税，也要通过鼓励措施，奖励那些在节能方面做出贡献的，这样才是完善的政策体系。

2. 建立标准体系

中国绿色建筑的基本法规已经公布，但在操作层面上，结合建筑行业与地方特点形成的地方法规尚待完善，行业标准、实施技术细则的执行体系仍然是当前绿色建筑制度建设中的薄弱环节。什么是使绿色建筑更加有效执行和精明增长的恰当方式，仍在摸索的过程中。在这样的背景下，适时引入国际绿色建筑标准体系，有助于快速地推进中国绿色建筑的发展，缩短达到国际化水准的进程。

USGBC（美国绿色建筑委员会）于1993年建立了LEED（美国能源和环境先导）认证体系，创立和实施了全球认可和接收的标准、工具和性能指标，目前在世界各国的各类建筑环保评估、绿色建筑评估以及建筑可持续性评估标准中，被认为是最完善、最有影响力的评估标准，已成为世界各国建立各自建筑绿色及可持续性评估标准的范本，已评估1641个项目，2.0亿平方英尺。

LEED包括新建建筑（LEED-NC）、核心与外观（CS）、商业建筑内装修（CI）、现有建筑（EB）、社区开发（ND）五大体系。LEED评估采用评分体制，分为4个认证等级。以LEED-NC为例，认证级为26～32分，银级为33～38分，金级为39～51分，铂金级为52和52+。铂金级是最高级别，迄今为止，只有为数不多的几个项目获此殊荣。LEED-NC共69分，LEED-CS共61分，LEED-CI共57分，LEED-EB共85分，LEED-ND共114分。LEED-NC体系（工程总得分69分）中，可持续的场地占14分，节水占5分，能源利用和大气保护占17分，材料与资源占13分，室内环境品质占15分，设计创新等占5分。

为了推进绿色建筑发展，中国房地产及住宅研究会人居环境委员会将针对LEED体系，对中国绿色建筑标准体系的实施开展比较研究，并通过对比研究，吸收和消化LEED-NC和LEED-ND的框架结构和原则精神，结合中国的应用实际加以本土化，以尽快学习和借鉴LEED的国际化原则与方法，使我国人居环境与新城镇建设有相应的评估指标和合理可行的评估方法，最大可能地推动我国可持续绿色建筑的技术进步。

研究项目的主要方向：①着重以美国绿色建筑评估标准为范本，开展比较研究，分析总结现行有关各项标准建立的研究基础条件和指标量化的差距。②找出适合国际化目标要求和我国能具体实施的量化指标体系。③实现绿色建筑国际标准本土化工作。④开展绿色建筑技术的实践、普及与人才教育培训工作。

3. 加强技术整合

在新建节能建筑和旧建筑改造工程中，人们常常会有这样的困惑：住宅明明采用了价格不菲的节能设备，门、窗、墙体也都达到了一定的隔热系数，建筑保温的性能大大提升了，但随之而来的是，在这样的建筑中，常常会觉得比较热闷，甚至在冬季都不得不开窗。大量能源因为开窗而被释放出去，这样的建筑能算节能建筑吗？一些好的节能的材料和设备组合起来的建筑并不节能，原因何在？这是因为在设计阶段没有做到整体设计，采用的节能措施和设备越多节能效果越好的想法是错误的。

建筑节能有被动节能和主动节能两种不同概念，在建筑规划设计过程中，应首先考虑通过被动节能的设计手段，不依靠设备、少花钱，达到节能效果；如果必须通过主动节能的手段，需要利用节能设备，就需要通过计算机模拟设计对设备材料加以整合，通过设计，最大化地发挥材料的性能优势，才能实现有效的节能。并不是把节能材料堆在一起就是节能建筑了，更不是节能材料、节能设备越贵越好。

北京梁开建筑设计事务所在此基础上提出了定量节能的理念，积极探讨"绿色建筑"解决方案，即在常规建筑设计基础上引入"整合设计"观念，以"模拟量化"的分析手段，从概念设计到精装修设计各阶段，提供全过程模拟数据分析及优化，协助建筑和机电设备等专业，共同完成项目总体目标。其特点是高舒适度（温度、湿度、空气指标精确到每家每户）、定量节能（能耗支出费用精确到每家每户）、低成本投入（投资回报与商业价值最大化）。通过贯彻定量节能的设计理念，房地产项目的建造成本并不会增加很多，比如在保温体系方面的投入增加了，采暖系统的投入就会相应降低。最近，在贵州省的一个经济适用住房项目中，应用了定量节能的理念，重点解决贵阳地区冬季室内温度过低的问题，而且专门应用被动设计的概念，以较低的投入达到了较高的节能舒适效果。

4. 正确引导节能意识

消费者广泛的认知度是绿色建筑市场健康发展的基本动力和基础。2007年在武汉召开的"第四届中国人居环境高峰论坛"上，美国绿色建筑委员会前理事罗伯特·沃特森介绍，美国的绿色建筑每年大概有6000到2亿平方米的建筑开发量，美国绿色建筑委员会认证的会员已达到2000多万家。为什么开发企业有这样大的动力？是因为美国消费者已经对绿色建筑有了很高的认知，非绿色不买，绿色建筑能够比一般的项目得到更好的回报。

当前，我国大多数居民对绿色建筑缺乏深刻的认识，节能似乎和自己没有多大关系，这和欧洲国家特别是德国有很大的差别。欧洲国家由于第二次世界能源危机的巨大冲击，居民普遍存在一种能源的危机意识，"冰冻三尺非一日之寒"，能源环保意识的建立也需要较长的时间。这更需要我们的专业人士和媒体工作者加大建筑节能的宣传力度和引导教育，使普通消费者认识到，绿色建筑的发展与我们每一个人的切身利益都息息相关，这是关系到国家安危和发展的大事！只有广大的住户对绿色建筑有了正确的认识，绿色建筑才能获得强劲的市场动力，快速发展起来。

高舒适度定量节能建筑技术的应用

1999～2005 年，全球能源消费增加了 60％，建筑是消耗能源最多的行业，占总能耗的 45％，其中，单纯的建筑能耗占 32％，而与建筑相关的生产材料、其他设备产生的能耗占 13％。建筑能耗直接影响到我们国民经济的发展，直接影响能源的问题。目前，我国 430 亿平方米存量的建筑当中，仅有 1％ 为节能建筑。预计到 2020 年，中国建筑的耗煤量将达到 10 亿吨，是现在耗煤量的三倍以上，同时中国将成为空气碳污染最严重的国家。在欧洲发达国家，建筑能耗的计算单位为耗油量，大多数以每平方米建筑能耗 6 升油为标准，约等于耗煤量的 850 公斤。如此算来，中国 25 公斤耗煤量的建筑能耗标准，相当于欧洲发达国家标准的三至四倍。德国是欧洲节能建筑最先进的国家，其建筑能耗标准由 1984 年的 24.6 公斤煤降低到 4.0 公斤，相当于 3 升油，仅仅是中国的 1/6～1/7。

中国的节能建筑标准已经实行了 20 年，却总也收不到成效，除了经济、政策等方面的原因之外，节能理念的落后是最关键的因素。直到与国外的节能建筑行业相接触，才知道，中国不仅与发达国家的节能理念差距非常大，节能目标和手段更不在同一层次上。中国目前的节能建筑存在着严重的表象化，节能全在表面做文章。说到隔热，就做做外墙；说到恒温恒湿，就做做空调；说到遮阳，就做做遮阳棚。没有一套切实可行的节能系统，总是各自为战，节能建筑做到最后，不是由于预算超支被迫降低节能效果，就是几套独立的节能系统发生了冲突，种种因素导致了节能建筑不节能。

因此，如何正确地引导建筑节能技术，是目前中国房地产开发的导向。在"国六条"制定的发展中小户型的长期政策指导下，节能技术更需要为中小户型服务。政策中所说的中小户型并不是低标准的简易楼，中小型也需要做得精细，也讲究舒适度和节能。

一、高舒适度是节能的根本目标

没有舒适度的要求，就没有节能技术可谈。参照我国现在的平均生活水平，舒适度是首要的，舒适度是节能的动力。节能与降低成本并不矛盾，重要的是成本合理分配，同时扩大商业价值，取得最大最优的效益。那么，什么是现代建筑当中的高舒适度呢？高舒适度主要包含以下几个要素：一是空气要素，二是温度要素，第三是空气流动的速度，即风速。这几方面构成了目前住宅建设必须要重点考虑的因素，只有把这些因素做好了，才可以说住宅拥有高舒适度或舒适度很好。

高舒适度是对现代建筑的完美要求，那现代建筑包含什么样的概念呢？

首先是密闭概念。就是很好地组织空调，解决各种要素问题，花很少的力量就解决了舒适度的问题。良好的密闭和空气交换可以解决节能的问题，这个跟传统要求的穿堂风是对立的。

其次是设备概念。建筑只有通过设备，才能够实现补新风、热交换、加湿，这些情况，建筑本身是无法解决的。

再次是定量节能的概念。定量节能目前是国际先进的建筑设备和科技集成理念，在建筑规划、设计和房地产开发中科学、完整地体现，要求对建筑的使用功能、物理性能和工程造价等要素关系进行严格的定量分析与整体统筹优化设计。采用定量节能技术，应有专门的优化技术顾问机构，以建筑物理技术指标为先导进行技术干预，以保证最终的节能效果、舒适度效果和成本概率的计算，所以还是需要专业队伍来做。定量节能，是有意识地进行规划设计，从整合这个角度来做。所以，定量节能的概念是设定前提条件与舒适度性能的等级，然后用量化的方法实施各种能耗影响因素条件的协调整合，从而达到高舒适度、低能耗建筑的目标。

最后是低技术设计。低技术概念就是相对高技术而言的，是用实用手段，用整合手段，用协调的方法去完成的，是用可以执行的技术把资源最大化，用被动设计的手段把可利用的地方全部利用起来，这就是低技术思想。所以，讲低技术设计就是强调选择低成本的普通材料，以尽量少的资金投入、节约化的工法，满足大量性建筑需求。

二、定量节能概念及技术应用

节能技术需要优化整合各种各样的资源。要满足人对舒适度的要求，就必定需要消耗能源。温度、湿度的保持，新鲜空气的补充，光照、水等物质条件的需求都消耗能源。节能是一个相对的概念，远古的时候住山洞，能耗是零，建造成本是零，但毫无舒适度可言。因此，节能、建筑成本、舒适度三者是相互矛盾又相互依存的，它们的这种关系引申出了整合的概念。尽量减少对不可再生资源的消耗，去利用可再生资源，包括地热资源、地冷资源、风能、太阳能等，建筑能耗就能显著地降低。在许多发达国家，零能耗建筑已从理论变成现实。高舒适度、低能耗、低成本是当前节能建筑的关键。

节能技术并不是越复杂越好，讲究每一个构件、每一项技术的适用性和相互之间的协调性，注重协调和整合，同时应用计算机模拟技术将定量的概念做到每个需要目标定量的地方，通过计算机模拟事先了解节能的效果和程度，量化节能目标，定量节能技术。

定量节能技术分成几个阶段：一是确定舒适度的等级，即节能的目标。二是进行综合统筹，对规划设计进行整合，通过整合，最大化节能的效果，这是主动节能。若主动节能达不到预期目标，就加强辅助节能，即被动节能的方法，利用必要的设备达到舒适度的目标。三是电脑模拟。电脑模拟是确定工作目标非常重要的手段。四是施工现场控制，不仅控制预定节能目标的实现，更重要的是对节能技术成本的控制，实现舒适度和经济效益的双重优化。

定量节能的具体技术主要分为八项技术，即：

（1）室内的热环境和湿环境的控制技术。

（2）外围护结构保温隔热技术。

（3）外遮阳隔热技术。

（4）柔和辐射采暖空调控制与改善技术。

（5）自然通风和补新风的技术。

（6）可再生能源如太阳能、地热等能源利用技术。

（7）噪声处理技术。

（8）水处理技术。

1. 室内的热环境和湿环境的控制技术

主要包括自然风和补新风系统以及冷热交换系统。置换式新风系统，包括冷热交换装置，一个补新风系统，一个加热装置。经处理后的室外空气，通过风道送入室内，使得室内自然风被有效地组织利用，置换自然风和补新风。

2. 外围护结构保温隔热技术

传统保温就是做好外墙中间的空气层，外墙中的空气层是非常重要的东西，一方面可以隔热，另一方面，有一个对流的空气把热流带走，这样的构造是比较理想的室内。新的方法有一种就是冷桥的概念，即把所有的冷桥都切断，包括女儿墙。还有另外一种做法，就是框架，就是做预制件，中间留出来一个空腔，还有一个保温层，把所有能够影响室内的通路都给切断，这样就能达到隔热的目标。

3. 外遮阳隔热技术

一定把遮阳做到外围，把一切不利的热量都隔绝掉，这样可以将室外不利的因素彻底地割除。遮阳技术目前在欧洲用得非常普及，任何地方都可以用来遮阳，来保护室内，保护环境，保护热量不受损失。除了外遮阳百叶以外，还可以做通风通道等，通过通道改善条件气候。

4. 冷热辐射采暖和空调控制与改善技术

辐射采暖制冷系统，使冷热两种技术在一套系统中就可以解决，冬天时可以拿来采暖，夏天时可以降温，一套系统解决两个方面。原理就是，在楼板里头，冬天走热水，夏天走冷水，就可以解决了。但最关键是要解决管道的问题。混凝土是吸热量最大的惰性比较强的材料，用混凝土可以保障室内达到好的效果，这种舒适辐射度是非常柔和的，叫柔和辐射，对人而言是非常舒适的东西。

5. 自然通风和补新风的技术

自然风是很重要的，某种情况下还是强调自然通风的，自然通风可以降温，可以改善条件。住区规划应组织利用自然风、室内自然风，置换自然风和补新风，补充外面的新鲜空气。

6. 可再生能源的利用技术

可再生能源，包括地热、水资源、风能等，目前利用较多的是太阳能、地热、风能等。运用太阳能就是通过集热水管和水箱，把太阳能转化为热能。另外就是地热能源，地热一个是地心热，最大的特点就是恒温，现有技术可把地热以通过热泵处理供应到室内。地源热泵需要有2000米左右的深度的井，而采用土壤的热源热泵具有简易的特点，在5～20米的埋深内采用竖向或水平的排管，就能取得较好的效果。

被动建筑节能设计与建筑节能系统设计[①]

随着全球温室气体的大量排放、能源供应的紧张，建筑节能被人们提到了社会发展的重要位置。可以说建筑节能的成功与否直接影响人们每一天的生活。从全球气候的急剧变化到建筑维护费用的大幅增加，无不与建筑耗能的多寡息息相关。

被动建筑设计与节能系统设计的特征

建筑节能设计首先是一个系统设计问题，它绝不是多项节能技术或者节能设备的简单累加，它需要定量化。例如，人们在市场上可以买到节能空调、节能玻璃、节能热水器、太阳能热水器、墙体保温材料等，但是这些材料与设备如何使用、使用哪种型号、用量多少、所起到的作用是什么就需要通过量化整合来完成。定量化的重要意义就在于可以减少重复投资、资源浪费，可以有效地利用项目现有的资源条件。集思广益，从多方面影响因素出发，以最低的投资、最佳的手段完成并达到节能设计目标，这就是建筑节能设计定量化的思想。

建筑节能设计可以分为被动建筑设计与节能建筑系统设计。简单地说，在满足生活舒适度需要的情况下，被动建筑设计的目标就是要尽量减小能源设备装机功率；节能建筑系统设计，例如空调系统、热水系统等，就是在装机功率不变的情况下提高能源使用效率，例如把一个热水器的效率从80%提高到90%。

被动建筑设计主要依靠大自然的力量和条件来保证和维持建筑内的使用条件，例如室内温度和通风状况。在理想的状态下，一个被动建筑设计成功的标志是，在一年当中的大部分时间里，建筑内冬暖夏凉、通风良好。那么，只需要一个小功率的空调和采暖系统作为补充就可以满足人们的生活或者工作需要。对于建筑的开发者而言，空调和采暖系统的投资就可以降低，建筑的品质也可以大幅提高；对于建筑的使用者而言，降低建筑的维护使用费用也是一件求之不得的好事。通常，很多人担心，节能建筑会大幅增加成本，成功的被动建筑设计案例说明，其实只是传统的思维方式简单的想象而已。

节能建筑系统设计主要是依靠设备本身的高效率来实现节能，例如空调源热泵比一般的空调机要节能，冷凝锅炉比一般锅炉要节能。另外，使用可再生能源的设备也是节能建筑系统的内容，例如太阳能热水器、风力发电、太阳能伏电、地源热泵等，它们是取之不竭的能源，更是我们今天大力提倡的节能建筑系统的设计手段。

[①] 本文第二作者为崔准，加拿大 CABEI 工程设计公司节能模拟专家。

然而，无论是被动建筑设计还是节能建筑系统设计，为了实现经济性与高效益的平衡，定量节能是必由之路。建筑模拟是定量节能必需的步骤和手段。建筑模拟由原始的风洞试验到今天的计算机模拟，成本已大幅降低，运行功能广泛增加，设计研究所花费的时间也相应减少了很多。由于建筑模拟需要使用计算机来进行，那么设计模拟或者计算的软件就变成了完成建筑节能设计这一部分工作的重要环节。在世界范围内，各种模拟软件不下几十种。

被动建筑设计步骤

被动建筑设计所涉及的设计步骤是建筑的方案设计与初步设计。在方案设计当中，建筑师需要对建筑的方位、体形、朝向进行优化，需要为充分利用自然风、阳光等自然资源创造条件。在初步设计中，建筑材料也必须优化，外墙、楼板、分户墙、屋面、玻璃、窗框的设计等都需要量化与优化，窗墙比需要以节能和居住舒适度为前提进行优化。从方案设计开始到初步设计，工程师需要根据不断调整的设计方案模拟量化建筑的能耗情况，计算空调和采暖设备的装机功率，比对各种影响因素，最后向客户提供最佳的设计方案。

节能建筑系统设计

被动建筑设计完成以后，以被动建筑设计量化的结果作为依据，建筑系统必须得到充分的性价比的研究与分析。在空调与采暖设备的市场上，各种品牌、各种型号使消费者眼花缭乱，例如空调设备有空气源热泵、地源热泵、风机盘管、地板采暖、辐射制冷/采暖系统、户室中央空调、变频机组、水系统、冷媒系统等。这些空调系统的初投资和运行费用大不相同，那么，通过模拟量化，计算出初投资的费用、每年的耗能量、能源费用，消费者或者项目开发者就可以很容易地作出正确的决定。

正确地理解和协调使用被动建筑节能设计与建筑节能系统设计的原则方法，就能改变我们当今在建筑节能设计中大量存在的不务实效、光求政绩的节能表象，摘掉很多建筑"节能建筑不节能"的帽子！

责任地产 绿色人居
——建设讲实效的绿色节能建筑技术发展模式

一、可持续绿色建筑的国际发展趋势

可持续发展思想是在人类赖以生存的环境、资源遭到越来越严重的破坏，人类不同程度地尝到了环境破坏苦果的时代背景中产生的。可持续发展针对资源与环境持续的生产性，资源基础的完整性，要使自然资源、能源能够永远为人类所利用，不至于因耗竭而影响后代人的生产和生活。

绿色建筑遵循可持续发展原则，以最节约能源、最有效利用资源的方式，在最低环境负荷情况下，建设最安全、健康、高效及舒适的居住空间，达到人、建筑与环境共生共荣、永续发展。

具体而言，绿色建筑设计包括六个方面的内容：①重视地方性、地域性，延续地方文化脉络。②增强适用技术的公众性意识，采用简单易行的技术。③树立循环使用意识，最大程度使用可再生材料，防止破坏性建设。④采用被动式能源策略，尽量应用可再生能源。⑤减少建筑体量，降低建设资源使用量。⑥避免环境破坏、资源浪费和建材浪费。

绿色建筑评估则是指对大范围环境影响的评估与使用生命周期评估方法之间的一种方法，包括建筑物理表现，也涵盖部分人文和社会因素。

二、中国绿色建筑运动及种种表象

中国的绿色建筑研究始于 2001 年，近年来发展较为快速，尤其是由建设部、科技部、国家发改委等重要部门共同组织，今年已是连续第四年（届）召开的国际智能、绿色建筑与建筑节能大会，充分显示了政府对绿色建筑的重视和推动力。中国的绿色建筑发展开始呈现出勃勃生机。

但是，与此同时，绿色及节能建筑在中国的发展仍面临着市场的考验。目前，各地的"绿色建筑"满天飞，打着"绿色"招牌的项目几乎到处可见。一些项目的宣传中，生态、环保、节能辞藻充斥，已经悄然成为较多开发商推广项目的主要营销手段。从实际表现来看，许多项目真的绿色了吗？真正节能了吗？还是仅仅在炒作？我们当今面临的大量浮躁应付作风，不注意实效现象，使得推进工作困境重重，已成为我们在行业中推行绿色及节能建筑的主要障碍：

（1）公众缺乏参与性意识。从普通大众而言，尽管也表现出对绿色建筑的喜爱，但尚认识不到绿色建筑发展与自身利益的紧密联系，缺乏全民对全寿命周期计算的理念，政府推进绿色节能的激励措施不足。对开发商而言，绿色建筑的推广成本，仍然是重要的瓶颈问题。

（2）社会大环境，由于绿色节能行动刚刚起步，整个行业发展长短不齐，困难重重，先行者举步维艰。同时，我国的绿色节能评估标准还不到位，原则条文泛滥，具体推行措施不力。时有"无可适从，不知所处"的情况。政府虽然大力倡导绿色节能建筑，但还缺乏机构和技术行动的准备。大多房地产项目仅仅满足于做做样子，贴几个"膏药"，盖一个"红章"通过而已。

（3）绿色节能建筑设计机制和程序还不适应变革。现阶段我们的设计体制还是停留在多工种分开的情况下，设计技术不灵活。就设计体制和设计人员操控能力来讲，与绿色建筑的要求也还有一定的距离，建筑创新人员的主动权不足，受制于房地产营销市场。"大而全"的设计院体制需要改革，设计人员的创造才能需要进一步发挥，社会化、专业化设计服务需要政府的引导和加强，大力推行精细化设计服务。

总的来说，大力推广绿色节能建筑的重要性已毋庸置疑，但如何踏踏实实地将绿色及节能建筑落实到实践开发中，而不是成为一个标签或者一个概念的简单的表象操作，是我们当前面临的非常重要的问题。

三、科技节能已成为发展潮流

在中国政府的推动下，科技、节能、绿色建筑已经成为我们新的发展潮流，这十多年来，政府一直在关注这个项目，在 1985 年的时候曾经提出了节能 50% 的标准，北京市、天津市在进入 90 年代后开始实行节能 65% 的标准。这几年，这个形势又快速往南方推进，特别是冬热夏冷地区和冬热夏暖地区，这两个地区都相继建立了节能标准，这个力度非常大。

关于节能，目前的形势和现状是怎么样的呢？全国的存量建筑 430 多亿平方米，99% 是高能耗建筑，单位建筑面积能耗是发达国家的三到四倍。2000 年以来，我国每年新建房屋 20 亿平方米，但是其中 95% 仍然是高能耗建筑，这样的形势成为我们的城市可持续发展的最大障碍和难题。根据目前的测算，如果我们不采取相应的有力措施，到 2020 年，中国建筑能耗就会达到 11 亿吨标准煤，是现在建筑能耗的 3 倍以上，中国将成为碳排放量最大的国家，这个形势非常严峻。

当前，节能实效受到严重的考验，大量存在节能建筑不节能的现象。北京市近期一些建筑进行了调研，按照采暖耗煤基数是每平方米消耗 25.3 公斤计算，65% 能耗指标是 23.9 公斤煤。事实情况是怎么样？调查小组在某一个电力供应站调研的结果是 25.3 公斤，大家一比较一下，也就是说，我们节约了半天，按照 65% 实施节能后，不但没有降低，反而上升，也就是节能建筑并没有省煤。症结在哪里呢？非常值得大家思考！我们目前常常满足于以做了几项节能技术来衡量，我在上面提到的是把它叫做"贴膏药"，而不注重实效。如何正确引导建筑节能技术？这是中国房地产面临的头等大事。现在有三个概念要明确：一是建筑节能的根本目标就是舒适度，要把舒适度和节能结合起来，一方面把能源省下来，一方面还要提高舒适度。目前因为建筑发展很快，我们国内的情况还是表象的东西多，实实在在提升技术品质的工作做得并不是很到位。第二条也是我们想研究的节能和低成本投入的问题，事实已经证明，相关的投入与成效也并不是不能接受的。第三条就是强调建筑技术需要优化组合，需要实施整体建筑整合节能技术。

建筑节能的目标是舒适度，离开了舒适度谈节能是没有意义的，没有舒适度的节能不是现代人所需要的。节能的投入和舒适度同样是一对矛盾，主要表现在应用技术和成本的控制上。我们提倡应用被动节能和主动节能建筑设计结合的理念，用建筑设计和构造方法把节能技术应用到实效方面去，同时把成本降低到最小。人居委这几年用定量节能的手段，尽量在高舒适度、低能耗、低成本投入、易行技术方面进行努力，把舒适带到每一家，把控制能源费用精确到每户。

对于节能建筑来说，其技术使用过程并不是越复杂越好，并不只是优秀＋优秀＝最优秀。今天我们倡导高舒适度定量节能建筑技术，将有利于我国的节能建筑突破成本和整合技术的瓶颈，获得实效和健康快速发展。以高舒适度、低能耗、低成本和易行技术为核心的定量节能建筑技术体现了先进的整合设计和科技集成理念。

四、中国绿色建筑评估体系国际化行动

中国正在步入城市化加速发展阶段，绿色节能建筑国际化行动势在必行。

USGBC（美国绿色建筑委员会）于 1993 年建立了 LEED 认证体系，创立和实施了全球认可和接收的标准、工具和性能指标，目前在世界各国的各类建筑环保评估、绿色建筑评估以及建筑可持续性评估标准中，被认为是最完善的、最有影响力的、最有执行力的评估标准，已成为世界各国建立各自建筑绿色及可持续性评估标准的范本。

LEED 包括新建建筑（LEED-NC）、核心与外观（CS）、商业建筑内装修（CI）、既有建筑（EB）、社区开发（ND）五大体系。专注于绿色住区的 LEED-ND 评估体系强调精明增长、都市化、绿色建筑的基本原则，要求 在 LEED 评估体系的框架下，评估并奖励以环境保护为宗旨的开发建设商和他们的开发活动。与新建筑 LEED-NC 评估不同，LEED-ND 将着重于将建筑融入社区，注重社区与社会的关系。

为了推进人居环境和绿色建筑的发展，人居委将针对 LEED 体系，对中国绿色建筑标准体系的实施开展比较研究，并通过对比研究，吸收和消化 LEED 标准的框架结构和原则精神，结合中国的应用实际加以本土化，以尽快学习和借鉴 LEED 的国际化原则与方法，最大可能推动我国可持续绿色建筑的技术进步。

营造低碳住宅，推广低碳生活方式

高碳排放使地球变暖，气候异常，灾害频发，两极冰雪融化，海平面提高，使人类生活受到威胁，各种病菌、微生物滋生，疾病丛生……如果不加以遏制的话，灾害可能会越来越严重。现在，全人类都在关注低碳经济、低碳社会、低碳城市、低碳生活的营造和行为模式的建立。

"低碳地产"之路还很长

据测算，如果将房屋建设和使用过程中的能耗折算为碳排放，新建 1 平方米的建筑就要排放约 0.8 吨二氧化碳，按照我国当前每年新建 20 亿平方米房屋计算，相当于每年增加碳排放 16 亿吨。整个建筑业的碳排放总量几乎占到全国碳排放总量的 50%，远远高于交通运输和工业领域。每年竣工面积达 7 亿平方米以上的房地产业，无疑又是建筑业中碳排放的大户。

房地产业高能耗、高排放的现实，也意味着房地产业节能减排、走"低碳地产"之路还很长，绝对不可能一蹴而就。

"低碳"住宅有待量化和普及

现在有一些示范住宅，在节能、高舒适度的应用方面做出了很好的示范。这些住宅，有的能够在不同季节、不同区域控制接收或阻止太阳辐射，有的能够在不同季节保持室内的温、湿度，有的能够使室内实现必要的通风换气，居民入住后，没有说不好的。但是，这些住宅的开发者有个共同的特点，就是针对当前旺盛的销售市场采取固封和浮躁的跟风的方式，故意扩大技术的难点和高技术性，夸大价值，提高房价，使本来简单易用的技术无法普及和推广。实际上，低能耗技术在欧洲是较为成熟的技术，非常普及，不会有不能掌握的技术。

目前，在近 10 年来的"生态节能住区"实践基础上总体形成的《中国绿色低碳住区减碳技术评估框架体系》，还在酝酿中，有望成为权威的、可量化的、可操作的简化认定标准，通过标准的推行，使百姓们能早日住上真正节能、舒适而且价格适中的低碳住宅。

低碳生活理念更现实

其实，"低碳住宅"不仅仅是量化的指标，有时也是一种生活方式的倡导。比如三口人的家庭，适合 90～120 平方米的房子，而开发商动不动就造 160 平方米、200 平方米的大宅，除了奢侈，就是造成不必要的浪费。要明白，多 1 平方米，就会增加 0.8 吨的排放量，加上我们常年使用中的能耗，碳排放量大得十分惊人，大户型的房子显然很不符合我们低碳的生活理念。

要打造"低碳住宅"，首先就要少造豪宅，多做小户型的精装修公寓。精装修也是"低碳"的一个绝好方向。精装修房由于是一次成型的，避免了很多重复建设的可能，而毛坯房在后期装修过程中，拆除垃圾成堆，数量十分惊人，这都是原先采用的很好的建筑材料呀！二次装修产生巨大的碳排放量！所以很不"低碳"。

对大多数人来说，住上"低碳"住宅的理想还需要社会各界共同地关注，努力推进。目前阶段，我们不妨先从居住行为上做起，低碳的生活行为方式时时体现在低碳的居住环境中，低碳就在你的生活中间！

低碳居住行为表现在：

- 利用生活废水浇灌花草，使用节水洁具。
- 利用太阳能等可再生能源进行照明和日常热水供应。
- 提倡步行、公共交通和自行车，尽量减少小汽车的使用。
- 广为植树，特别是高大乔木，减少草坪的面积。
- 使用污水处理后的中水，注意雨水的收集和自然渗透。
- 垃圾分类，响应政府号召，实施垃圾减量。
- 利用智能控制，实现自动灯装置，并养成随手关灯的习惯。
- 利用外遮阳帘、遮阳棚调节日照，减少使用空调的时间。
- 把洗澡水温度调低 1℃，把空调的温度调到 26℃，冬天温度调到 18～20℃。
- 不用洗衣机烘干衣服，让衣服自然晾干。

6

绿色·节能·健康住宅

制约建筑节能发展的四大问题

建筑节能是落实科学发展观，向建设节约型社会纵深迈进的一项重要内容，各级政府部门把加强领导、加快建设节约型社会、全面推进建筑节能工作摆上议事日程，纷纷出台了一系列节能新举措，使建筑节能工作进入了快车道。然而，在建筑节能工作的推进过程中，依然存在着诸多障碍，严重制约了建筑节能工作的快速推进，具体体现在以下几个方面：

一、建筑节能意识淡薄，认识不到位

我国建筑节能工作始于 20 世纪 90 年代初，以国务院［1992］66 号文为标志，向全社会发出了墙体材料革新和推广使用节能建筑的号召，由于障碍重重，建筑节能工作的推进速度十分缓慢，主要是人们没有先进的建筑节能意识和落后的思想观念造成的。建筑节能工作能否得到顺利推广，某种程度上依赖于领导同志有没有树立建筑节能意识，特别是基层业务主管部门负责人，建筑节能意识的浓厚与淡薄，都将直接影响到一个地区的建筑节能的推广速度和工作质量。据了解，目前还有相当一部分基层业务主管部门的负责人是建筑节能盲，这部分人大多是经组织部门从其他部门安排调整过来的干部，有的同志做了多年的农村工作，安排到城乡建设部门后，对城乡建设所涉及的业务技术一窍不通，甚至连何为"建筑节能"都解释不清楚，这是很难去领导和开展建筑节能工作的。基层业务主管部门的负责同志的建筑节能意识淡薄，思想观念滞后，不能把建筑节能工作放到贯彻科学发展观、全面建设节约型社会、实施可持续发展的战略高度来认识，成为制约建筑节能工作在本地区快速推进的瓶颈。

二、建筑节能在基层的宣传工作滞后

推广建筑节能，需要动员全社会的力量积极参与。建筑节能是与社会中每一个人都息息相关的，特别是居住建筑节能，关系到千家万户。国办发［2005］33 号文件后，在业内产生了极大的震动，各地媒体迅速掀起了强大的宣传攻势，国家和地方人民政府的政策、文件、规范措施，一个接着一个出台，炒得火热，但是到了基层，却平静如水，呈现出"火叉挑草"一头热的现象。对于全社会来说，建筑节能工作是一个"新生事物"，用"秦砖汉瓦"建房造屋，遮风避雨即可，这是几千年来的传统习俗，一朝一夕要改变这种传统习惯，谈何容易？因此，推广建筑节能的大量的宣传工作是在基层，要向全社会进行广泛深入的宣传，打破人们的思维定势，让大家认识到推广建筑节能的重要性，人人树立强烈的建筑节能意识，建筑节能工作才能得以迅速推广。当前，地方媒体和社会的配合程度不够理想，认为推广建筑节能工作是业内的事，造成推广建筑节能的宣传工作滞后，形成肠梗阻，制约了建筑节能工作的快速推进。

三、建筑节能相关政策和法律法规滞后

大力推进建筑节能，是建设节约型社会的一项战略性工作，也是一项复杂的系统工程，它涉及规划、设计、图纸审查、建材、施工、建设、监理、质检、竣工验收以及开发等多个方面，另外还涉及科技、财政、国土资源、农业、税务、工商、环保等方面，如何协调各方面的关系，形成建筑节能工作有效、统一、协调的联动机制，这是一个值得关注的问题。在全社会认识不足的情况下，建筑节能工作在推进过程中会遇到相当大的阻力，国家虽从 1996 年 7 月 1 日起就颁布了新建筑必须实行节能 50% 的强制性设计标准，但达此目标的只占同期建筑总量的不足 10%，因此，建筑节能工作不可能只依靠业内或单靠自发进行，而要通过国家的政策和法律法规，协调各方关系，依法强制推行。

最近，建设部和各地方政府也纷纷制定了部分相关的措施和实施意见，但力度不够，基层业务主管部门执行起来腰不硬，社会可执行可不执行，没有法律效力。没有约束力，就等于放任自流，推广建筑节能只能是纸上谈兵，达不到实际目的。当前，亟须解决的主要问题就是要尽快改变相关法律法规滞后的现象，制定和完善有关法律法规，真正形成政策法规体系，并使之上升为国家意识，把推广新型墙体材料和建筑节能纳入依法管理轨道，做到依据国家法律法规来保证新型墙体材料和建筑节能的推广和实施，用国家法律法规为推行新型墙体材料和建筑节能保驾护航。

四、适于建筑节能使用的新型墙体材料的生产滞后

建筑节能主要是围绕提高建筑物围护结构的保温隔热性能展开的。在我国，对建筑物围护结构的墙体材料革新工作是从 20 世纪 90 年代初开始的，时至今日才得以强势推进，并在先期进行墙体材料改革的 170 个城市取得了禁止使用黏土实心砖的成果。然而，十多年来的墙体材料改革是以保护耕地、节约土地资源为核心而进行的，并没有把建筑节能综合进去一并考虑，这就导致了建筑物新的围护材料并非是建筑节能效果好的墙体材料。从建筑节能图纸审查情况来看，目前所使用的非黏土类新型墙体材料以及黏土多孔砖，最多只能达到 30% 左右，从节能效果来看，比使用黏土实心砖有了一定的进步，但与国家节能 50% 的要求相比还有一定的距离。同时，作为公共建筑和居住建筑的主要围护结构之一的节能门窗，更是少之又少，90% 多的地区没有使用，由于缺乏建筑节能必须使用的新型墙材和节能门窗，建筑

节能只能成为空谈。在一些地区,图纸设计使用的是建筑节能材料,并顺利通过图纸审查,但在实际施工过程中,由于没有满足图纸设计所使用的围护材料,开发商和建筑商只能使用达不到建筑节能标准的墙体材料和门窗。在当前墙体材料改革和建筑节能工作同时推进的过程中,应把两者较好地融合起来。墙体材料改革必须以节约资源和建筑节能为核心,建筑物所使用的墙体材料,必须达到建筑节能的要求,这样才能相得益彰,共同推进。

推广建筑节能,是建设节约型社会的主要内容之一,急在当前,利在长远,在快速推进过程中,仍然会出现这样或那样的障碍,制约建筑节能的快速推进。因此,必须下大力气排除障碍,才能使建筑节能工作得以强势推进。

定量节能技术在中国发展的前景

科技节能是中国未来建筑发展的必然趋势。在国家和社会各界的推进下，科技节能建筑正在成为新的发展潮流。但是，当前我国的节能现状与国际先进水平相比较还有很大差距，这一方面是因为我国能源价格偏低，建筑使用者和开发者经济上的动力不足，相关节能法律法规也不够严格和完善，另一方面是业界对于建筑节能的理念、目标和手段缺乏完整的认识造成的。

以"高舒适度、低能耗、低成本、低技术"为核心的定量节能建筑技术体现了国际先进的整合设计和科技集成理念。它通过科学的计算机模拟技术，将节能、舒适、健康的各项定位目标以量化的方式准确无误地落实到每家用户，同时使因节能而增加的成本投入得到最合理的分配。大力发展和倡导高舒适度的定量节能建筑技术将有利于我国的节能建筑突破成本和整合技术的瓶颈，获得实效和健康快速的发展。

一、发展节能建筑应该明确的三个基本理念

（一）建筑节能的根本目标是舒适度

建筑为什么要消耗能源？从根本上讲，就是因人在居住生活上对健康舒适的需求而必须消耗能量，包括温度、湿度、空气、声音、光照和水等优越的生活环境条件消耗的能源。节能建筑是一个对相对概念。远古时候，居住在地穴或山洞里，能耗是零。但这样的居住状态毫无舒适度可言，离开了舒适度谈节能是毫无意义的。没有舒适度的节能建筑不是现代人所需要的。

（二）建筑节能与低成本投入并不矛盾

建筑节能需要增加一定的初始投资，但是并不等于高成本。通过整合的定量节能技术，一般的适用节能技术和材料做法就可以满足定量节能技术低成本投入的需求，国外先进技术也可通过实践，逐步本土化，而且通过建筑品质和室内舒适度目标具体化，建筑设计、材料和设备选型优化整合明晰化，能将节能各项定位目标以量化的方式落实到每家每户。为节能而增加的成本投入可以得到合理的分配，建筑的商业价值和市场回报因此能实现最大化。

特别应该强调的是，建筑节能的技术不能神秘化，节能就在我们身边。我们完全可以以现有的、成熟的、一般的技术为支撑，用低投入的方法对其进行整合，使所有的人都可以享受到高舒适度、低能耗的住宅。

（三）建筑节能技术需要优化组合

长期以来，在人们常规的印象中存在下列误区：应用了保温隔热节能材料的住宅就称之为节能住宅了；用个双玻中空保温窗户就喊自己是节能建筑了；采用了太阳能热水器、热泵、地热等就节能了等。但是事实上，单项节能技术使用的效果十分有限：一是预期的节能目标很难实现；二是增加的建安成本没有花在刀刃上，不能实现商业价值最大化；三是置业投资者很难从使用成本和居住舒适度两个方面真正受益！只有整体系统协调配合、综合考虑多种因素才能达到节能目标。

二、定量节能技术的特点和优势

与一般节能建筑相比较，定量节能技术具有以下的特点和优势：

规划设计理念不同。以往建筑物的节能工作和工程实施主要集中在建筑设计、技术措施和产品应用等方面，关注的常常是建筑材料、设备技术等物质化的简单层面，比如某些材料设备的性能、结构和品牌等。定量节能首先强调居住区规划和建筑设计，即在非物质化技术条件下，如何利用项目规划用地自然条件和建筑体形的一种控制性设计。例如，为了达到高密度下的适宜性居住，规划设计可采用高效而密集式的技术手法，综合考虑气象、建筑、材料、设备等因素，将住区空间进行集约化的处理和安排，尽可能地利用自然条件下的日照、采光和主导风向，营造类自然化的环境，以此达到设计方面整合优化的目标。

产品设计流程不同。定量节能要求对房屋建筑的使用功能、物理性能和工程造价等要素关系进行严格的定量分析与整体统筹优化设计。因此，采用定量节能技术的建筑，应有专门的优化技术顾问机构介入规划、设计的全过程，以建筑物理技术指标为先导，进行技术干预，以保证最终实现房屋交付使用后的节能目标、舒适度效果和建安成本概预算控制。

建筑品质水准不同。定量节能技术不仅要降低能耗，更要提高居住舒适度。要求在建筑方案设计阶段必须设定和控制三项重要指标：一是每家每户的冬季采暖和夏季制冷能耗指标；二是每家每户室内温度、湿度、新鲜空气输送量等舒适度指标；三是建筑外围护结构及设备系统的建安成本。一般节能在片面强制性的技术条件下，只注重某些局部的节能设计和产品选配而轻视整体效果，导致建安成本无度，而居住品质却没有明显提高。定量节能将彻底告别传统建筑无法克服的种种弊端，为置业投资者创造一般建筑无法比拟的舒适、健康并且减少居住成本的房屋建筑。

投资收益与回报不同。定量节能更多的是通过设计手段对一系列因素进行具有充分科学依据的组合和优化，而不是简单地提高资金投入，增加某些新型材料和设备。对于建设单位来说，无论采取哪些节能措施，建安成本都会有一定程度的增加。定量节能将确保建设单位支出的每一笔建安成本都发挥最大的商业价值，为建设单位创造远远超出一般节能技术的高附加值产品、投资收益和无形资产回报。一般节能技术虽然也能降低建筑能耗，但是常常无法有实效，而且无法使综合效益最大化。

三、定量节能技术的舒适度和效应

对于现代建筑的舒适度，量化节能技术有一整套的衡量标准，具体包括空气温度（Airtemperature）、空气湿度（Humidity）、空气运转速度（Air movements）、柔和辐射（Radiation）、新风补充量（New Air）、噪声控制（Noise Control）等基本要素。以高舒适度档次的住房为例，要保证夏天温度在 26 摄氏度左右，冬天保持在 20 摄氏度左右，每人每小时要保证 30 立方米的新鲜空气，40%～60% 的适宜的湿度比例，在室内要控制风的流动速度，不能让人有不舒适的感觉等。通过定量节能技术，温度、湿度、空气等指标可以精确到每家每户，使每个住户都能够切身体会和享受到建筑节能带来的种种益处。

四、定量节能技术的内容及工作程序

定量节能建筑的设计需要较多的技术支撑和设计经验，具体包括五大方面内容：①精细用地规划和整体功能布局；②小气候环境的规划布局研究；③建筑外围护结构的优化设计，包括体形设计、开窗比例、外遮阳设计、外墙和屋顶及地基保温隔热等；④采暖空调系统（含柔和辐射技术）之间的配合；⑤太阳、风、地表水、土壤和地热等可再生能源的开发和应用。

定量节能建筑设计，首先需要确定舒适度等级，也就是确定项目在市场、产品中的切入点。其次，根据已确定的节能目标，整合节能资源，初步选择适宜的材料和制定施工方案。在方案阶段，要注意从规划资源整合、群体空间构成、建筑立面造型以及建筑品质保证等方面进行综合统筹考虑，以达到理想目标和投资效益。第三，利用电脑软件，对各种影响室内环境的因素进行计算机模拟，把节能、舒适、健康的目标以量化方式落到建筑各个角落，并对这些因素的施工技术进行整合，从而得出不同的建筑整体节能效果。根据这些模拟计算，选择出最为经济、有效的设计方案。第四，严格把关按照量化标准进行施工和验收。

定量节能技术的整合与优化设计包括：进行定量能耗模拟分析，定量温度、湿度、新鲜空气舒适度模拟分析，节能设备、材料选型和专项技术组合方案，优化技术性价比分析，定量节能规划概念设计，构造设计及施工图的成套技术设计服务，节能工程施工技术咨询报告，工程施工安装技术全程指导，定量节能建筑的实际效果评估。

总之，实现高舒适度定量节能的关键是如何实现技术和成本的双重优化，因此，技术路线是否正确极其重要。人居环境委员会刚刚成立的"人居在线科技发展有限公司"正在筹备推广"量化节能"各种关联概念的工作，积极为建设单位提供准确的定量分析数据，制定全面系统的节能与舒适度解决方案。

五、定量节能技术应用的成功案例

定量节能在房地产开发的商业化运作中已经获得了成功。我国第一个采用定量节能技术的房地产项目于2003年3月在北京交付使用，该项目为高层公寓建筑。实际使用情况表明，该项目在节能80%的同时，室内舒适度标准达到了国际先进水平，即冬季不低于20摄氏度，夏季不高于26摄氏度，相对湿度保持在40%～70%，在不适合开窗的季节，新鲜空气输送量不少于30立方米/人。该项目与同地段楼盘相比，虽然毛坯房建安成本高出800元/平方米（可销售建筑面积），但销售利润高出2000元/平方米（可销售建筑面积）。该项目入住以来租赁价格一直保持在16美元/月·建筑平方米，是相同区位其他住宅项目的2～3倍。在开发商获得超额利润的同时，购买该项目房产的投资置业者也获得了高于其他楼盘的出租租金回报。

开窗还是关窗，现代节能建筑的分水岭

一、密闭性是现代建筑的主要特征

2005 年圣诞节前夕，我们一行应美国布朗公司的邀请从北到南，到西海岸访问了美国芝加哥、纽约、华盛顿、洛杉矶、旧金山等城市，气候也跟着翻了个个儿，由寒冷变为炎热。每到一处，上海布朗公司的袁总都拉着我，指着大楼告诉我："美国的大楼几乎没有人开窗！"可不是吗！真的，没看到哪家、哪栋楼有窗开着。

由此，我想到，布朗公司有一张令我十分感慨的 PPT 广告文件，画的是一栋楼房被一个塑料袋紧紧地套起来密不通风的场景。广告语：现代建筑的特征！现在回想起来，可不是吗，只有密闭，才能做到节能；只有密闭，才能花尽可能少的力气（设备）改善室内的环境质量，包括温度、湿度和空气质量保持柔和不受冷热辐射。

密闭是当今现代建筑的重要特征，在相当程度上来说，越密闭越好！越能说明我们的建筑有高品质、高舒适度。

二、关窗还是开窗

这完全打破了我们千百年来的传统习惯！开窗通风，天经地义。我们的传统建筑学也教育我们，要讲究穿堂风——对流风的组织设计。卫生部门告诫我们，每个人的新鲜空气的需求量是 $30m^3/h$，必须随时保持通风！殊不知这样的开窗，这样的穿堂风、对流风，有损于节能，有损于健康，有损于舒适度。

在我国一年中 2/3 的需要采暖和制冷的季节里，开窗是节能的大忌。看着好像是通风换气，实际上放掉的是能量，是使用大量的不可再生的高级煤和燃气生成的电能、热能。窗一开，气走楼空，我们为之想尽措施省下来的能源付之一炬，白白花费了很多的心血（图1）！

当今，我们的城市空气并不洁净！世界 20 个重度污染城市有 16 个在中国。何况，开窗引来的穿堂风过大，带来人体的不适，更是我们常为之心烦的事。

现代建筑合理的标志不光是能有良好的自然通风性能，不留通风死角，还要具备良好的密闭性能，包括门窗和墙体，即一切可能透气的构造部分。对于我们居住者，在采暖和使用空调的时候，切记不要开窗！

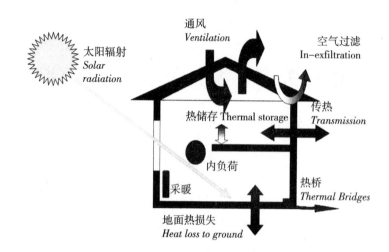

图1 热平衡和新风系统都是不可或缺的要素

三、带热交换机的新鲜空气补充机

现在国内有不少生产厂商生产新风机或新风装置，加起来已经形成多种系列，多个品种。

单向负压式窗式新风机装置就是一例。那是可安装在厨卫空间内的排风机组，不断地排除室内的脏污空气，使室内形成负压，同时将室外的新风空气通过窗式的装置渗透到室内来，达到补新风的目的。它不能热交换，但有过滤、除尘、防虫害的效能（图2）。

图2 下送上回方式的新风路径

户式的小型新风机可以挂在阳台墙上或吊顶上，轻盈而容易安装。它不但能有效地保证新鲜空气的补充量，而且，可以进行冷热交换，达到保留能效80%，如果加上除湿的装置，新风机不光能除尘，而且能控制空气中的湿度，使人健康舒适。

当然，还有单元式的、系统式的送新风系列。不同的产品装在不同的功能条件和不同的环境里，目的就是——要节能、新风、健康和舒适度。

四、绝妙的送新风方式

传统的送风形式是上送上回，或者是上送下回，但是，新式的送风形式是下送上回。这一上一下，蕴藏着无限的玄机。大家知道，人的一站一坐，大体的离地尺度是在 1.5~1.8 米之间，这也就是对人呼吸来说是最重要的高度。

但是，上送上回空气的流动几乎很难把新鲜空气送到人体的最佳高度，而上送下回的方式，时际上是要等待上部都充满了新风空气（有温差）才往下压，才能达到人呼吸的最佳高度。下送上回的方式却能由地板或墙体的下部送新风，顺着地板慢行，遇到人体，有温差，包围人体口鼻，呼吸享用后，上升到上部的出风口，完成一个送新风的流动过程（图 3）。

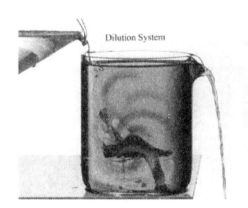

图 3　上送下回和下送上回空气流动模式的差别

缓缓流动的风，带着新鲜的空气，舒适异常。没有了过快的风速，没有了强辐射的刺激，倍感舒畅，特别适合老年人和儿童。

开窗、关窗关系到节能，而建筑节能关系到经济的可持续发展，体现为社会效益、环境效益，最终影响我们自身的利益。建筑健康通新风是人体健康的基本需求。健康与节能两个基本指标必须有机结合。开窗与关窗是两个不同理念的较量，但是，观念的滞后和产业的滞后，让我们一再顾此失彼。我们发现，已有相当数量的国内项目，如天津公馆、赛洛城等很有胆识地选择了布朗公司的新风产品，选择了新的理念，树立了榜样，使我们真正体会到什么才是健康的节能，节能又如何保证人们的健康（图 4）！

图 4 置换式
新风系统原理
图示

身体一直受到刺激，
一直处于紧张状态，
因此：

头疼、头晕
疲倦
不舒服

五官症状

刺激眼、鼻、喉
流鼻涕
鼻炎
咽、鼻干燥
咳嗽
其他过敏症状

皮肤过敏
皮肤干燥

全年无需开窗保证室内能量不散失、避免室外恶劣环境的影响

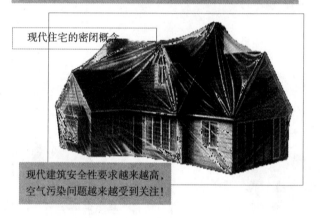

现代住宅的密闭概念

现代建筑安全性要求越来越高，
空气污染问题越来越受到关注！

中美绿色建筑评估标准比较研究①

绿色建筑是当今世界建筑可持续发展的重要共识和方向。而绿色建筑评估在推动绿色建筑设计、建造和运行管理中起着举足轻重的作用。在绿色建筑评估标准和运营方式的近20年的发展史上，英、美、日等多个国家都基于各自国情和绿色建筑发展背景的不同相继建立了各具特色和优势的绿色建筑评估体系。其中美国绿色建筑评估体系（LEED）被公认是世界上最权威和最具影响力的评估体系之一。本文试图通过对我国现有绿色建筑评估体系与 LEED 这一具有代表性的评估体系展开较为系统深入的比较研究，来推动我国以人居环境建设为目标的绿色建筑体系的健康快速发展。

1　绿色建筑的基本定义与发展概况

1.1　绿色建筑的定义

由于地域、观念和技术等方面的差异，目前国内外还未能对绿色建筑的准确定义达成一致。美国国家环境保护局（U.S. Environmental Protection Agency）② 对绿色建筑作出的定义在国际上有较高的认可度，即：在整个建筑物的生命周期（建筑施工和使用过程）中，从选址、设计、建造、运行、维修和翻新等方面都要最大限度地对资源和环境负责。

国际上普遍认同的绿色建筑的三个基本主题是：减小对地球资源与环境的负荷和影响，创造健康和舒适的生活环境，与周围的自然环境相融合。具体定义为：绿色建筑是指为人类提供一个健康、舒适的活动空间，同时最高效率地利用资源，最低限度地影响环境中的建筑物及建筑物群体。

我国住建部在 2006 年 6 月 1 日颁布的《绿色建筑评价标准》作出了如下定义：在建筑的全寿命周期内，最大限度地节约资源（节能、节地、节水、节材）、保护环境和减少污染，为人们提供健康、适用和高效的使用空间，与自然和谐共生的建筑。

从概念上来讲，绿色建筑主要包含了三点：一是节能，这个节能是广义上的，包含了"四节"内容，主要是强调减少各种资源的浪费；二是保护环境，强调的是

---

① 本文节选自《中美绿色建筑评估标准比较研究》的课题科研成果，该课题由中国房地产研究会人居环境委员会承担。课题组成员有：开彦、万育玲、陈大鹏、梁才等。

② 美国白宫和国会于 1970 年 7 月共同成立了环保局，以响应公众日益增强地要求有更清洁的水、空气和土地。环保局被委任去修复被污染破坏的自然环境，建立相应的环保规则。

减少环境污染，减少二氧化碳排放；三是满足人们使用上的要求，为人们提供"健康"、"适用"和"高效"的使用空间。

1.2　绿色建筑的发展趋势

1.2.1　国外的绿色建筑研究趋向成熟

第二次世界大战之后，欧洲各国、美国和日本经济的飞速发展，和 20 世纪 70 年代的石油危机，促使各国意识到建筑的发展应该是可持续的，建筑对资源和能源的消耗不容忽视。几十年来，这些国家的绿色建筑从理念到实践都在逐步趋向成熟。

1969 年，美籍意大利建筑师保罗·索勒里首次提出"生态建筑"的理念。1972 年联合国人类环境会议通过了《斯德哥尔摩宣言》，提出了人与自然、人工环境和自然环境应保持协调的原则。80 年代，节能建筑体系逐渐完善，建筑室内环境问题凸显，以健康为关注点的建筑环境研究成为发达国家建筑研究的新热点。1992 年在巴西召开的首脑会议形成了《21 世纪议程》等全球性行动纲领，并且提出了"绿色建筑"的概念，绿色建筑由此成为一个兼顾环境与舒适健康的研究体系，并且被越来越多的国家实践推广，从而成为当今世界建筑发展的重要方向。

1.2.2　绿色建筑评估体系与标准的意义

为了使绿色建筑的概念具有切实的可操作性，西方发达国家相继建立了适应各国实际情况的绿色建筑评价体系与评估系统，主旨在于通过具体评估技术，定量客观地描述绿色建筑中的节能率、节水率、减少温室气体排放材料的生态环境性功能以及建筑经济性能等指标，以便指导建筑设计，为决策者和规划者提供参考标准和依据。

评估标准体系对于绿色建筑的发展有重要意义。

绿色建筑的评价因素众多，不同评价因素在不同地域的重要程度（权重值）有较大差别；相同因素在不同的地域资源和人文环境下差别很大；不同建筑的"绿色"做法也可能千差万别。因此，制定统一的绿色建筑评估标准对于完善绿色建筑的概念、内容和做法都极其重要，借此可用同一把标尺衡量绿色程度的高低。统一的绿色建筑衡量标准和评价方法始终成为世界各国研究和追求的目标。

1.3　中国绿色建筑的起步与现状

1.3.1　绿色建筑研究起步

中国对绿色建筑及基础性节能建筑的研究晚于国际 15 年。我国绿色建筑战略的推进是在国家战略发展的背景下逐步进行的。2001 年我国第一个以绿色建筑为题的科研课题完成，最先提出了绿色建筑的内容和技术要点，此后随着我国快速的经济、社会发展，绿色建筑研究得到了进一步的提升。2003 年中共十六届三中全会全面提出"以人为本，树立全面协调可持续发展观，促进经济社会全面发展"的科学发展观战略。随后的五中全会深化了"建设资源节约型、环境友好型社会"的目标和建设生态文明的新要求。绿色建筑发展有了推动力和社会基础。

2004 年召开了《第一届中国国际智能和绿色建筑技术研讨会》，会议规模宏大，影响深远，表达了中国政府对开展绿色建筑的决心和行动能力。此后直至 2010 年的六年中每年召开一次，起到了扩大影响、教育群众和交流绿色技术的作用。会议对绿色建筑的定义作出了明确的规定，使全国绿色建筑走上了规范化的发展道路。同年 9 月建设部推出"全国绿色建筑创新奖"，这标志着我国绿色建筑进入了初级实际运营阶段。

自 2006 年开始，住建部陆续颁布了《绿色建筑评价标准》、《绿色建筑评价技术细则（试行）》《绿色建筑规划设计技术细则补充说明》和《绿色建筑评价标识管理办法（试行）》等，对绿色建筑的推行做了有效的管理的准备。基于绿色建筑理论的研究成果，北京、上海、广州、深圳、杭州等经济发达地区结合自身特点，积极开展了绿色建筑技术体系的集成研究与应用实践，一些绿色建筑（小区）标志认定工作陆续在申报和受理中，一些示范建筑、节能示范小区、生态城项目在各地陆续建立，尽管为数不大，但是已初步形成我国绿色建筑发展的态势，预示着房地产行业和建筑业发展的未来走势和前景。

1.3.2 绿色建筑发展的制约因素

绿色建筑在中国的发展目前仍然存在着许多制约因素，制约因素主要有以下三点：

1）缺乏对绿色建筑的准确认识，往往把绿色建筑技术看成割离的技术，缺乏整体整合和注重过程行为的更深层次的意识。在行业中尚未形成制度和自觉行动；难以保证绿色建筑的理念贯彻于建设过程的各个环节中去，绿色建筑的影响力未能完全发挥出来。

2）缺乏强有力的激励政策和法律法规。绿色建筑当前"叫好不叫座"，开发商绿色建筑投入和产出效益主体分离，开发商看不到好处，作为一个部门规章和奖励政策力度不够，就不能鼓励各方开发绿色节能建筑的积极性。当前绿色建筑主管各部门尚未能协同工作，提出影响国家经济社会长远发展的有效的公共政策。

3）缺乏有效的推广和交流平台。绿色建筑在世界各国已经受到不同程度的关注，有的已经取得了经济发展、环境改善和能耗持续下降的突出成就。尽管每年绿色建筑大会如期召开，仍没有及时、系统、广泛地与国际同行建立合作交流的平台，引进它们的成功经验和技术。推出的绿色建筑评价标准也未能表达绿色建筑注重社会性和突出过程行为实施性的本质特征。

我国的绿色建筑是在城镇化高速发展的起步阶段开始的，及时普及和推广绿色建筑，无疑对我国财富积累，经济社会健康发展有着重大的意义。因此必须加强政府导向和管理，及时提出切实可行的推广绿色建筑的工作目标、思路和措施，加大力度推广绿色建筑。

1.3.3 推广绿色建筑的工作方针

推广绿色建筑的工作方针是：

1）是全方位推进。绿色建筑涉及社会经济的各个方面，必须动员各行各业的投入而且主要依靠社会的人通过行为意识来得到贯彻，这就要建立相当的行为准则和行政政策，变成全国全民的大事来抓，方能及早实现绿色建筑的理想。

2）是全过程展开。要建立全寿命过程的目标，包括立项、设计、施工、使用、拆除等环节在内的全程实施绿色建筑原则。防止只管眼前、不顾长远的短期行为，只有全寿命原则才能保证绿色建筑目标的实现。

3）是全领域监管。要建立资源全面整合协同的技术策略，防止片面分割绿色技术作用，错误地累加绿色技术和建筑部品而误导绿色成果目标。要建立全程绿色监控和监测机制，保证绿色行为过程中的实际效果。

2 绿色建筑评估体系发展的国际态势

2.1 国外绿色建筑评估体系的发展简况

绿色建筑的要素很多，同一要素在不同的地域差别很大，不同绿色建筑技术的效果也可能有很大区别。因此，在研究和推行绿色建筑之初，首先就要着手建立统一的绿色建筑衡量标准和评价方法，以指导绿色建筑的设计、建造和运行管理。目前各国都有其自身的绿色建筑评估体系，其中又以美国的绿色建筑评估体系最为成熟。

1）英国 BREEAM 体系

"建筑研究所环境评估法"（BREEAM）最初是由英国"建筑研究所"在 1990 年制定的。这是一种设置建筑环境基准的评估方法，他的目标是减少建筑物的环境影响。体系涵盖了从建筑主体能源到场地生态价值的范围。BREEAM 体系是世界上第一个绿色建筑评估体系，其他国家均受其影响制定了各自的绿色建筑评估体系。1998 年的 BREEAM 体系 98 版本较之以前有了很大的发展，它包括从建筑设计开始阶段的选址、设计、施工、使用直至生命终结拆除的所有阶段的环境性能。它已发展为涵盖四大方面环境问题，九项指标和包括"核心"、"设计和实施"及"管理和运作"三个部分的庞大体系。

该体系有以下几个目的：

①提供降低建筑物对全球和本地环境影响的指导，同时创造舒适和健康的室内环境。

②使致力于环境问题的房屋开发商通过此项评估体系，获得分值认证和得到相应的证书。

2）欧盟 CEPHEUS 环境评估法

欧盟在 BREEAM 的试行基础上，结合欧洲的发展，很快制定了欧盟 CEPHEUS 绿色建筑评估标准，在内容上更加侧重环境的保护、能源效能最大化和可再生能源的利用环节。

本体系由欧联盟房屋研究机构（UK Building Research Establishment）设置，适用于规模城镇和地产的发展，以及重建项目中。着重于区域发展，房屋和结构的可持续性。评估项目因素包括：土地应用、城市结构和设计、公共交通、步行街、能源和再生能源；自然生态资源保持、场地开发和设计；社区建设、商业和就业。

3）日本 CASBEE 体系

CASBEE 全称为建筑物综合环境性能评价体系，是在日本国土交通省支持下，由企业、政府、学术界联合组成的"日本可持续建筑协会"合作研究的成果。其发展非常迅速。它针对不同建筑类型，建筑生命周期不同阶段而开发的评价工具已构成一个较为完整的体系，并处于不断扩充和生长之中。其研究目的是对以建筑设计为代表的建筑活动、资产评估等各项事务进行整合，以寻求与国际接轨的可持续建筑评价方法和评价标准。另外它的创新之处在于提出了建筑环境效率的新概念。日本人所设计的评估体系与美国 LEED 的简洁风格不同，庞大而详尽，正反映出两个民族的一贯风格。值得一提的是，目前 CASBEE 体系的推广情况不错。

4）澳大利亚 NABERS 体系

1999 年，ABGRS（Australina Building Greenhouse Rating Scheme）评估体系由澳大利亚新南威尔士州的 Sustainable Energy Development Authority（SEDA）发布，它是澳大利亚国内第一个较全面的绿色建筑评估体系，主要针对建筑能耗及温室气体排放做评估，它通过对参评建筑打星值而评定其对环境影响的等级。随后提升为澳大利亚国家建筑环境评估体系 NABERS（National Australian Building Environmental Rating System），其长远目标是减少建筑运营对自然环境的负面影响，鼓励建筑环境性能的提高。NABERS2003 版本将原版本评价指标由原来的 8 个调整为 14 个，分别是能源及温室气体、制冷导致的温室效应、交通、水资源的使用、雨水排放、污水排放、雨水污染、自然景观多样性、有害物质、制冷引起的臭氧层破坏、垃圾排放量、掩埋处理、室内空气质量和使用者满意度。

GREEN STAR 是 2003 年由澳大利亚绿色建筑委员会发起的。该体系极大的考虑了最大程度的减小建筑对环境的影响，同时展示在可持续建筑上的创新性，考虑到居住者的健康，以及节约成本。评价指标有：运行管理、室内空气质量、能源、交通、水资源、材料、土地和生态，以及垃圾排放。

5）德国 DGNB 体系

DGNB（German Sustainable Building Certificate）是德国可持续建筑委员会与德国政府共同开发编制的，代表世界最高水平的第二代绿色建筑评估认证体系。DGNB 包含绿色生态、建筑经济、建筑功能与社会文化等各方面因素，覆盖建筑行业整个产业链。整个体系有严格全面的评价方法和庞大的数据库及计算机软件的支持。DGNB 不仅是绿色建筑标准，而且将绿色建筑评价内容扩充范围，涵盖了生态、经济、社会三大方面因素，是世界上最先进的第二代可持续建筑评估认证体系。DGNB 覆盖了建筑行业的整个产业链，并致力于为建筑行业的未来发展指明方向。

体系中可持续建筑相关领域评估标准共有六个领域，分别为：生态质量、经济因素、社会与功能要求、技术质量、过程质量以及基地质量，共 60 余条标准。其 2008 年版仅对办公建筑和政府建筑进行认证。其 2009 年版将根据用户及专业人员的反馈进行开发。

2.2 美国绿色建筑评估体系

2.2.1 地方绿色建筑制度的形成

在 1969 年，绿色建筑的萌芽阶段，美国联邦政府在《全国环境政策法》中要求各级政府在建筑施工和管理措施方面需要采取关于"环境友好"（environmental friendly）或是"绿色开发"（green development）的相关措施，而在 80 年代初期，建筑行业开始向建筑节能转型。在 90 年代，地方政府将绿色建筑标准作为强制性的规定。在美国充分体现了市场先行的理念，整个八九十年代，绿色建筑的推广都是由民间组织发起的，例如美国绿色建筑协会（USGBC）等。

2007 年 10 月，洛杉矶好莱坞卫星城出台了美国第一个强制性的绿色建筑法令，设定了改建和新建建筑的绿色建筑标准，规定了新建筑、改造建筑均应达到的节能标准。目前美国已经有十个城市采用了基于 LEED 要求的法规，还有几十个城市已设定了自己的绿色标准。5 个州有绿色建筑法，20 个市政府设定了关于强制开发商建造更多节能和环保项目的法令实例，另外 17 个城市有关于绿色建筑的决议案，有 14 个市通过相关的行政命令。在华盛顿地区，就有已获得批准的绿色建筑法案，这个法案要求任何新建筑或是翻修建筑，超过 2 万平方英尺的，都要符合政府的绿色建筑节能标准。

目前 LEED 已经成为全美公认的高品质绿色建筑的设计、建造和运营的标准，并且通过开放性的、可施行等基于公众意见的流程来实现不断完善。国际上 LEED 也成为各国建立各自绿色建筑及可持续性评估标准的范本。加拿大政府正在讨论将 LEED 作为政府建筑的法定标准，澳大利亚、中国、中国香港、日本、西班牙、法国、印度对 LEED 进行了深入的研究，并结合进本国的绿色建筑相关标准中。世界各地每年的新增注册申请建筑都在 20% 以上。凡通过 LEED 评估为绿色建筑的工程都可获得由美国绿色建筑协会颁发的绿色建筑标识。

2.2.2 LEED 标准体系的建立

美国绿色建筑运动起源于 20 世纪 70 年代的世界能源危机时期。1993 年美国绿色建筑协会 USGBC 成立之后不久，其各个成员就意识到对于可持续发展建筑这个行业，首要问题就是要有一个可以定义并量度"绿色建筑"各种指标的体系。于是，USGBC 开始研究当时的各种绿色建筑量度和分级体系。首先专业委员会审阅了当时两个来自于英国的绿色建筑分级体系，BREEAM 和 BEPAC。审阅的最终结果是决定创造一个独立的美国绿色建筑分级体系。到 1994 年秋，研究委员会已经起草了一个绿色建筑分级评估体系并递交协会审核，这就是名为"能源与环境设计领袖"（LEED）的绿色建筑分级评估体系。经过进一步的深化之后，在 1998 年 8 月的 USGBC 会员峰会上，LEED1.0 版本的实验性计划正式推出了。到 2000 年 3 月，共有 12 个项目完成了申请过程并被认可为"LEED 认证实验性项目"。

2.2.3　LEED 标准体系分类

LEED 评价体系主要由以下几个评价标准构成：

☆LEED for New Construction ——"新建和大修项目"分册，

☆LEED for Existing Buildings ——"既有建筑"分册，

☆LEED for Commercial Interiors ——"商业建筑室内"分册，

☆LEED for Core & Shell ——"建筑主体与外壳"分册，

☆LEED for school ——"学校"分册，

☆LEED for Home ——"住宅"分册（试行），

☆LEED for Neighborhood Development ——"社区规划"分册（试行），

☆LEED for retail ——"商店"分册（试行），

☆LEED for healthcare ——"疗养院"分册（草稿）。

所有 LEED 的评估产品的评估点都分为三种类型：（1）必要项（Prerequisite），（2）可选项（Credits），（3）创新项（Innovation Credits）。这些评估点都是通过四个方面来阐述其要求：评估点的目的（Intent）、评估要求（Requirement）、建议采用的技术措施（Technologies Strategies），以及所需提交的文档证明的要求（Documentation Requirements）。这种结构使得每个 LEED 评分点都易于理解和实施。

以 LEED™ 2.0 为例，其指标分布概述如下表：

项目、指标	得分
一、可持续建筑场址	14 分
二、水资源利用	5 分
三、建筑节能与大气	17 分
四、材料与资源	13 分
五、室内环境质量	15 分
六、设计创新计划	5 分
工程总得分	69 分

认证级 26 ~ 32 分，银牌级 33 ~ 38 分，金牌级 39 ~ 51 分，白金级 52 ~ 69 分

一个申请项目如果满足了所有评估前提条件的要求，那么 LEED 评分结果则按照评估要点和创新分的满足情况，项目以获得 40 分为认证资格的最低水平。银级认证至少需要 50 分，黄金级为 60 分，最高级别的认证——铂金级 80 分。加上地域性和创新积分，积分最高达 110 分。

2.2.4　LEED 标准体系的影响

USGBC 由一些对绿色建筑有共识的组织组成，是社会团体的独立机构，它的成立被认为是美国绿色建筑整体发展的开始，而绿色建筑的兴起被认为是美国最为成

功的环境运动。

美国绿色建筑的发展分为三个阶段：第一阶段是启动阶段，以美国绿色建筑委员会的成立为标志。

第二阶段是发展阶段，以《2005 能源政策法案》的颁布为起点。该法案是美国现阶段最为重要的能源政策之一，体现了国家的能源发展战略。这一法案对于建筑能源节约给予了前所未有的关注，对绿色建筑的发展起到了关键性的促进作用。

第三阶段是扩展阶段，以 2009 年初美国总统奥巴马签署的经济刺激法案为标志。这一法案中有超过 250 亿美元的资金将用于建筑的"绿化"，发展绿色建筑正成为美国能源改革和经济复苏的重要组成部分。

美国 LEED 正在国际上发挥作用。加拿大政府正在就 LEED 作为政府建筑的法定标准作出决策；澳大利亚、中国、中国香港、日本、西班牙、法国、印度等都对 LEED 进行了深入的研究，并结合用在本国绿色建筑的相关标准中。

2.3 中国绿色建筑评估发展状况

目前中国绿色建筑标准体系由国家标准、行业协会标准和地方标准三个层次构成。国家级标准对全国的建设都具有约束力，影响面广；但受到地区发展不平衡、区域差异明显等因素的制约，标准的编制特征倾向于一种原则性的粗犷要求。地方标准是贯彻国家标准的重要一环，由于地域的差别，地方标准编制水平参差不齐。

2.3.1 绿色建筑国家标准的形成

我国立项研究绿色建筑自 2001 年开始，其课题研究成果《绿色生态住宅小区建设要点与技术导则》得以验收。2005 年建设部科研课题《绿色建筑技术导则》形成初步成果。2006 年 6 月建设部颁布了《绿色建筑评价标准》，2007 年 6 月出台了《绿色建筑评价技术细则补充说明（试行）》；以及 2007 年 8 月建设部出台了《绿色建筑评价标示管理办法》，这一系列文件的颁布初步形成了我国绿色建筑评价体系。

基于绿色建筑理论研究成果应用推广的需要，北京、上海、广州、深圳、杭州等经济发达地区结合自身特点，开展了绿色建筑关键技术体系的集成研究与应用实践，编制了各地的地方标准。一批绿色建筑项目进入了绿色建筑标识申报活动。一批围绕绿色建筑理论和绿色建筑技术研发和应用的专业委员会地方分会相继成立。各地绿色节能示范小区、低碳减排试点小区在各地如雨后春笋一般建立，成为我国绿色建筑技术普及展示、示范教育的样板，带动了全国绿色建筑的普及工作。

2.3.2 行业协会推进绿色建筑标准发展

在中国市场尚不成熟，行业协会影响力较弱，大部分行业协会规范缺乏大范围的影响力；但依然产生了不少成果。例如 2001 年，全国工商联住宅产业商会联合清华大学、建设部科技发展促进中心等单位，提出了生态住宅的完整框架，发布了《中国生态住宅技术评估手册》。

2002 年 10 月，国家科技部立项的《绿色奥运建筑评估体系》课题，为了实现把北京 2008 年奥运会办成"绿色奥运"，汇集了清华大学、中国建筑科学研究院、北京市建筑设计研究院等多家科研机构与行业协会组成的课题组，历时一年多完成长达 45 万字的"绿色奥运建筑评估体系"。这是国内第一个有关绿色建筑的评价、论证体系。这个系统的设定主要参考了日本 CASBEE 体系为今后绿色建筑提供了一个坚实的基础。但在内容和评估方法上还存在繁琐、操作不易掌握等问题，有待进一步完善。

2003 年中国房地产研究会人居环境委员会（简称人居委 CCHS）推出了《中国人居环境及新城镇发展推进工程》；2004 年发表《技术文件汇编》，在多年的实践中不断总结完善。2006 年人居委在建设部立项，重点编制完成了《规模住区人居环境评估标准》。根据研究成果，形成生态、配套、科技、亲情、环境、人文以及服务七大特色目标，具有绿色建筑的雏形，是学习研究美国绿色建筑评估体系应用于我国实践的一次尝试。

但是，与其他发达国家相比，中国的行业协会被赋予的职责和功能偏弱，对行业发展的影响力有限，尚不能起到分担政府职能的作用。期望着未来体制上的改革能尽可能地扭转现状，使行业社团的作用得到充分的发挥。

2.4　《绿色建筑评价标准》运营架构

2.4.1　分项评价体系框架

《绿色建筑评价标准》是中国目前最有影响力的国家级评价体系，由建设部颁布。它形成的《绿色建筑技术导则》、《绿色建筑评价标准》、《绿色建筑评价技术细则（试行）》、《绿色建筑评价标识管理办法》组合，成为依据我国实际建设情况制定的，现行的，多目标、多层次的绿色建筑基础规范性综合评价标准。标准用于评价住宅建筑和公共建筑两大类，遍及住宅、办公、商场、宾馆等建筑。要求绿色建筑因地制宜，统筹考虑并正确处理建筑全寿命周期内，节能、节地、节水、节材、环境保护和居住功能的要求。

《绿色建筑评价标准》属于分项评价体系框架，划分控制项、一般项和优选项三类。定性条款的评价为通过或不通过；对有多项要求的条款，要求各项均能满足要求时方能获得通过。定量条款要求由具有资质的第三方机构认定专家打分确认得分值。

目前绿色建筑评价标识是由政府组织开展，社会自愿参与的自上而下的行为。2008 年 4 月为了进一步加强和规范绿色建筑评价工作，引导绿色建筑健康发展，建设部科技发展促进中心与绿色建筑专业委员会共同组织成立了绿色建筑评价标识管理办公室（绿标办），发布了三星标识管理办法，划分为三个等级，由评审专家确定项目分属绿色标识的等级。绿标办主要负责绿色建筑评价标识的管理工作，受理三星级绿色建筑评价标识，指导一、二星级绿色建筑评价标识活动。中国绿色建评价按照规划设计和竣工投入使用两个阶段分别进行。

2.4.2 《绿色建筑评价标准》的特色与问题

《绿色建筑评价标准》是衡量我国绿色建筑的标尺，该体系有以下特点：

1. 绿色建筑评价标识在我国是由政府组织开展，社会自愿参与的行为；

2. 我国的绿色建筑评价标识体系属于分项评价体系框架；

3. 是根据我国实际建设情况制定的一部多目标、多层次的绿色建筑综合评价标准。

但在具体操作层面上，如何将《绿色建筑评价标准》所确定的基本原则和绿色建筑现实推动相结合仍然在探索中，实施细则仍是当前绿色建筑制度体系建设中的薄弱环节。具体体现在以下 6 个方面：

1）"评价标准"是以国家现行规范、标准制定的，它着重评价建筑的"绿色"性能和质量，尚未涵盖建筑物全寿命周期在内的所有性能。

2）在"评价标准"的指标体系中有一些指标的用词意义模糊，原则难以判定。

3）"评价标准"回避权重体系，采用了措施得分法。

4）"评价标准"中的许多指标项应归属于定性指标，目前采用的评分机制只需要定性判别是否采用了这一措施，而未能评价这一措施实行的好坏程度。

5）"评价标准"中，有些控制项指标数量过多而一般项和优选项数量不足，引导力不显著。

6）"评价标准"中的指标体系过于简单，在指标的细分项目中无法明确划分相互间的关系。细分项目指标的重要性也无法体现出来。

由于中国的绿色建筑推广是政府提倡的、由上至下的运行机制，缺乏在基层发展的动力。整体发展尚处在概念满天飞，炒作多过实干，浮躁的行为方式在一定程度上阻碍了绿色建筑的纵深发展。

3 中美绿色建筑评估标准编制比较

3.1 美国评价标准认证机构

美国 LEED 标准是目前绿色建筑评估体系中最为广泛的一个，我国的《绿色建筑评价标准》在制定中参考了 LEED 标准。两者的编制组织过程的不同，造成了规范内容的差异，组织结构的不同也影响了评价体系的后期运作。美国 USGBC 和我国建设部相关主管部门在管理幅度的确定、层次的划分、机构的设置、管理权限和责任的分配方式和认定，管理职能的划分和各层次、单位之间的联系沟通方式等问题上都存在着显著的差异。分析两者之间的差异有助于了解我国绿色建筑评估体系的现状和缺陷。

USGBC 的成员来自于美国建筑业的著名机构，包括地方和国家的建筑设计公司；产品制造商，如 Johnson Controls 等；环境团体，如自然资源保护委员会等；建筑行业组织，如施工规范研究院、美国建筑师协会；建筑开发商，如 Turner 建筑公司、Bovis 租借公司；零售商和建筑物持有者，如 Gap 和 Starbucks；金融业领袖，如 Fireman 基金保险公司、美洲商业银行以及众多联邦政府、州政府和地方政府机构，其会员数量在近几年呈不断增长的趋势。

USGBC 的会员制度，为执行委员会的各项重要计划和活动提供了一个平台，各种政策和策略的制定、修订以及各项工作计划的安排，都是基于来自整个建筑行业中不同类型企业的会员们的需要而定。USGBC 每年举办绿色建筑年会，进行年度回顾，解决会员们提出的各种问题，协调整个美国建筑行业在绿色建筑发展中的各种矛盾，鼓励并推动行业中不同的企业跨越彼此的差异和不同的利益诉求，从而达到共同发展，最终使得整个行业都获益，并逐步推进整个行业的变革。这种机制使得美国绿色建筑委员会的各种意见得到了整个美国社会的认可，并具有相当的影响力。USGBC 年会每年还吸引了世界各国绿色协会和热衷绿色事业发展的人士参与，已形成每年一度的绿色建筑国际化大会。

3.2 中国绿色建筑管理机构

1）建设部科技发展促进中心（简称科技促进中心）

建设部科技发展促进中心成立于1994年7月，是经中央机构编制委员会和建设部批准成立的建设部直属科研事业单位。科技促进中心的核心业务是建筑节能、绿色建筑、科技成果推广及国际合作。随着绿色建筑标识工作的展开，2008年4月设置了绿色建筑评价标识管理办公室（简称"绿建办"）。成员单位包括中国建筑科学研究院、上海建筑科学研究院、深圳建筑科学研究院、清华大学、同济大学等。目前参与认证工作的也仅限于部分编制《绿色建筑评价标准》的十几家科研机构和高校等。

2）绿色建筑与节能委员会（简称绿建委 CGBC）

中国城市科学研究会下属绿色建筑与节能专业委员会 China Green Building Council，是研究适合我国国情的绿色建筑与建筑节能的理论与技术集成系统，协助政府推动我国绿色建筑发展的学术团体。2006年成立并着手研究编制《绿色建筑评价标准》和增补《绿色建筑评价技术细则》等文件。通过几年的运营，在绿建委内形成以绿色建筑规划和设计、绿色施工、绿色技术、人文绿色、绿色房地产、绿色智能等专业委员会，分别在各地相关科研设计和大专院校的领导下开展活动；由地方政府组织的地方绿色建筑与节能委员会也在相继建立之中。

绿建委的主要任务是：编制及解释相关标准释义，组织国内外绿色学术交流活动，参与绿色标识认证管理工作，开设绿色课程培养绿色建筑人才，组建绿色建筑研究机构和能源服务公司。

3.3 评价组织差异分析

绿色建筑评估的组织机构是对绿色建筑能否有效评估的直接保障。对中美绿色评估之异同的分析有助于了解中美两套评估体系之间的差异。

相同点有：

1）中国绿色建筑与节能委员会和美国绿色建筑委员会董事会（USGBC Board of Directors）两者都是制定绿色建筑政策和策略的核心。

2）两者都有单独认证执行组织——美国绿色标识认证委员会 GBCI 在 2007 年底脱离 USGBC 进行独立运作；中国主要是由绿色建筑评价标识管理办公室（绿建办）负责绿色建筑评价标识的管理工作。

3）两者都有来自社会不同领域的人员参与编制和评估活动。

不同点有：

1）社会参与机制不同。USGBC 采用会员制，可以迅速聚拢一批在建筑业及其相关行业有影响力的企业，通过他们来发展新的会员，是自下而上的推行绿色建筑理念和绿色技术，发布标准和技术手册，使 LEED 标准的影响力由基层机构逐步扩大。而我国则将推广任务交给各级政府自上而下的推行，动员各地开发企业自愿申报标识认证，因目前存在着社会目标和实施主体利益不对称，激励政策不到位等问题，大多数企业持观望等待的态度，推广前景尚不明朗。

2）人员任命方式不同。USGBC 委员会的人员主要是通过部分选举和部分任命的方式产生，他们来自于企业的代表，专员委员会的主席也都是选举产生的，更加接近和熟悉市场，容易通过现实的项目做出范例，影响行业的跟进。而我国在人员任命上主要是行政任命的方式，人员主要为技术官员，自上而下的发布强制性制度政策，向下发布申报信息，是政府主导的政策制度。因经济上的激励政策不到位，在成本投入不能消化的情况下，申报得不到有效的响应；开发项目大多仍然停留在用绿色作为市场销售策略的程度。

3）技术辅助体系不同。USGBC 已形成了多个专业技术咨询委员会，主要是各个不同的团体和各个领域的专家，用于协助编写各得分点的释疑和 LEED 体系的技术改进，并对使用者进行解释；而我国则由标准主编单位在内的少数科院学校担当技术解释，在人员组成上相对单一，不利于帮助客户解决认证中的技术问题。

4）发布产品不同。USGBC 已经开发了多个产品（LEED – NC、LEED – EB 等）并不断推出新的标准产品（LEED – ND 住区）。可对不同的建筑物进行认证，可以使不同的专业委员会同时对不同的产品提供技术支持。而我国目前这套标准主要针对已投入使用一年以上的住宅建筑和公共建筑，评估内容相对较为原则。除了配合的实施细则作为补充外，尚在投入力量编制"绿色建筑设计规范"，从而造成执行上和逻辑上的混乱。在组织机构上正在围绕着政府的意志提供的政策供给机制强制性地推进。

造成这一差异的原因是多方面的，也由于我国特殊的文化传统和国情背景，使得政府主导在推广绿色建筑的过程中占了重要位置。同样由于我国的系统整合效益较差，建筑师的知识结构并不全面，在面对绿色建筑实践时，无法提出整合性方案，导致许绿色建筑发展的初期无法跟上时代变革。而整个社会、市场的不成熟，我国社团组织的地位和作用的有限，也都直接导致了编制机制上的欠缺。

3.4 评价标准实施比较

LEED 的提出比我国绿色建筑标准早十年左右，在体系上相对完善，内容也较为翔实。相比之下我国的绿色建筑评价标准建立时间短，内容尚不完善，深度不够到位。同时，LEED 分类明确。关注于各种建筑在全生命周期对节能和环境的影响，包括从建筑设计和竣工二个环节分别进行绿色评价。随 LEED 的不断成熟和发展，逐渐形成涵盖 6 种针对不同建筑产品，同时又相互联系共用 5 + 1 原则的绿色评价体系。下图为中美绿色建筑评估体系颁布年限比较表。

中美绿色建筑评估体系颁布年限详细比较表

中国绿色建筑评估体系	美国 LEED 评估体系主要版本		
版本和颁布年限	LEED 版本	颁布年限	评估范围
20 世纪末，中国致力于节能建筑建设及既有建筑节能改造；出版了多部技术节能规范，为绿色建筑的发展建立了坚实的基础	LEED – NC1.0	1998.8	办公、商业零售及服务、旅馆业、研究机构、居住建筑（四层以上）
	LEED – NC2.0	2000.3	新建商业和重大改造建筑
	LEED – NC2.1	2002.11	新建商业和重大改造建筑
	LEED – NC2.2	2005.11	新建商业和重大改造建筑
2005 年建设部颁布《绿色建筑技术导则》	LEED – EB	2005	已建建筑的运营
	LEED – CI	2005	商业建筑室内部分
2006 年建设部颁布《绿色建筑评价标准》，次年发表《绿色建筑评价技术细则（试行）》	LEED – H	2005.8	绿色生态住宅
	LEED – ND	（试行）	可持续性社区开发
	LEED – CS	2003	建筑结构与外壳
2007 建设部颁布《绿色建筑评价标识管理办法》	LEED for school	2007.4	学校
	LEED for retail	（试行）	零售业建筑
	LEED for healthcare	（草稿）	疗养院

LEED 从 1998 年至今已发展为多个版本，并不断适应建筑领域的技术更新。LEED 于 1995 年提出，1998 年颁布；2000 年 3 月发布了 2.0 版；2002 年 11 月 2.1 版；2009 年 3 月 2.2 版修正。我国绿色建筑评价体系颁布时间较晚，定位在基准版，重在普及，尚未进行改版及修正。

LEED 有大量地方版本，例如西雅图，波特兰，加利福尼亚。这些地方版本密切结合 LEED 中的多种类别。这种"协调"过程包括修订类似积分的各种制度，引证同样的标准和使用相同的语言。使不同地区的绿色建筑具有了可以量化的比价手段，这一变化使得 LEED 更容易在不同地区使用。而我国各地的地方版本则很少基于国家的《绿色建筑评价标准》进行地方本土化的设置，使得各个地区的绿色建筑缺乏特色和实施的可比性。

从总体上看，LEED 的发布和执行时间早，发展程度高，社会基础雄厚，所以体系较为完善。LEED 从设立之时起也经历了颁布从低到高、产品从单一到多元的过程，并且项目定位更准确，市场运营更明确，适用范围也更广。我国《绿色建筑评价标准》从定位到运营没有突破传统的框框，受到各种因素的约束，尚需要时间逐步发展完善。

3.5 评价体系条文设置比较

我国的绿色建筑评估体系起步较晚，在评估体系制定过程中参考了国外的先进经验，尤其是 LEED 评价体系，因此我国绿色评估体系中的基本原则大致与 LEED 体系相同，其相同点如下：

1）都有四大基本原则：可持续发展原则，科学性原则，开放性原则，协调性原则。

2）内容分类基本相同：中美评估标准都把评价的内容分为 6 大项表述。都实行对其中各子项评定打分，按照分类子项目得分的多少，参照标准的分级总分数，评定绿色建筑的等级。中美评价标准前 5 个分类大项基本是类同的，即：（1）场址选择，（2）水资源利用，（3）资源利用效率及大气环境保护，（4）材料及资源的有效利用，（5）室内环境质量。而 LEED 最后另加一项，为"设计流程创新"；国内的评价体系为施工及运营管理。

中国绿色建筑评价标准大纲框架

中国绿色建筑评价标准	商业建筑一般项数（共43项）						优选项数（共21项）
	节地与室外环境（共8项）	节能与能源利用（共10项）	节水与水资源利用（共6项）	节材与材料资源利用（共5项）	室内环境质量（共7项）	全生命周期综合性能（共7项）	
	住宅建筑一般项数（共40项）						优选项数（共6项）
	节地与室外环境（共9项）	节能与能源利用（共5项）	节水与水资源利用（共7项）	节材与材料资源利用（共6项）	室内环境质量（共5项）	运营管理（共8项）	

美国 LEED – NC 大纲框架

美国LEED标准	LEED – NC 新建建筑与重大改造工程评估体系 2002 ~ 2003 年				
	可持续场址（SS）15项	节水（WE）4项	能源与大气（EA）9项	材料和资源（MR）9项	室内环境质量（IEQ）17项	设计创新（ID）地方优先（RP）3项
	LEED – ND 住区开发评估体系 2005（初稿）~ 2009 年（意见稿）				
	节约土地9项	环境保护16项	紧凑完善和谐社区25项	资源节约17项	认定专业人士的参与创新项目
	合理场地选择14项	住区规划设计18项	绿色基础建设和建筑21项	创新和设计过程2项	地方优先1项

比较两种评价标准的项目设置，中国绿色建筑评价标准既体现出了我国的特色和长处，也暴露出一些不足之处，这些不同点反映了当前我国绿色建筑发展水平的

现状：

1）规范指导范围不同：美国 LEED 属于引导性规范，对社会风尚、城市生活、经济发展均有涉足。而我国绿色建筑评价标准属于示范性规范。对于项目条文设置局限于当前实施的标准规范，且以四节一环保的原则作导向。条文内容深度和表达原则化，可执行、可检查的程度等均有明显不同。

2）子项条文控制程度不同：我国绿色建筑评价标准对各子项按其性质分别归为在控制项、一般项与优选项之中。控制项是建筑进行绿色评定必须要达到的项目，也是日常执行的强制性条文，其数量和要求比 LEED－NC（2.2 版）对绿色建筑的评定更加严格。但也显示出我国绿色建筑发展起点水平依然较低，尚需大量扩充一般项和优选项等基础条文。

3）评价体系分类不同：我国绿色建筑评价标准分为住宅建筑和公共建筑两种建筑类型进行评价显得个性特征表达不充分，公共建筑本身包容量大显得粗陋。住宅建筑部分又包含了住区规划评定的内容，显得表述相当的粗犷、不完整。而 LEED 则在 2005 年后就将住宅部分剥离了出来，单列为 LEED－H，并将住区也进一步细分成 LEED－ND。我国的绿色评价标准综合设置主要是显示了绿色运动的仓促性和简易性；也体现了当前国内的绿色建筑从业者的细分程度不高，方便其综合掌控；也反映出我国房地产发展精品化趋向尚不具备。

4）条文的表述形式不同：我国绿色建筑评价标准条文表述内容时只用原则性的描述方式，采用：应、达到、符合等词语；条文按性质要求不同划分为控制项、一般项和优选项三类，提示重要和得分的程度。LEED 的每一个条文分别采用目的、规定、提交文件、技术与措施四个方面来描述，通过从立项的目的、做法、文件和技术措施把要执行的内容描述得很清楚，容易使执行人理解和行动。除此之外尚有技术手册和范例引领，（包括"参考标准概述"、"要点"、"设计方法"、"策略和平衡"、"计算"、"资源"和"案例学习"等方面），使条文显得十分的充分和十分的便于使用者采取措施。

5）第六附加项内容不同：我国绿色建筑评价标准第六大项是施工和运营管理项。相比之下 LEED－NC（2.2 版）第六项属于创新加分项；而对施工和管理的内容则分散表达在其他各项目中。我国的项目设置更倾向于靠第三方检测，而 LEED 则倾向于开发商或房主自查。

6）对创新和人才培养不同：LEED－NC（2.2 版）第六大项是设计过程和创新，可结合项目特征和地域的不同自由发挥，包括符合能源和环境设计先导的创新得分和拥有经过 LEED－NC（2.2 版）认证的专业人员得分。这体现了 LEED－NC（2.2 版）注重创新和注重培养专业人才。在我国绿色建筑评价标准中这两点都体现得不够。

我国的绿色评价标准尚属起步阶段，而且从政府角度很希望能从行业普及发展的角度快速推进，但限于我国标准规范体系尚不匹配和传统习惯的局限，束缚着更高水准的表现。随着社会的进步和经济发展，我国的绿色建筑标准的编制和条文评价的表述也将会具体细化和完善，并逐步带动地方规范标准的编制水平，逐步形成一套适应我国国情的引导型绿色建筑标准评价体系。

3.6 评价体系内容及体例比较

中美两种评价体系从单项形式来比较，美国 LEED 按六类评估标准发布并配合绿色技术手册、范例介绍、申报文件等配套使用。六类标准都遵循可持续场址、节水、能源与大气、材料和资源、室内环境质量五大原则内容安排。各类标准的每一单项条文都分列为目的、要求、技术措施和策略四栏，表述条理逻辑、内容清晰明确。试行中的 LEED-ND 评估体系有四个方面：区域功效，环境保护，紧凑、完整和联系的住区，资源功效，在内容上除符合 LEED-NC 以外，结合住区的特点在分类安排上有所不同，有些项目留在原分类中，有些则进行了合并，体现在合并的条文中。我国《绿色建筑评价标准》分为导则、基本标准、技术细则、补充文件等组成部分，条文表述上缺乏层次，各文件之间缺乏分工，一些单项内容能分布在很多文件中，查阅不便。

从单项内容来比较，可以发现这些单项有许多不同点，即：数据不同，自然环境不同，量化指标不同，关注点不同。其中数据不同又可分为单位制不同和发展程度不同。同样，引用项的多少也会涉及操作的难易程度。以 LEED 为依托我们可以得到下述分析比较：

1）发展程度不同：LEED 针对美国设计，有一些设计指标比中国要高，所以数据不同。中国和美国的自然环境差异很大，如果按人均来计算差异则更大，针对这些差异，我国在制定绿色建筑的相关标准时，对某些条款进行了具体规定。这在节水、节地以及自行车使用上体现的尤其明显。在 6 个条目中涉及这一点。

2）量化指标不同：量化指标是规范成熟程度的重要体现，国内规范在量化指标上与 LEED 有较为明显的差异。量化指标间接影响着操作的简易程度，量化越详细，实际操作越简单。例如热岛效应条目中，对硬质铺装地面、停车空间、屋面等空间有详细的反射率要求，并且用太阳反射系数（SRI）进行量化定性。而中国的规范中只规定了平均热岛强度不高于 1.5℃，没有提任何具体做法，在量化指标上有明显的差距。与美国 LEED 相比，在 LEED 总共 57 个条目中，有 15 个条目量化指标明显比中国详细。

3）关注点不同：这可能是社会文化经济综合程度的差异造成的。像吸烟室在我国规范中完全没有涉及，而 LEED 则做了详细的界定，在 LEED 总共 57 个条目中，有 33 个条目或多或少与我国的规范关注点不同。

4）引用项不同：LEED 的 57 个条目中有 30 个左右比我国规范要详细，另外引用项的多少也从另外一个方面影响着操作的简易程度。LEED 中总共有 20 个左右的引用规范，而国内仅室内空气质量一项就有 11 项规范引用。

总体而言，LEED 的条目设置比《绿色建筑评价标准》要简洁，相关内容紧凑，引用项较少，使用难度大大降低，非建筑从业者也可以轻易使用。《绿色建筑评价标准》则需要建筑从业者进行相关学习后方可使用，国内的评价体系尚需要进一步的完善。

3.7 评价体系权重比较

3.7.1 我国评价体系评分方式简介

目前世界上的绿色评估体系常用的评估方法有：专家委员法（Ad Hoc Method），图叠法（Overlay Method），分类列表法（Checklist Method）等。这些方法各有利弊。但分类列表法操作方法最简单，使用最方便，因此也成为各国评价体系中最常用的评估方法。

分类列表法是将不同环境评价因素及由于建筑活动可能引发的环境影响因素详细列表说明的一种评估方式。可以应用在具有潜在影响（potential impact）的层面，并可同时考虑定性或定量的分析。这种方法根据运用与表达方式的不同，可细分为下列很多种分类因素。我国《绿色建筑评价标准》和美国 LEED 都属于这种方法。

我国《绿色建筑评价标准》对各子项评价因素都是以 1 分（即是或否）为积分的标准进行评分，对各评价因素子项按其实施的重要程度，分别归至控制项、一般项与优选项之中。其中控制项中的评价子项是评定绿色建筑的基础，属强制性条文，采取一票否决制。评价绿色建筑的必须条件，参评项目有一项不能满足住宅建筑或公共建筑中的有关控制项条文即被否决。一般项数是得分项，优选项数为推荐实施项，分项得分总分数按权重平衡计算后的总得分值是决定获得绿色建筑等级的依据。绿色建筑为三星等级评定制度。

六类指标权重体现地方因素对绿色评估因素的相对重要程度，计算公式为：基本分总得分 = ∑（分类项目指标得分 × 对应指标的权重 + 优选项目指标得分 × 0.20）。但在具体评价活动中的星级评价标准——通常以分项项数评定为准而非规定的总分评定，使得这项权重评估规定毫无作用。

《绿色建筑评价技术细则》权重表①

建筑分类 指标名称	住宅 权重	公建 权重
节地与室外环境	0.15	0.10
节能与能源利用	0.25	0.25
节水与水资源利用	0.15	0.15
节材与材料资源利用	0.15	0.15
室内环境质量	0.20	0.20
运营管理	0.10	0.15

---

① 表格摘自《绿色建筑评价技术细则》。

《绿色建筑评价标准》评分表格①

等级	节地与室外环境（共9/8项）	节能与能源利用（共5/10项）	节水与水资源利用（共7/6项）	节材与材料资源利用（共6/5项）	室内环境质量（共5/7项）	运营管理（共8/7项）	优选项数（共9/14项）
			划分绿色建筑等级的项数要求（住宅建筑/公共建筑）				
★	4/3	2/5	3/2	3/2	2/2	5/3	—
★★	6/5	3/6	4/3	4/3	3/4	6/4	2/6
★★★	7/7	4/8	6/4	5/4	4/6	7/6	4/13

综合来看我国《绿色建筑评价标准》使用的是分类列表法中的简易列表法，也称为措施得分法，容易受到人为主观因素的影响：一般程序为将环境因子与项目活动分别列表，并以符号表示可能受到影响的部份，至于影响程度的大小未做文字解释。

3.7.2　美国 LEED 体系评分方式简介

美国 LEED 体系采用了分类列表法评价基准比较的方法，即参评建筑按"分值一览表"提供的标准格式架构评估，将各分类得分项得分数简单累积便获得总得分，此种评分方式简化了操作过程。LEED 各子项按其重要性给予了不同的分值，全部评价活动必须在满足必要项条件的基础上进行，为了得到认证，可以对"得分项"进行选择，分值的多少直接影响项目的总分。达到认证的项目有一个基本得分要求，根据总得分的高低依次分为：白金级认证，金级认证、银级认证和达标认证。

LEED – NC 2009 所有评价系统推出了统一的认证等级门槛以提供一致性。合格者被定为4个评估等级。项目获得40分为认证资格的及格等级的最低档次，银级认证至少需要50分，金级为60分，最高级别的铂金级为80分。另加上评估项目地域性的创新积分，以便提供机会获得110分最高积分。这一草案还包括附加部分，在开发的这一阶段是很有帮助的。

从评分方法来看，美国 LEED 属于的分类列表法中的权重尺度列表法，（也称线性权重法）：对于可能受影响的环境因素，表列出相对重要性与影响程度的大小。分类列表的优点在于较能系统化包罗相关层面与因素，利于作综合分析和评估。其缺点为各评估因子间相互作用的现象不易表达，列举的环境项目可能有重复或缺漏。

3.8　中美绿色建筑评估体系申报比较

3.8.1　美国 LEED 申报流程

LEED 体系拥有一套先进的运作体系，包括培训、专业人员认可、提供资源支

---

① 表格摘自《绿色建筑评价标准》。

持和进行建筑性能的第三方认证等多方面的内容。面对如此庞大的体系，其完善、快捷的认证项目和在线注册系统使 LEED 标准运转能够成为世界上影响最大的绿色建筑评估标准的必要条件。在 2009 年 LEED V3 体系推出时，更新了项目认证的在线工具（LEED Online），完成了对用于管理该项目的登记和认证过程的电子化全部在线工具的改进工作。

LEED3.0 认证的实施程序过程共分为五步，如下所示：

1）注册。申请 LEED 认证，项目团队必须填写项目登记表并在 GBCI 网站上进行注册，然后缴纳注册费，从而获得相关软件工具、勘误表以及其他关键信息。项目注册之后被列入 LEED Online 的数据库。

2）准备申请文件。申请认证的项目必须完全满足 LEED 评分标准中规定的前提条件和最低得分。在准备申请文件的过程中，根据每个评价指标的要求，项目申报团队必须收集有关信息并进行计算，分别按照各个指标的要求准备有关资料。

3）提交申请文件。在 GBCI 的认证系统所确定的最终日期之前，项目团队应将完整的申请文件上传 LEED 总部，并交纳相应的认证费用，然后启动审查程序。

4）审核申请文件。根据不同的认证体系和审核路径，申请文件的审核过程也不相同。一般包括文件审查和技术审查。GBCI 在收到申请书的一个星期之内会完成对申请书的文件审查，主要是根据检查表中的要求，审查文件是否合格并且完整，如果提交的文件不充分，那么项目组会被告知欠缺哪些资料。文件审查合格后，便可以开始技术审查。GBCI 在文件审查通过后的两个星期之内，会向项目团队出具一份 LEED 初审文件。项目团队有 30 天的时间对申请书进行修正和补充，并再度提交给 GBCI。GBCI 在 30 天内对修正过的申请书进行最终评审，然后向 LEED 指导委员会建议一个最终分数。指导委员会将在两个星期之内对这个最终得分做出表态（接受或拒绝），并通知项目团队认证结果。

5）颁发证书。在接到 LEED 认证通知后一定时间内，申报项目团队可以对认证结果有所回应，如无异议，认证过程可结束。该项目被列为 LEED 认证的绿色建筑，USGBC 将向申报项目颁发证书和 LEED 金属牌匾。

3.8.2　我国评价标识申报流程简介

我国的绿色建筑标识申报体系依然沿用常规申报的程序，根据《绿色建筑评价标识管理办法》规定，我国绿色建筑评价标识认证程序分为七步，如下所示：

1）申报单位可从建设部网站（www.cin.gov.cn）或建设部科技中心网站（www.stdpc.gov.cn）下载"绿色建筑评价标识申报书"，按要求准备申报材料，并按照程序进行申报。

2）"申报材料"包括申报项目的申报书、自评报告和证明材料。按要求准备证明材料，之后将申报材料寄至绿标办。申报材料提交后，仅允许在形式审查、专业评价和专家评审阶段各有一次补充材料的机会，且补充材料不得改变原有设计方案、图纸等。

3）建设部科技中心受理评价标识申请后，负责对申报材料进行形式审查。

4）通过形式审查的项目，其申报单位需委托相关测评机构进行测评，并向建设部科技中心提交测评报告，等待通过"专业评价"和"专家评审"。

5）没有通过形式审查的项目，建设部科技中心应对其提出形式审查意见，申报单位可根据审查意见修改申报材料后，重新组织申报。

6）通过"专业评价"和"专家评审"后，还需对项目落实情况进行现场核实。如专家对于现场情况无疑问，则给出专家评审结论；如有疑问，专家对需要进一步核实的项目提出现场检测要求，由申报单位委托具有资质的第三方检测机构对相应项目进行现场检测并提供现场检测报告等补充材料，由专家对补充材料进行重审后给出专家评审结论。

7）通过专家评审的项目将在住房和城乡建设部网站（网址：http：//www. mohurd. gov. cn）、住房和城乡建设部科技发展促进中心网站（网址：http：//www. cstc-moc. org. cn）和绿色建筑评价标识网站上进行公示，公示期30天。

3.8.3　中美评价标识申报流程比较

目前 LEED 项目主要通过在线项目注册，申报资料提交全部在网上进行，整个认证过程无纸化，方便快捷。在线认证是 USGBC 面对越来越多的认证项目，而在2005年11月对 LEED 认证流程进行的改进措施之一，主要采用 Adobe Live Cycle 技术，推出 LEED Online 在线项目管理平台。2009年理事会协同软件公司 Adobe 和SAP 公司，针对投诉开发了新的应用程序，并整合进入了 LEED – V3 体系使用。该系统前身存在速度缓慢，缺陷多和频繁的系统崩溃等问题。通过这个平台，申报项目团队可以提交所有图纸、文件的电子档案，而不再需要纸质打印的材料邮寄到USGBC，从而真正实现了认证过程的无纸化。在 LEED Online 这个平台上，申报项目团队成员还可以提出疑问，并能看到实时更新的最新申报项目 LEED 认证得分情况；跟踪项目进度；检查未完成资料提交的得分点；联系 USGBC 的客户服务人员；以及与 LEED 审核团队的成员进行在线沟通等。

在线认证可以大大增加效率，随着认证申报项目数量的增加，认证时间也随之增加。认证机构将愈来愈无法满足客户时间上的需要，从而降低认证机构开拓申报的竞争力。根据 USGBC 在从2000年到2005年的近400个已通过 LEED 认证的项目分析，从项目注册到完成 LEED 认证的平均认证时间需3年以上。而使用在线认证后，目前即便是在国内申请 LEED 认证也将不超过6个月。

目前《绿色建筑评价标识》主要使用纸本申报的手段，需要从绿标网下载"绿色建筑评价标识申报书"，按要求准备申报材料（纸质），并填写申报申请书和相关证明材料，打印装订成册，提供电子文档。与 LEED 的在线申报相比，流程操作时间长，而且不易于改动，同样不易于与评审人员联系，很难对设计进行改进，申报项目也处于被动状态。相对于我国目前的认证项目数量而言，网络平台的建设可能是得不偿失的，因为它不仅需要资金和技术，而且还需要制度和管理。目前绿标的申请及评估流程所花费的总时间尚不是很多，一般三到四个月左右。绿色建筑近年来在我国越来越得到民众的认可，随着2008年度第一批"绿色建筑设计评价标识"

项目名单的公布，未来我国绿色建筑认证申报项目也将如同 LEED 认证那样成指数级增长，通过纸质打印并进行邮寄材料模式，将会严重降低认证评估的效率，而在线认证则势在必行。

3.8.4 评价标识支持体系比较

LEED 标准能够成为世界上影响最大的绿色建筑评估标准，除了标准的不断更新完善外，离不开其背后的一整套评估支撑技术体系，以及其完善的服务支持体系，像《LEED 参考指南》、《LEED 应用指南》、LEED2.1 版信函模板、在线得分点释疑系统和 LEED 认证评估团队等。而 USGBC 为不同的评估体系都编写了各自最新的《参考指南》，如《LEED – NC（2.2 版本）参考指南》、《LEED – EB2.0 版本参考指南》、《LEED – CS（2.0 版本）参考指南》和《LEED – C（I2.0 版本）参考指南》等。这些手册为 LEED 项目的可持续发展设计提供了丰富的参考资源，同时也成为 LEED 项目认证的评估依据和作为 LEED 专家认证考试的教材。

《LEED 参考指南》列出了各个得分点的详细信息以及引用的各项设计和施工标准，以帮助申报项目团队理解满足这些规范和标准所能够为项目实施带来的好处。USGBC 对于每一个评分点均建立了一个标准项目问题咨询流程，专为各个已经注册登记的 LEED 申报项目服务，称为"得分点释疑"（Credit Interpretation Request，简称 CIR）。这个流程的目的是为了确保对于同一种类型疑问的解答在不同的项目应用中都保持一致，不会因为项目不同而有所偏颇，同时也是为了方便不同的项目之间共享信息，减少了不必要的重复劳动。

如果说各个 LEED 评估标准释疑是简单地列出了评估的目的、要求和可能的技术和对策和我国《绿色建筑评价标准》编排主旨都是以指导性为原则的话（尽管我国的标准概略的多），那么《参考指南》就相当于一个实施细则，好似我国的《绿色建筑评价技术细则》。但两者在详略程度上有着很大差别。《参考指南》不仅列出了得分点的详细信息，而且还考虑到设计的整合、施工的标准、所引用的规范、经济因素、计算方法和公式；并说明了满足得分点所能带来的好处等。而《绿色建筑评价技术细则》则简略粗犷很多，仅仅是《绿色建筑评价标准》的拓展版本而已。其后编制的《绿色建筑评价技术细则补充说明（规划设计部分）》更像一本编制本的补遗。

我国在网络建设方面进程较慢，相关认证的资料欠缺，目前仅仅是申请书下载和评估标准、管理文件，客户能得到的相关申报资料有限，而且解答认证工作中疑难和解决存在的问题的渠道有限。今后，越来越多的开发商将在申报认证过程中产生越来越多的问题，无法及时解决问题的状况将会导致深入发展的障碍，或者成为草率行事，简单过场的根源。为此可能需要聘请专门资质的绿色建筑认证专家全程跟踪，但这只是权宜之计，不是长久的解决方法。为了能更好实施绿色建筑认证工作，我国也应编写如《参考指南》这类书，不仅能用于认证评价绿色建筑，还可以作为我国绿色建筑推广的培训教材和执行技术手册。认证还需加强网络认证系统和网络互动系统的建设工作，提高申报认证效率，减少重复劳动，同时也为提高全民的环保意识和对绿色建筑的认知提供条件。

3.8.5 中美评价申报系统的综合比较

两者从申报到最后完成都需要通过一个复杂的过程，目前我国绿标的申请者尚不是很多，所以申报时间较短，三到四个月左右。LEED 每年预计都会有八千到一万个项目进行申请，但由于全部网络化管理，完成从网上注册到审核文件返回申报，时间一般不会大于六个月。

两者评估都是分阶段的，分初期规划和最后竣工授权，评估步骤都比较明晰。但区别于国内标准评估认证只注重结果，而 LEED 标准则会从申报之初进行跟踪咨询取样，更加注重过程。

当申报项目拿到 LEED 标准文件的要求后即开始进行分析，由 LEED 专业公司提供顾问咨询。在项目实施过程中，有的执行项目一开始难以达到标准要求，但是通过实践咨询不断完善，加上对项目建设团队开展 LEED 培训活动，不达标而不能得分的项目从技术措施和管理上马上整改。这个过程并不纯是为了最终获得分数，而是让实践结果越来越接近标准制定的初衷，培育和验证 LEED 的原则。实施 LEED 标准使施工和过程也无形中接受了绿色节能的培训。

而在申请中国绿色建筑星级评定的过程中，同样复杂，但是都是由申报项目自己准备材料，上交标识办公室提供专家并等待预审。但是，大多数都是在项目开发结束后以一份表格的形式评定打分，不知道申报材料上准备的内容是否符合评定标准，或者过程中需要改进的地方在哪些方面。中国绿色建筑评价分为规划设计阶段和竣工投入使用阶段标识。

3.9 中外绿色激励政策的比较

3.9.1 西方国家的激励政策

从国际上看，鼓励节能建筑的激励政策实施效果显著，同时显示仅依靠市场机制运作是远远不够的。西方发达国家从 1973 年能源危机开始重视建筑节能，经过 30 多年的努力，西方国家新建建筑单位面积能耗已经减少到原来的 1/3 ～ 1/5，其中激励政策的作用功不可没。在西方发达国家，建筑节能体系完善，政府都相应出台各种经济激励政策。例如欧盟提出了包括开征能源税、税收减免、补贴和建立投资银行贷款等规范性的财税政策。尽管各国制定财税激励政策的出发点不同，激励程度也不同，但都为推进节能建筑的发展起到了积极有效的作用[1]。

3.9.2 美国的激励政策

美国绿色建筑的推广是从市场和政策两个方面同时进行。在政府政策激励方面，通过给予绿色建筑的所有者以税收优惠、补贴等引导和激励他们开发绿色建筑。其中包括联邦政府政策和地方州政府政策两个层面。

联邦政府层面对新建节能建筑减税，凡在国际节能规范（IECC）标准基础上节

---

① 引用自张扬访谈录，国家发展改革委员会能源研究所。

能 30% 和 50% 以上的新建建筑，每套可以分别减免税 1000 美元和 2000 美元。

在地方州政府层面上有所不同。州政府和地方政府分别建立对开发商和消费者的激励政策来促进他们对绿色建筑的选择。其中对开发商的激励政策，包括减少检查和获得许可证的费用：对于那些符合绿色建筑或者能效、水效标准的项目给予减少费用的优惠或是给予补贴。加快审查进程：对于有行政优先权的项目（获得 LEED 认证的），审批时间将缩短 20% ~ 50%。税收抵免政策：对于符合绿色建筑和能源效率标准项目的部分或全部发展成本实行税收的减免。货币奖励和退款：为符合能源和水资源节约、废物最小化目标的创新性项目提供有竞争性的资助。

对消费者的激励政策实际上提高了建筑在市场上的竞争力，也可看作是对开发商的间接激励。这种间接激励的方式，还包括为那些符合绿色建筑标准的商品房提供低于市场的融资利率、税收激励；为在绿色节能方向改进的建筑（包括新建建筑）实行物业税减免。

与州政府和联邦政府的政策相比，地方政府所颁布的政策更加具有针对性，对与绿色建筑发展相关的各个参与方都有相应的政策，这样的设计对我国的政策制定有更多的启发。

美国的纽约州、俄勒冈州等已经出台了关于绿色建筑的优惠税收措施，对于达到或超过美国 LEED 标准的绿色建筑的所有者或承租者根据建筑物的大小以及达到绿色建筑标准的等级给予所得税优惠，用于补偿早期较高的成本，从而提高绿色建筑的市场吸引力。

例如在 2000 年，纽约州立法通过了绿色建筑税收优惠政策，该州是美国首个运用税收优惠来推动修建绿色建筑的州。采用了该州自己开发的绿色建筑评估体系，州政府每年提供固定的财政预算支持。纽约州推行的税收优惠政策包括绿色基础建筑（Green Base Building）、绿色租住空间（Green Tenant Space）、绿色整体建筑（Green Whole Building）等。

3.9.3　美国激励政策举例①

美国采取完善政策平衡和经济激励相结合的手段，全力推动绿色建筑的发展。主要政策层面表现在如下几个方面：

资金和实物激励

美国政府在鼓励绿色建筑发展的过程中，通过经济手段吸引市场对绿色建筑的选择，这些方式包括提供直接的资金或实物激励、税收和补贴以及为绿色建筑发展创建市场（比如碳交易）。激励和补贴对于推动绿色建筑发展的效果是快速、直接的。而创建市场的方法对于绿色建筑和相关节能环保技术的长远发展是更为有利的。

税收减免

在美国有多种与绿色建筑发展相关的税收激励政策。在《2005 能源政策法案》

① 中国人民大学博士论文：《中国住房能源政策研究》。

中既包括了课税减免也包括课税扣除的规定。其中课税减免的规定是：商业建筑的所有者如果采取某些措施，使得能源节约达到 ASHREA90.1 标准的 50%，可获得 1.8 美元/平方米英尺的课税减免。同时，该法案还有多项课税扣除的规定：对于商业建筑，如果使用太阳能或燃料电池设备可享有 30% 的税收扣除。对于新建住宅，如果所消耗的能源低于标准建筑的 50%，都有资格享受课税扣除；对于住户来说，选择节能设备可获 $500 ~ $2000 的课税扣除。但是课税扣除政策有效的时间是 2006 ~ 2007 年，这一规定被认为不够合理，因为两年的激励还不足以对节能建筑产品和设施的市场产生很大的影响。

专项资金

美国能源部资助 LEED 绿色建筑评估标准的建立。美国能源部能源效率与可更新能源办公室（EERE）为推动可更新能源和能效技术的使用提供多种激励方式。这些政策不是专门为绿色建筑的发展而制定，却对绿色建筑的发展至关重要。比如为可更新能源和新技术的发展和示范项目的建立提供资金支持。这种专项资金不仅提供给开发商、消费者和技术开发人员，也提供给州和地方政府。

碳交易

美国曾经通过二氧化硫排污权交易的方式成功解决了酸雨问题，如果建筑所有者和开发企业通过碳减排而获得收益，这将对绿色建筑的发展有很大的推动作用。世界上第一个温室气体排放权交易机构是美国的芝加哥气候交易所，它成立于 2003 年，与影响力更大的欧洲气候交易所不同，芝加哥气候交易所是自愿性质的。美国目前尚未建立强制性的减排目标，这限制了其发展潜力。

自愿性项目

自愿性项目是美国推动绿色建筑发展的另一有效手段。自愿性项目可以作为强制性规范的补充，因为它可以通过设定更高的建筑节能绩效标准来推动能源节约，并为未来建筑节能标准的改进提供基础。

能源之星标识（Energy Star）

在美国，最为流行的自愿性手段是能源之星。这是 1992 年由美国环境署和能源部开创的通过提高能效来达到温室气体减排目标的项目。据评估，2006 年该项目节能效果达 140 亿美元，温室气体减排相当于 2500 万车辆的减排量。迄今为止，已经有上千的商业和工业建筑得到能源之星标识。

3.9.4　中国的绿色激励政策

中国的绿色鼓励政策也有两个层面：中央层面和地方层面。在中央政府层面，通过减税来鼓励绿色建筑的发展。在《中华人民共和国企业所得税法》[①] 中规定了对从事符合条件的环境保护、节能节水项目的绿色节能建筑减税的批示。可以减

---

① 《中华人民共和国企业所得税法》第八十八条第三章税收优惠规定企业从事前款规定的符合条件的环境保护、节能节水项目的所得，自项目取得第一笔生产经营收入所属纳税年度起，第一年至第三年免征企业所得税，第四年至第六年减半征收企业所得税。

征、少征企业所得税。并对不符合规范者进行处罚，例如《新型墙体材料专项基金征收和使用管理办法》① 中规定凡是不符合规范要求的建筑，要缴纳新型墙体材料专项基金等。

在地方层面规定，在住建部已被评为双百建筑的绿色建筑都将有所鼓励，具体奖励金额则根据各地的发展条件自行决定。

3.9.5 中美激励政策总结比较

中美绿色建筑推行奖励机制比较表

类型		政策
美国联邦政府	2000.3 LEED2.0 版本发布	美国能源部建筑科技办公室向 USGBC 提供了启动资金
	国际节能规范（IECC）标准基础上节能 30% ~ 50% 以上的新建建筑	每套可以分别减免税 1000 美元和 2000 美元
美国地方政府纽约政府要求建筑面积大于 7500 平方英尺的新建筑要达到 LEED 标准	1 绿色基础建筑	1 最高按 7.5 美元/平方英尺的标准减税
	2 绿色租住空间	2 最高 3.75 美元/平方英尺的标准减税
	3 绿色整体建筑	3 基础建筑和租住空间分别按每平方英尺 10.5 美元和 5.25 美元的标准减税。如果绿色整体建筑位于经济开发区，则按允许成本的 8%（1.6% ×5 年）的标准减税
中国中央政府	《中华人民共和国企业所得税法》2008.1.1	企业从事前款规定的符合条件的环境保护、节能节水项目的所得，自项目取得第一笔生产经营收入所属纳税年度起，第一年至第三年免征企业所得税，第四年至第六年减半征收企业所得税
	《新型墙体材料专项基金征收和使用管理办法》2002.1.1	凡新建、扩建、改建建筑工程未使用新型墙体材料的建设单位，应按照本办法规定缴纳新型墙体材料专项基金
中国地方政府	在建筑部已被评为双百建筑的绿色建筑	奖励金额根据各地发展条件自行决定

1）美国政策的效果：美国的政策扶持不仅对项目本身给予直接可见的经济补偿，同时还对推行标准的行业协会给予启动资金扶持。在经济上（税收方面）的补偿额，减免额度明确，而不仅限于政策上的条款制定。美国政策扶持目标清晰，为达到绿色节能的目的，对获得行业协会认证的绿色建筑都有补贴，并且有强制性立法。美国政府虽然没有直接推广 LEED，但在政策法规，税收制度的支持下，在未来五年中大约有 50% 的建筑为绿色节能建筑，其中的绝大多数会选择美国最大的绿色评价体系 LEED 标准。LEED 认证能够帮助业主和承包商共同实现增值。越来越多的业主希望达到绿色建筑的标准，从而享受国家法律规定的税收抵免、增收额外租金等优惠。即使驻国外机构获得 LEED 认证的项目也会有本国政策补助。也正是

---

① 《新型墙体材料专项基金征收和使用管理办法》第二章第五条规定凡新建、扩建、改建建筑工程未使用新型墙体材料的建设单位，应按照本办法规定缴纳新型墙体材料专项基金。

如此，在中国本土的 LEED 申请中的大部分为外资企业或项目，中国项目只有北京奥运村、泰格公寓等少数项目。

2）中国政策的效果：中国政府的绿色节能建筑目前仍处于政策普及推广阶段，所谓的扶持还仅限于政策的扶持。综合性、强制性的减免额度不明确，其中甚至还有处罚性条款。中国政府尽管大力提倡绿色节能建筑的应用和普及，但是中央行政主管部门尚缺乏完善的协调机制，政策制定分属多个部门，权限不清晰。加之各个部门条块分割，利益冲突，导致激励政策力度不够，绿色节能政策失衡。开发企业因为成本投入不能获得回报，投入和产出利益分离，失去对绿色节能建筑的积极性。民众住户购房理念被市场的假象困扰，对绿色节能建筑的显见好处，特别是长寿命的效用方面不体会，无要求，表现了绿色意识不强。目前国家虽然规定了激励政策的导向，但措施不力，政策尚处在不对称阶段。而地方上尚无有针对性的鼓励政策，被动式地执行中央要求，论条件和能力象征性地自行决定奖励办法，执行力度差，并没有起到明显效果。

3.10 绿色建筑与社会发展比较

由于中美社会发展程度不同，市场环境不同、经济运行成本存在差异，民众对绿色建筑的认可程度相差较大，从而导致中美两国在绿色建筑发展层次上存在相当差异。而一个标准的制定，最终目标是要和本国的经济发展目标相一致，因此仔细分析中美两国的社会环境、市场发展环境等，对今后我国绿色评价标准的执行与改进有着重要的意义。

3.10.1 市场环境不同

美国是一个发达国家，房屋价格稳定，市场供需关系合理，其建筑行业的基础扎实，推广绿色建筑是一个高标准层面的推广，具有强大的群众基础。而中国是发展中国家，建国 60 年来，建筑行业大量的工作是城市基础建设和大力改善人民群众的住房条件。扩大住房面积仍然是社会和政府的主导方向，尽管我国每年以 20 亿的建房速度增长，目前市场上商品房屋仍然供不应求。尤其是随着城市化进程的加速，激增的城市人口对房屋的需求量在不断增大，房价飙升使开发商不需要做成高水准的绿色建筑，只需达到国家的基本建设要求，开发的商品房就能以不菲的价格卖出，因此高额的房价市场严重挫伤了绿色建筑在中国的发展。

3.10.2 经济运行成本不同

美国 LEED 标准的经济运行成本低，回报率高。LEED 标准能用数据来证实它在美国达到的节能指数，以及相应的成本降低和收入提高。例如：据 2007 年美国的统计数据[①]，但凡通过 LEED 认证的项目，建筑价值提升 7.5%，降低营运成本 8%~9%，租金提高 3%，入住率提高 3.5%，投资回报提高 6.6%。因此开发商绿

---

① 数据来源：牛思远，2009。

色意识强，从商业角度出发愿意投资开发绿色建筑，很多房产开发商都把"向 LEED 金奖标准努力"作为市场推广的口号；消费者对这种健康环保、高舒适度的建筑非常认可、需求强烈，绿色建筑购买、出租率高，形成市场供需两旺的局面。

中国处于建设高速发展时期，目前缺乏基础数据，这就使得标准的制定并不是完全符合我国国情，无法与经济成本运行挂钩，造成标准使用困难，投资回报率低，间接导致经济运行成本上升，因而市场需求不强烈，推广进程缓慢。但可以相信绿色建筑仍然是必然趋势，将对社会、经济、环境发展产生重大的影响。相信经过一段时间的努力、发展改良、积极持续推进绿色的理念和路线，中国可以迎来一个绿色建筑的时代。当然，我国的绿色建筑评价体系本身也应当不断的充实提高，不断的更新，使我国的绿色建筑标准体系日趋完善，成为行业发展的引领型的主导工具。真正地对人类生存环境的改善做出贡献，为我国经济健康运行、社会发展做出成绩。

3.10.3 发展趋势展望比较

在欧美国家绿色节能已经宣扬了 50 余年，高消费和高享受的生活导致两次石油危机，使得绿色节能理念逐步深入人心。LEED 就是在这种条件下产生的，但即便如此，LEED 在刚刚发布的两年内连一例申请也没有，直到 2000 年 6 月 1 日才有了第一个项目申请——Old National Bank。2000 年一年也仅仅有 8 例，但之后的几年申请项目成指数级增长，在 2009 年上升到顶点——达到 10708 例。

中国自 2006 年制定标准，申请项目在逐步提升。仅 2008 年和 2009 年的申报通过项目均达到 10 例。因此认真研究借鉴美国的经验，客观现实地对待两国的差距；不持简单否定的态度；不故意夸大国情；全方位地着眼未来，就一定能避免困境、少走弯路。当绿色建筑行动在我国有陷入表象，不易发动深入的情况下，把握政策制定的底线，稳定调动各方面的积极性，逐步打开局面；努力加强群众的普及知识，相信在不久的将来在完善绿色建筑体系的基础上，我国的绿标也将会大力普及提升。

3.11 绿色标识评价商业化比较

由民间协会制定的美国 LEED 标准，推广前景广阔，其评价体系目前在国际上公认度很高。而我国绿色建筑的推广虽然得到了政府激励政策的支持，却依然得不到普遍认同。LEED 获得成功的原因中商业化运作功不可没，一个成功的商业运作模式是可以被总结和模仿的。LEED 的商业成功的原因可总结如下：

3.11.1 广度的开放性

开放性的高低，代表着一个标准成熟与否的标志。开放性越高代表接受社会检验的程度越高，LEED 在其开发运营中有极高的开放性。LEED 评估的所有程序都可以通过互联网完成。LEED 评估项的得分点所引用的标准采用清单的形式，简单明确。后期评价过程也保证透明公开，甚至在一些项目中会公开招募资质专家进行评估。LEED 的全部文件都要遵循并达到四个特性：即可操作性、可计量（量化）、可文件化、可校合，使得每一项评定都可以被追溯调查。同时还有一个低进高出、宽进严出的准则。与此同时 LEED 不断更新发展推出新领域，也不断对原有体系进行补充和改进，这将使得 LEED 体系永远保持在社会的前沿。

而我国《绿色建筑评价标准》尚无电子信息平台，采用申报表格形式，时间界限不够明确。同时尚未注重体系更新机制，开放性体现不够。

3.11.2　精确定量分析

LEED 系统结构简单，可操作性强，这是商业化的前提。LEED 评价细节同样不光停留在理论上，而是现实可行的。LEED 的评价并不简单地停留在定性阶段，对于各项指标，可进行精确的定量分析和考核。这就使得该评价系统在执行过程中会有一个统一的客观尺度，也使得评价过程趋于可控化，绿色建筑的设计和建造过程更具可实践性、可依据性，这也是最重要的一点。

绿色建筑的思想，可持续发展的概念，生态建筑的提法早在 LEED 诞生之前很早就提出了。以 1962 年发表的 SILENT SPRING 为代表的很多书籍、论文都涉及这些。然而这些在美国只是呼声、思潮，未形成可以市场化、商业化和大规模推广的体系，因而没有得到足够的重视，对美国建筑行业影响不大。正是 LEED 的产生才改变了这一现象，LEED 第一次提供了一套比较科学的，而且是"可以操作"的绿色建筑评估体系。在 LEED NC2.2 和其参考手册中，每个评分点都会有比较详细的解释，也提供了较为丰富的技术细节，相当于厚厚的一本节能建筑教学手册。

3.11.3　以市场为导向

LEED 最重要的是具有商业性，有非常系统的收费标准和人员培训机制。用商业化的经营模式持续完善和推广 LEED 评价体系。LEED 的开发以市场为导向，不仅仅关注于建筑的绿色性能评价和环境保护，同时也关注于改变资本市场的评估方法，让开发商、业主和绿色建筑相关产业都能从中获益，让 LEED 认证的建筑得到更高的估值。如在开发商这个环节上，LEED 认证并不一定会带来房屋建造成本的增加，即使增加也会控制在一定的额度内。同时 LEED 会通过房产估值这个环节，将通过 LEED 认证的建筑的价值给予更高的价值评估，促使开发商积极地获得认证。

而我国《绿色建筑评价标准》的认证方式过于简单，购房者对于绿色认证不够了解，并且绿色认证对于房屋价格影响较小。同时由于国家对绿色节能建筑引导措施的不到位，绿色与不绿色无甚差别，反而增加了投入，从而使开发商缺乏建设绿色建筑的兴趣。另外广大市民对普及绿色住区的意义认识不足，让他们更多地了解绿色建筑对减少开销和提高居住舒适度方面的较大好处，教育引导其对社会发展增大责任感，使其主动购买，要求并监督绿色建筑住区的开发。当然，政府大力扶持，给予绿色住区开发以显而易见好处仍是关键的关键。

LEED 标准的成功，除了技术方面的因素，更多的还是体系的维护和市场开发与运作方面的成熟经验。现在已经基本形成了一套完整的市场运作模式，整个

LEED 认证过程思路清晰、逻辑清楚，而且收费也还算合理（尤其是按照美国的标准来看）。在预审期，就能给出一系列修改意见，对后面的深入设计和施工都具有很好的指导性。正因为这些原因，投资方和设计方都会觉得 LEED 性价比不错，所以 LEED 在美国的推广情况目前看起来比较顺利。

LEED 的发展比我国的绿色建筑历史并没有长多少，但效果大相径庭。分析其原因可以归结为：美国 LEED 的运营主要依赖民间社团组织的作用，首先发动广大基层企业的参与和居住主体的积极性，自下而上地推动政府完善机制，发布相关政策，美国联邦政府及地方州政府认真组织落实，从而形成整个社会对绿色建筑的需求和民间自发的、内在的迫切性和主动性。

而中国绿色建筑由政府发动，由少数的科研机构和大学编制绿色执行标准，自上而下地发动，基层企业参与感不足进而处于被动的接纳状态，因此整个行业管理和技术准备不足，短时期内尚不能适应。同时，我国的居民社团、协会、研究会的功能和权限十分有限，未能在调动基层的积极性和调整行业的转型方面发挥积极作用，也显得在自上而下的运作中无能为力，发挥不了作用。

3.11.4 LEED 的品牌化

LEED 做出了品牌效应，这是评价的较高级阶段。LEED 并不是一个简单的评价体系，还有非常强的组织机构，为社会基层和社区团体做各种教育活动并有强大的培训计划。

随着绿色建筑市场的持续发展，美国绿色建筑协会 USGBC 也在不断更新分类认证标准及其运营体系，以适应绿色建筑发展变化中的行业需求。我国的绿色建筑评价标准成型速度过快，标准条文大多使用了现行标准、规范，定位在普及应用广大开发企业和遍及各地的开发项目，欲急于见到效果，表现了操之过急的情绪。这和整个国家迅猛发展的大环境下的浮躁情绪有关，我们缺乏积淀也没有足够的经验。在当前，我国建筑行业机制和市场意识还不足以支持改变标识评价运营模式，加之我国社会团体组织作用有限，急于拓展将一事无成。因此综合来看 LEED 系统结构简单，操作容易，在专业性和普及性中找到了良好的平衡点，商业运作成功。而国内的评价标准规范和健康运营的完善尚需走过一段艰辛的路程。

4 发展中国绿色建筑评价体系的建议

4.1 政策对称和基础标准的建设

由于我国是政府主导型社会，民间力量较弱，因此由政府强制力推行的基准标准就应当更加详细，更加完善来弥补民间推广机制的不足。

4.1.1 适时应势地抓住普及和引导两个标准

目前中国已经编制了基础国家标准《绿色建筑评价标准》、《绿色建筑评价技术细则》和《绿色建筑评价技术细则补充说明》（规划设计部分）系列文件，与之相应的设计施工的《绿色施工导则》、《公共建筑节能设计标准》等标准也随之出台。

作为基准性标准，我国绿色建筑标准及相关政策的制定主要面向蓬勃发展的我国房地产行业，十余年的历程已经走过了初期积累经验的时期，其建设速度和建设数量在世界上已经无可比拟，在建筑类型的多样性和景观的创新性方面也达到了令人为之惊叹的地步。但是，在分享成绩的同时也不得不深深地感到我们房地产的发展是在耗费资源、浪费能源和破坏环境的基础上取得的，我们建设的科学性、可持续性理念和理性的技术途径与世界相比相差甚远。

健康地延续房地产的发展，推行绿色建筑的理念和相关技术是相当有诱引力的，我们的政府正是基于这个出发点，力推绿色建筑并希望很快普及到基层企业的开发行为和房地产项目中。然而绿色建筑并不是简单的技术堆砌，它是一个涉及相关各个行业需要协同配合共同努力的结果，进而是个社会发展的系统工程，因此决定绿色建筑的整体目标是高起点、高要求和高水准的，是引导型的。就国际上来说这也是通行的做法。所以并不是强制性条文占主导地位，相反引导性的条文应占到绝大多数。它一定是自愿性的，有追求的和有能力的企业来参与，在提高的基础上推广和普及，而不是普遍的自上而下的强制性贯彻。

为此要区分普通建筑建设标准和设计规范的低限水准的要求，制定一个切合实际和高一水准的目标体系，使实施项目具有示范性和典型性。在提高的基础上实施的绿色建筑才能真正有效地带动行业的发展。

当然，绿色建筑需要适应和符合我国国情，各地区绿色建筑标准也要符合各地的实际情况。本土化标准的制定并不是简单的模仿和照搬国外做法。比如我国人多地少，资源有限，加之社会发展进程和气候环境的差异，不修正也是万万行不通的。但是，有一条就是要坚持绿色建筑的原则，坚持绿色建筑是营造一个理想社会、人人自觉以绿色行为和绿色思维作为第一需求的社会。同样也成为我国的必须，成为我国实施绿色建筑的唯一准则。

目前我国绿色建筑节能设计，绿色施工，绿色技术导则，绿色评价技术细则等各个标准的出台缺乏系统。重复的描述，分工及功能不明显。建议将其纳入统一的绿色建筑体系，增加指导性技术手册、技术咨询和成功案例等文件。实施统一管理、统一升级、统一标识评估，真正成为我国纲领性、引领性的绿色建筑评价标准体系。

4.1.2 强制性政策与激励性政策并举

通过制定各种绿色法律法规和条文的强制执行来达到绿色技术标准的深入执行。与此同时应制定绿色建筑激励性政策：补贴政策和税收政策。对绿色建筑产品的生产者进行补贴，对采用绿色技术的开发商给予合适的经济补贴可以调动生产者的积极性。除此而外还要加强处罚性条款，对不实施者予以高额处罚。建议政府在绿色建筑税收政策上出台可执行的量化税收优惠政策和强制性税收政策。国土资源部门也需要给予绿色建筑开发商以土地方面的鼓励优惠政策，从而扫清障碍，推动绿色建筑行业的前进。

总之，完善的技术标准和行业运营需要有全面的配套平衡、切实可行的行业政策的扶持。建议在我国现行自上而下的贯彻机制下，采用强制和激励政策并举的路线。起步阶段强制性政策可作为主导的手段配以各种审批、审查制度，使各种绿色技术和措施得以执行。在声势上大力鼓动和表彰，形成一种荣誉、一种责任和一种必然的企业行为。与此同时，大力组织银行、税收、保险、国土、环保等部门协同工作，制定一系列的优惠激励政策，国家拨出专项绿色节能资金对符合要求和通过评价的项目予以奖励和补贴，使绿色建筑的建设者普遍感到对他们的鼓励超过普通项目的收益。

4.1.3　地方标准与国家标准统一

构建地方绿色建筑标准和执行政策是绿色建筑的重要原则。我国幅员辽阔，全国范围内的建筑被划分为若干类地区类型，各地区应根据自身条件，出台适合各自情况的标准。地方标准与国家标准应保持延续深化的相互关系，又不能等同于照搬，必须考虑地方与国家体系的协调统一。

国家标准是依据国家的经济社会发展的总目标，综合考虑世界潮流和国际的交流合作。地方标准是因地制宜地考虑地方特色，是承继国家总的原则方针，着重于细节和执行应用，取得实效。绿色建筑应有可比性和差异性，但是，绿色建筑的概念和原则不能变，绿色建筑的执行水准不能变。从而使地区绿色建筑有统一的可比性。技术评估标准细节应该能适应不同地区的建筑，针对变化的评估环境进行调整。

4.1.4　不同行业标准的互动协调

由于绿色建筑涉及许多行业的标准规范，在标准制定过程中，势必要应用其他相关行业的标准和要求作为相应的技术支持。因此加强行业间的合作联系尤为重要，相关行业标准在提升绿色建筑的标准的同时也要逐步共同提升。绿色建筑在实践过程中的数据也应该及时反馈给其他行业，行业间互通有无，密切合作，共同提升。在《绿色建筑评价标准》制定过程中应用的相关行业标准，建议直接引用条款消化写在标准条文中，方便使用者随时使用，使评审的操作和实践执行速度加快。

4.2　发挥行业组织先锋的作用

加强非营利组织第三种资源配置主体的作用，来弥补市场和政府在资源配置方面的不足，发挥行业组织的先锋作用，将有力地推动中国绿色建筑向高度、深度和广度发展。

4.2.1　发挥行业协会引领作用

美国绿色建筑的成功发展，不容忽视的是美国绿色建筑协会的行业引领作用。政府对协会的指导和支持，使绿色建筑推行中执行税收制度，财政支持和政策引导方面更使之如虎添翼，落地有声、发展势头强盛。美国政府和西方各国都支持非营利行业协会的自由发展，并授予相当的权限，比如在制定、解释、执行行业标准中发挥政府不可替代的作用，真正起到引导行业的发展，促进行业的技术进步。美国绿色建筑协会之所以能获得政府的支持，首先在于与政府之间行动目标一致、互补性共存，利益的共赢。美国绿色建筑协会制定的绿色建筑标准目标是解决建筑能源消耗过度和对环境的破坏，这和美国政府能源发展计划步调一致，相应的能源标准制定和相关的政策极具绿色建筑的引领作用，具有广泛的群众基础和强大的社会推广能力。我国也应当扶植一批相应的行业协会，委以重任和特定命题，提高民间推广和执行的力度。

4.2.2 发挥行业协会普及推广的作用

行业协会的形成是社会组织程度逐步提高，社会自律能力不断增强的客观反映，更是公民社会走向成熟的重要标准。其自发的组织形式，具有广泛的群众基础，其定义出的行业标准，来源于群众层面，更易于推广和执行。

美国绿色建筑协会广大的会员机构，强大的群众基础，有力的弥补了美国政府对绿色建筑在群众推广方面的不足。其自下而上的运营方式，具有极强的号召力和推广能力。因为它们贴近大众和专业熟悉程度高，它们更加了解行业的需求和运营特点，由它们制定的标准体系更能贴近实际，代表了广大会员的共同利益，容易达到引领性的标准水准。这种自下而上的做法来源于群众基层，获得高度认同，与自上而下的强制贯彻有天壤之别。就中国目前执行体制的现状来说，如何加强社团行业协会的权限和执行力是亟待解决的紧迫问题。在绿色建筑成为中国社会经济发展的重大举措之时，放手协会和研究会、行业学会的权限，发挥其行业引领作用和动员作用具有重要意义，将有力提高绿色建筑标准的制定水平和推广程度。

4.2.3 发挥行业协会与政府协调作用

在一个完善的市场经济条件下，企业是市场经济的主体，不是政府主管部门的附属物，政府重义、企业重利，在义和利之间、政府与市场主题之间客观存在着一个"断裂层"。这就需要在政府和企业之间寻找一个良好的沟通桥梁，建立起沟通和对话机制，传达政府意图，反映企业的呼声。在美国绿色建筑发展方面，美国绿色建筑协会这方面的协调作用巨大，协会代表会员的利益，影响国会立法和政府政策的制定。利用协会其靠近政府、贴近会员的特殊地位，及时密切关注立法和政策信息，根据会员的需要，游说国会和政府，反映会员的要求，提供相关资料，使得新出台的法规、政策的制定有利于会员的发展。

我国行业协会的发展正处于转型时期，在"稳定压倒一切"的格局下，行业协会目前只能采用由政府主导、行业协会配合的上下级"准合作主义"模式，按部就班，逐步推进协会变革的方针。中国绿色建筑节能委员会是建设部主导下成立的行业协会，有靠近政府的特殊地位，对中国绿色建筑标准的制定和贯彻执行有着浓重的政府色彩。如何发挥行业协会的优势，反映会员和群众的需求和行业发展的利益，协调政府与企业群众之间的利益关系，将直接影响我国绿色建筑的健康发展。

4.3 完善评估标准的建议

我国由于绿色建筑的起步较晚，因此相应的绿色建筑评估系统和创建工作也进行得较晚。应该特别注意：由于气候、地域、环境参数、资源状况、人文素质、技术水平、法规标准以及经济发展现状等的不同，国外绿色建筑体系评估的具体条文在出发点和处置方法上有不适应中国的地方，因此在引进和学习国外绿色建筑原则和不降低水准的情况下实施"本土化"，也就是针对中国的特质和文化习俗，按中国企业和受众能接受的条文来修编表达。因此，中国绿色建筑评估体系应建立在充分调研、科学立项、切实可行的基础之上，这将是绿色建筑评估体系未来提升编制水平的首要出发点。

4.3.1　完善评估标准体系化

从 LEED 评估体系的发展史中，不难发现 LEED 也是经历了从简单到复杂，从一个标准到多类型标准的漫长过程。我国绿色建筑评估体系也应在标准分类中不断细化专业化标准，如建立适应办公、住宅、商场、学校等不同功能类型建筑的绿色建筑评估标准。同时在内容上，借鉴 LEED 中的关注点，将绿色建筑定位在创建社区的社会发展目标，成为社区综合型建设指导标准。同时，从城市角度的规划、生态、区域文化、交通，到住区建设的开放街区规划，住区景观规划，以及居住建筑节能技术应用，舒适度提高，建筑全寿命保证等多方面，制定住区和新城建设等全面综合的绿色环境和社会和谐建设指导方针，力求实现经济效益、社会效益和环境效益三者的统一。

进一步完善各项标准的定性和定量的指标体系，细化各个实施细则。在条目的表达上更加清晰的从目的、要求、措施和提交文件等方面表述，使评估标准更清晰、更易读懂、更可实施。

目前绿色建筑推动所面临的许多社会、经济问题，已经超越了技术的范畴，因此要提高绿色建筑机制的现实可操作性，就必须拥有更多群体的参与，形成风气和自觉行为方式。在修改完善我国绿色建筑评估体系时应该更广泛的吸收各个层面的建议，尤其是实际操作层面的建议。提升评估体系的可操作性。同样提升系统整合效益，让建筑师们在阅读绿色建筑评估体系时，可以完善自身的知识结构；面对绿色建筑实践时，更有效的提出整合性方案；最终整体提升我国绿色建筑的建设质量。

4.3.2　建立引领性评估标准

LEED 定位为行业发展引领性标准，它提倡的是自愿领先于市场，较早认可绿色建筑的理念并采用绿色建筑技术应用获得利益的项目群体。LEED 创新和提高了当地市场的声誉，取得了更高的物业估值，非常有帮助，LEED 还提供了一个机制来帮助使用创新绿色建筑技术。LEED 将先进的技术引入市场的同时也带动了整个行业在绿色建筑之路上不断的前行。我国的《绿色建筑评价标准》仅仅是基准性标准和规范性标准，只是普通建筑需要达到的最低限度的标准，要求集中表述而已。而目前我国大型开放城市更多的企业具备更高的实施能力和目标能力，它们已不能满足于一般常规的做法，更多的需要打造国际化的形象和运作水准，成为行业发展的领军企业。同时经济条件好的地方城市越来越多，也同样具有在基础标准上提高的能力。因此，建立一套我国绿色建筑的引领性标准具有广泛的市场需求，迫切需要建立示范性和实践上的平台。从我国近年来申报 LEED 项目逐年增加可以看得出。而这样的引领性标准发挥基层协会研究会的作用，将会发挥其不可估量的效果，也可对我国的《绿色建筑评价标准》作有效的补充和完善。

4.3.3　技术文件表达清晰化

目前我国绿色建筑评价体系的技术条目表达不清晰，相比之下 LEED 评估项的得分点所引用的标准采用清单表格的形式放置在正文的前面部分，一目了然，简单明确，很快能让使用者了解概况。在条文的表达中每一条目都分为条文立条的目的、实现目的的定量定性规定、达到规定的技术措施、为评估和检查需要提供的资料和完成程度四个方面。完整表达了条文，使条文具备可行、可理解、可查、可校的特点。对于定量的数值引用来源清晰，对于有级差和系列数值则用表格显示，并注明分值的分配。

我国也可以参照 LEED 文件的四个特性来进行设计：即可操作、可计量（量化）、可文件化、可校合表达模式。随着经济建设的进一步发展，节能技术的不断完善，许多旧标准已不适合当今绿色建筑的发展要求，应当逐步修正。建议将强制性条文尽量缩小范围，突出保留明显违背绿色定义和原则的条文。社会的前进，时代的进步，使标准的制定也要及时的更新内容，应当针对推广执行过程中的问题对内部条款进行实时调整，使之更加标准化、制度化和合理化。

4.3.4　加强绿色技术应用的举措

绿色建筑节能工作当前只停留在政策层面，没有真正落实到基层，绿色建筑工作还未真正变成基层企业的自觉选择和使用者选房的基准。建议推行绿色节能技术、产品、材料的质量标识认定制度，制定认定标准和准入的基准线，通过标识制度的推行形成一套绿色建筑应用技术系列。如：外遮阳，太阳能技术，地热、透水地面，雨水利用，垃圾处置等。制定实施绿色技术政策和激励政策，并使各种配套政策均衡协调发展，逐步促进绿色建筑自愿申报、自觉应用的企业行为。让使用者切身体会到受益，使绿色建筑成为选房的重要标准，减少政府自上而下贯彻的强制行为。

4.3.5　开展全过程、全领域监管

要建立全寿命过程目标的观点，包括在立项、设计、施工、使用、拆除等环节在内的全程实施绿色建筑的原则。防止只顾眼前不顾长远的短期行为，只有全寿命原则才能保证绿色建筑目标的真实实现。

在我国传统的建筑管理模式中，业主方管理组织设计往往以项目建设为导向，导致在项目决策和实施阶段不可能系统的对运营目标作分析，造成建设目标和日后的运营目标相脱节。一般不会兼顾两者的协同，不会以使用运营阶段为思考定位的主要出发点，业主的利益必然促使两者发生矛盾。此外，运营方及委托的物业管理咨询单位往往要在项目竣工后才介入，其服务是被动的。

与此不同的是美国 LEED 评估体系是要求绿色建筑实行全项目管理模式。在项

目建成一年时间内跟踪测检回访，实施严格的评价审核，从而确保项目达到设计目标的各项标准和指标系统。因此我国绿色建筑政策的制定，突出全项目、全过程的管理模式是深化绿色建筑的关键。

同时还要建立项目整体整合、协调的绿色节能技术的选择和配合。提倡广泛采用计算机模拟技术，通过实景感受式模拟，不断修正各部位的技术性能参数；及时调整绿色节能设计、材料、设备及其构造做法，做到物尽其用、相配适宜，目标值坚信可靠。

防止片面割裂绿色技术的作用，错误地累加绿色技术和优秀建筑部品而误导绿色成果目标，造成"绿色建筑不绿色、节能建筑不节能"的虚设光环。要建立全程绿色监控和监测机制，保证绿色技术的真实有效。

例如在国家机关办公建筑和大型公共建筑建设中例行节能全程管理。对既有建筑实行跟踪调研，找出节能和绿色技术的突破点。加强运行节能监管，督促示范省市完成能耗统计、能源审计、能效公示任务；及时总结经验，在全国重点城市普遍实施。研究制定用能标准、能耗限额和超限额加价、节能服务等制度。

4.3.6　提高标准的量化程度

由于我国绿色建筑评估体系尚属起步阶段，目标起点不高，又主要延用现有规范标准，基础数值指标距深绿要求还有待完善。从当前的评估内容编排和量化指标程度上和美国 LEED 比较还有较大差距。在编排体例上尚摆脱不了传统的标准规范的影响和约束，不能自主的按照需要充分地表达，达到如美国 LEED 标准的透彻、清晰、明了。长期以来，我国规范标准的编制始终受建国初期前苏联的影响，文字的表达过于原则和简略，容易形成多种、不同程度的理解，用词被规定为用"必须""应当""宜""不得"等词语来强制性的表述，缺少建议式、供选择式的表述方式。所以其量化程度和条文表述程度不能与美国类比。标准体例的改革创新是优秀标准出台的首要和必备条件，但是从我国标准现状的庞大体系和根深蒂固，"牵一发而动全身"已经是不可逾越的事情了。现在看来动用社团、协会、研究会的灵活机制，放"权"让社团、协会等来做国家标准的补充文件（专供行业使用之行业标准）已经到了推行的时机了。

4.4　绿色建筑的普及推广

4.4.1　发挥行业组织推广提升的作用

美国有规定，凡是政府投资的工程必须符合 LEED 标准，政府给予导向性的示范项目的力度极高。同时 LEED 也具有较高的开放性，LEED 从执行到运作都是开放的。LEED 是以市场为导向的。与之相比，我国绿色建筑评估标准是由住建部组织、以自上而下机制贯彻的。作为政府机构住建部虽然拥有绝对的权利和威信，却在绿色建筑推广和应用方面（人力、物力）显得力不从心、投入不足。一方面反映了包括开发、设计、施工、部品等企业和购买者没有表现极大的兴趣，也体现了推广应用机制上存在着不足，在政策层面上无法保障基层企业和用户获得好处；也反映了当今推行机制亟待调整。

行业组织在创造性、市场竞争性、灵活性等方面发挥着政府政策无法替代的作用。行业组织成员往往来自相关领域不同职业的人群，组织的建立加强了行业之间的联系沟通，开展各种有利于行业技术进步的技术运行和交流活动。同时建立行业规范标准，共同维护行业的利益及行业形象，扩大影响力，增强市场竞争力，争取行业成员的权益。充分调动行业组织在政府及相关部门之间的桥梁、纽带作用。

4.4.2 加强绿色经济成本核算意识

1）促进经济环境效益统一

绿色建筑是可持续发展的一项重要内容，它追求的是企业经济和环境效益的统一，最终实现经济与环境协调发展。我国建筑行业需建立现代企业制度，完善市场机制，制定合理的产业政策，使环境资源管理和发展市场化协调一致。同时也需要强化政府职能和功能，将市场运营和政府运行机制有机结合起来。

2）对绿色建筑成本的新认识

绿色建筑最终效益要放在关注建筑在"全寿命周期"（我国规定是50～70年）内对环境的影响。这也意味着绿色建筑的一切出发点是为市场和用户提供什么样的产品？在考虑成本投入上就不能局限于眼前利益——房屋是否好销！更重要的是在发展初期就在"全寿命周期"内考虑成本增量的问题。这一点就需要政府的补助政策和激励政策的落实和专项资金（含税收、融资、贷款、土地的优先权等）到位。

具体考虑到以下三点：①增量成本带来的节能和减少费用，而给国家带来的直接经济效益；②建筑运营管理上，生产模式转变为产业化和集成化生产方式而为社会带来的效率和效益；③资源最大化、环境保护、低碳减排、技术示范等为社会可持续发展及环保生态为后代生存留下多少空间和边际效益。

所以我们必须认识到绿色建筑发展对社会经济增长的巨大回报的长期性和必然性，我们一切行为处世和方针路线都必须围绕这一核心，暂时小利要让位于全局大势。

4.4.3 推广绿色建筑教育

绿色、可持续发展的意识应深入人心，使全社会都接受绿色生活方式，形成风尚，才能带动整个绿色产业市场的兴旺。首先应加强绿色意识的院校教育，在大学院校开设绿色教育，设立可持续发展基础课程。在规划建筑课程设计中，首先加大环境资源、社会历史环境和地理生态环境观念的教育。其次，在全社会普及绿色生态消费方式，提倡在居住、出行、娱乐休憩中摒弃追求豪华和奢靡，提倡绿色健康的生活方式。在欧美特别是北欧地区，绿色理念和生活行为方式已获得全社会时尚的追求和市场认可，已有越来越多的家庭趋向购买符合绿色生态标准的住宅，选择健康的出行和环境保护的理念。

4.4.4 加强国际绿色建筑合作

与国际社会绿色建筑领域的合作与交流，可以极大的推动中国绿色建筑的发展。2008 年，我国举行了"国际智能，绿色建筑与建筑节能大会暨新技术与产品博览会"。有英国、法国、德国、美国等国家的政府部门组织并参会，其中不乏国际知名企业。

与此同时，我国也与国外实施了多个合作项目，广泛借鉴国外的先进经验，学习发达国家的先进技术，推动我国绿色建筑的更快发展。我国现在和国外合作的项目有：中德技术合作"中国既有建筑节能改造项目"，中法"提高中国住宅能效可持续发展项目"，中意政府合作的"清华大学绿色建筑示范项目"，中荷"可持续建筑示范项目"，中新"绿色建筑生态城（天津）"等。

中国房地产研究会人居委自成立以来一直关注绿色建筑的国际合作。2004 年以来一直在美国自然保护委员会北京办事处的协助和支持下建立了多项互动中国项目；2006 年与美国绿色建筑协会建立了互动的关系，由绿色建筑创始人 Rouber Wshen 作为联络人为人居委的绿色建筑作出重要的贡献；2007 年人居委建立了"中美绿色建筑比较研究课题"，派出代表参与了 2007 年度丹佛尔美国绿色建筑年会；人居委还保持与联合国的联系中，2010 年在中国江阴六个城镇建立"不开发地区"的应对全球气候变化项目。

绿色建筑运动正在中国涌动！

尾　声

总体来讲，中国绿色建筑研究发展较晚，现有《绿色建筑评价标准》尚需补充完善，与 LEED 体系相比尚有很大差距。但我国绿色建筑发展迅速，《绿色建筑评价标准》有十分广阔的提升空间，发展前景十分乐观。通过借鉴美国经验，避免少走弯路，在危机来临前提前制定相应的政策，加强群众的普及程度，相信在不久的将来，随着绿色建筑体系的不断完善，我国的绿标也将成为世界绿色建筑的主要标识之一。

开彦谈"中美绿色建筑评估标准比较研究"①

我主要就项目的立项过程、立项情况、项目要求简单给大家介绍一下背景：

人居委2003年成立之初建立了"中国人居环境与新城镇发展推进工程"，在项目中，我们做了大量的工作，主要是围绕房地产开发服务，特别是住区建设方面。随着人居委业务范围的拓展，开始往新城镇逐步发展，最近几年已延续到新城镇的人居环境建设，其他主题还有城市景观、室内污染评估，还包括人居环境的规划，基本都是围绕着人居环境理念来建设的。

人居委在住区房地产服务的活动里面，主要推出"规模住区"的概念，建立了一个"中国人居环境住区建设评估指标体系"，提出了七条标准。这七条标准现在影响力仍很大，从人居环境的硬件、软件两方面来做，推出以后，受到了广大开发商的欢迎。因为它很简洁、好记，很到位，理论上到位，具体指导方面比较好用，大家反响比较大。我们在这几年陆续做了差不多一百个项目，标准应用很深入，主要围绕着从人居环境的理论指导，从实践到理论，从理论到实践的编制过程逐步成熟起来。

这个课题已经在2007年的时候结束。随后人居委又提出不断推进的要求，当时提出要升级，不断地去跟进形势的发展。那时候，正好国际上推出绿色建筑的理念，绿色建筑实际上是非常完整、完善的，是全球性的、国际化的东西。这个理念推出了以后，对行业发展的推动性十分大。靳瑞东先生当时已经在美国自然保护协会，与美国绿色建筑委员会绿色建筑创始人罗伯特先生多次的接触以后，我们产生了做《中美绿色建筑评估标准比较研究》的想法，那时我们也开始了从国际上收集了大批的绿色建筑标准，通过阅读、了解和初步的研讨，感觉到绿色建筑是势在必行的，是一个趋势，更增强了要研究绿色建筑的重要性。

通过比较，我们已深为美国绿色建筑的理念所打动，美国绿色建筑的系列做法也充分得到世界各国所公认，是最有影响力、最可实施、最有价值的一个评估标准。这中间，我们在跟美国绿色建筑协会的互动沟通当中，学到了很多东西。人居委陆续参加了绿色建筑协会的一些活动，也跟美国绿色建筑协会保持一定的关系。在这个过程当中我们还得到了联合国人居署的指导和协助。我们也做了一些计划和工作报告，对绿色建筑怎么推进，当时编了商务计划书，也得到了他们的认可。美方也打算选择人居委作为在中国推进的一个机构。美方罗伯特认为人居委是比较灵活的机构，既有政府背景，又是建立在专家支持的组织上，所以他们认为条件比较

---

① 本文是在建设部科技司授权审查的人居委完成的科研课题"中美绿色建筑标准比较研究"和成果《可持续发展绿色住区建设导则》的审查会上，主编人开彦的发言。

好，而且已经准备好通过人居委在全国的活动，和各地的政府企业沟通起来，推动人居环境的发展。

后来因美方的一些变动包括组织机构、人事变化，方针变化，所以就没有更加紧密的联系了。这倒没关系，我们人居委反倒可以自主化和灵活化，主要依靠组织国内的专家和科研高校来做，这样促进了我们自己来研究的动力。再后几年我们的研究加快了，方针更明确了。我们在张司长和赵总的指导下，调整了一些方向和步骤，把它做得更实际，更适用。

我们的课题当时是基于这么几条：通过对国际上绿色建筑的标准演变、发展历史、特别是对美国绿色建筑标准的比较研究以后，觉得美国绿色标准的条文和技术手册等配套文件是相当有价值的资料，是比较完善和完整的，在国际上推行也比较好，受到世界各国的肯定，在世界各国应用比较多。像加拿大、澳大利亚、日本，都是延续这个来的。所以，我们想参照国际化的标准，推出我们的绿色建筑标准，让它国际化，通过我们消化以后可以本土化，所以给它定位是引导性、示范性、需要申请的。第二是把绿色建筑标准定位在住区层面。美国最主要的是 LEED/NC 标准，主要针对新建建筑，后来美国又推出 LEED/ND，ND 是住区，ND 一经推出，靳瑞东先生就把它及时翻译出来了。我们学习以后感觉 LEED/ND 更适合我们人居环境委员会应用的标准，所以最后的成果归纳到住区人居环境建设，我们定名叫"可持续发展绿色人居建设导则"，面向国际化、高水平化，是一个引领性的标准。

我们采取了专家和科研院校相结合的办法，因为我们人居环境委员会具备很多顶尖专家力量，分布在各个部门，靠我们专家所在的科研机构的优势力量，我特别感谢北京建筑工业大学张建教授，她带领了一帮老师和研究生队伍，对我们的帮助特别大，他们的博士生、研究生，全力支持，对资料的整理收集非常有帮助。

这两年一共出了四个成果，都有相当的应用性、资料性和引领性。

我们这个平台跟建设部的绿色建筑标准在很多情况下是有区别的。建设部编制的绿色建筑标准，实际上和我们是两个不同的层面。建设部的绿色建筑标准是以建筑为主，当然也在房地产商的开发项目上用。我们一开始就定位在住区，特别是规模住区，并且把它逐步延伸到城市化的居住区性质、较大范围的开发项目。现在，很多城市提出生态城，特别需要完整的指导方针和原则。这样，在我们推出以后，从另外一个行业层面填补了国内的空白，这一点正好符合我国的地产开发特色，这种方法完全符合现在绿色发展形势的需要。

另外，我认为绿色建筑标准在编制方法上有新思路、新想法，我们在标准编制和编写体例上打破了传统的规矩，变得更加符合应用、检查和评估的需要。在全套文件系列方面，我们现在做的工作是第一步、基本的，以后我们会编制更多的，更具有指导意义的，诸如指导手册、范例教材等内容，并从教育、培育人才方面下大力气。

今后我认为我们还要抓紧做绿色住区（生态城）的范例建设项目。本来范例建设也是我们课题当中的一个分项，因为国内的绿色建筑发展尚未到达成熟发展阶段，现在绿色建筑口号很凶猛，但是真正做到的不多。有些绿色建筑是在炒作概念，而只是为了更好地销售，所以表现在很多方面，阻碍了绿色建筑的真正发展。当然，目前还是有一些项目在前期策划当中，积极性很高，因为决策人的认识很高，想做这个事儿。

总之，和现在的已有标准相比，在层面上不一样，在要求上也不一样。我们是行业性住区、是引领性的。绿色住区建筑标准的本身跟建设部的绿色建筑是不一样的，建设部的绿色标准是针对面的，我们新编标准是针对点的，需要通过行动落实措施的努力一步步完成。

总的来讲，我们现在想做的事情很多，定位的目标也比较明确，但是最后怎样把这件事情做得更扎实还需要努力，后续还有不少工作要做。

建筑师眼中的健康住宅①

一、健康住宅的历史必然

我们中国的住宅建设，在近五十多年来，取得了举世瞩目的伟大成就，引起了世界的关注。我们的住宅一直从过去解决有无的问题发展到现在，可以说是进入了小康社会的水平。在这个过程中，我们的住宅开发和住宅理念都发生了翻天覆地的巨大变化。

回顾这一段历史，实际上大概可分成两个阶段：第一个阶段是计划经济时期。在计划经济状态下我们与住宅的关系问题，基本上是属于被动的从属关系。是住房来选择我们，而不是我们去选择住宅。住房谈不上质量，更谈不上健康。

但是进入到 1998 年以后，我们经过了房改，住房分配体制发展为现在的购房者可以在住宅商品市场上去选择住宅。住房分配体制从本质上起了变化，住宅也由原来强调面积、强调有无，发展到今天的讲品质、讲环境、讲健康。今天我们的住宅发展进入了一个非常重要的时期，开发商在概念上、理念上建立起很多值得我们称道的东西。问题是概念往往流于表面，很少注重室内居住品质问题。

由于过去我们不当的城市建设行为，人口高度的集中，和过快的城市化趋势，加之高层建筑的泛滥，带来了城市环境、品质和健康问题。城市病随处可见。过分的建设行为和人造环境使生态平衡遭到了破坏，土地失水性非常严重，人居环境在城市里已经急剧恶化，地球环境遭受了莫大的危机。

作为我们人类赖以生存的居住区，和我们的健康有很大的关系。在"顾面不顾里"的开发价值理念控制下，居住区的安全、舒适、健康品质遭到了极大削弱。比如对节能设计不够重视，空调使用失调，能源浪费十分严重，城市的气温在上升，造成了城市居民居住条件严重恶化。不光环境在污染，还有人际关系也同样遭遇健康困境，现在的人们并不像我们理想的那么亲热。人类的居住健康问题正在向我们发起挑战，引起了全世界居住者对健康住宅问题的关注。

人们越来越迫切地追求拥有健康的人居环境，今天的住宅建设工作者有责任对确保广泛意义上的健康问题加以重视。健康住宅问题实际包括：生理的健康、心理的健康、社会的健康和人文的健康四个部分。近期的健康或者长期的健康和广义的健康范围非常广泛，并不光指我们不生病，所以城市在某种意义上说，已不再是适合人类、自然和社会健康发展的乐园。城市病目前在不断蔓延，这个就是钱学森同志提出来的

① 本文为中央电视台《百家讲坛》栏目纪录稿，由开彦整理。

山水城市理论的一个基点。改变现实，朝着人类健康的目标发展，是我们今天的历史责任，我们今天研究健康住宅和居住健康的工程，就是围绕人们居住环境和人类健康相关联的这些问题，来研究对策、研究解决方法，实现我们人类的可持续发展。

二、健康住宅的研究内容

什么叫健康住宅呢？一种简单朴素的说法，就是我们人的"不生病"，我们居住者不生病。并不完全是因为住宅设计得不当或建设的不当而引起我们的自体生病，健康问题完整的讲可包括三大方面：一是生理健康，就是我们自体不生病。二是心理健康，就是我们培养个性、强调个性，强调培养我们的心理的文明；心理健康是保持社会稳定和持续发展的一个重要的因素。第三是社会健康，所谓社会健康是我们盖房子形成的一个住区，这个住区是一个文明的住区，是讲人与人之间的关系、人与人之间的和睦，是讲文化、讲文明的一个社区，通常是我们开发商的最高目标。

我们今天讲健康住宅，就是要求在我们生活的区域环境里，能够保持健康、安全、舒适和环保的宜居条件。我们把具备这样条件的住宅叫做健康住宅。所以健康住宅直接定义是一种体现在住宅室内或住区居住环境方面的总物理量或者叫做化学量达到定性和定量的标准。比如温度、湿度、通风换气、噪声、光照和采光、空气质量等是物理量化值。健康住宅第二个层面的定义是在主观因素的心理方面，影响这些因素的如住宅套设计，居住的私密性能不能得到保护，居住者个性能不能得到保护和表现，居住者的视野、景观，室内的色彩和光照，内装材料选择等。

总之、我们强调回归自然，关注健康，防止疾病的发生，同时营造良好的人际关系，这个就是健康住宅的直接定义。我们生活在大自然中，生活在地球上，享受着大自然给我们的滋养，如物质享受、能源资源，方便的生活条件。所谓的风土水绿，风，包含着云雾、阳光、空气、雨露；土，包括了土地、热能、矿物、地下水；水，就是地面水、地表水、雨水和地下水的充分利用，绿，就是供养我们的植物、食品等营养物品；

人类的生存必然仰赖大自然的恩赐，同时也不可避免的会产生的大量的废弃物，包括固体、液体、气体形式的废弃物。这样的废弃物如果不注意处置就要影响我们赖以生存的环境。所以如何保持自然跟人类的平衡？能源和消耗的平衡，做到尽量少消耗能源资源；我们提倡复用、回用、再生，尽量减少废弃物的排出，这就是我们平常特别强调的生态理念。

国际建筑界有很多学者在研究环境生态保护的问题。在日本称环境共生住宅，它的研究的领域，大概包括三个方面：一、研究环保，就是研究地球环境的环保，研究我们资源和能源的利用问题。二、研究住区，我们身处住区的周边环境，包括基地里的一些相关的文化文明、社会物质供给的环境要素，确保这个环境的良好生活链。三、研究住宅，住宅本身跟我们人更贴近，所以显得更重要。如何创造一个健康、舒适、安全的环境，确保健康要素的体现。这三方面构成了环境的健康性。

三、健康住宅的研究领域

所以概括地讲，健康住宅主要研究"以人为本"的概念，是研究居住者的生活行为方式，各种人群聚合的生活行为方式是不一样的。其次我们是要研究人与自然共存的问题，要使阳光、空气和水为我们服务，我们提倡高接触性，对大自然保持亲和，要尽量避免因为我们建设的不当，而产生的空调病、装修病、呼吸病等问题。同时营造一个健康的乐园，促进人际关系，克服城市病到来。所以健康住宅的目标，就是营造高质量的环境，保障人民健康，实现人文、社会、环境的统一。健康住宅的要点是强调健康，所以，开发商和住户必须把住宅产品的健康要素作为第一要素，也是住宅开发建设的根本目标。

再讲讲绿色住宅，或称生态住宅。无论哪个类型强调的都是资源能源的最大化利用和效率问题。节水、节电、节材，防治污染，保护环境，根本目标是人的舒适健康，和健康住宅强调的有所不同。可以说两个研究领域既有关联又有区别。

美国绿色建筑协会成立于20世纪90年代，它提出的LEED绿色建筑评估标准，其特点是概念完整，市场化，容易执行和检查验收，是个值得学习和模仿的对象。美国绿色评估标准大概包括五个方面：第一、场地选址，强调土地资源的稀缺性和保护的必要，保护土地实际就是保护生态环境。第二、水资源，水的有效利用。中国是个缺水国家，保护好水、利用好水，是我们目前的重大课题。第三、能源和可再生能源，包括太阳光、风等可再生能源的利用。第四、原料和资源，包括建筑材料和设备的再生利用。第五、室内环境质量。

绿色建筑跟生态建筑在原则上区别不大，非常相近，只是出发点的差异，生态建筑更强调自然，尽可能减少人工的痕迹。从20世纪70年代到90年代，国际上经历了两次的能源危机，石油短缺使大家感到石油的重要性，能源的重要性。人们开始重视能耗并着手研究怎样节能，因而大量、有效的节能技术开始涌现。在节能的产品、方法，节能设计以及环境保护方面得到了长足的进步。

进入了20世纪90年代，可持续理论发展成为共同关注的问题。国际上有识之士和国际组织召开了一系列的会议，研究环境、生态、气候等问题。围绕人的健康问题和住宅问题，发表了一系列结论性的意见，其中一个会议发表了比较重要的文件——《HB 2000》。召开了第一个世界关于健康建筑的研讨会，从理论上阐述了健康建筑的要素。

世界卫生组织公布了关于健康住宅的内容和衡量标准，一共九条内容如下：

①尽可能不使用有毒的建筑装饰材料装修房屋，如含高挥发性的有机物、甲醛、放射性材料；

②室内二氧化碳浓度低于1000PPM，粉尘浓度低于$0.15mg/m^3$；

③室内气温保持在17～27℃，湿度全年保持在40%～70%；

④噪声级小于50dB；

⑤一天的日照要确保 3 小时以上；

⑥有足够高度的照明设备，有良好的换气设备；

⑦有足够的人均建筑面积并确保私密性；

⑧有足够的抗自然灾害的能力；

⑨住宅要便于护理老人和残疾人。

世卫组织的九条标准构成了健康住宅的根本条文，构成了健康住宅的衡量基础。我们根据九条演变、细化具体化，使其成为住宅房地产开发建设中实际应用的准则。研究人员最后编制完成了《健康住宅建设的技术要点》。

四、健康住宅技术要点

《健康住宅建设技术要点》大致研究了四个方面的问题：第一方面人居环境的健康性，简称健康性。讲的是硬件，小区建设如何能符合人的健康性的需要？第二方面自然环境的亲和性，强调利用自然，保持跟大自然的亲和。第三方面居住环境的环保性，在废弃物增多的情况下，如何保持环境不受污染，保持健康卫生的居住生活环境？第四方面健康环境的保障性，是指社区管理的水平。

四个方面构成了健康住宅的完整内容。

健康住宅建筑又要从七个方面去着手实施：第一是室外住区环境。营造一个适合人居住的室外环境，包括避灾、交通、交往和无障碍等，远离污染源。室外环境实际是大环境，是健康的基础的条件。第二是居住空间，也就是住宅布局本身达到的舒适感和满足感，是身心健康的最主要因素。其余四个方面依次是空气质量、热环境质量、声环境质量和光环境质量，第七是水环境质量，这些环境因素构成生活健康的非常重要的方面。

居住行为方式和家庭功能空间的属性可以画成框图来说明（图 1）：

图 1　功能空间关系

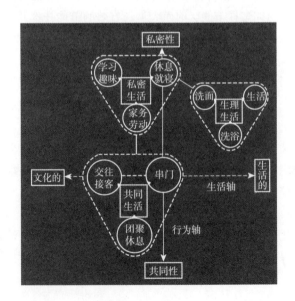

轴线下面是共同生活性的，上面是私密性的，左边是文化性的，右边是生活性的。按照图示来区分共同生活行为，它既属于文化的，又属于家庭公共的。私密性它是属于个性很强的，既属于文化的生理生活习惯方面，也属于生活的需要隐私性的。明确了这些行为的不同关系，就可以营造健康的、高品位、高舒适性的住宅。什么是好住宅，好住宅就是使用功能分配合理，能愉悦身心，使人得到滋养的住宅。什么是不好的住宅？不好的住宅就是违背人的生活行为方式，仅能满足避风雨的住宅，类同洞穴式的简单场所，和健康住宅毫无干系。实际我们现实生活中并不乏光有面积、而没有满足人的身心健康需求的住宅。

健康住宅技术设计案例析评：

［例1］一个家庭的公共生活区，是家庭团聚公共生活的空间。主要有起居空间、就餐空间和厨事空间，三个空间是紧密相连、互有渗透的，同时还有尺度的关系，包括：空间尺度、家具尺度和空间流动的视觉尺度，这些对我们生理、心理因素的影响很大。比如厨房，单行和双行布置不一样。两边布置的厨具，主妇在操作时要来回转身，尺度大了会过累，尺度小了就不方便，这就是设计的形式问题。如果把它改成L形的，操作是呈三角左右移动，会很方便。同样主妇抬手或蹲下来取物，都有个尺度概念，家居尺度都有个人体工学的原则要求。空间及家具尺度并不是越大越气派越好，而是应适可而止，需要符合人的健康心理和生理规律。

［例2］住宅厅做得很大，空间空旷冷漠而难以形成温馨的家庭氛围，效果并不会很好。只有适当尺度的空间才容易取得和保持家庭的温馨，充满家庭的生活感。"适度才好"的理念就是一个健康的理念。在住宅设计当中，还有很多可以发挥的地方。比如在厅和厨房之间，开了一个可以互视的窗，这个窗联系了厨房和起居空间，家庭主妇和在起居空间的丈夫、小孩同时聊天话家常，沟通了家庭的气氛，加深了家庭的亲情。尽管只是一个小小的窗口，却反映了健康家庭的和睦关系，这就是人性化的表现（图2）。

［例3］管道的设计也如此，目前住宅中的管道设计是最落后最保守的部分。健康住宅要求室内的压力管道外移到家庭户外的公共空间，设立公共的集中管道井，把所有的管道和表具集中到公共的地方去，便于检查、修理与更新（图3）。"自家的管道不到邻居家去"也是重要的健康住宅原则，做到管道不串楼板。避免

图2 促成家庭和睦相处的可对话的窗（左）

图3 集中管井精密安装（右）

图4 装地板的卫生间

了邻里之间不必要的纠纷，因为渗漏、维修、改造惊动邻里造成不便是不合理的，人与人，家庭与家庭之间的纠纷是完全可以避免的。

[**例4**] 地漏的做法也应有一个健康的观念。过去大家对地漏情有独钟，其实地漏并不是好东西，能不用则不用。地漏会产生臭气，会滋养细菌，如果不注意就可能带来健康上的问题。在卫生间里完全取消地漏，我认为是可能的。只要求把用水器具按照"把水管起来"的原则，组织好水的流向和水溅的方向，使水按照我们设计的规律流动，就可以在卫生间里铺地板，这在欧洲、在德国是很普遍的事（图4）。只要建筑设计、设备精心设计制造，没有做不到的。

[**例5**] 室内有害气体排放，包括厨房内的污染气体和热水器的有害废气排出。过去通常用竖向管道，但是现在的竖向管道从来不好用，经常发生串气、串味、串声的问题，排放量始终达不到设计的要求。解决的办法最好是放弃，改用水平直接向外墙方向排放，这种排放的阻力最小，排除最省力，排出率最高、最彻底。再有一个办法就是在屋顶上烟道出口处加一个排风扇，使管道井里形成负压，加快风管的抽力。建筑师有责任处理好构造细节问题，保证健康住宅的实现。

总的来说，室内的污染来自建筑材料、采暖设备、烹调油烟、室内吸烟，及各种家务活动。家庭的化学溶剂、放射性气体、电子辐射等也都是影响健康的重要因素。人体呼出来的二氧化碳，汗气排泄量很大，影响空气的质量。

[**例6**] 建设地点的选择也是必须要注意的。空气中氡气是土壤中产生的能致癌的气体，必须避免或从地基开始就要进行构造处理。石材中的放射性物质也是较大的危害，必须事先检测。

防止这些室内污染的产生，有效的办法就是通风，特别是空调季节和采暖季节必须要密闭门窗，此时就需要通过送新风设备补充新空气。要有效地排除空气污气。长期在空调房里工作生活如得不到新风的补充，会对人体健康产生危害。依靠空调本身并不能得到新鲜空气的补充，必须重新考虑增加新风机设备，通过它把室内的污染空气排出来，新鲜空气补充进去，同时还把热量留下来，还可根据舒适度需要调节和改善空气中的湿度和颗粒度（图5）。

[**例7**] 有人问健康住宅要不要增加建造成本？造价问题实际是概念和理念问题，健康住宅技术通常是个改变做法或设计处理的问题。即便成本增加也常常是品质和性能的提升所必须的，比如增加的保温、密闭门窗等也是当前产品升级和节能要求所必须的。

图5 美国布朗提供的新风机尺寸很小

6 绿色·节能·健康住宅

[例8] 健康住宅要保证公共性和开放性，在自然环境的利用和保护上下功夫。要顺其自然，顺乎情理。雨水的利用、收集和处理对我们的生活有重要的关系，对改善小气候非常有好处。我们今天要提倡多种树，要把住宅放到树丛当中去，而不是为了点缀，害怕大树遮挡了好看的立面。健康住宅要求自然生态要能为小环境气候的改善发挥作用。

现在小区规划设计中，经常发现有类似城市广场、城市公园那种对称中轴处理手法的无休止的应用；雕塑、假山都搬到小区中，过度生硬的做法对人的心理反应不会有更多的好处。只有树和树林才能改善我们的环境，改善我们的小气候。通过计算发现阔叶乔木对当年的二氧化碳固定量的指标体系，可以达到808到536；叶子大，树冠也大，它对二氧化碳的控制吸收就越多。其他依次是小灌木、花卉和野草；但是人工草坪，看上去非常漂亮，但它的二氧化碳固定量却是零（见下表）。所以种草坪对我们生态没有意义，好看而不好用，这个概念应该建立起来。雨水要尽量吸收下来渗透到土壤中去，因此铺地材料应该做成可渗透的，可吸收渗透雨水的构造，改善地下水的平衡和滋润大气。

植物单位种植面积二氧化碳的固定量

树种	二氧化碳固定量
阔叶乔木	808 ~ 536
灌木	217
花卉或高茎野草	46
人工草坪	0

[例9] 住宅粗装修是产生污染，造成资源浪费、破坏邻里和睦的主要原因，提倡一次装修到位成品房供应是健康住宅的原则要求，指定装修按照绿色原则和新的理念来做。做得合理的重要一条就是把装修和装饰分成两个部分来考虑。所谓装修，就是需要建筑开发商完成的，固定在墙上或地上的一些设备、设施材料，需要把它做到位。装饰是家具、布艺、摆设、艺术品，它是可展示个性的方面，让住户自己来完成。装饰和装修结合起来，既能够实现统一化，又能够实现多样化和个性

化，才能够使住户有满足感。既保证我们的环境健康，又不会造成令人不愉快的事。开发商可以实现统一采购，统一管理，应该做到成本价格比个人住户还低。"一次装修到位"要求做成精品住宅，精品设计、精品施工。要求开发商、住户、装修公司，要互相协调关系，要开发商跟住户之间面对面，而不是住户跟装修公司面对面，就需要改变供求关系，互相协调起来。开发商真正把完整的产品交给住户，这才是正确的做法。

[例10] 居住环境的保护包括视觉环境的保护、污水的处理、中水的利用，生活垃圾的处置和卫生环境这五方面的因素。

健康住宅研究很重要的方面是垃圾的处置。而做到垃圾分类很难，但需要我们坚持认真去做。实现这一条，需要教育居民养成良好的习惯，管理方面也要加强。小区里做到垃圾分类投放、分类收集。但是因为我们的城市尚未能做到社会化的垃圾处置，出了小区就没有人管理，分了类又拉去混合填埋！需要时间等待并不是我们白干。垃圾分类是社会系统工程，它并不是一个简单的东西。

[例11] 居住健康的行为是软件，是我们住宅硬件当中的软件。开发商能够做到硬件、软件兼备，那是高明的开发商。我们今天的开发商最终目标是要营造一个社区，营造一个健康的社会。

健康社区的主要内容是建立健康的管理制度，通过一系列物业制度提倡人与人之间良好的关系。其次是提倡设置康体设施，为包括年轻人、老年人、小孩在内的各类人群提供活动场所。中体奥林匹克花园的口号"运动就在家门口"成为小区开发的重要理念贯彻始终，我觉得是非常正确的。医疗保健也是健康住宅关注的方面，有了病怎么去看，没病的如何保健，建立健康档案，成为社区服务的重要内容。对住户不间断地给予健康保障。老年人对住宅的依赖性十分突出，很多对平常人不重要的细节对老年人尤为重要。我国进入老年社会后，养老问题十分严峻，要为老年人建立一个健康养老的环境。

[例12] 社区健康行动实际是在健康住区的基础上要求的，要求落实到居住者的行为上，保持融洽的邻里关系。要求住区创造条件拉近居民之间的亲和关系。比如，通过物业为居住者留出可供自由耕作的土地，住户可利用业余时间来种花、育苗、种菜，自然形成人与人之间非常融洽的经常性的接触，增进人与人之间的友谊。住宅楼里同样可以留出一些空间，给楼上楼下的住户共享，居民亲热地叫它做公共起居厅，在这里交谈、休息、嬉戏，形成邻里间非常好的有如北京四合院的融洽氛围。这就是健康住宅提倡的行动理念。

健康行动还有一条就是提倡少开空调。日本人日常教育他们的孩子，尽量少开空调或者不开空调，养成抗热耐寒的坚韧品质。

五、健康住宅的最高目标

健康住宅研究的领域很宽泛，但又很实际，好像就在你我身边。我们的开发商肩任了创造历史、创造社会的重任。我们不仅要把住宅以及住宅组成的住区建设得健康美丽适用，而且要研究人的居住行为方式，生理、心理的需求，要把健康的理念落实到行动中去，成为人人的需求，人人的习惯，形成风气，形成社会的风尚。健康住宅的理念研究显得更为重要，着重概念研究已成为健康住宅的核心，成为开发健康住宅的最高目标。

为此，健康研制小组编制了一系列标准文件，包括《健康住宅建设技术要点》、《健康住宅评估标准指标体系》、《健康住宅技术及产品推荐手册》、《健康住宅试点建设管理办法》等文件。做到建设有要求，评定有标准，技术可推广，管理有办法。健康住宅还要进行一些延伸，扩大到健康城市的领域中，并在监理和检测系统中建立一些保障体系，使得健康住宅的理念和建设实践成为普遍掌握的技术理论，成为在国际有一席之地的、可以为之骄傲的一面旗帜。

2003.9

7 杂谈与访谈

住交会的产业化使命

开彦教授——建设部资深建筑专家，中国人居环境委员会副主任。2005 年 9 月 13 日在接受本报记者采访时，痛惜地说："住宅产业化工作进展缓慢，现在需要深刻反思。"他提出，作为中国房地产领域的第一盛会——中国住交会应作为政府的强大外部力量，协助政府，联合业界，在我国尽快建立起模数协调体系，推进住宅产业化发展。

住宅产业化迫在眉睫

当前住宅产业发展现状与国务院 1999 年"72 号文件"提出的 2005 年的阶段性目标还有一定差距，开彦指出"这值得深刻反思"。

开彦认为，住宅产业化包括五个体系：

一是标准化体系。主要包括规范和标准方面的内容。

二是建筑体系。很多人把建筑体系等同于结构体系，其实建筑体系与结构体系是不同的。建筑体系要与市场相结合，要满足功能方面的要求，以市场定位为主，以讲究功能质量为主，提倡集成概念，并建立在整个社会的生产比较普及的基础之上。

三是住宅部品体系。这个体系是住宅产业化的重头，但是这一方面始终没有理顺，从行业的角度看，没有一定的指导，缺乏统一的标准，认证制度也没有建立起来，虽然质量在逐步提高，但与整个系统的发展是不匹配的。

四是性能评价体系。这是一个具有广泛性指导意义的体系，通过性能的评价，不断使产品得到改进和提高，可以说是一个自发的激励机制。

五是监管体系。包括质量控制体系，包括检测与监理等。

"这五个体系做成了，整个的生产水平就不是现在这个样子。"开彦惋惜地说。

按照 1999 年 7 月国家提出的要求，我国住宅产业现代化分五年和十年两期目标。

五年目标包括：各地制定住宅产业化发展规划与产业政策，建立健全与住宅产业相关的标准体系，建立标准化机构，开设试点工作，并按产业化的方式进行生产，应用量达到城镇住宅建设量的 10%，解决住宅功能质量的通病，初步形成部品生产体系。十年目标包括重点扶持骨干企业，奠定物质、技术基础，应用量达到城镇住宅建设量的 30%。

时隔六年，行业并没有达到既定的目标，标准化体系、各地的标准化机构也没有建立起来。

走出误区，确立标准

阻碍住宅产业化发展步伐的因素诸多，开彦认为，最主要的是认识上的误区。许多人把"房地产业"与"住宅产业"等同起来，这是不对的。

房地产是产品，开发商是主体。住宅产业体现的是生产方式、生产能力、生产水准。出现漏水等问题是产业化水平不高的表现。住宅产业化的推进不光是生产方式与能力的提高，它对住宅性能质量的提高也会有帮助。其次，住宅产业化推进不能只局限于自己的工作范围内，应与地方工作紧密结合，要加大产业化工作在组织上推广的力度。

开彦指出，住宅的产业化是一个趋势，全世界都是这样走过来的，包括发达国家和一些发展中国家。住宅产业化也是中国住宅产业发展的一个大的方向。

开彦认为，在住宅产业化的过程中，要尽快加强住宅产业化的标准工作。标准化的重要手段是模数问题，模数推进标准化。

比如，外国住宅部品进入中国，应该接受我们的部品体系和标准，但首先我们得有标准，如果没有，他们就会用国外的标准来要求我们。在模数体系和技术标准方面，中国与西方发达国家的差距巨大。

当务之急，要尽快建立我们自己的部品体系和技术标准。他说，目前中国的住宅部品体系究竟包括哪些方面的内涵，很多人不清楚，重点应该强调模数协调和功能标准。

每年的住交会上都会有一个"建筑部品与技术展"，开彦希望在今年的展会上不仅仅看到新技术、新产品的展示，更重要的是要有政府、开发商、建材部品商都参与到住宅部品性能认定标准中来，将整个部品体系的建立、标准的建立串联起来，促进中国住宅产业的现代化。

住交会应承担起更多责任

开彦教授长期从事系统的住宅科研和工程规划设计工作，并常年活跃在住宅建设与房地产开发市场的方方面面，被誉为"建筑创新推动者"。

开彦说，房地产开发走过了追求面积、追求环境、追求概念几个发展阶段，不过市场最终认可的将是地产项目的综合品质，是住宅本身质量和性能的完善。住宅的居住性要靠新科技、新材料和设计理念的配合来完成，最终达到改善居住舒适度、提高住宅的健康性能水平。

"我认为提升住宅'质'的最好途径是消除房屋病，让人住进去后感到舒服、方便、健康、实用，而这就需要通过标准化来实现。标准化问题是住宅产业化的核心问题，很多工厂生产东西，按照流程规律生产，就是标准化、模块化。"

开彦指出，在住宅产业化的进程里，政府是主导，企业则是主体。现在由于各方的协调配合不够，也没有引起足够的重视，所以，"现在的状况是粗放的，生产工艺是落后的。在我们的施工现场，很多的工人都是技术工人，而国外更多的是熟练工人。"

近年来的中国住交会逐渐让城市走上舞台，充当主角，在开彦眼中，"这远比年年让开发商挑大梁要好得多。在每年一届的中国住交会上，南北住宅相互交流学习，城市与城市间沟通与合作，达到了促进住宅产业化进程与提升城市竞争力的目的。"

中国住交会在做"地产节"、"城市展"的同时，应该在更大程度上将各方协调起来，力推产业标准，让大家合力推进住宅产业化进程。

开彦谈中日小康住宅
研究成果影响房地产十年开发

主持人：中日共同合作的 JICA 小康住宅项目，1988 年在中国启动，至今已整整 20 年了。在 20 年间，一系列关于中国住宅设计和建设的重要理念的创新性、开拓性研究得以全方位地展开。当年的研究成果对中国住宅发展仍然发生着重要的影响。回顾这 20 年，我们国家经历了快速的经济发展，住宅开发和城市建设发生了翻天覆地的变化，人居环境建设也取得了非常显著的进步。但是，与发达国家相比，我们的住宅还存在很多的问题。为此，我们今天请当年 JICA 小康项目主持人开彦先生，回顾和反思 20 年来小康住宅研究对我国房地产及居住品质带来的影响。

主持人：90 年代以来流行着一句话，叫"小康不小康，关键看住房"。最近从网络上还看到当年发布的小康住宅的十条标准，至今不少开发商仍然在引用和探讨这十大标准的意义，看起来条文比较简练平易，好像也很平常，但要拿到 20 年前只求"有无"的背景下，实为难得，条条都反映了住宅属性的品质量值问题，难怪它对中国住宅发展产生了如此重要的作用。尽管中国住宅发展了 20 年，包括商品住宅 20 年，如果我们认真反思当年注重品质、性能和生活行为的方面，十条标准还是相当值得我们思索的。今年是 JICA 项目启动 20 周年纪念，您是经历了小康住宅研究时代的专家。您现在怎样看待小康住宅研究的意义呢？

开彦：我当时是这个研究课题的主持人，第一个项目和第二个项目我都是从头做到尾的。小康住宅项目实际是从 1986 年开始准备，经过两年的准备，到 1988 年这个项目正式被批准执行了。从 1988 年开始到 2008 年，正好是 20 周年。在 20 周年之际，曾参加 JICA 项目的日本的 17 专家来到中国，与国内参与该项目的数十名专家共同回顾当年的研究成果，对照了这 20 年中日的住宅发展情况，感到十分激动。中日小康住宅研究项目，20 年后还保持着它的活力，至今中日专家之间仍保持着不间断的良好的关系，在众多的中日合作项目中并不多见，是非常难得的。这说明什么呢？中日小康住宅 JICA 项目，不光在我们中国产生了非常深远的影响，而且在日本也是一件大事。这个项目影响着中国住宅 20 年的变化，通过中日专家的合作研究，奠定了中国住宅发展的基础，很多理论方法和技术理念在当前房地产项目的应用中仍在发生着影响力，只不过久用后习以为常罢了。我们现在的房地产的发展取得了举世瞩目的成就，有些方面甚至可以跟世界一流水平相比。

但是，不容否定的是，我们的住宅总体水平至今仍然处在粗放型发展阶段，我们的生产效率不高，仍然存在着浪费资源能源的现象，存在着大量的品质和质量上的问题。原因是，我们的房地产科技含量过低，住宅产业化生产链至今尚未形成，住宅集成化、定制化模式刚刚引起重视，房地产开发仍然停留在打造花园和立面外表方面，住宅的性能和功能未能引起足够的重视。

其实，上述的种种不足，在当年的小康 JICA 研究中，很多早就涉及了。标准体系、BL 优良部品制度、厨房卫生间的整体系列集成法、设备管道布管合理化技术等早就在小康的研究成果中体现。如果能按当年的成果发展至今，我想就不会是今天的样子了，房地产可能就是健康、理性和讲究品质的了。就像你刚才说的小康住宅十条标准，只不过是反映了其中的侧面而已，反映了基本的住宅属性而已。很多开发商把小康住宅十条作为建设部提出的建设标准来用，说明了有人用心在探讨住宅的真正价值，这是很难得的。这个标准，前两天我上网时还看见了，一直到 2007 年 6 月，这个标准还有人在思考，可以想象它的影响力。现在看起来，这十条标准似乎平常，但是当时出台这十条标准，是做了非常多的努力才形成的，这在当时仍然处在计划经济年代，尤其一切待兴、概念僵化的年月里走出来，尤其不容易！

主持人：您能谈谈这十条标准的突破性吗？

开彦：十条标准实际是包含很丰富的内容的。首先是动静分离、公私分离、干湿分离的设计原则，是通过小康住宅研究出来的，实际上讲的是住宅功能性能提高的表现。不光是满足面积上的要求，而且在使用的合理性方面对住宅提出了要求。在厨房设计方面，我们当时对厨房的特殊性进行了行为分析，扩大厨房功能，使它更加符合商品时代的行为特征。那时居民的冰箱都是作为装饰品放在客厅里面的，是显示财富的一种标志。我们提出在厨房里留出放冰箱的空间，要讲究洗、切、烧、储的操作顺序。计划时代的住宅只讲满足生存的需求，从小康住宅研究之后就讲究功能了，开始讲究舒适度、讲究合理性了。同时，我们还提出了客厅的问题，那时候人们的居住水平不高，很多住宅没有客厅，一个小厅大概只有 7 ~ 8 平方米，要放沙发、要放电视，完全满足不了家庭共享的需要。我们研究认为，客厅是家庭重要的生活空间，要安排在最主要的方位，它和餐厅、厨房共同组成家庭的公共空间。很多现代住宅的设计概念是从那时开始建立的。我们今天的住宅，如果按照这十条标准的要求，还有很多方面需要改进。尽管这十条标准很平常，但是在那个时代背景下，对住宅的影响意义是非常大的，而且一直到 20 年后的今天还在发挥着作用。

做了第一个小康住宅项目以后，引出了作为国家重大科技项目的"2000 年小康住宅科技产业工程"，成为 1996 年全国十项重大科技产业项目中的一个。因此，小康住宅的影响范围已扩展到全国，成为一个国家重点工程，小康住宅的理念就这样被灌输到全国去了。我们的小康 JICA 项目做完以后，当时的建设部副部长宋春华对这个项目给予了充分的肯定，认为我们做的是未来的工作，是一个超前性的工作，是造福人类的一个项目，评价非常高。建筑大师张开济说："为民造福，功德无量。"

主持人：JICA 项目除了这十条标准之外，还有什么其他成果吗？

现在回顾起来，我认为，我们当时做这些事情的时候，正是住宅从计划经济向商品经济转换的时期，住宅完成了从开始光讲面积到讲功能性能，从讲科学合理性到讲舒适享受的转变，渗透了很多新的理念在里边。有机会同日本专家共同工作，采用的是一种成熟的日本的经验方法，是用科学的有远见的研究理念和手段去完成的。

小康住宅基本是从实态调查的本质性出发来进行研究的。实态调查是什么呢？它实际上的是从人的生活行为方式着手进行研究。当时的住宅多是混住的，一个房间能睡觉，又能吃饭，又能会客，小孩还在里面学习。之所以是这样的一个空间，是因为当时条件不够，分不开。小康还注重对居住标准和预测目标的研究。研究十年以后的 2000 年的生活水准应该达到什么程度，发展的需求量是多大，所以，我们当时从生活方式、面积标准、人体功效、设备配置到住宅部品标准化等做了全面的估计，完成了住宅目标预测研究。

小康项目系统地研究了小康时代的套型设计，编制的套型系列，是从家庭人口组成、人体及家居尺度、最低功能面积模块、房间配置数量等方面按照家庭需求和舒适程度来制定的。体系研究非常注重需要和可能，是建立在理性细节的基础上的，并不像现在那么铺张和追求无道理的奢华。小康精神提倡的是适用、方便、健康、合理。管道设备对住宅是非常重要的。根据日本的经验处理管道，提出了叫做管束的集成化设想，要求事先配置好管道再作安装。小康住宅早就提出"自家的管道不到邻居家去"的原则，也就是同层排水的做法。当时，这个体系研究做得很细、很完整，后来就叫做小康住宅体系研究了。

根据体系的要求，完整地探索产业化和部品标准化方面的研究，包括模数协调双轴线定位研究。当时，产品有两个问题，一个是产品很缺乏，一个是功能质量不高，性能不佳。当时，日本已经提出了优良住宅部品的要求，我们就研究日本住宅产业的历程，研究如何全面模仿学习，从需要的产品部件，包括厨房设备、卫生间的设备、管道的接口等方面逐项考察研究，甚至对于地漏怎么做，都做了很详细的研究。在产品的管理、产品的发展方面，我们提出了一套模数化的生产理念，按照标准化原理来做。通过对标准化体系的研究，用模数的方法、模数网格来协调产品装修和结构的关系。根据日本人的支撑体和填充体的概念设计了整个产业化的产业链的生产体系，现在万科做的就是这个，利用这个体系来推进产业化体制。后来我延伸发展了住宅模数协调标准，是完全用跟国际接轨的一套东西来完成的。

我们搞了几处小康实验住宅，比较知名的是石家庄的联盟住宅小区，当时建设部在那儿作试点。我们到了那儿以后，打破了常规做法，特别注重底层、顶层和山墙套型的特别设计，第一个把坡屋顶引进并充分利用屋顶空间，做了一个室内小楼梯，屋顶面积利用率达到 75％，上下功能分区，挑空起居室。当时，叶如

棠部长看完了以后说，这不就是"空中别墅"嘛！后来这种住宅形式延续下来广
为应用了。

最初到建设部科技司报项目时，当时的司长徐正中看到我们的项目报告，说你
们太贪了吧？你们能做得了那么多吗？小康项目几乎把整个住宅研究从头到尾都做
了一遍，他简直不能相信我们能够做完那么多东西。由于当时条件有限，它的成果
当然不可能超出我们的想象。但是，中日小康住宅的思路，它的方法，它研究出来
的基本概念和技术方法完全是开创性的，我认为是非常有成就的。可惜很多东西做
完了以后，没有很好地衍生下来，到 2000 年以后被人为地边缘化了，项目就逐渐
地被淡忘了……

推进中国住宅产业化的建议

中国的住宅建设已进入"品质时代",从表象地追求外在环境的舒适、美观到讲究内在的居住性能质量,特别是绿色低碳、节能减排、讲究可持续发展成为当今的主流。房地产开发需要精明发展、精细化建设,要提倡居住品质,要提高开发效率、降低成本,要对国际化运作水平和规避高风险能力做出理性决策。

世界共同的经验告诉我们:建筑产业化是强盛住宅建设、房地产品质开发的必由之路!欧美发达国家建设的历史经验无一不是验证了这一个结论。大力关注住宅标准化,推进住宅产业化是我国历史发展的必然。

由传统走向产业化

1949 年中华人民共和国成立以来,城市住宅仍大量延续砖混结构的传统,最初以 2~4 层的集合式住宅为主。随着人口的增加和经济恢复,到 20 世纪 60~70 年代,5 层或 6 层砖混住宅则成为一统天下的结构形式。

1978 年底十一届三中全会的"对内改革、对外开放"的总方针,促进了中国经济快速发展,住宅建造量需求大增,从 20 世纪 80 年代起,改变了城市核心区的分散插建的小规模局面,开始强调居住区建设要"统一规划,合理布局,综合开发,配套建设"的原则,为城市化发展拓展了基础,房地产开发作为一个新兴行业在中国出现,开始成片开发新区,改造旧区的建设行动。

1986~1996 年,建设部开展了城市住宅小区试点工作,通过小区试点办在全国开展试点小区建设,强调四新技术的推广使新技术、新体系、新产品应用成为了行业的风气,小区的环境规划和工程质量都达到了前所未有的水平。20 世纪 90 年代,国务院八部委联合启动了"小康型城乡住宅科技产业工程",将其列为重中之重的科技项目,大力强调科技在住宅建造方面的推广,重视住宅部品化的建设,特别是厨房、卫生间的整体化系列化配置。

在这一时期开展的"中国城市小康住宅研究"成果显现出了重要的影响力,带动了小康科技和住宅产业的发展,实现了住宅现代化产业生产链的理论和实践应用基础,为推动住宅产业行业化发展奠定了理论条件。设计大师张开济老先生评价:"成果辉煌,功德无量。"

72 号纲领性文件被漠视

1999 年国务院发布了《关于推进住宅产业现代化提高住宅质量的若干意见》,

作为纲领性文件，明确了推进住宅产业现代化的指导思想、主要目标、工作重点和实施要求，使我国住宅产业化政策达到了前所未有的水准。

在这个文件指导下，要求住宅产业化从五大体系完成技术基础工作：

（1）完善住宅技术保障体系，完善基础技术和关键技术的研究工作，制定和修订包括模数协调、节能节水和室内外环境标准在内的技术标准、技术规范，发布了一些指南类的技术导则。

（2）建立住宅建筑体系，利用新材料、新技术的推广使用，实现工业化、标准化和集成化体系技术水平的提高，促进住宅产业群体的形成。

（3）加大住宅部品体系的开发、研究和推广工作。保证新型建筑体系在各地住宅建设中逐步推广应用，积极发展通用部品，逐步形成系列开发、规模生产、配套供应的标准住宅部品体系。严格限制或停止实心黏土砖的使用。

（4）在全国范围建立住宅性能认定体系，全力提升居住性能水准。重视住宅性能评定工作，通过定性和定量相结合的方法，制定住宅性能评定标准和认定办法，逐步建立科学、公正、公平的住宅性能评价体系。

（5）建立健全管理制度，完善质量控制体系。强化规划、设计审批制度和实行住宅市场准入制度。推行《住宅质量保证书》和《住宅使用说明书》制度，杜绝工程质量和事故责任不清的现象。

但是，文件发布以来的十年，住宅产业现代化基本处在停滞状态，住宅产业和房地产业的概念严重混淆。很多人把做好房地产业视同做好了住宅产业，这样理解的结果导致了无视住宅产业的存在，忽视了标准化、模数化的建设，把本来应在全行业广为施行的住宅性能评价作为某些团体获利的资本，部品化和集成化的产业链的形成成为虚设，节能减排和生态环保等技术发展自流无序。

住宅产业主管部门尚没有一个研究机构来从事模数化和产业化的研究，整个行业缺乏认知是非常可悲的。国务院1999年72号文件制定的五年和十年发展目标成为泡影，标准化、体系化、部品化被甩到了脑后，房地产的低水平重复，任意性和个性发展被强调到了极点。至今尚无专门政府机构规范和部署产业化目标计划。时光的流逝、住宅产业十年的停滞是我们在住宅发展上付出的惨重的代价。至今我们没有一个人可以说中国住宅摆脱了"粗放式"的生产模式，这非常值得业内人士深思。

推进住宅产业化的建议

中国住宅建设要由粗放型发展走向集约型、精品型的住宅建设发展阶段，离不开住宅建设工业化的发展方向。为此，应着重完成下列工作：

（1）着力引进和发展以优良建筑体系为主的住宅成套技术，要求体系能满足现代居住生活条件，具有较大的适应性和应变能力，同时，可满足低技术含量和就地选材的特征，特别是大空间的结构体系的发展。

（2）完善和配套发展成套住宅技术。建立以部品化和集成化为主的装修内装体系和支撑体承重结构体系的两个系统，把住宅产业划分为结构体系技术、内装部品技术、住宅设备技术、住宅物业管理技术和住宅环境保障技术五大方面来发展。

（3）墙体材料的改革与节能减排工作，构成了住宅产业化的主体工作。各级政府应花大力制定政策计划落实措施，以整体设计定量模拟技术作引导，提高产品配套水平和技术装备，全面推进新型墙体材料、保温节能产品的数量和质量的发展，以此推动建筑工业化的发展。

（4）全面实施集成化生产体系的改革，切实实现以中国特色的工业化生产体系，改革湿作业多、劳动生产率低的手工作业现状。通过改革施工工艺，加强施工小机具、小装备的应用，推广商品混凝土的力度，改湿作业为干作业，改善施工条件，缩短施工周期，使中国住宅施工技术迈向国际化接轨的新阶段。

（5）完善各种规范和住宅产品标准体系，特别是应经济适用房的建设需求，建立以优良产品为主的《住宅产品分类目录》，对分类住宅产品提出开发的性能、质量和规格尺寸的统一要求。大力推广《住宅模数协调标准》，普及厨房、卫生间及其他部位模数尺寸在建筑中的协调应用，开展接口技术的研究工作，以期达到配套化、系列化和组合化的目标。

（6）建立国家和地方两级住宅性能评价中心、住宅性能评价委员会和鉴定测试机构，在住宅评价制度的保障下开展工作，保证住宅性能评价工作能科学、公平和公正地进行。

需要指出的是，中国现在作为一个实行市场经济的社会主义国家，推进住宅产业现代化的方式已经与计划经济时代有了本质的不同。在中国，推进住宅产业现代化的主体只能是企业，政府的主要职能是制定方针政策，加强宏观调控，用政策引导产业发展。中国政府鼓励房地产开发企业按照国家产业政策和市场需要进行技术创新、技术开发、技术推广，鼓励企业之间以最终产品——住宅为纽带，实现优势互补、强强联合，形成一批关系紧密的产业联合体，成为推进中国住宅产业现代化的骨干力量。同时，政府要建立推进住宅产业现代化的鼓励和激励机制，对长期生产优良住宅部品和建设出具有良好性能的居住小区的企业，及时予以表彰和奖励。改革开放市场化的成熟为中国经济和科技的发展创造了比以往更为有利的环境，经过不懈的努力，中国将在住宅建设以及其他领域里缩小与发达国家的差距，逐步赶上世界进步的潮流。

节能不能靠“贴膏药”

我国的节能较欧洲有很大差距

很多发达国家对建筑节能的工作非常重视，随着社会的发展，不断地修订建筑标准，如丹麦至今修订过 6 次，英国、法国、芬兰、德国等国也修订了 4 次。欧洲很多国家在生活舒适性不断提高的条件下，新建建筑单位面积能耗已减少到原来的 1/3 ~ 1/5。

目前，我国绝大多数采暖地区围护结构的热功能都比气候相近的发达国家差许多，外墙的传热系数是他们的 3.5 ~ 4.5 倍，外窗为 2 ~ 3 倍，屋面为 3 ~ 6 倍，门窗的空气渗透为 3 ~ 6 倍。现在，欧洲国家住宅的实际年采暖能耗已普遍达到每平方米 6 升油，2005 年，在德国甚至已经出现了 3 升住宅，大约相当于每平方米 4.3 公斤标准煤。在我国，达到节能 50% 的建筑，它的采暖耗能每平方米也要达到 12.5 公斤标准煤，约为欧洲国家的 3 倍。

德国的建筑节能工作非常出色，有很多方面值得我们借鉴。德国 1984 年以前的建筑采暖能耗标准和北京的差不多，每平方米每年消耗 24.6 ~ 30.8 公斤标准煤，但到了 2001 年，德国的这一数字已降低至每平方米 3.7 ~ 8.6 公斤标准煤，而北京的这一数字却是 22.45 公斤标准煤。我国现在的节能住宅的单位建筑面积采暖能耗是德国标准的 3 倍以上，由此可以看出，与发达国家相比，我们还有较大的差距。

人们的节能理念有待提高

另外，我国在建筑节能方面和欧洲的差距不仅仅表现在技术上，更重要的是体现在理念上。

其最为明显的表现就是关于是否开窗的习惯问题。在我国，人们普遍习惯于开窗通风的居住模式。但是，人们可能没有认识到，无论我们的建筑节能做得多好，只要一开窗，能量就会大量散失，我们的节能工作就毫无意义可言了。还有，我国南、北方的认识不同。很多南方人都认为，建筑节能是北方人的事情，因为南方目前不存在采暖问题。其实，事实并非如此。南方平均温度较高，空调使用时间相对较长，而空调对能源的消耗是很大的，加之目前多数南方的住宅建筑都没有采取什么节能措施，所以，严格来说，南方的建筑节能工作要比北方的更为严峻，更应引起人们的关注。

建筑节能要为舒适度服务

目前，我国对于节能的理念、目标、手段都了解得不够，都缺少完整的认识。开彦针对节能问题总结出了"一高三低"，即高舒适度和低成本、低能耗、低技术。

我们提倡节能，但是节能并不是我们的目的，高舒适度才是最终目标。什么样的环境才符合舒适的条件？开彦介绍说，采用量化节能方法，可以分为几个档次来衡量。首先，要保证温度的舒适性，夏天温度要在 26 摄氏度左右，冬天要保持在 20 摄氏度左右；其次，舒适的房屋要具备空气调节功能，即换新风装置，每人每小时要保证 30 立方米的新鲜空气才能符合卫生指标；第三，要保证合适的湿度，开彦说，严格来讲，40%～60% 是让人感到比较舒适的湿度比例；第四，在室内要控制风的流动速度，不能让人有不舒适的感觉。

节能不能靠"贴膏药"似的高技术

我国现在有不少节能建筑是"贴膏药"似的技术堆砌，一个项目中应用了几项节能技术就被认为实现了节能的目标。开彦说，这种"贴膏药"似的节能技术并不能实现整个建筑物的节能，其只能成为开发宣传的噱头。他认为，在建筑节能的工作中，我们必须要强调一个整合的概念，要学会优化组合。

现在，有不少人都认为，建筑节能是高档住宅要关注的问题，要想实现建筑节能需要投入大量成本去解决技术问题。开彦说，其实在建筑界里，不需要我们应用什么高端的技术，我们只需要将一些比较成熟的、适用的技术合理地整合到一起，并将整合好的技术有效地投入到建筑的施工过程当中，就可以很好地实现建筑的节能。他强调，不要将建筑节能的技术神秘化，要让其普及化。我们完全可以以现有的成熟的、一般的技术为支撑，用低投入的方法对其进行整合，这样，所有的人都可以享受到高舒适度、低能耗的住宅。

对建筑的节能效果定量衡量

当然，要实现节能技术的优化组合并不是一件容易的事情。为了解决这个问题，开彦向我们介绍了一个由人居环境委员会绿色建筑研究中心推出的"量化节能"的概念。正在筹备推广"量化节能"各种关联概念的工作。他们利用电脑软件，对各种影响室内环境的因素进行计算机模拟，把节能、舒适、健康的目标以量化方式落到建筑各个角落，并对这些因素的施工技术进行整合，从而得出不同的建筑整体节能效果。根据这些模拟计算，选择出最为经济、有效的设计方案，并尽可能以量化数据的形式表现出来，在建筑的设计、施工、验收过程中，都要严格按照这个量化标准执行。

人居环境委员会去年成立了"人居科技产业平台"，旨在为人居科技的一些新技术、新产品搭建一个信息交流、市场开拓、工程应用的产业平台。目前，有不少技术成果和建筑新材料已经登陆了平台，这些技术成果和建筑新材料和国外很多先进的技术和建材相比较，其应用效果基本相同，但是价格却普遍低于同等的国外产品。我们如果利用人居委绿色建筑研究中心的"定量节能"模拟计算方法，把国内这些先进的技术和好的建筑材料优化组合起来，完全可以实现以低成本投入、低技术整合打造低能耗、高舒适度住宅的目标。

房地产业的支柱产业地位不容否定

　　国家发改委研究室最近的报告，提出要对房地产发展政策作出调整，认为房地产长期过度增长，带来房价快增长，引起民怨，并且在产业升级、城市化及贫富差距拉大等方面起了很大的负面作用。因而要求中央和地方放弃把房地产作为支柱产业，要对房地产采取大幅度抑制政策，出重手调控房地产市场。

　　此次发改委的报告，无疑是对中国房地产发展的一次严重的论断，房地产到底是属于支柱型产业还是普通民生型产业？是否要对其出重拳，完全可能是个重大的是非问题。不弄清楚，有可能要摧毁 1998 年住房改革以来取得的成果，如果出台将无疑构成一个重大的错误！这并不是危言耸听！

　　中国房地产业的支柱产业地位，是由我国目前的社会和经济发展现状以及产业对国民经济的贡献决定的。近十年来，中国房地产业跨出计划经济的樊笼进入市场经济，取得的成就举世瞩目且来之不易，居民受益也是毋庸置疑的。十多年的发展，居民的住宅建筑面积平均从每人 5.6 平方米发展到了 26.11 平方米。房地产从复苏到发展和快速发展，创造了奇迹，不但极大地改善了我国城市居民的居住条件，而且对城市化的发展进程有重大的贡献，城市面貌有了日新月异的变化，这都是有目共睹的。更加不容怀疑的是房地产业对 GDP 的贡献，报道资料表明，2003 年，房地产业与建筑业的 GDP 的贡献率已达到近 10%，2003 年国务院"国 18 号文"就已指出："房地产业关联度高，带动力强，已经成为国民经济的支柱产业。"近几年来，在中国国内生产总值 9% 左右的增长率中，房地产业及其所带动的贡献率约占到 2 个百分点，房地产业对于地方 GDP 的贡献是不言而喻的。

　　否定房地产是支柱产业的观点大约有下列几个方面：

　　1. 认为房地产发展过快，市场价格过度增长，引发社会矛盾

　　一直以来，房地产业作为支柱型产业，由于采取了正确的住房改革政策，激发了市场的需求，使房地产行业有了高速发展。从绝大多数城市的住房消费来说，购房的主要出发点是为了改善居住条件。从侧面看，房改房解决了私房面积问题，而商品房提供了居住改善的条件。随着购买力和购买心理的骤增，市场潜在能力和容量不可估量。房价尽管宏观调整，仍然势不可挡，房价涨势仍在必然中。这一切是因为房地产快速增长引发、支柱产业引起的吗？

　　不是的！我个人认为，住房供应结构不合理是主要原因，而供应结构不合理的主要责任是在政府！是政府在经济保障房方面的缺失引起的。世界上没有哪个国家不承担国民的住房的责任！特别是最低限的保障住房的供应，应解决低收入群体的住房问题，并政策性地解决中等收入人群的住房问题。因此，在房地产的问题上，政府和市场是一对孪生兄弟，相互对应、相互补充、相应互动才能有效地成功解决

本国的住房问题。国际上成功的范例比比皆是。我想，我们国家也躲不过这个规律。一边在保障房方面不下功夫，一边拼命地调控打压市场，在市场成熟到一定程度时，过分的行政举措就变得多余了，不是吗！所以，房地产增长和房价问题和支柱产业并无关联。只要政府加大保障房的稳定供应，保障中低收入的住户的住房面积和品质的需求，不光可解决社会不公的矛盾，而且可合理地满足先富起来的一批住户的合理的市场需求，这个先富人群的需求同样不容忽视。

2. 认为中国房地产业是水泥砌的笼子，低技术产品成为支柱产业，可悲又无奈，房地产业是一个依附型的行业，是一种被动性产业

说这样话的人肯定不是房地产圈内的人，他不知道在现时代的社会内，建筑几乎涵盖了现代科技的方方面面，涉及社会发展活动的各个领域。它的好与坏实际上涉及社会经济的可持续、循环经济和节约型社会的建立，是社会生活文化建设方面不可回避的部分。现在国际上广为提倡的绿色建筑不光关系各种技术，以使功能使用的价值最大化、资源和能源充分利用、保护环境，尚存在对社会文化的贡献，对享受生活、创新行为生活方式有重要的作用。绿色建筑不光是理念，更重要的是技术含量的表现。房地产业实际是创新建筑产品的产业，是为社会生产和社会生活提供需求的第三产业。

我非常同意房地产业具有市场容量大、产业关联度高、带动系数大等特征。在一个国家处于经济起飞阶段时，必须确立自己的支柱产业，以使其发挥推动经济快速增长的重要作用。说它市场容量大、产业关联度高、带动系数大，可说的确如此，一般估算，与房地产业相关的产业多达50多个产业部门上万种产品，除了水泥、建材、钢铁、轻工、家居等通常的行业外，电器、通信、纺织等同样关系紧密。根据资料，住宅产业发达的日本和美国涉及住宅的部品分别是2万种和3万种，可为劳动者提供上亿的就业和服务的机会，这本身就具备了支柱产业的地位和作用。我看，目前还没有哪一种行业有这样的影响力。

实际上，房地产业的地位是发展现状客观决定的，并不是哪位的主观想象和文件所能左右得了的！

3. 认为房地产业纯粹靠高投入获得超常规增长，这种快速增长又是以耗费土地、资金等资源为代价的

关于这些对房地产业本身的说法反映了房地产的特点，但并不能据此推断出"房地产业不能成为我国现阶段国民经济支柱产业"的结论。

出于产业的社会保障性强、占用资源较多、社会生活服务供应性大的特点，可以说，房地产业并不太适合作为先导产业，但现阶段作为国民经济的支柱产业是无可厚非的，而且还将有持续发展的空间。随着建筑业的整合和住宅产业的进步，它对国民经济的贡献还将有大的发展，国家之所以三令五申地强调房地产业的支柱性地位，绝不是没有一点道理的。

总的来说，房地产业从社会和经济发展的宏观上讲，其发展主要得益于我国目前的城市化、工业化的快速推进及人均可支配收入的提高。房地产业的快速发展又

大大地带动了城市化的进程，同时加大了地方经济 GDB 的增值。在当今大量农村人口进入城市的不可阻挡的趋势下，房地产将发挥不可替代的作用。从房地产市场运行的微观上讲，供求两旺的良好势头依然不减，多层次的供应体系和多元化的产品体系通过调整整合必将形成新的姿态，房地产的作用和总量增量还将无可置疑地扩大。当然，目前我国房地产业还存在许多问题，但发展规模和市场容量之巨是客观事实，是任何一个人无法否认的。

"夹心层"住房解决有望
——中国房地产研究会人居委开彦
畅谈"国十一条"重要意义

今年年初，国务院办公厅发布的《关于促进房地产市场平稳健康发展的通知》（下称"国十一条"）受到了业界的密切关注。这不仅是对我国今年房地产市场的基本定调，而且为解决"夹心层"住房问题提出了明确的方向。文件首次提出的"加快中低价位、中小套型普通商品住房建设"等亮点还将对我国的住房政策与供给体系产生深远的影响。为此，中国房地产研究会人居环境委员会副主任兼专家组组长开彦，接受本报的专访，深入解读了"国十一条"的重要意义及影响。

"国十一条"的主旨并不是"打压"

开彦首先对"国十一条"的出台背景与总体思路进行了解读。

他认为，"国十一条"的调控方向和定位均较为准确地把握住了现阶段我国房地产发展的关键和要害，是对近期房地产健康发展方向的全面评价和概括。他强调，"国十一条"的主旨并不是像一些房地产企业所理解的对市场的"打压"，而是整个房地产行业在发展过程中进行的一次十分必要的调整，调整的起因在于我国自房改以来对政策性公共住房建设的认知和忽略！

具体如何理解呢？开彦做了进一步解释。他说："住宅属性本质上有两个基本点，一个是商品属性，一个是公共属性。这决定了住宅问题的解决要靠政府和市场两条腿走路，而我国住房在从实物分配到商品化市场供应转换中，忽略了政策性公共住房的建设的重要性，沉浸在住房体制变换的软着陆的喜悦中。或者更准确地说，尽管在1998年的房改政策中实际上也明确了"两手抓"的思路，但是在执行时明显出现了应对准备不足和执行偏差，直接造成了这些年的市场供应结构失调，大众普适性住宅严重缺乏，失控住房市场的房价飞涨，大批需房住户望而却步。这种状况是与我国政府"人人享有适当住房"的愿望完全相悖的，目前也认识到了必然需要以重大的步骤调整现状的不足，调整政策手段以平衡市场供应结构，改变住房供应的模式。

"夹心层住房"是政策性住房供给重点

"国十一条"共分五大部分，涉及土地供给、市场监管、税收信贷等多个内容。

从我国住房供给体系完善的角度而言，哪些内容更为关键呢？

开彦认为，此次新政明确提出的"普通商品住房"的理念是一个关键点，这意味着，政府将加大包括普通白领人群在内大多数人群的政策性住房的建设和住房保障，扩内需，惠民生，让居民住得体面。这与温家宝总理在新加坡会议上提出大多数人的住房将由政府政策来解决的思路是一脉相承的，也与前一段时间龙永图先生提出的"2/3的住房应该由政府来解决"的思路是契合的。

他说，在过去的几年中，政府对占总数15%～20%的廉租房和经济适用房做足了工作，并取得了重要的成果。但现在看来，占到总数50%～60%的人群的"普通商品住房"的建设才是政府应当关注和倾心投入的重点。如何解决包括普通白领人群在内的普通商品住房问题将直接关系到当前的社会主要矛盾，改善人居环境、提高住房的居住品质，是放在我们面前的构建和谐社会的方针，功德与民政的大事业。

为此，他建议，政府特别是与基层住户紧密联系的地方政府，应当将现阶段工作重点放在"普通商品住房"的建设上，建立按收入等级制定协助政策和助力措施，做到公平、公开、公正，人人都能按照自己的能力得到相应的住房。政策性住房仅仅保障廉租房和经济适用房是远远不够的。

政策、标准、产业、开发四管齐下，力促"夹心层住房"建设

那么，如何才能加快普通商品住房的建设呢？开彦提出了四点建议：

第一，要通过土地划拨、财政补贴、层级税收等手段从政策层面完善普通商品住房供给体系，使各种人群通过努力都能够满足不同的住房需求，改善居住条件。在政策的具体实施上，可以成立专门的跨部领导小组，来指导政策的落实和细化，增强政策的实施力度。

第二，要从技术层面确立住宅建设标准，针对不同种类的普通商品住房，建立不同的实施标准，把政策性普通住宅控制在一定的水准中，包括住宅的面积标准、性能品质、工程质量等。

谈到对普通商品住房标准的设计，开彦十分感慨："在'国十一条'中，'普通商品住房'前有一个定语'中低价位、中小套型'，这是对其性质的一种限定。需要强调的是，小套型和低价位并不是低质量、低水平的代名词！以日本为例，他们的人均经济收入要远远超过我们，但是住宅标准并不高。在过去二三十年，日本采用的住宅标准也就相当于我国的八九十平方米，这两年稍微高一点，大约是120～140平方米左右。但是，日本的住宅品质和性能却远远超过了我们！"开彦特别举了一个例子：我的一位领导去日本做访问学者，当时居住在一套40平方米左右的住宅中。回国后，住在国内160平方米的住宅中，却仍旧感到没有在日本小套型住宅中生活的舒适和便捷！开彦认为，主要是精细设计和优良部品的制度推行。从我国住宅发展现状来看，中小套型住房非常值得研究，现时期，标准限定在90

平方米以内，不要超过 120 平方米，还是比较适宜的。

第三是从产业层面积极推进住宅产业化发展进程，实现住宅建设"集成化"的开发模式，从根本上提升整个行业的质量、效率和减低成本，形成一个较为完善的开发链和住宅产业链，通过政府的政策引导和组织落实，积极贯彻和实施绿色、生态、低碳等技术原则，最终为我国实现房地产业生产方式的转型提供一个理性、科学的发展契机。

第四是在开发模式和建设实施上，可以借鉴日本住宅整备公团的运作模式，在国家掌控的条件下发挥市场的优势。在国家先期投入（住宅银行）的基础上，按照市场运作的规律滚动开发，带动住宅产业链的形成和发展。在保证高质量供给的前提下实现企业的一定的利润，实现可持续发展。政府的企业应该首先主动承担起建设普通商品住房的主要责任，充分发挥国有大中型房企的优势，同时也鼓励更多的房地产企业参与到这个领域中来。开彦强调，这种"提供"跟过去计划经济的"分配"是完全不一样的概念，计划经济靠政府投入是个"无底洞"，按照政策组建的专职公司是承担了政府的重任，普通商品住房的这个"提供"，完全是在政府政策补贴的基础上依靠市场手段来解决的。

土地出让应该多元化

中国房地产报：当下国家宏观调控政策密集出台，各地细则响应热烈。您怎么看待当下的调控政策？针对土地市场的调控重点应该是什么？

土地本身是国有的，当前的土地在招拍挂环节都有不合适的地方。土地也应该分为不同的类型，针对不同的房地产进行分配。有的是属于商品住宅以及商品房的，应该用招拍挂的方法；而另一部分适用于廉租房和经济适用房的，则应该由政府进行调剂。统一进行招拍挂方式是不合适的，土地应该分级管理，有的是直接划拨，廉租房和经济适用房应该由政府来管。如果市场划分混乱，不合理的地价带动房价高涨，到最后可能就没人来买你的房子了。

我个人认为，在土地市场上，降低地价仍然应该作为非常重要的一个环节。土地问题的矛盾还很尖锐，表现之一即为一些地方政府对土地财政的高度依赖。现在已经有很多人在讨论土地市场的体制问题，很多人认为体制不合理，应该在体制上作根本调整，让土地出让变成地方政府一个很好的杠杆工具。我认为，要进行改革的话，土地管理也应该作为调整范围之一。

中国房地产报：应该如何看待北京新政中"综合测评"这种招标方式？针对土地市场，这种新政效应能持续多长时间？

个人觉得这种让方式并不是一种最好的方法，它对招拍挂制度的完善程度不够明显。短期而言，"综合测评"的招标方式对地价是有一定的抑制作用，但不能根本解决土地市场的供需矛盾。当然，从理论上来讲，这是合理的，但是在实际操作中，暗箱操作的可能性也会很大，也同样面临一些未知风险，这种模式出让的土地不一定非常符合市场上的要求。就像我刚才所说，土地市场应该很清晰地划分成两类，供房地产开发用的土地和政府把控的土地，应该先从性质上分开以后，再采用不同的处理方式，而不能一味地用招拍挂。对土地的使用也应该有一个策划的过程，通过策划过程来评定土地归属，才能更加符合规划上的要求。

很多人关心现在的房价。我认为，解决的根本之道在于，政府应该投入建设一批房子，而这种房子的供地方式就不应该是招拍挂，应该是有区别地以协议、划拨、招拍挂方式分别出让。管理方式上，采用合理分配，多元化出让。

中国房地产报：很多政府把两种方式的用地捆绑在一起，您认为怎么样？新政策下土地市场的未来走势该如何判断？

这种"捆绑"方式，按我的想法，未必很成功。我仍然坚持土地出让应该按性质分类，按着多元化的方法来处理，一律走招拍挂是不合理的。政府和主管部门如果不把核心问题弄清楚，不找到问题症结所在的话，出台再多的政策都不会有实质作用。现在的情况是，政府把不该管的管了，该管的却没管起来。

我认为政策这种东西不能三天两天地反复变化，好的政策出台以后根据各地情况不一样，也需要一个很长的观察和检验阶段，应该从长远的角度考虑。

中国房地产报：有人认为大幅增加保障房用地比例会导致商品房用地供应不足，从而造成地价房价上涨。您怎么看待这种说法？

那是政府就商品住宅这一块管得太多了，土地市场上，应该对分清它们的基本属性，一部分是属于商品住宅的，另一部分是公共住宅。政府管的这一块，并不等于是计划经济的计划房、分配房，它是可通过市场的运作，带有政府资助政策的商品房，它也是商品房。所以，在住宅用地的实用性上应该把它们分开来，一个公共性质的，一个商品性质的。由于两者性质不同，从而土地出让方式也应该不同，商品住宅的可能用招拍挂，国家资助的政策性住房用地则可以尝试其他出让方式。

这些土地可以设定一个比例，比如规定 2/3 由政府管，1/3 走市场化运作，将来商品房这块则可以根据居民的基本生活情况，按两个方向去发展。经济适用房针对低收入的人群，可以通过出租售的方法，廉租房也可以通过政府低租金的方式提供，一部分是由政府掌管的带政策的商品房，控制面积、品质、质量和配套，另一部分可以走高端路线，针对那些有购买能力的人群把价格放开。工薪阶层的夹心层住房问题应当有多元化的解决方法，分级享受不同的优惠购房待遇。请记住，这是在市场机制下去完成的。政府和企业如果既要控制利润成本，又要使老百姓住有所居，就应该从源头上去努力，这才是政府该做的事情。而现在政府是这么做的吗？不是的。

中国房地产报：当前形势下适合企业拿地吗？如果此刻拿地应该考虑哪些因素？

怎么拿地是根据当前的政策体制和企业自身的发展需要以及资金流的状况确定的。在现在的市场情况下，能够拿到便宜的地，拿到好地，对企业将来的发展有好处，那就不需要犹豫。如果政府土地出让政策不变，还是这么保持的话，哪家如果企业有能力，就不妨多拿一些地，拿的地越多越好，因为长远而言，房价总是要涨的。但是，我们都期待整个房地产市场能够明智和更加健康起来，我觉得日本的很多东西值得我们借鉴和学习。

多角度看待我国住房问题

新政出台对我国住宅建设整体发展影响重大，为我国房地产发展敲响了警钟。中国房地产及住宅研究会人居环境委员会副主任委员、专家组组长开彦日前结合新政的内容阐述了自己对于我国房地产市场发展的见解。

住房问题，不应该只靠市场解决

开彦说，中低收入家庭的住房问题和富有阶层的住房问题分属不同质性的问题，应该分别对待。市场和政府是解决住房问题的两种不同途径，如同手足，根本上讲，哪一个都不可偏废。世界上没有哪个国家的住房问题仅依靠一个途径就能完全解决，而解决中低收入家庭的住房问题，政府应该承担不可推卸的重要责任，仅靠市场的手段是很难彻底解决的。

他举例说，在新加坡，90%的住房都是由政府以廉租房的形式加以解决的，这也是新加坡得以实现"居者有其屋"的根本保证。在日本，无论是战后为房荒而建的公营住宅时期，还是20世纪50～90年代为工薪阶层而建的公团住宅时期，政府都起到了主体的作用，城市住宅整备公团的建设活动遍及城乡各地，日本80%的住宅为公团开发的普通居民集合住宅，剩余的20%才是由私营集团开发的商品住宅，而且，20世纪90年代中叶以前的几十年里，住宅面积净标准始终保持在70～90平方米的范围内。

开彦认为，相比较，对于现在我国住房问题，政府起到的作用远远不够，应该加强调控，尽早实现解决中低收入家庭住房问题的良好愿望。

经济适用，是我国住宅问题的长期对策

提倡中小套型，是我国人口条件和土地资源决定的。另外，人的居住需求及使用功能也是必要因素。开彦强调，小面积不是低标准的代名词，通过设计、设备与材料的处理，人们同样可以享受高档、舒适和健康的住房条件。许多经济发达国家住房标准并不高，外表也很朴素，但是，室内却很舒服，这与他们一贯的精细作风是相联系的。相反，如果我们一味求大而不求精，奢侈而虚荣，将使整个住房消费心理和社会风气变得不理性与不健康，这个问题值得我们认真反思和检讨。

新政的出台，最大的好处是为我们敲起了警钟，认真思考经济、适用中小套型的长期发展政策。开彦同时指出，其实90平方米的住房面积标准并不低。日本70～90平方米普通住宅至少维持了20～30年，关键在于精细功能设计和关注人性

的细节，高舒适度的设备与设施。日本的住宅设计在热环境、空气环境及噪声控制等健康建筑与生态方面均有非常好的表现，所以，长时间以来，日本住宅的性能品质是很高的，并不因为小面积而被认为是低档的而被排斥。我国同样人均资源匮乏，人口众多，把120平方米看作是小套型，常规套型面积为150～180平方米甚至更高，这无疑超出了我国的资源实情，放大了说是分配不公的表现，这种趋势应该加以调控和抑制。

租住房屋，同样是拥有住房的标志

开彦说，经过住房制度改革的洗礼，他很庆幸我们国家住房问题由原来的计划分配的住房体制很安全地过渡到了商品住房的机制。现在，几乎没有人认为不该用钱去购买房屋，这也是我国住宅商品化改革最成功之处。但是，我们应该认识到，真正解决住房问题并不如此简单，因为，任何一个国家和社会都是多元化的，多种因素构成的，何况社会还在不断发展变化，单纯用一种模式和一条途径解决同一个问题几乎是不可能的。对于住房问题尤其如此，不光有政府的责任，有房地产市场的责任，更主要的是作为社会个体的人的责任。个人赚钱购房住是天经地义的事情，但人的能力有大小，挣钱也有多少，于是商品房、二手房、廉租房和租金房都将成为住房问题的解决方式。十多年的商品房市场演变，使得几乎人人都把买房作为解决住房的唯一途径，于是便有了买不起房的说法。其实，买房是拥有住房的标志，租住房屋同样也是拥有住房的标志。

实际上，在很多先进的国家，租房和买房都是解决住房问题的重要方式。开彦介绍说："日本直到90年代末，仍然有60%的人租房，只有40%的人自己买房。当然，这与日本的就业周期、搬家频率高有一定的关系。但是，这也从一个侧面说明，我们要改变以前的观念，要解决住房问题不一定是要自己买房，租房也是一个途径。"

精明设计，发展中小套型住宅的关键

开彦认为，我国在前一阶段的住宅建设中，存在片面求大、求个性的现象，不少开发商都忽视了住宅的共同性和社会性，造成了很多资源能源的浪费、使用率不高、生产效率低下等全社会不动产不理性发展的印记。今天我们将得益于中小套型住宅的反省，而中小套型住宅的关键是精明设计和精细安排，用科技的、绿色的、节能的和集合的生产方式安排建设规划。

他介绍说，20世纪80年代的住宅建筑师习惯于用厘米来设计，参数是2.4、2.7、3.0，3.6就算大的了，而现在动不动就是5.0、6.0。住宅设计讲的是空间的利用、空间的渗透和空间的序列、灵活空间和讲究重复利用的四维空间，要向空间和时间要面积，这就是精细设计的基本原理。住宅设计与公共建筑设计有很大的区别，只有精细设计、精细安排，才能经济省钱、适用节能。为了节约面积，设计人员常常在家具、墙壁上下功夫。现在的设计参数多是用米计算，尺度上就放大了好几倍，追求气派、奢华的风气也在上涨。新政的出台对我们的规划设计提出了更高的要求，设计应该更加精细，将所有的有效空间都利用起来。他尤其强调了，小户型并不等于低标准、低舒适度，小面积也有风度、档次和身份，关键是精明和精细。

开彦最后指出，目前还需要注意的是，人们应该消除偏袒板楼而排斥塔楼的倾向。他说，板楼固然有优点，但也有不可弥补的缺点，比如占地大、体形系数高、挡影面多等不可克服的问题；而塔楼更适宜小套型住宅，尤其是在城市中心区，塔楼更有优势，不仅节约土地，而且善于营造挺拔、现代、变化的城市景观。由于塔楼的阴影面积小，也更有利于周围建筑的采光日照。塔楼本身存在通风、采光方面的问题，这些可以通过设计、技术手段加以完善和解决。

中小套型推进三则

一、中小套型的公平性

去年（2006 年）年底，按照建设部的要求，我们制定了关于 90 平方米中小套型的规划设计导则，赶在年底之前在网上征求意见，但不到 12 个小时就被锁定了。锁定的意思貌似公正，不分地区，不分高、多层，一律按 90 平方米执行。实际上，编制人为了公平，通过公摊系数的调整使不同条件的 90 平方米能享受同样的待遇，从表面上看，高层 90 平方米提高到 106 平方米显得不均了，实际上保证了高层住宅的 90 平方米能够与多层住宅一样，可以做成三室户。

面积的问题成为敏感的"政治"问题，不容讨论是一种专制的做法，其结果是危害了房地产的健康发展，很可能因此使高层住宅的发展受到限制。同样的 90 平方米，居民买到的实际可用面积空间大大缩水了。专家们建议的加系数的做法实际上是非常务实的一种做法，避免了一刀切造成 90 平方米的政策得不到贯彻执行。

关于中小套型的日照问题，有必要讨论。对于日照问题，我们向来规范得十分严格，已超出一般国际上的要求。过去的规定是受前苏联的规范的影响，是从早期条件下的卫生消毒的要求出发的，但是在我们拥有科技手段的今天，疆土那样辽阔，是否还需要如此严格划一的规定是值得思考的。能不能把日照变成有价的市场去考虑？有日照需求可以多花钱去购买，而对于中小套型则可以松绑，特别是 40 ~ 50 平方米以下面积的套型，可免除必须有阳光的规定。这样就使我们的住宅不光在节地、节能方面出现突破性奇迹，而且使我们的城市建筑的形式多样化，城市变得更美。中小套型要不要严格控制日照，这个问题非常重要，值得大家一起思考。

我们有很多的"绝对"的东西，不突破将阻碍我们现时代的房地产的发展！又比如：住宅窗台"安全栏杆"带来的麻烦和浪费也是够多的！能否更科学地来处理？在目前机制下，我们很难运作！但是，我们可广为制造舆论，开展学术讨论，弄清是非，来感动上帝！总之，不同的情况、不同的要素，我们采取不同的方针，是我们的客观态度。这个观念，我第一个提出来，请批评。

二、中小套型不等于低标准

中小套型是不是低标准的代名词？我认为不是，90 平方米并不是低标准的代表。中小套型同样可以满足我们市场的各层人士的需要。这种需要分两个方面，一个是市场化商品住宅，一个是保障制度下的普通住宅，两种住宅都不能说居住标准降低了。通常说面积要素并不是决定要素，更重要的是功能和房屋本身的性能，而这些是可以通过我们的精细设计和精密生产手段来实现的。一个普遍认识，以为面积缩小了，我们的生活水准受限制了，这个不是符合实际的一个认识。

90平方米的房子，是国际上很多国家维持了长时期的标准，实际表明，同样可以做得很好。关键问题在哪里？住宅是我们家庭的居住单元，强调的是方便、舒适，有家庭文化精神的满足度，一切与我们的生活方式、家庭人口结构演变有关系。

日本有一个建筑学家西山卯三先生，从事了一辈子的住宅实态和居住行为方式的理论研究工作，为日本住宅的发展做出了卓越的贡献。他的研究指导了日本住宅发展几十年，使得日本的建筑本身具备了非常精细、非常高质量、非常方便、非常舒适的高水平，90平方米几乎延续了30年左右的时间。他提倡要以我们的实际需求作为我们追求一切住宅品质的依据，强调以人与空间尺度、人与家具的使用、人对空间与生活的感受来决定空间尺度的大小。西山卯三先生战后开始研究人的生活质量问题。他的质量、他的水准，在国际上应该是首位的，做到精细、精致、理性而可持续。一个居住空间并不是越大越好，大而无当会丢失家庭的亲和力和家庭居住氛围。过去，我们一味追求"大"，印证了我们中国人过去长期的一个恶习，是因单纯去追求奢华、追求新奇、追求派头而形成的。在今天还不应当摒弃吗？

住宅本身应当有一定尺度的制约，因为我们人本身有一定的尺度，我们对空间尺寸要求有一定的规律和限度。人体一站起来，一伸手，会有一个高度和长度，一蹲下去，伸手，有他的探深尺寸，这些尺度构成了我们的居住空间，决定了我们的用具大小，这里叫"人体工学"。它指导了家庭的生活空间的设计，使方方面面都处在合理的尺度中，包括舒适的家具尺寸，构成了我们很舒适、很贴切、很方便的一切。这是建筑设计非常重要的一个环节，并不是说"大"就是好，过大有的时候反而会觉得很空，家庭气氛形不成，"大而不当"说的就是这个意思。只要我们引导和创造空间，舒适感、享受感、方便感同样会在随意中得到。现行住居学的理论追求学科规律，探索需要的空间的数量和空间的大小对生活行为的影响，研究家庭品质和生活演变规律，通过这些东西来改进我们的住宅设计。发展舒适、健康、生态、环保、节能的长效住宅设计是我们当今的重要任务。

我想举一个例子：日本在卫生间的设计方面动足了脑筋。卫生间一般有洗澡、便溺、梳妆打扮几个功能需求。小面积的情况下，把它划成几个功能空间，在早上最紧张的时候，每一个空间都可以单独使用，虽然是小面积，达到了交互使用功能的目的，方便程度很强。又因为它本身是集成化产品，做得很精细，在质量方面达到了人的舒适度的要求。这种小面积的厨房、卫生间尽管非常小，却非常舒适，形成了一个非常好的组合。再有，日本管道的设计也非常地合理。它一般采用架空地板，虽然占用了一部分空间，但是综合布置了包括热水管、煤气管、散热器管、上水管、下水管、污水管等各种各样的管道，甚至是新风管道都在里边，抬高了10多厘米，把管道布局和隔声问题妥善地解决了。管道集中以后排放在公共走道，为家庭的装修和维修带来很多的好处。值得我们思考的是，日本住宅设备专业，包括水暖电，是由一个工程师担任的，除了设备设计，尚要承担厨房、卫生间的功能设计和家具设备的布局，个人负责制化解了工种之间的交叉矛盾，摒弃了落后。

三、中小套型精明增长

精明增长这个词现在使用得越来越多了。什么叫做精明增长？精明增长实际上是一个理性的增长，最大化资源和能源而不破坏环境的增长方式。这是一个符合发展规律，符合生态、循环经济、节约型社会的可持续发展特点的一个重要的内容。

现在，房地产市场发展非常快，每年供应量很大，但是我们仍处于粗放型的生产方式中，产品提供是粗糙的，资源利用是浪费的，生产效率成本是高的。精明增长方式成为我们当今建设行业的重要方向。精细制作、提高生产效率、节约成本、增进工程质量，是房地产开发面临的命脉式的课题，如何提高开发产品的品质，立于创新的竞争前端，如何去降低成本，符合国家推进的资源型、节能型、环保型的目标，是当今每个开发商必须面临的问题。

这里面，一个良方就是推行标准化和绿色建筑。

标准化的问题，应该说早在20世纪50～60年代我们国家就已有长足的发展，在很多方面可与世界比美。进入了市场经济以后，标准化被忽略了，忽略的原因是开发商以为限制了产品多样化，是强调了"市场"，丢掉了"拐杖"，使得我们的房地产开发，尽管量增长很快，但是在经济、在资源的利用、在能源的利用以及在效率、效益方面，都失去了机会。

从标准化这个角度看，实际上它在国际市场上已经被认为是非常普通的东西，等于我们天天要吃饭、天天要洗脸一样的。因为它的日常化，已经不能当成特殊的事情来处理。我们今天在这方面的缺失非常多。现在有一个可喜的现象，就是很多大的企业已经开始在思考标准化的问题，因为只有标准化问题能真正给房地产的开发带来产品、质量、效益方面的奇迹。人居委今年（2007年）6月拟组织一个国际集成化/模数化北京会议，由日本和欧洲、美国的一些专家共同商讨中国的标准化和未来房地产发展中的问题。

再有就是绿色建筑问题。绿色建筑已经变成一个大家追求的很好的目标，但是并不是说把花园做好了，立面做好了就叫绿色建筑，这是非常形式和表象的一个做法。真正的绿色建筑应该跟我们的节约型社会、循环经济和可持续发展是非常有关系的。特别是住宅节能，利用资源的最大化和居住的舒适度，可以说是房地产开发当中一个最终的、最好的、最完整的方法论。

绿色建筑概念的推广和应用在我国起步也不算太晚，在2001年就开始研究了。

但是很可惜，在这个阶段，由于领导方面的一些缺失，支持力度锐减，甚至有对意见。但是，2005 年开始，一年一届的绿色大会顺利召开，规模很大。这至少表明了政府在绿色建筑方面的行动力，也给了我们坚定的信心。用绿色建筑的一个完整的概念来打造房地产的开发，使我们的房地产开发走上了科学发展的道路。

节能已成为阻碍房地产发展的非常严峻的问题，特别是国务院温总理全面关注的问题。现有的节能房子实际不到 1%（政府认为 7%），而且所谓"节能建筑并不节能"的现象普遍大量地存在。要做好节能的事，首要从制度方面做起，从政策上把控，使大家都愿意去做。其次还是意识和传统的方式差距，摒弃不合现代节能原理的传统的生活习惯，而不能把节能作为一个标签和符号。不是作了几样措施就是节能建筑了，要讲求节能的实效。

中国风建筑应该反映现代中国文化

中国风建筑，是现代的，是非常中国的，体现当代科学技术、生产力和当代中国人的道德水准。从 20 世纪 20 年代开始，就有人认为传统四合院无法满足生活需求，80 年后的今天，传统意义上的四合院肯定无法适应中国今天的发展，但也不能因此就把四合院推倒重来，完全可以通过改造赋予四合院以崭新的生命。形式不是建筑的本质，中国风建筑也许在形式上是中国的，有传统的味道，但任何建筑风格都不单是形式，而是对应于某种文化或者某种经济现象。今天，建筑兴起中国风是好现象，同时也应该警惕，如果中国风是盲目的、表皮的，我们宁肯不要，如果指的是传统意义上的中国建筑再现，反而应该去批判它。现在兴起的这些中国风建筑，可能一部分源于对传统建筑的某种情结或留恋，所反映出来的是对旧建筑的全盘仿制，或者是在形式上的重复。仿古的四合院跟现代生活有距离，无法跟当今经济的发展、文化上的审美情趣相同步。很多建筑师并没有停留在这些表面现象上。为形式而形式是大错特错，形式不是建筑的本质。建筑师无法回避形式，会寻找某种形式去实践中国房子，但形式是第二位的。中国风建筑积极的一面在于，它首先是现代建筑，然后是中国的现代建筑，实质是具有中国精神概念的房子。如果为形式而形式，人们会为这种做法付出惨痛代价，不仅是经济上的，同时心理上也一样。

高技术带来高情感

是不是真正形成了中国风？是不是盖了几栋房子就成为了中国风？我们必须有一定的理论高度。什么是中国的？在中国风这种表层下，真实的含义是什么？中国风建筑的兴起，无疑是中国人或者是中国现代文化与外来文化直接对话的反映。所谓高技术带来高情感，就是现代主义建筑不应该彻底西化而忽视中国传统文化。反映有积极的，也有消极的，消极的反映就是简单重复传统，而不是从积极意义上去营造现代中国建筑。如果现在我再做一个四合院，就不会只是简单地重复传统。实际上要做的不再是传统意义上的四合院，而是会采用一些很新的手段，使人意识到这是中国建筑，比如比较方正的院落、院落的递进、偏低尺度的围合，还包括从公共空间进入胡同、院落直到居室的流线组织。现在要做好四合院，会看到一个崭新的、非常现代化的房子，但绝不是把西方的 Townhouse 放到胡同里。我们很多建筑师都在积极探索，一些受过西方教育的建筑师也格外珍惜中国文化。我相信，未来五年内，会出现大批建筑体现对中国传统建筑的思考，甚至会诞生否定意义上的中国建筑。

价值观跟不上城市化进程

21 世纪对世界影响最大的两个问题：新技术革命和中国的城市化。中国城市化将成为全球的一个焦点，但是中国城市化会和中国文化的发展产生落差。中国城市从非常落后的状态实现突变，这是历史上没有过的，世界上也没有任何城市可以与之相比。经济可以出现这样的奇迹，但是文化不可能。经济发展了，但是我们的价值观没有跟今天的城市发展同步，正是由于文化落差，导致了盲目追求欧陆风、北美风，认为西方的就是好，而恰恰学来的不是西方现代建筑，比如建设 CBD，一不小心就成为传统意义上失败的美国 Downtown 的重现。中国会慢慢地形成一种批判精神，形成独立的价值观。建立在批评基础之上看待西方，就能判断什么东西有用，同样在对待传统建筑时，也能做到客观公正和平和。建筑师也好，使用者也好，都必须有与时代经济发展同步的观念，现代人的生活改变了，现代人的居住建筑形式也在改变。笔者认为，城市建筑，首先必须城市化。今天，中国的民族特征应该表现现代，然后才是文化，中国建筑必须运用现代的科技手段，必须和现代技术、科技发展同步，必须和当代人的精神伦理需求一致。民族的就是国际的，从积极意义上理解是对的，今天很多建筑都在朝这个方向努力。

中国风、中式住宅与本土化

在讨论建筑本土化风格时，有人不愿意用"中国风"这个词，以为是"流行"、"风流"和"时髦"的代名词。其实，"中国风"固然是应运"欧陆风"而产生，但更重要的是在呼唤中国本土"风格"的回归的探讨。"中国风"说起来容易，听起来形象，是个好词。

事实上，对于中式风格的追求，建筑史上从来没有停止过。20 世纪 70 年代贝聿铭设计的北京香山饭店、20 世纪 90 年代上海陆家嘴金贸大厦都以成功的方式探索着中国民族建筑的形式，而今天市场机制下"中国风"的吹起，我们应该把它看作是开发商、建筑师追求本土建筑意识的觉醒。以前，总是批判我们的建筑过分西化，照搬照抄，"欧陆风"盛行，现在终于有人来做中式风格的探讨了。这里当然不乏有水平较高的产品，比如成都的清华坊、芙蓉镇，南京的中国人家，上海的九间堂，还有北京的观唐、易郡和紫庐等，这些项目的设计水平都还不错，都以不同形式对"中国风"建筑进行探索。

从广义来说，我觉得"中国风"的定义不应当局限在北京四合院、江南民居等粉墙黛瓦的建筑形式上，比如说，上海的石库弄就是中国的东西，天津小洋楼已经是天津的一种特色建筑，也是中国的东西，而哈尔滨的俄罗斯建筑，都已属于中国土生土长的地方建筑，它们已经成为这些城市独有的风格、不可分割的一部分。"中国风"的探索需要延伸一下，不能光局限在一种类型上。怎么形成本土化？不同的地点就有不同的内容，把粉墙黛瓦的民居简单地搬来搬去就要闹笑话了！

对"中国风"的认识，要有一个讨论的过程。

从开发上讲，大致可以分三大类型：第一是纯粹的模仿，做出来的产品跟一二百年前做的东西很像，这种模仿是有价值的，不少文人墨客喜欢，但它绝对不能多。第二是传统与现代结合型，它在形式上看是纯粹传统的，在功能上是现代的。观唐属于这一类，在外形上是四合院，但它又不是纯粹的四合院，是半开放式的，它是围绕半个院子做的，合起来才成为完整的院子。但是，它又是现代的，是符合现代人生活需求的东西，两结合得非常巧妙。第三个是意念上的创新。意念上能感受到这是中国的东西，不是外国的东西。首先在形式上看，它是现代的，用现代的材料、结构，现代的理念做出来的，但是它是中国的东西，表达中国常见的习俗和符号，是别人没有的。日本在开始探索民族建筑形式时，经历了一个相当漫长的过程才出现非常现代又非常本土的建筑。形象地讲，他们的建筑首先是现代的，又是日本的。"中国风"建筑首先是现代的，然后是中国的。这样的建筑存在的生命力会很强大，而且具有延续性和普及性。

有人称，"中国风"建筑不可能成为主流，因为只有低层、低密度别墅类的建筑才能淋漓尽致，而且只有有钱人才有这样的品位，很难想象高层、多层住宅"中国风"的样子。这是很值得探讨的：我赞同第三种意念上的创新，就是说用现代的手段、现代的行为、现代的生活需要去创造中国的东西。这当然需要时间。今天我们对中式建筑的追求无论成熟与否，都不重要，重要的是我们已经开始做了，这一点是难能可贵的。只要有人开始探索中式建筑，中式建筑的本土回归也就不远了。只有经历了这样一个阶段，才有可能进入到真正的，既是现代的又是中国的，新的建筑形式阶段，我认为这个是最重要的。

现在我们终于有一些相对成熟的别墅了，尽管它们还带有探索的性质，但是我们应该为这个现象的出现感到高兴，这是我们向具有本土风格的建筑迈出的第一步。观唐复原四合院，诠释中式风格，易郡以现代版中式庭院呼应传统文脉，都在以不同的姿态与中式别墅的深邃内涵遥相呼应。成都的清华坊与北京的紫庐也是中式住宅中非常成功的范例，无论是在市场运作、建筑设计，还是在气氛塑造上都很成功。

现在，听说在宁波，一组"中国风"的高层住宅正在酝酿之中。不能说"中国风"一定会成为未来市场中的主流，但我们可以预计，"中国风"住宅会是将来房地产市场各种主流产品中的一支，至少"中国风"所形成的巨大的热烈的讨论会是这样。今天我们看到的中式住宅可能还是涓涓细流且局限在别墅类型里，可以预计，未来它会成为一支足以影响中国房地产市场的巨大潮流。市场本来就是呈现百花齐放的多元化状态。我断定，中国市场的住宅建筑风格的创新还会更加多元化，"中国风"住宅会成为其中的一支，因为这个社会本身就是由集中走向分散进而走向多元化的百花齐放的时代。

创新是现代建筑创作的标准

在中国，20 世纪 50～60 年代，建筑的原则是"适用、经济以及在可能条件下的注意美观"，这个原则大约指导了我国的建筑设计将近 20 年。早时，"经济"是我国建筑设计的第一要素，在当时的社会经济发展条件下，最主要的是解决有无的问题，可以说，谈不上"创作"的问题。建筑任务是"居者有其屋"，要在短时间内用尽量少的资金盖大量的房子，以尽快解决大量人口的居住问题。这个原则指导人们大规模、高速度地复制完成一个又一个建筑工程。建筑师的首要设计任务是要符合国家的整体方针和政策的需要，因此建筑师的创作余地很小，建筑思想是禁锢的，创作氛围死气沉沉，城市建筑因此呆板雷同。当时的建工部提出这样的建筑设计原则，实际上使沉闷的建筑思想束缚中透出了一丝活气出来，"美观"才"在可能条件下"被提出来。

建筑是随着社会、经济的发展而不断演变的，它所包含的目标和内容也随时代而变化。20 世纪 80 年代前，几乎没有条件去谈论建筑的美学问题，更没有人去实践理想城市问题以及文化、生态等问题。今天，市场化的趋势且我们已加入 WTO，建筑就应该以开放和世界的原则为目标，就要树立不断创新的意识。市场机制和我国经济的快速发展为建筑师的创作提供了绝好的机会。如果讲建筑设计还有标准的话，我想就是创新，也就是以资源、技术、人文、城市发展等为前提，找到创作建筑问题的最佳要素，去发挥建筑师本人最大的聪明才智，体现建筑师的个性和特色，为社会创造财富，引导未来生活。如果单纯地因袭守旧、抄袭模仿，对社会所造成的浪费将远大于一座建筑本身的影响力。比如一个代表国家形象的建筑，其意义不光是建筑本身，它是时代的象征，代表建筑的繁荣程度以及国家的地位，它所营造的精神价值和历史意义是不能以金钱来衡量的。国家和首都的行为具有唯一性，别的地方的简单模仿就失去了价值。一段时间来，各地建标志性的广场、会展中心作为"政绩"，这就是对社会财力和资源的最大浪费。

对于建筑的评价标准现在更多地依靠市场，这些年来，好的建筑和好的建筑师是通过市场的考验产生的，而不是依靠专家的或建筑的标准来评判的。市场会促进整个建筑的繁荣，激发建筑师的创作热情，好建筑的标准也就会不断地丰富。建筑的生态问题不能简单地看作是建筑创作的问题，它实际是一个社会生产大循环问题，是系统工程问题。一个建筑只能表现一部分的内容。生态只是一个意识，一个行动，建筑师把它表现出来，而不能称用了一些生态要素就是生态建筑。目前，我们对建筑生态的理解还不够，与国家整个生态保护的理念、循环经济、节约型社会的目标相差甚远。我国的生态建筑发展尚处于初始的概念阶段，为子孙后代负责，建立完善的生态社会风气和使之成为我们每个人的行为，尚需要时间。

所以，建筑创作是不能用标准来衡量的，有标准就会有限制，有了束缚则无法创作。但是，建筑设计应该有原则，我想，现在应该提倡建筑师的社会责任，以正义、诚实的职业道德约束自己，以建筑创作的理念引领未来生活。也就是说，建筑设计的创作原则是依靠建筑师的良知和知识能力营建未来社会，把握社会发展和经济命脉才能创造好的作品。

建筑规范，严格来说，属于技术范畴的东西，它不能替代和指导建筑的思维创作，创作和创新应当立足于规范，高于规范。规范的条文常常是保障功能、安全和卫生的，而创作和创新是通过建筑体现时代、文化和创造一种新的生活行为方式，是艺术、价值和功能的再创造，并不是技术的再表现。舒适程度是和造价联系在一起的，经济是规范的要素之一，但是不能因此就过分地强调经济，比如大连的一个开发区正在拆迁近 60 万平方米的寿命不足 20 年的建筑群，我认为就是当初过于强调经济，从而造成现在更大的浪费。因此，经济的原则应该从长远发展的全寿命的角度综合看。

因此，建筑的创作不应也不会有标准制约。一个好的创新机制需要涉及方方面面：首先应该转变现有设计机制，我国现行设计机制仍受到计划经济的影子的影响，非常限制建筑师的才能的发挥。国外通行的专业化很强的事务所设计机制，灵活而精干，给建筑师以创作的天地。我国建筑师的社会地位仍很低，创作受到种种限制，有的还为生存而努力，如何谈创新呢？

绿色、低碳、节能
——城市及房地产发展主流趋向

今天主要从低碳、绿色、节能这几方面，主要围绕低碳，对低碳的基本概念、基本做法、基本要素作一些解释。

第一，是低碳建筑的背景和一般概念，描述一下正确的认识。第二，怎么理解低碳生活。第三，解释一下低碳指标体系的建设等，这个比较难，但是非常重要。第四，介绍一下人居委对于低碳技术的对策。

从建筑材料的生产、设备的制造、建筑中产生的化石能源的量，这个是我们主要的检测指标。低碳是世界经济发展的主流，是任何国家都逃避不了的。这个过程中我们容易忽略的是，建筑物的二氧化碳排放量是非常大的。不要小看建筑这块，实际上，在总量当中几乎占到了50%，超过了运输业和工业领域的单独排放量。我们不得不重视建筑方面的排量，把低碳建筑的排量提高到相应的地位上去，这是非常重要的话题。刚才说的主要是化石能源的排放量，究竟是多少呢？我们以电来说，节约1度电或者1公斤的煤，它的量究竟有多大呢？1度电相当于节约了0.4千克的标准煤，这样就可以减少污染排放量大概0.272千克碳粉尘，差不多1公斤的二氧化碳，0.03千克的二氧化硫，0.015千克的碳氢化合物。简单来讲，我们建1平方米的建筑，差不多是0.8吨的碳排放量。怎么衡量呢？从你究竟节省了多少电，节约了多少标准煤，用这个方面进行衡量，作为它指标体系重要的东西。

我国城镇化发展速度很快，平均每年都有20亿的新建建筑。如果新建建筑和节能建筑的面积是10亿平方米，这样就会形成900万吨的标准煤的节能的能力，减排1800万吨的二氧化碳气体。现在我们的实际情况，节能的水平并不高，据官方的介绍，新建建筑当中只有5%是节能建筑，实际上我估计还达不到，很多情况下都属于节能建筑不节能的状况，这个原因是从多方面、各种要素计算的。我们现在的水平非常低，能耗效率很大，几乎是欧洲发达国家的3倍，如果和德国相比，相差4~5倍。我们从能源方面节省的潜力是非常大的。在欧洲流行一种被动节能的方法，几乎可以通过人工的方法达到能够能源节约，使我们室内不通过什么技术，而通过我们被动的理念也能够享受到非常舒适的生活条件。什么叫被动的节能建筑呢？也就是说通过我们的规划方法、构造方法、材料方法打造。如果大家不用空调了，不用采暖，是不是可以满足呢？从原则上是可以做到的，但是从方法上面或者材料方面，有时候造成的复杂度太差，时间花的太多，成本有时候也要增加。这样就需要一些辅助的手段，像我们非常发达的现代化技术手段，现代化的设备手段。

这个东西不是不用，有时候我们的手段、规划设计和节能设计本身达不到，作为一个辅助手段来做，这就是我们低碳建设非常重要的理念，而不是拿了一种建筑，做了建筑设计了，请设备工程师配空调和采暖，以设备为主来做，对于外墙等方面都忽视掉了。设计理念、设计方法、设计手段是非常重要的。这种方法在欧洲形成了被大家人人接受，人人愿意照做的行为准则。我们中国现在刚刚开始，已经得到了行业的发展，建筑业当中也是非常重视低碳，探讨低碳用怎么一个概念、方法来做，我觉得这是非常好的开始。但还是需要一套衡量这些是不是低碳建筑的指标体系、可操作的标准，用它进行检测检验。这张表做了一些同类的比较，每年我们减少的能耗碳排放量，如果跟相应的建筑比较的话，我们就可以看到一个非常惊人的数字。比如讲一年低碳排放量，根据节能建筑的排放量，相当于 4000 个天安门广场种的树林吸收的二氧化碳量，相当于两座三峡大坝的发电量。这些东西是值得我们惊叹的，所以要特别重视这些东西。

我们目前低碳住宅发展的潜在的危险性，可能被大家简单化了。一个就是低碳建筑本身存在着一种概念不明，许多媒体在宣传当中非常简单地来描述低碳建筑，把它直接等同于绿色建筑或者生态建筑，把它混为一谈。现在我说了低碳问题是一个指标问题，拿低碳排放量说事，一切都围绕碳的排放量说事。另一个就是缺乏明确的计算指标和计算规则。

低碳建筑实际上讲的是建筑物全周期，在碳排放量中总的计算，减少化石能源的使用量。它包括从生产开始，材料、运输、建造到后期的维护，客户的使用到后期拆除，这样的材料再循环过程当中，每个环节都是不能缺少的。你只算其中的一部分，对于我们初期时候有一定的意义，但是总的来讲，形成一个碳汇量作为交易，这样要获得国际上的承认，这个方面还是不够的。

这里解释一下绿色建筑和其他建筑之间的差别。所谓绿色建筑，实际上它包括了五大方面的内容。根据国际通常的做法或者大家认可的做法，特别是像美国的绿色建筑委员会提出的一些概念。主要是包括哪五方面呢？

第一是资源方面的最大化。资源包括我们的土地资源、材料资源、生态资源、河流水系森林，城市文化资源最大化利用，把它发挥到极致，这是我们做绿色建筑考虑的重要的要素。二是讲能源。能源包括可再生能源和不可再生能源。不可再生能源量很少，我们用了就少一点，需要把能效发挥到最大化，把我们的能源省下来，减少二氧化碳的排放。

第二关于再生能源。再生能源取之不尽，来自于大自然当中，我们尽量对可再生能源进行利用。大家已经非常了解这个情况了。一方面能效要扩大，一方面充分发掘自然当中的能源和能耗。这是第二个要强调的。

第三关于水资源。为什么强调水资源呢？因为水资源对我们的环境影响最大。我们国家是一个水资源非常缺乏的国家，水的技术又非常的复杂，水源、水厂生产的水，到运输、到引用的环节非常多，水的种类也是很多，包括饮用水，污水的处理，雨水的收集，景观水等，这些水的技术不同分类非常复杂。

第四关于材料。材料讲究回用、复用、再生，把材料反复地利用，处理以后可以再生。这块当中，我们目前强调在建筑行业实现产业化、建业化根本的目的要求就是提高效率，提高现场的集成化。通过工厂的预制，将标准化、模式化的东西拿到现场进行装配，这种状况可以减少垃圾量。垃圾量很少，施工工地就会很文明，成本就会下降，材料会得到充分的应用。现在在建筑材料这块发生的碳化量非常大，材料是不能忽视的。

最后不能忽视的就是提高生活品质。隔声的问题、空气质量的问题，另外，采暖、空调室内温度的问题，这些方面都要做好，这是最重要的品质。特别是管道设计方面非常地粗糙和落后，很多年变化不大，也是我们今天可以加大力度改进的一块。

我个人认为先行的绿色建筑标准在理念和方法还是有欠缺的。节约不是不好，节约不是惟一的，它应该强调最大化、材料能源利用的最大化，用简易的方法提高。另外就是提高我们的生活，这是绿色建筑的本质和追求点。

另外，就是生态建筑。生态建筑强调用当地的材料，用被动式简易的方法。节能建筑就是保证节能，目前我们常常是把好技术、好材料等量，优秀技术加优秀技术争取一个优秀的节能建筑，这个不能成立。优秀的东西加优秀的东西未必可以得到最好的效果，它是通过整合，一个建筑方方面面的因素和要素方面的整合。

低碳来自于生活，低碳建筑会给我们整体的经济模式、生活模式和城市发展模式带来很大的变化。无论在空间还是实践方面，影响我们的生活环境，对于低碳建筑来讲是非常重要的，而绿色建筑本身是更完善，更完整的，绿色建筑可以包括低碳建筑，但是低碳建筑包含不了绿色建筑。

从低碳生活的角度来讲，我们希望提倡新的生活行为和生活方式。很多明星计算自己的碳足迹，一天生活下来可以产生多少碳。我今天有没有开车，怎么消费，耗了多少能源，产生了多少碳，然后我补偿，做公益事情，累积下来，种多少树。培养我们的生活行为方式更重要。房地产商的一个主要的目的就是提供一个低碳的生活行为方式，低碳生活行为好的环境。

今天，低碳城市的几个特征在哪里呢？一个好的低碳城市是以低碳经济作为它的主题发展模式来操作的。第二，要求市民建立一个良好的低碳生活理念和行为，公务员管理层也要按照低碳生活行为标准和蓝图建设。这样的城市才能被承认是低碳的城市。

20 世纪 90 年代在美国形成的针对城市蔓延的规划理念和原则：

1. 尽量在现有建成区发展，设计紧凑型城区和建筑。

2. 发展可步行社区。

3. 保留一定的开阔绿地。

4. 尽量利用现有城区的设施。

5. 提供交通模式。

6. 提供各档次住宅。

7. 混合利用土地，紧凑建设。

8. 创造有特色、有吸引力的城市和社区。

在丹麦有一些城市发展也是非常重要的理念。他强调了生活第一、空间第二、建筑第三。童会长对于哥本哈根做了简单介绍，哥本哈根会议就选择在哥本哈根，因为有它的特点，有很多值得我们学习和模仿的概念在里面。这里有一些数据我就不详细说了。一个可持续城市应该由建筑、能源、水、交通、废物、食品、绿化、社区组成的，这些东西组织好就可以实现我们的理念了。低碳城市的理念是非常多的。这些图片都是哥本哈根的图片，我们可以看到哥本哈根的市民怎么生活的，他们非常的和谐，人与人之间的感情非常的丰富，生活并不奢侈，这是值得我们欣赏的。

右上角像我们很多城市可以看到的，汽车和人之间的混杂，非常的喧闹无序。现在的城市大家在街道可以闲聊，晒太阳，这种生活很平常、舒适。我们在发展过程当中是追求更休闲、更舒适还是更烦恼与嘈杂的生活。这张图是一个城市广场，城市广场被丹麦人变成了一个城市的会客厅，他们在这里做很多的交往和活动，有喜闻乐见的文化生活。过去这个时候它并不是这样的，而是一个停车场，但是经过十年、二十年的变迁以后，现在变得非常生活化和市民化的广场。一到傍晚的时候，很多市民都跑到这里进行看书、交往、闲聊，坐在广场上面。到了星期六、星期天的时候这里就变成了一个跳蚤市场，大家把东西拿出来交易，因为这些东西都是用不着，但是别人家可能很实用，进行互相的换。这样的生活更是值得我们享受和提倡的。

小街小贩变成了市民集散的地方，有喝水，有骑自行车，有下棋的，看着很随和。自行车也是这样，刚才童会长举了很多例子强调，我们从自行车王国变成了汽车王国，但是在丹麦来讲，原来人人开汽车，现在都骑自行车了，骑自行车的人占到了36%，开车的人减少到27%。这个大家可以思考一下，是丹麦人开不起车了吗？我觉得不是。这里可以看到满街道都是自行车。另外政府提供一些公共自行车，提供给旅游者的出入。他们管理自行车的时候，这些都是免费的，他可以骑到任何地方，把自行车停放在那供别人用，变成一个公共免费的自行车，但是管理的非常有条理。

另外城市街道的建设，公共空间的形成。1983年的时候，在这个城市整个过程当中星星点点，并不是很多。到1993年的时候，经过十年的变化增加了公共空间、交往空间，沿着街道增加这些点。到了2004年它的范围又扩大了。作为城市的休闲点和交往的点，城市市民非常喜爱的地方，越来越多，街道都变成了一个很好的环境。城市的绿化也是这样，绿树成荫，这样更美。对于一些小街小巷更有生气，人情味更重。

下面我讲一下低碳住宅技术的计算原则。这个在德国已经形成了一套非常科学和完整的技术评估体系，他们从生产、建造、使用、拆除及重新利用过程当中，对于每个步骤的碳排放相加，形成建筑全寿命周期的碳排总量。一般的建筑通过这样的计算都要两三个月。我觉得这是很严格的四个阶段。

在我们的材料生产和营造，在左边右下角蓝色的阶段。红色的过程是使用加维修、管理、更新这么一个阶段。这个阶段占到了整个建筑物生命周期的 80% ~ 90%，他的排放量就是在这期间。最右边的下面是拆除了，这个过程是一个漫长的，是一个非常复杂的，各种要素的过程。这个过程德国人把它做出来了。现在看起来，他们做出来以后得到了联合国环境规划署机构以及很多国际机构的认可，认为这个方法从理念和方法还是比较合理的。但是这个看起来是一个非常复杂，非常庞大的东西，可能也成为国际上通用的衡量方法。我们不可能有这么一个条件，要具备那样的条件，一个要时间，第二要我们的技术，整个碳排放量要有。发改委为此做出了一些碳排放相应的计算公式，是针对国家的经济提出了一些目标，目前从理论和其他方法都在完善中，需要各方面的行业完善它。对于建筑业讲起来，我们现在也有一些行业在努力的探索，看看在我们目前的条件下，目前我们的技术和理念方法、装配方面达到什么程度也在进行探讨。

第一我介绍一下关于中国房地产研究会综合发展技术委员会，他们从技术领域提出打造低碳指标。从低碳用能、低碳设计、低碳构造、低碳运营、低碳排放、低碳营造、低碳用材、置备、绿色、碳汇这些方面整合，用可持续发展的技术编制了一个体系。用这套体系可以指导房地产开发，但是现在还不能达到完全定量化的程度。通过这些技术打造一个低碳建筑、低碳行为我觉得还是非常有参考价值的。

全国工商联房地产商会，低碳概念出来以后他们提出了一些计算方法，提出了一些运行公式。他们一个是围绕节能做工作；第二围绕节水做工作。第三方面围绕绿化。第四方面围绕交通。这四大快通过一定的结算方法实施定量化。当然这也是概念性粗略式的进行计算，根据已有的现状情况衡量一下定量决定多少。这样也有好处，通过这样的计算，使得大家互相之间可以比较，我做了哪些，得到了多少效果，从量化方面表达出来。当然现在不够完善，内容方面不够精，科学性方面不够，和德国人比较我们差得太多了。但是它有一定的积极意义，操作上也可以进行参考。我们人居环境委员会最近做了不少工作，对于绿色建筑住区的行为方式，低碳技术的行为方式提出了标准。标准是按照 7 个方面实施。第一、可持续建设场地；第二、城市区域功能；第三、环境生活品质；第四、人文和谐住区；第五、资源能源效用；第六、健康舒适环境；第七、全寿命管理。这 7 大块的涵盖面比较深，这个方面都是属于引导性的标准。有些东西一时一刻做不到，我们可以通过努力，我们不能一下爬到二楼，但可以一步一步走，最终可以达到与世界看齐的水准。这个标准是根据我们在中美绿色建筑两大块标准比较以后做出来的，是我们一个科研成果。

我们对于开发住区从以下六方面进行减排评定。包括能源技术应与二氧化碳减排。建筑维护结构节能及设备系统节能设计与二氧化碳减排。水资源再利用节水与二氧化碳减排。可再生材料应用与二氧化碳减排。绿色景观与二氧化碳中合。低碳交通及二氧化碳减排。关于这些方面都是按照必要项、考核项安排的。比如我建设一个小区，在建设小区的总量方面，增加了多少排放量，通过种树的方法平衡我的碳汇。种树就变成了一个非常重要的指标，这个树可以种在小区里面，也可以通过一定的组织安排。

总的来讲，我们在减排二氧化碳技术领域有 15 条要素，包括第一、强调非机动车交通和公共交通为优先。第二、种高大的树木。第三、强调被动性的节能，用被动性节能指导我们建筑设计。第四、通过室外风环境的组织，减少热岛现象。第五、合理安排住宅平面，有利于自然通风。第六、尽量利用天然采光，减少人工照明。我们很多建筑，特别是公共建筑对于照明的方面不注意的。很多大楼和车库都是 24 小时开灯，照明对于电的消耗是非常厉害的。第七、外维护结构，特别强调外遮阳。第八、选择好的设备系统，因为设备系统的差别很大，优化设备系统也成为我们设计当中的要素。第九、尽量利用可再生能源和资源。第十、高质水高用，低质水低用。第十一、要充分高效利用污水、雨水的处理技术，特别是雨水的渗透、雨水的回收再利用。现在很多雨水的处理地面号称是渗透地面，实际上它并不渗透，做的技术是混凝土的。第十二、强调材料的回收、复用、再用。第十三、强调我们就地取材。第十四、强调我们全寿命的周期技术为基准。第十五、再就是要采取提倡低碳生活、碳中和的方法。

传统与现代的对峙

《目标》：如何去保留北京传统的建筑及相关文化？

开彦：北京市的发展很快，但是发展再快也不能把原来的城市原貌破坏了，现在是建筑破坏一块，城市的文化就丢失一块。当然，老的城区环境很乱，居民生活也不方便，也的确需要适当的改造，但是不能为了改造就把大片老城区拆了，然后建很多新建筑，二环路以内的老城区都应该保存下来，其实发展也不在乎这一块老城区，把它保存下来，价值比其他都高。

保存的方法可以这样：逐步疏散人口，不要急于去改造，等居民有能力买房离开了再逐渐保护性地改造。说改，就是保持原来的城市框架和道路结构，北京原来的城市框架是很完整的、很有讲究的，一些路、胡同不要去破坏；说造，就是不能大片地拆，要保留原来的古建筑风貌，逐步去改善老建筑，或者通过相应的政策，限制大片拆建，鼓励居民在老宅基地上改造住宅，比如一层改两层，两层改三层，实际上改变不会大，只要道路结构不变，城市面貌就不会改变。保护老建筑和北京的城市面貌已到了非常紧迫的时候了。对北京限高是必要的，比如在二、三环内限高，而在三环外盖高层建筑，甚至超高层，这样可分为不同的区域，使不同的区域有不同风格，从而形成一个北京的新面孔，老城保护了，现代的北京也能体现。楼可以盖高，但是一定要把环境做好，多留些空地，把宜居条件体现出来。经济适用房也不能都盖得老远，应该穿插在城市的各个角落，房子的形象、结构也要花心思去做好，不能把低收入人群都赶到城外去，那样就不公平了。总之，在改造中要协调城市形象，新老兼得，有节奏地来，形成一个新北京的形象。

《目标》：为什么现在建筑的节能问题那么重要？

开彦：这基于中国经济发展以后能源紧缺的问题，牵涉到经济发展的后劲。建筑能耗占整个社会能耗的30%～40%，是相当厉害的，所以必须要节能。过去说我们国内没有相关的节能标准，20世纪80年代这个标准已经做得不错了，但标准提出后，只有在北京有一些措施，也取得了一些成绩，后来在天津也开始做，其他城市就做得比较少，包括东北，都没有很重视。北方如此，南方地区更没有节能概念，认为节能是北方地区的问题。现在谈得上节能的建筑不多，只达到3%～5%，我国建筑能源耗费水平相当欧洲的3～4倍，甚至更大。

在北京，锋尚国际公寓、MOMA国际公寓的节能技术应该说已经很先进了，是直接引入的欧洲技术。不过这种技术被神化了，认为是可望而不可及的少数富豪们享受的。其实是误解，高成本也不是本意，完全可通过建筑规划设计的处理和对相关技术的整合来控制成本。最重要是需要重新认识现代节能理念，改变传统的不利节能的居住行为方式，比如现代建筑十分强调密闭，而不恰当的开窗就很影响节能效果。所以，人居环境委员会建立了人居科技平台，做一些节能技术的普及工作，把国际上先进的材料和技术整合在一起并通过人居在线科技公司，直接为房地产商提供服务。

《目标》：如何在追求建筑形式的同时注重建筑的节能问题？

开彦：北京市建委在结构、材料上已经对北京市的建筑节能问题做了很多工作，很多企业，包括国外企业近时期采用了一些先进技术、材料和设备，在节能方面做了不少工作。但是北京现在的建筑节能技术不省电。尽管节能目标已进入65%，但是能源消费并没真正减下来，居民也没有得到实惠。这是因为缺乏对建筑整体的节能因素进行配合、整合，以定量节能的手段设计和实施，而是单一地应用某项技术，当然效果平平了。比如外墙外保温、断热双玻窗的应用很普及，但是，地基、屋面及阳台的冷桥问题不解决，如何谈得上节能呢！室内温度升高了，采暖效果更好了，老是热得要开窗，把能源放走了，如何达到节能的效果！

采暖能源应该是可以控制的，温度也不要定得太高。结构上主要是做轻的、多孔的外墙，墙体做好了，保温系统也就高了，这样散热器就可以小一些，空调的启动时间也可以少一些，起到节能的效果，从根上解决节能的问题。还有，北京市做了很多钢结构的建筑，材料上就必须运用轻体材料（矿棉材料、铝板隔热），这样做又快又好，起到了节能作用，但是钢结构材料比较贵，在住宅中还用得就比较少。

人居委提出"定量节能"的概念，以后建筑应该有一个节能标准去达成，主要口号就是"高舒适度、低能耗、低技术、低成本"，就是用可行的材料技术，采用集团采购的形式，来控制成本，然后对开发项目按市场划分高中低档的等级，按照不同的舒适度的要求来做实施方案，保证达到预先设定的节能效果，不能像贴膏药一样来做节能建筑，建筑整体目标应该通过方方面面的整合来达成。

还有规划设计上的日照条件、楼间距问题。现在规定日照必须达到冬至日两小时的标准，其实在规划设计手法上很受影响，土地的价值不能得到充分的发挥。"SARS"以后板楼统治了一切，其实塔楼更节约土地，也不像板楼那样留有那么大的阴影，令人不快。塔楼就没有生命力了吗？不是的。日照标准当时是根据前苏联的标准来定的，是卫生部定的要求，主要针对房间的霉变和紫外线照射的问题。但是现在房间一半在北面一半在南面，南面达到效果了，北面却毫无效果，大部分房间都没有达到日照效果。事实上欧洲、日本、台湾地区都没有这些方面的规定，是不是能够通过现代科技手段、材料、设备来达到健康的要求，比如换新风设备控制来达到？人享受太阳也不一定在室内，可以去室外接受日照。一句话，日照应当按市场的规律去办。

在技术上，现在北京很多玻璃建筑有一定问题，比如西直门的西环广场，能源是很成问题的。但不是说做玻璃幕墙就不节能，有很多方法可以使玻璃幕墙建筑的节能效果跟砖混建筑的节能效果相同甚至更好。有一种 LOW-E 玻璃，是涂膜玻璃，外界的冷和热通过这个玻璃后，能量被玻璃吸收，外界的温度对室内的温度的影响就很小，不会造成室内忽冷忽热。MOMA 和锋尚国际公寓都用了这种玻璃。除了 LOW-E 玻璃外，还可以做空气流通的走廊，里外各有一层玻璃，这样也可以起到很好的保温隔热效果。如果利用太阳能做更多的事，比如空调和采暖，那就可以做到"零能耗"了，不用煤和电等能源了。还有地热采暖（热泵技术），以前采暖要往地下打 3000 米以上才能取到热能，现在有一种浅地土壤热能，实际上是太阳能储藏在浅地层土壤里的能源，不是地心的热，打到50～100 米左右，这样的技术比较简单，这些能源用在我们的空调和采暖里，就能够减少很多能源的浪费。其实很多技术可以整合应用。

《目标》：在建筑的形式及建筑节能上，国外有什么先进的经验可供我们学习？

开彦：首先是一个方法理念的问题，从整体上考虑能源的消耗，从能源消耗程度出发来整合建筑各方面的问题，比如门、窗、阳台，阳台的冷桥是能源消耗浪费的通道，对结构的影响也很严重。在北京，锋尚国际公寓的节能做得好，引进了一些欧美的节能技术，这些技术在当时是高端产品，但实际不是什么高技术的东西，因为这些技术在欧洲已经用了 20 年了，到中国实际上是理念的转变，所以才显得高端。中国的节能的思路和方法与欧洲是有差别的，现在学习的就是差别。

我们去美国考察了两周，发现用户不开窗已成为惯例，过去我们传统习惯总认为要开窗、通风，特别强调穿堂风。但现代理念是真正不开窗才能保住建筑里的能量。建筑越密闭越好，墙要做到 10 厘米甚至 20 厘米（10 厘米的墙体和 10 厘米的空气层）厚，能量才能在采暖或者空调使用的季节里保留住。解决通风的问题要靠新技术，比如换新风的设备，保证人有每小时 30 立方米的空气清新量，开窗就没有必要了。新风机不仅可以过滤外界的有害气体，而且可以加湿，保持舒适，能源也可以保留下来，达到节能。配置这些设备其实并不贵，要通过技术、设备、理念的改变来达到真正的节能，提升居住的舒适度。

在日本，CBD 周围有很多副中心，各个区域通过地铁连接，非常方便，每个中心的中间有绿化，环境很好，公共交通很好。日本建筑国际化程度很高，但日本建筑形式是民族化的，尽管是大高楼，但是有日本固有的建筑色彩，很容易体现日本气质和民族文化。建筑很多采用木结构和钢结构，做一些小住宅，在工厂集成。日本有很多集成住宅、多层住宅和高层住宅。我们现在喜欢板式建筑，一梯两户，但日本市中心有很多超高层塔楼，一层 20 多户富人住的，居住条件却比我们好，这主要就是通过先进技术、手段、设备科技来达到舒适度和方便的，比如电梯速度很快。

提倡在中心城区里加大建筑的密度，也就是紧凑型城市理念，这是节约型社会的基础，这样城市才会有更多的人气。城区和郊区相比，城区更有吸引力，生活更方便，也能充分享受现代物质文明。现在推崇的新城主义、新都市主义有不可抗拒的发展规律。

《目标》：如何去做一个生态建筑和生态小区？如何更好地运用绿色材料？

开彦：没有一栋建筑可以是完全的生态建筑、绿色建筑，生态和绿色只是一个理念，一个目标，我们要根据这个目标去做而已。材料在用的过程中能回收，不会对环境造成破坏和干扰，这样的材料就是绿色材料，用这些材料做出的就是绿色建筑。混凝土就不是绿色材料，不可回收，但是钢材、秸秆等材料就是绿色的。秸秆经过处理、压缩、热加工，防火防腐，又有效地利用了废弃材料，不会对大气造成污染，就是值得运用的。但是秸秆目前的价格很高，实际上原料是很便宜的，大概是因为市场垄断、供给不多，所以造成价格高涨。生态强调循环，人和自然也要循环起来，保持平衡，高效地利用能源、资源，为人的舒适享受服务。不能浪费，是生态的理念。尽量用生态的方法去设计、建造、使用。

在小区的规划上，强调要根据地形地貌来规划，不要刻意地去破坏小山、水塘、树木等，少改变地貌，不要影响这个地块的植被和水系。没有现成的自然资源的小区，可以多种树，种树又便宜，又可以产生很多的负氧离子。很多人觉得种树不好看，会挡立面，就改为种草。实际上种草不能给环境带来太多的好处，对空气环境质量的改善效果很小，而且还需要很高的维护费用。在城区里盖房子要把环境搞好，但是要考虑费用，不能光看表面形式，要注重内在的功能品质。现在很多小区用人工水系，但是人工水系很浪费水，这里就要考虑中水运用和雨水保留，将雨水收集后，改造成中水或景观水，不能大量使用自来水。

十年间卫生间的变迁

十年时间我们的世界发生了巨大的变化，我们的生活也随之日新月异。而这些变化往往可以从我们身边的一些细微之处得到充分的体现，人们日常生活中无法离开的卫生间便是其中的一处。

九十年代以前，大家基本上都住在单位公房内。这时的住房是属于"生存型"的，考虑更多的是人们的基本生活需要，而对室内空间设计的合理性和居住舒适度没有太多的考虑。从那时卫生间的设计上便可以看出。那时的卫生间没有洗浴的考虑，单一得只有便溺一个功能。

在住宅中增加洗浴功能，是邓小平视察前三门时提出的，这才打破住宅设洗浴是奢侈的框框。今天，人们早已不能忍受没有洗浴的卫生间了。八十年代开始，人们对自家的卫生间动手进行改造，家用的燃气热水器和电热水器的出现，使我们最初的卫生间加入洗浴功能成为可能。目前，绝大多数的公房卫生间洗浴功能都是业主后来自行添加的。由于当初在设计时，没有考虑到洗浴功能，所以在这样的卫生间内洗浴时我们往往会感觉到空间局促，通风换气成了大问题，那时煤气中毒事件时而发生。

九十年代以后，市场上的商品房开始逐年增多，商品房较以前的公房更多地注重到人们各项生活的需求，卫生间也随之发生了变化。这时的卫生间在设计建造之初已经开始考虑到人们洗浴的需要，因此在卫生间的空间设计上预留出了洗浴空间。人们在这样的卫生间内洗浴时不会再有过于局促感觉。

初期商品房卫生间设计，虽然在功能上弥补以往卫生间设计的不足，但卫生间的舒适度并不能满足人们对高品质的追求。目前，三室以上的住宅基本上都设计了两个卫生间，甚至有不少二室的户型也拥有一个半完整概念的卫生间。这大大方便了住户的使用，也极大地提高了居住的舒适度。两个卫生间的功能设计也有了进一步的区分，稍大一些的卫生间设计在主人卧室内，主人足不出户便可以很方便地使用卫生间，而另外一个稍小一些次卫生间则会设计在客厅的附近为公共使用。

次卫生间一般只设置便溺和简单的洗漱、淋浴功能，供客人或家庭中的其他成员使用。有的人口比较少的住户则干脆将次卫兼做洗衣房使用。不断追求舒适的人们则在主卫的功能上进一步进行完善，现在的一些高档住宅主卫面积较大，为业主添加高档洗浴设备预留了充足的空间，业主可以在主卫内安装按摩浴缸或桑拿房来满足高享受洗浴需要。除了洗浴功能外，有的高档住宅主卫内还为女主人装置妇洗器，并预留化装或更衣空间。卫生间的功能得到了进一步的延展。

卫生间的设计在不断向着追求舒适和功能细分的同时，卫生间的健康问题也开始提上日程。尤其是在2003年的"非典"之后，健康住宅问题得到了空前的重视。

卫生间和厨房是住宅健康的关键。按住宅设计规范的要求，厨房必须有对外的窗户，而卫生间则没有这样的规定，因此卫生间的健康问题便突现出来。专家们认为，行之有效的办法是保持室内的通风。由于卫生间大多是没有窗的暗卫，因此卫生间无法采光，通风也只能通过楼内的通风道来间接换气。这样的卫生间设计也使其舒适度大打折扣。追求直接对外通风采光明卫生间应运而生。现在建筑师们通过巧妙的设计使许多住宅的卫生间有了窗户，这样不仅可以使湿气很快排向室外，明卫在使卫生间保持干燥的同时，光照也可以大大抑制细菌的滋生，既保持了卫生间的健康性，又提高了卫生间的舒适度。

现在，新的卫生间理念又产生了！卫生间不仅是生理卫生的需求，而且是一个供全家休闲、放松的享乐空间。人们不仅泡全浴、按摩、桑拿，而且可以看电视、听音乐和喝咖啡，享尽人间天伦之乐。难怪有人说：卫生间已经成为家庭第二起居厅了！

绿色亚洲人居宣言

2006年4月25日，第二届亚洲人居环境高峰论坛会在福冈市召开。我们参加大会的亚洲各国代表在这里共同签署《绿色亚洲人居宣言》。一致表达如下的意愿：亚洲人居环境面临同样的严峻形势和发展目标，我们将为之共同奋斗。我们与会代表将积极广泛参与宣传，并且在能力范围内认真践行宣言承诺，为建设亚洲更加美好的人居环境而努力。《宣言》全文如下：

亚洲正在迅速崛起。

亚洲的城市化进程已经进入快速、复杂发展阶段。作为全球人口最多、面积最大的、经济发展最活跃的地区，亚洲的城市化进程将影响全人类。

亚洲各国共同面对经济全球化以及快速城市化带来的人口、资源、能源、环境、社会和谐等问题。

亚洲城市化的发展严重地影响经济、社会和城市居民生活的质量，亚洲的人居环境建设需要突破。

城市（包括建制镇，如下同）是文明的中心。但我们必须注意到，一些城市住房和住区条件在恶化，基础设施不足、资源和能源缺乏，环境恶化和抗灾能力减弱。不安全因素日益增加，利用城市（镇）化带来的机遇，亚洲人居环境建设应寻求更健康的绿色模式。

为此，我们亚洲人居环境协会发表《绿色亚洲人居宣言》。通过国家、区域之间的共同努力，建设绿色亚洲。

一、积极应对城市化挑战，加强国际交流与合作，共同推动资源节约型、环境友好型的可持续发展模式。

二、发展以紧凑型为核心的城市（镇）形态。"紧凑型"（Compact City）是应对"摊大饼"式的不受节制的城市扩张（Uncontrolled Urban Sprawl）；是对原有粗放型土地使用方式向集约化使用方式转变，构筑以步行者和公共交通为中心的、具有人的行为尺度的城市空间。鼓励建设更高密度及容积率的城市社区，发挥城市的综合集聚效益。

三、以人居环境视角关注大都市边缘区及中小城市（镇），充分发挥其在就业、服务、居住等方面对大城市和农村的统筹协调作用，重视科学规划、合理布局、统筹发展，改善其环境。

四、关注城市核心区功能更新，以复杂的城市功能促进充足的就业。此外还必须努力为农村地区提供适当的基础设施、公共服务设施和开发集中住区网点，减少农村人口向大城市流动。

五、以城市文明引领和谐的社区生活。我们将推动具有历史、文化、自然、宗教和精神价值的建筑，推动社区的保护、修复和维护，推动人类住区更文明、更健康、更舒适、更公平、更持久地发展。

六、促进政府能力建设，鼓励全民参与人居环境建设。政府是改善人居环境最重要的因素，要保证透明度和责任感，对人们的需求做出积极反应，鼓励和发动民众共同参与。

亚洲是我们亚洲人共同拥有亚洲，我们共同面临极好的发展机遇！我们亚洲各国需要切实行动起来，加强合作；在发展中解决共同的问题，改善人类居住环境质量，共同建设属于我们各国人民，并赖以生存的美好空间——绿色亚洲！

2006.4.25

参考文献

［1］ 白德懋．居住区规划与环境设计．北京：中国建筑工业出版社，1993．

［2］ 胡纹等．居住区规划原理与设计方法．北京：中国建筑工业出版社，2007．

［3］ 赵冠谦，开彦．中国住宅建设规划五十年发展与成就．2000．

［4］ 韩秀琦．我国住区规划的十年发展（1996—2006）．2007．

［5］ 孙克放．更新理念，拓展思路，设计新一代康居住宅．2006

［6］ 赵文凯等．北京住房建设目标研究．2006．

［7］ 开彦．大盘地产开发规划属性与城市化地位．2006．

［8］ 开彦．居住小区规划设计人居发展概况．2007．

［9］ 开彦，张文华．健康住宅——人类居住健康与健康的人居环境．住宅科技．2001．

［10］ 董仕君．居住小区交往空间环境设计．住宅科技．2000．

［11］ 程先明．谈居住区环境景观设计．住宅科技．2001．

［12］ 赵冠谦．跨世纪的住宅设计．住宅科技．1999．

［13］ 苏书亭．精心设计住宅．住宅科技．1997．

［14］ 党红．新式及住宅设计展望．住宅科技．2000．

［15］ 白德懋．将小区环境引向何方．

［16］ 龚兆先．现代居住区物质景观发展模式初探．城市规划．2001．

［17］ 黄俭．人口老龄化与居住区规划．住宅科技．2000．

［18］ 叶耀先．适应老龄社会的住宅．建筑学报．1997．

［19］ 开彦．方便、舒适、和谐——构建21世纪未来住宅．住宅科技．1997．

［20］ 胡百胜．住宅建筑设计的适合性．建筑．2001．

［21］ 许亚文，鲁坤元．体现对老人、残疾人的人居环境设计．住宅科技．1999．

［22］ 倪虹，牟鑫．生态住宅展望．建筑．2001．

［23］ 徐文丽，董家业．无锡新世纪花园智能化系统．住宅科技．2000．

［24］ 黄汇．架筑有生命力的居住小区．建筑学报．1998．

［25］ 范孟华，孔德志，张慧．21世纪住宅的发展方向．建筑．2001．

［26］ 沈益人．世纪之交的居住环境．住宅科技．1999．

［27］ 顾陆忠．21世纪初住宅设计方向．住宅科技．1999．

［28］ 赵冠谦．舒适、安全、经济——新世纪住宅的构想．建筑学报．1998．

［29］ 张灿文，陈华，崔笑嫒．以人为本，创造生活．

［30］ 李熙万，任成吉．21世纪人居环境的建设．住宅科技．2000．

［31］ 周述发．21世纪人居环境．住宅科技．1999．

［32］ 李俊玲，崔淑钦．我国生态住宅发展途径探析．住宅科技．2001．

［33］ 谢延明．居住区环境绿地的思考．住宅科技．1997．

［34］孙新旺．城市休闲绿地设计．园林．

［35］赵冠谦．迎接 21 世纪住宅建设的挑战．住宅科技．2001．

［36］曹孝柏，林琳．生态住宅浅议．住宅科技．2001．

［37］刘海龙．发展生态住宅，改善人居环境．住宅科技．2001．

［38］韩秀琦．当代居住小区规划设计方案精选．中国建筑工业出版社，1997．

［39］赛西尔·赛德鲁斯．返璞归真——重回美好的生活．天津人民出版社，1998．

［40］吴良镛．开拓面向新世纪的人居环境学．建筑学报．1995．

［41］鲍家声．可持续发展与建筑未来．建筑学报．1997．

［42］陈易．生态观与结合自然的人居环境．新建筑．1997．

［43］赵冠谦，开彦．中国住宅建设技术发展五十年．2000．

［44］赵文凯，开彦．中国住区规划发展 60 年历程与展望．2009．

［45］开彦，王涌彬．人居金牌住区评估标准及案例应用．2009．

［46］王涌彬，李东．城镇人居环境评估指标体系研究．2009．

［47］Top Energy．绿色建筑论坛组织·绿色建筑评估．北京：中国建筑工业出版社，2007．

［48］中国城市科学协会．绿色建筑 2009．北京：中国建筑工业出版社，2009．

［49］林宪德．绿色建筑（生态·节能·减废·健康）．北京：中国建筑工业出版社，2008．

Dunster Bill．走向零能耗．北京：中国建筑工业出版社，2008．

［50］卜一德．绿色建筑技术指南．北京：中国建筑工业出版社，2008．

［51］刘念雄，秦友雄．建筑热环境．北京：清华大学出版社，2005．

［52］聂梅生，秦佑国，江亿等．中国生态住宅技术评估手册．北京：中国建筑工业出版社，2003．

［53］周建亮，孙碧襄．我国绿色建筑评价体系的不足与改进［J］．住宅科技，2007（14）：62 – 63．

［54］张扬，康艳兵．鼓励节能建筑的财税激励政策国际经验分析［J］．节能与环保，2009（9）：17 – 19．

［55］陈起俊，杨吉锋，周继．LEED for Homes 对我国人居工程评价的启示［J］．节能经济，2008（4）：80 – 83．

［56］李锐．LEED 对我国绿色建筑评价体系的启示和借鉴［J］．山西建筑，2010（36 – 8）：18 – 20．

［57］康艳兵，张扬，韩凤芹．关于鼓励节能建筑的财税政策建议［J］．中国能源，2009（31 – 11）：34 – 36．

［58］支家强，赵靖，辛亚娟．国内外绿色建筑评价体系及其理论分析［J］．城市环境与城市生态，2010（23 – 2）：43 – 47．

［59］任邵明，郭汉丁，续振艳．我国建筑节能市场的外部性分析与激励政策［J］．建筑节能，2009，（1）：75 – 78．

［60］徐子苹，刘少瑜．英国建筑研究所环境评估法 BREEAM 引介［J］．新建筑，2002

（1）：55 – 59.

[61] 秦佑国，林波荣，朱颖心．中国绿色建筑评估体系研究［J］．建筑学报，2007
（3）：68 – 70.

[62] 尹伯悦，赖明，谢飞鸿，窦金龙．借鉴国外绿色建筑评估体系来研究我国绿色矿山
建筑标准的建立和实施［J］．中国矿业，2006（15 – 6）：26 – 17.

[63] 张玉菊．国内外绿色建筑评估体系分析［J］．安徽农业科学，2009（37 – 7）：
3336 – 3337.

[64] R. Yao, B. Z. Li and K. Steemers. Energy Policy and Standards for Built Environment in
China. Renewable Energy, 2005（30）：1973 – 1988.

[65] LEED Steering Committee. LEED Policy Manual Foundations of the Leadership in Energy
and Environmental Design Environmental Rating System：A Tool for Market Transforma-
tion. US Green Building Council. Summer 2004.

[66] China Ministry of Construction, 2005. National Standard of the People's Republic of China
（GB 50189 – 2005）. Design Standard for Energy Efficiency of Public Buildings. Ministry
of Construction of the People's Republic of China Enforcement. April 4, 2005.

[67] 杨德位．南湖小区既有建筑围护结构能和分析及节能改造研究（硕士学位论文）．
重庆：重庆大学，2007.

[68] 俞伟伟．中美绿色建筑评价标准认证体系比较研究（硕士学位论文）．重庆：重庆
大学，2008.

[69] 李路明．绿色建筑评价体系研究（硕士学位论文）．天津：天津大学，2003.

[70] 孙佳媚．绿色建筑评价体系及其在工程实践中的应用（硕士学位论文）．天津：天
津大学，2006.

[71] 徐莉燕，绿色建筑评价方法及模型研究（硕士学位论文）．同济：同济大
学，2006.

[72] 黄琪英．国内绿色建筑评价的研究（硕士学位论文）．四川：四川大学，2005.

[73] 胡俊．构建现代绿色建筑体系的探索研究与实践（硕士学位论文）．重庆：重庆大
学，2005.

[74] http：//zx. jconline. cn/Contents/Channel_ 884/2009/0519/221343/content_ 221343. htm

[75] http：//www. igreen. org/about/aboutleedap/

[76] http：//www. chinagb. net/cstc

[77] http：//zx. jconline. cn/Contents/Channel_ 884/2009/0519/221343/content_ 221343. htm

[78] http：//www. gbci. org/main-nav/building-certification/leed-project-directory. aspx

[79] http：//www. usgbc. org/LEED/Project/CertifiedProjectList. aspx